# Springer-Lehrbuch

**Springer**
*Berlin*
*Heidelberg*
*New York*
*Barcelona*
*Hongkong*
*London*
*Mailand*
*Paris*
*Singapur*
*Tokio*

Bodo Pareigis

# Lineare Algebra für Informatiker

I. Grundlagen, diskrete Mathematik
II. Lineare Algebra

Springer

Prof. Dr. Bodo Pareigis
Ludwig-Maximilians-Universität München
Mathematisches Institut
Theresienstraße 39
80333 München, Deutschland
e-mail: pareigis@rz.mathematik.uni-muenchen.de

Mathematics Subject Classification (2000): 15-01

Die Deutsche Bibliothek – CIP-Einheitsaufnahme

**Pareigis, Bodo:**
Lineare Algebra für Informatiker / Bodo Pareigis.- Berlin; Heidelberg; New York; Barcelona; Hongkong; London;
Mailand; Paris; Singapur; Tokio: Springer, 2000
(Springer-Lehrbuch)
ISBN 3-540-67533-7

ISBN 3-540-67533-7   Springer-Verlag Berlin Heidelberg New York

Springer-Verlag Berlin Heidelberg New York
ein Unternehmen der BertelsmannSpringer Science+Business Media GmbH
© Springer-Verlag Berlin Heidelberg 2000
Printed in Germany

Satz: Datenerstellung durch den Autor unter Verwendung eines Springer TEX-Makropakets
Einbandgestaltung: *design & production* GmbH, Heidelberg

Gedruckt auf säurefreiem Papier      SPIN: 10767874      44/3142ck - 5 4 3 2 1 0

# Vorwort

Die Mathematik ist eine der tragenden Wissenschaften für die Informatik. Daher wird ein Informatik-Student besonders in den frühen Semestern in hohem Maße mit den Grundlagen der Mathematik konfrontiert. Über viele Jahre hinweg habe ich selbst solche Anfänger-Vorlesungen über Grundlagen der Mathematik und über lineare Algebra für Informatiker an der Universität München angeboten. Aus diesen Vorlesungen ist das vorliegende Buch entstanden.

Die beiden Teile des Buches entsprechen den beiden Grundvorlesungssemestern. Bei der Auswahl des Stoffes habe ich mich an den Bedürfnissen der Informatiker orientiert, ohne jedoch zu stark in eine algorithmische Behandlung des Stoffes überzugehen. Im Vordergrund stand immer das Verständnis für die hinter den mathematischen Aussagen stehenden Strukturen. Dabei kommen auch viele Strukturen zur Sprache, die tragend für die Informatik sind. Erst das Verständnis der hinter seinen Programmen, Algorithmen und Daten stehenden abstrakten Strukturen ermöglicht es dem Informatiker schöpferisch zu arbeiten und neue Wege einzuschlagen.

Meine Vorlesungen waren nicht einfach eine Einführung in die lineare Algebra, wie man sie oft für andere Nebenfachstudenten hält, sondern sie sollten auch allgemein in die Mathematik einführen und Grundlagen für in der Informatik verwendete mathematische Bgriffe anbieten, die sonst schwierig in der Lehrbuchliteratur zu finden sind. So wurde neben eine gründliche (axiomatische) Einführung der Mengenlehre auch die Diskussion von Fuzzy-Mengen und von Multi-Mengen gestellt. Im Rahmen des Aufbaus des Zahlenssystems wurde die in der Informatik häufig verwendete primitive Rekursion besprochen. Die Einführung der algebraischen Grundstrukturen ist soweit geführt worden, daß es den Informatik-Studenten später leicht fällt, algebraische Datenstrukturen und algebraische Spezifikationen zu verstehen. Eine kurze Einführung in die Graphentheorie führt bis zu binären Bäumen und einigen ihrer Eigenschaften.

Der Teil zur linearen Algebra (Vorlesung für das zweite Semester) führte aus Zeitgründen nur bis zu den Euklidischen Vektorräumen, soll den Studenten jedoch helfen, die Brücke zwischen der Beschreibung einfacher geometrischer Begriffe in affinen Räumen und ihrer algorithmischen Behandlung mit Matrizen und damit auch mit geeigneten Computerprogrammen zu schlagen. Es wurden einige für die Anwendung in der Informatik weniger wichtige Gebiete der linearen Algebra ausgelassen, insbesondere Kapitel über quadratische Formen und Flächen, über die Jordansche Normalform und über projektive Geometrie. Es fiel mir besonders schwer, den Stoff zur projektiven Geometrie zu streichen, da sie in der Computer-Graphik eine zentrale Stellung einnimmt.

Ich habe mich bei der Auswahl des Stoffes auch an den Studienplänen für das Informatik Studium an der Universiät München orientiert und hoffe, daß mit der getroffenen Auswahl die für Informatiker wichtigsten mathematischen Begriffe aus den Grundlagen der Mathematik und der linearen Algebra abgehandelt worden sind.

Ich hoffe, daß dieses Buch für die Informatik-Studenten, aber auch für Mathematik-Studenten und Studenten, die die Mathematik als Nebenfach gewählt haben, nützlich sein wird. Danken möchte ich den Kollegen aus der Institut für Informatik der Universität München, insbesondere Herrn Prof. Dr. F. Kröger für viele Gespräche und Hinweise zur Stoffauswahl für diese Vorlesung.

München, im Mai 2000                                      *Bodo Pareigis*

# Inhaltsverzeichnis

## Teil II. Lineare Algebra

# Teil I

# Grundlagen, diskrete Mathematik

# 1. Grundbegriffe der Mengenlehre

An den Anfang der Mathematik stellt man gemeinhin die Mengenlehre. Sie bietet die Sprache an, mit der sich Mathematiker verständigen können, präzise, kurz, exakt, aber für den Außenstehenden auch oft unverständlich. Ihre elementaren Grundbegriffe sind jedoch leicht verständlich. Mit der Sprache der Mengen können alle mathematischen Ergebnisse und Einsichten formuliert werden. Über diese Sprachenfunktion und Hilfsfunktion hinaus ist die Mengenlehre aber auch ein Teilgebiet der Mathematik, in der wesentliche Forschung vor sich geht und besonders tiefliegende Resultate in den letzten Jahrzehnten erzielt worden sind. Wir werden uns lediglich mit den Anfangsgründen der Mengenlehre befassen und dabei die der Mathematik zugrunde liegende Sprache einüben.

## 1.1 Mengen

Als Grundbegriffe verwendet die Mathematik den Begriff des Elements und den der Menge, die man sich aus Elementen zusammengefügt vorstellt. Elemente können im wesentlichen alles sein, was wir uns vorstellen können. Und ihre Zusammenfassung zu einer Menge scheint eine fast triviale Angelegenheit zu sein. Man kann von der Menge der Hörer einer Vorlesung sprechen, von der Menge aller Elementarteilchen des Universums, von der Menge der Speicherplätze eines Computers, von der Menge aller natürlichen Zahlen, von der Menge aller denkbaren Computerprogramme und von vielen anderen Mengen.

Eine erste Definition des Begriffes einer Menge geht auf Georg Cantor zurück. Er definierte wie folgt:

**Definition 1.1.1** (Georg Cantor, 1845–1918; Vater der Mengenlehre): Eine *Menge* ist eine Zusammenfassung von bestimmten wohlunterschiedenen Objekten unserer Anschauung oder unseres Denkens – welche *Elemente* der Menge genannt werden – zu einem Ganzen.

Die Bedeutung dieser Definition für die Mathematik wird durch einen Ausspruch Hilberts unterstrichen.

**Zitat 1.1.2** *(David Hilbert, 1862–1943): Niemand soll uns aus dem Paradies der Mengenlehre vertreiben, das Cantor für uns geschaffen hat.*

Daß dieser Begriff einer Menge jedoch problematisch ist, sieht man schon daran, daß zu seiner Definition Begriffe herangezogen wurden, deren Definition selbst fehlt: Zusammenfassung zu einem Ganzen, bestimmte Objekte, wohlunterschiedene Objekte, Objekte unserer Anschauung, Objekte unseres Denkens. Tatsächlich wurde zu Beginn des 20. Jahrhunderts erkannt, daß dieser Begriff der Menge schnell zu Widersprüchen führen kann. Wir geben einen solchen Widerspruch, die Russellsche Antinomie, am Ende dieses Abschnitts an. Der Ausweg aus diesem Dilemma war eine strenge Fassung der Mengenlehre in einem axiomatischen System, so wie auch die Geometrie axiomatisch gefaßt wurde, und das mit großem Erfolg. Wir werden daher auch eine (nicht ganz strenge) axiomatische Fassung der Mengenlehre angeben. Sie wird uns entscheiden helfen zu sagen, welche Mengen gebildet werden dürfen. Man wird daher nur mit denjenigen Mengen und Elementen operieren dürfen, deren Existenz nach unserer Axiomatik garantiert wird. Wir legen zunächst einige Bezeichnungen fest.

**Bezeichnung 1.1.3** Im allgemeinen werden Mengen mit großen lateinischen Buchstaben $A, B, C, \ldots, A_1, A_2, A_3, \ldots$, Elemente mit kleinen lateinischen Buchstaben $a, b, c, \ldots, x, y, z, a_1, a_2, a_3, \ldots$ bezeichnet. Die Zugehörigkeit eines Elements $a$ zu einer Menge $A$ wird durch $a \in A$ angegeben, die Nichtzugehörigkeit durch $a \notin A$.

Die folgenden Axiome legen elementare Regeln über den Umgang mit Mengen, Elementen und den Zeichen $\in$ bzw. $\notin$ fest.

Wenn wir zwei Kollektionen von Objekten haben und Beziehungen zwischen Objekten der ersten Kollektion und Objekten der zweiten Kollektion, so können wir die Objekte der ersten Kollektion einmal „Elemente" nennen, die der zweiten Kollektion „Mengen" und die Beziehungen $\in$ bzw. $\notin$ nennen, und können nachprüfen, ob die nachfolgend genannten Axiome erfüllt sind. Wenn das der Fall ist, dann können wir die beiden Kollektionen und die Beziehungen als eine Realisierung der Mengenlehre ansehen. Wir geben keine konkrete derartige Realisierung an, d.h. wir geben keine exakte Definition von Elementen und Mengen an. Es genügt, sich auf die naive Vorstellung zu stützen, formal in Beweisen jedoch nur die Regeln aus den Axiomen zu verwenden. Die bewiesenen Aussagen sind dann für jede Realisierung (jedes Modell) richtig.

**Axiom 1** (Elementbeziehung und Existenz)

1. Für jedes Element $x$ und jede Menge $A$ besteht genau eine der beiden Beziehungen (genauer: ist genau einer der beiden Ausdrücke eine wahre, der andere eine falsche Aussage):

$$x \in A; \qquad x \notin A.$$

Im Falle $x \in A$ (d.h. wenn $x \in A$ wahr ist) sagen wir „$x$ ist Element der Menge $A$", „$x$ liegt in $A$", „$x$ ist in $A$ enthalten", „$x$ in $A$" oder „$x$ aus $A$". Im Falle $x \notin A$ (d.h. wenn $x \in A$ falsch ist) sagen wir „$x$ ist nicht Element der Menge $A$".

2. Es gibt mindestens eine Menge.
3. Zu jedem Element $x$ gibt es mindestens eine Menge $A$ mit $x \in A$ (ist wahr).

Es steht also fest, ob $x \in A$ oder aber $x \notin A$ gilt. Und es gilt genau eine der beiden Beziehungen.

Wir werden bei der Formulierung des nächsten Axioms gewisse Symbole verwenden, die den mathematischen Text abkürzen sollen. Schon im vorhergehenden Axiom haben wir bestimmte mathematische Formulierungen verwendet, die sich häufig wiederholen werden. Wir werden zunächst folgende Abkürzungen verwenden:

| | |
|---|---|
| für alle | $\forall$ |
| es gibt | $\exists$ |
| und | $\wedge$ |
| oder | $\vee$ |
| dann und nur dann, wenn | $\Longleftrightarrow$ |
| daraus folgt | $\Longrightarrow$ |
| gilt nur, wenn | $\Longleftarrow$ |

Im Klartext verwenden wir als Synonyme

| | |
|---|---|
| für alle | für jedes |
| es gibt | es existiert |
| dann und nur dann, wenn | ist notwendig und hinreichend |
| dann und nur dann, wenn | gilt genau dann, wenn |
| daraus folgt | impliziert |
| daraus folgt | ist hinreichend für |
| gilt nur, wenn | ist notwendig für |

Es bedarf immer einiger Gewöhnung, bis man den Umgang mit diesen Zeichen, Symbolen und Begriffen eingeübt hat und sich ein korrektes logisches Schließen angewöhnt hat. Wenn wir die Zeichen $\forall$ oder $\exists$ verwenden, dann werden unmittelbar danach immer die Elemente genannt werden, über die wir etwas aussagen wollen. Die Aussage, die wir dann über diese Elemente machen, wird in Klammern [ und ] angegeben[1].

Exakte mathematische Aussagen bestehen sehr häufig in der Behauptung, daß zwei Größen gleich sind (z.B. „das Ergebnis ist 3.14"). Die Gleichheit von

---

[1] Man kann eine präzise Syntax für die Verwendung (und Umformung) dieser Zeichen und der Mengensymbole ineinander angeben. Dann kann die Mathematik in großen Teilen lediglich als Manipulation solcher Zeichenreihen durchgeführt werden.

Elementen und Mengen ist fundamental für die weitere Entwicklung mathematischer Techniken und gründet sind auf das nächste Axiom.

**Axiom 2** (Axiom der Gleichheit oder Extensionsaxiom)

Seien $A, B$ Mengen. Wenn für alle Elemente $x$ die Aussage $x \in A$ genau dann gilt, wenn $x \in B$ gilt, so folgt $A = B$. In mathematischer Kurzschreibweise:

$$\forall x[x \in A \Longleftrightarrow x \in B] \Longrightarrow A = B.$$

Der umgekehrte Schluß $A = B \Longrightarrow \forall x[x \in A \Longleftrightarrow x \in B]$ folgt aus den Eigenschaften der Gleichheit. Wenn nämlich $A$ und $B$ gleich sind, dann darf man an jeder Stelle, wo $A$ verwendet wird, dieses durch $B$ ersetzen, ohne die logische Bedeutung zu ändern.

Das Axiom 2 bedeutet, daß zwei Mengen genau dann gleich sind, wenn sie dieselben Elemente besitzen. Damit ist klargestellt, daß eine Menge allein durch die Angabe ihrer Elemente beschrieben wird und keine zusätzliche Information besitzen soll. Wenn man sich den Begriff der Menge als „Behälter" für ihre Elemente vorstellt, dann gibt es keine verschiedenen „Behälter". Man sammelt Elemente grundsätzlich in gleicher Weise. Um festzustellen, ob zwei Mengen gleich sind, genügt es daher, nur alle ihre Elemente zu überprüfen. Wir werden daher in Zukunft so verfahren, daß man zunächst zeigt, daß alle Elemente einer Menge $A$ auch Elemente einer weiteren Menge $B$ und weiter daß alle Elemente der Menge $B$ auch Elemente der Menge $A$ sind. Wenn man das bewiesen hat, kann man dann wegen Axiom 2 unmittelbar $A = B$ folgern.

Damit haben wir schon einen weiteren elementaren Begriff angesprochen. Es kommt oft vor, daß alle Elemente einer Menge $A$ auch Elemente einer Menge $B$ sind. Wir definieren daher wie folgt:

**Definition 1.1.4** 1. Die Menge $A$ heißt eine *Teilmenge* oder *Untermenge* der Menge $B$ (Kurzbezeichnung: $A \subset B$) genau dann, wenn jedes Element von $A$ auch Element von $B$ ist:
$$A \subset B :\Longleftrightarrow \forall x[x \in A \Longrightarrow x \in B]^2.$$
2. Ist $A$ nicht Teilmenge von $B$, so wird $A \not\subset B$ geschrieben.
3. $A$ heißt eine *echte Teilmenge* von $B$ (Kurzbezeichnung: $A \subsetneqq B$), wenn $A \subset B \wedge$ (und) $A \neq B$ gelten.

Bemerkung: Das Zeichen $\subset$ heißt *Inklusion* und wird gelesen „ist Teilmenge von". Es ist

$$A \subset B \Longleftrightarrow \forall x[x \in A \Longrightarrow x \in B]$$
$$\Longleftrightarrow \forall x \in A[x \in B].$$
$$A \subsetneqq B \Longleftrightarrow A \subset B \wedge \exists x \in B[x \notin A]$$
$$\Longleftrightarrow \forall x \in A[x \in B] \wedge \exists x \in B[x \notin A].$$

---

[2] Das Zeichen $:\Longleftrightarrow$ soll bedeuten, daß die linke Aussage durch die rechte Aussage definiert wird, d.h. daß sie durch Definition äquivalent zur rechten Aussage ist.

**Folgerung 1.1.5** *Die folgenden Gesetze gelten für die Inklusion von Mengen A, B und C:*

1. *Reflexivität:* $A \subset A$.
2. *Transitivität:* $A \subset B \wedge B \subset C \Longrightarrow A \subset C$.
3. *Antisymmetrie:* $A \subset B \wedge B \subset A \Longrightarrow A = B$.

*Beweis.* Wir geben die leichten Beweise hierfür jeweils erst in mathematischer Kurzschreibweise an und fügen dann einige Erklärungen an, die die Kürzelschreibweise teilweise auflösen. Hier sieht man auch den Vorteil der kompakten Kürzelschreibweise und die Notwendigkeit, jederzeit Teile davon verbal ausdrücken zu können. Der Leser mag sich an dieser Stelle in das Lesen dieser Kürzelsprache einarbeiten.

1. $\forall x [x \in A \Longrightarrow x \in A] \Longrightarrow A \subset A$.
   Die Aussage „Wenn $x$ Element von $A$ ist, dann ist $x$ Element von $A$." ist unmittelbar einsichtig, ebenso, daß diese Aussage für alle $x$ in $A$ gilt. Aus der linken Seite folgt aber durch Anwendung der Definition einer Teilmenge die rechte Seite.
2. $A \subset B \wedge B \subset C \Longrightarrow$
   $\forall x [x \in A \Longrightarrow x \in B] \wedge \forall x [x \in B \Longrightarrow x \in C] \Longrightarrow$
   $\forall x [(x \in A \Longrightarrow x \in B) \wedge (x \in B \Longrightarrow x \in C)] \Longrightarrow$
   $\forall x [x \in A \Longrightarrow x \in C] \Longrightarrow A \subset C$.
   Angenommen es gilt $A$ ist eine Teilmenge von $B$ und $B$ ist eine Teilmenge von $C$. Dann setzen wir die Definition einer Teilmenge ein und erhalten die Zeile
   $\forall x [x \in A \Longrightarrow x \in B] \wedge \forall x [x \in B \Longrightarrow x \in C]$.
   Wenn die erste Aussage $x \in A \Longrightarrow x \in B$ für alle $x \in A$ gilt und die zweite Aussage $x \in B \Longrightarrow x \in C$ für alle $x \in A$ gilt, dann gilt auch die Konjunktion der beiden Aussagen für alle $x \in A$, also
   $\forall x [(x \in A \Longrightarrow x \in B) \wedge (x \in B \Longrightarrow x \in C)]$.
   In den eckigen Klammern können wir die beiden Schlüsse nunmehr zusammenfassen zu dem Schluß $x \in A \Longrightarrow x \in C$. Daher folgt die Aussage
   $\forall x [x \in A \Longrightarrow x \in C]$.
   Diese nun erhaltene Aussage läßt sich mit der Definition von Teilmengen wieder zurück übersetzen und ergibt die gewünschte Aussage $A \subset C$.
3. $A \subset B \wedge B \subset A \Longrightarrow$
   $\forall x [x \in A \Longrightarrow x \in B] \wedge \forall x [x \in B \Longrightarrow x \in A] \Longrightarrow$
   $\forall x [(x \in A \Longrightarrow x \in B) \wedge (x \in B \Longrightarrow x \in A)] \Longrightarrow$
   $\forall x [x \in A \Longleftrightarrow x \in B] \Longrightarrow A = B$.
   Der Leser möge auch diesen Beweis von der Kürzelform in eine lange verständliche Form bringen.

**Bemerkung 1.1.6** (Notation und Schreibweise von Mengen)
Sind $a_1, a_2, \ldots, a_t$ genau alle Elemente einer Menge $A$, so schreibt man $A = \{a_1, a_2, \ldots, a_t\}$. Die Zeichen { und } heißen dabei *Mengenklammern*. Dann

gelten $\{1,2\} = \{2,1\}$ und $\{1,2\} = \{2,1,2,1,1\}$, weil jeweils beide Mengen dieselben Elemente haben (vgl. jedoch Kapitel 1.3 über Multimengen).

Allerdings wissen wir noch nicht, ob diese Mengen überhaupt existieren. Aus dem Axiom 1 können wir nur entnehmen, daß es mindestens eine Menge gibt. Mengen, wie die eben beschriebenen, werden wir erst bilden dürfen, wenn wir das Axiom 5 zur Verfügung haben werden. Wir können also die angegebenen Mengen zunächst nur mit Vorbehalt hinschreiben. Wir tun dies, um dem Leser schon jetzt Beispiele an die Hand zu geben, an denen er sich die Begriffe klar machen kann. Noch komplizierter ist die Situation bei den Zahlenmengen, die wir auch gleich angeben werden. Ihre Existenz wird erst durch das Unendlichkeitsaxiom 6 (in Kapitel 2.1) gesichert werden. Dennoch wollen wir diese Zahlenmengen als veranschaulichende Beispiele auch hier schon heranziehen.

Es gelten folgende Elementbeziehungen:

$$5 \in \{1,2,3,5,7\},$$
$$XZ \in \{UY, UZ, XY, XZ, ZY, ZZ\},$$
$$6 \notin \{1,2,3\}.$$

Wir verwenden in den folgenden Beispielen Mengen, die allgemein bekannt sind, deren genaue Definition, Konstruktion bzw. Existenz wir erst später diskutieren werden.

Die natürlichen Zahlen bilden die Menge $\mathbb{N} = \{1,2,3,4,\ldots\}$ nach Axiom 6. Wir verwenden weiter als Bezeichnung

$\mathbb{Z} = \{0,1,-1,2,-2,\ldots\}$ = Menge der ganzen Zahlen,

$\mathbb{Q}$ = Menge der rationalen Zahlen,

$\mathbb{R}$ = Menge der reellen Zahlen,

$\mathbb{C}$ = Menge der komplexen Zahlen.

Für eine Menge $A$ ist $\{A\}$ eine neue Menge mit genau einem Element $A$, also gilt $A \in \{A\}$. Mengen können also auch als Elemente von anderen Mengen auftreten. Es ist $\{1,2\} \in \{\{1,2\}\}$, $1 \notin \{\{1,2\}\}$ und $1 \in \{1,2\}$. Es gilt nicht $\{1,2\} \subset \{\{1,2\}\}$.

Wir bemerken nochmals, daß die Existenz der oben angegebenen Mengen noch nicht gesichert ist.

Ein wichtiges Prinzip zur Bildung von Mengen ist die Konstruktion von Teilmengen. Wenn man die Elemente einer gegebenen Menge $A$ auf bestimmte Eigenschaften hin untersucht, natürliche Zahlen z.B. darauf hin, ob sie gerade sind oder nicht, so möchte man diejenigen Elemente, die die gegebene Eigenschaft besitzen, zu einer neuen Menge $B$ zusammenfassen. Diese wird natürlich eine Teilmenge von $A$ sein. Eine Eigenschaft für Elemente wird häufig auch ein *Prädikat* oder eine *Aussage* genannt. Es muß für die betrachteten Elemente feststehen, ob sie die Eigenschaft besitzen, bzw. ob sie die Aussage erfüllen.

**Axiom 3** (Teilmengenaxiom oder Prinzip der Abstraktion)
Sei $B$ eine Menge und $\mathfrak{A}(x)$ ein Prädikat für Elemente $x$ (d.h. eine Aussage für Elemente $x$, für die bei fester Wahl von $x$ feststeht, ob sie wahr oder falsch ist). Dann gibt es eine Teilmenge $A$ von $B$, die genau die Elemente $b \in B$ enthält, für die $\mathfrak{A}(b)$ wahr ist. Für $A$ wird

$$A = \{b|b \in B \wedge \mathfrak{A}(b)\} = \{b \in B|\mathfrak{A}(b)\}$$

geschrieben (lies: $A$ ist die Menge der Elemente $b$ mit der Eigenschaft (für die gilt), $b$ ist ein Element aus $B$ und $b$ erfüllt das Prädikat $\mathfrak{A}$ (die Aussage $\mathfrak{A}(b)$ ist wahr)).

**Bemerkung 1.1.7** Beispiele für Teilmengen sind:

$\{x \in \mathbb{N} |x \text{ gerade}\} = $ Menge der geraden natürlichen Zahlen,
$\{x|x \in \mathbb{N} \wedge x < 10\} = \{1, 2, 3, \ldots, 9\}$,
$\{x|x \in \mathbb{N} \wedge x \text{ ist Primzahl}\} = $ Menge der Primzahlen,
$\{x|x \in \mathbb{R} \wedge 1 \leq x \leq 2\} = [1, 2]$ abgeschlossenes Intervall,
$\{x|x \in \mathbb{R} \wedge 1 < x < 2\} = (1, 2)$ offenes Intervall.

Seien $b_1, \ldots, b_n \in B$. Dann ist

$$\{b_1, \ldots, b_n\} := \{x|x \in B \wedge (x = b_1 \vee x = b_2 \vee \ldots \vee x = b_n)\}^3$$

eine Teilmenge von $B$. Für $b \in B$ ist $\{b\} \subset B$. Eine weitere Teilmenge von $B$ ist

$$\emptyset := \{x|x \in B \wedge x \notin B\}.$$

Sie heißt *leere Menge*. Es gibt genau eine leere Menge. Diese ist Untermenge jeder Menge $B$ (wegen Axiom 2 und Axiom 3). Nach Axiom 1 und diesem Schluß ist bisher also allein die Existenz von $\emptyset$ sichergestellt. Für $b \in B$ ist $\{b\} \subset B$.

Die Mengenbildung $\{x|1 \leq x \leq 5\}$ ist nicht sinnvoll, weil nicht klar ist, aus welcher Grundmenge $U$ die Elemente zu wählen sind. Wir halten daher oft eine solche Grundmenge $U$, genannt *Universum*, fest, aus der *alle* betrachteten Elemente stammen sollen. Ist also $U = \{1, 3, 5, 7, 9, \ldots\} = $ Menge der ungeraden Zahlen, so ist $\{x|1 \leq x \leq 5\} = \{1, 3, 5\}$. Für $U = \mathbb{R}$ ist $\{x|1 \leq x \leq 5\} = [1, 5]$ (abgeschlossenes Intervall von 1 bis 5).

**Definition 1.1.8** Seien $A, B$ Mengen.

---

3 Mit dem Zeichen := wird das linke Symbol durch die rechte Seite definiert.

1. Der *Durchschnitt* von $A$ und $B$ ist die Teilmenge derjenigen Elemente aus $A$, die auch in $B$ liegen:

$$A \cap B := \{x \in A | x \in B\} = \{x | x \in A \wedge x \in B\}$$
$$= \{x \in B | x \in A\}.$$

2. Die *Komplementärmenge* von $B$ in $A$ ist die Teilmenge der Elemente aus $A$ die nicht in $B$ liegen („A ohne B"): $A \setminus B := \{x \in A | x \notin B\}$.
3. Zwei Mengen $A, B$ heißen *disjunkt* oder *fremd*, wenn

$$A \cap B = \emptyset.$$

4. Die *Komplementärmenge* von $B$ im Universum $U$ wird mit $\overline{B}$ bezeichnet.

An dieser Stelle sollte angemerkt werden, daß die Zeichen $=$ und $\Leftrightarrow$ gänzlich unterschiedliche Bedeutung haben.

Wenn wir jetzt von Elementen und Mengen als mathematischen Objekten sprechen, so steht fest, ob zwei beliebig vorgegebene Objekte gleich sind oder nicht. Das Gleichheitszeichen ist damit zwischen Elementen bzw. Mengen definiert. Mehr noch, wir können sogar einen Test angeben, mit dem man feststellen (auf eine einfachere Frage zurückführen) kann, ob zwei Mengen gleich sind, nämlich den im Axiom der Gleichheit (Axiom 2) angegebenen Test. So sind z.B. die folgenden Mengen gleich:

$$\{1, 2, 3\} = \{x | x \in \mathbb{N} \wedge x < 4\}$$
$$= \{x | x \in \mathbb{N} \wedge \exists y \in \{1, 2, 3\}[x = 4 - y]\}.$$

Die Mengenlehre basiert jedoch auf dem Umgang mit logischen Sätzen, sogenannten Aussagen, über die feststeht, ob sie wahr oder falsch sind. Verschiedene solche Aussagen können logisch äquivalent sein, d.h. von zwei logischen Aussagen $P$ und $Q$ ist $P$ genau dann wahr, wenn $Q$ wahr ist. Wir schreiben dann $P \Leftrightarrow Q$. Solche logisch äquivalenten Aussagen kommen in der Praxis verhältnismäßig selten, in der Mathematik jedoch sehr häufig vor. Ein Beispiel für zwei äquivalente Aussagen über eine natürliche Zahl $n$ ist:

„$n$ ist die kleinste Primzahl." $\Leftrightarrow$ „$n$ ist die kleinste gerade natürliche Zahl."

Das Gleichheitszeichen kann also nur zwischen Elementen bzw. Mengen stehen, die doppelte Implikation nur zwischen logischen Aussagen. Insbesondere beachte man, daß $A \cap B$ eine Menge ist, während $A \subset B$ eine logische Aussage ist.

Wir bemerken auch noch, daß sowohl $P \Leftrightarrow Q$ als auch $A = B$ Aussagen sind, d.h. daß bei beiden Ausdrücken der Wahrheitsgehalt feststeht.

Wir geben in der nächsten Folgerung eine Reihe von Regeln für das Rechnen mit Mengen an. Viele der Rechenregeln sind unmittelbar klar, andere benötigen einen etwas ausführlicheren Beweis. Wir verzichten hier auf Beweise dieser Aussagen, da wir sie zum Teil auch später in allgemeinerer Form in Kapitel 1.3 wieder finden werden. Lediglich eine Aussage beweisen wir, damit der Leser sieht, wie er solche Beweise führen sollte.

**Folgerung 1.1.9** *(Rechenregeln der Mengenalgebra)*

1. $A \cap B = B \cap A$, *(Kommutativgesetz)*
2. $(A \cap B) \cap C = A \cap (B \cap C)$, *(Assoziativgesetz)*
3. $A \cap A = A$, *(Idempotenzgesetz)*
4. $A \cap B \subset A$,      $A \cap B \subset B$.
5. *Gilt für eine Menge* $C$: $C \subset A \wedge C \subset B$, *dann folgt* $C \subset A \cap B$.
6. $A \setminus B = A \setminus (A \cap B)$,
7. $A \setminus (A \setminus B) = A \cap B$,
8. $A \setminus \emptyset = A$,      $A \setminus A = \emptyset$,
9. $(A \setminus B) \subset A$,

*Beweis.* Die meisten Beweisschritte sind unmittelbar einsichtig. Als Muster beweisen wir den ersten Teil von 8.: Wegen 1.1.5 3. ist $A \setminus \emptyset \subset A$ und $A \subset A \setminus \emptyset$ zu zeigen. $A \setminus \emptyset \subset A$ gilt wegen 1.1.8 2. Für $A \subset A \setminus \emptyset$ haben wir nach Definition zu zeigen: $\forall x[x \in A \implies x \in A \setminus \emptyset]$. Sei $a \in A$. Dann ist $a \in A$ und $a \notin \emptyset$ (Eigenschaft der leeren Menge), also $a \in \{x \in A | x \notin \emptyset\} = A \setminus \emptyset$. Also gilt $\forall x[x \in A \implies x \in A \setminus \emptyset]$ und damit ist $A \subset A \setminus \emptyset$ gezeigt. Also gilt $A \setminus \emptyset = A$.

In der folgenden Definition verwenden wir eine typische Schlußweise der Mengenlehre. Wenn eine Menge $M$ nicht leer ist, dann muß sie ja mindestens ein Element enthalten. Wir können also ein (ansonsten beliebiges) Element $a_0$ aus dieser Menge $M$ finden und damit weitere Untersuchungen durchführen.

**Definition 1.1.10** Sei $\mathfrak{M}$ eine Menge, deren Elemente selbst Mengen sind, und sei $\mathfrak{M} \neq \emptyset$. Sei $A_0 \in \mathfrak{M}$. Dann ist der *Durchschnitt* der Mengen aus $\mathfrak{M}$ definiert als

$$\bigcap \{A | A \in \mathfrak{M}\} := \{a | a \in A_0 \wedge \forall A \in \mathfrak{M}[a \in A]\}$$
$$= \{a | \forall A \in \mathfrak{M}[a \in A]\}.$$

Die erste Gleichung zeigt, daß $\bigcap \{A | A \in \mathfrak{M}\}$ als Teilmenge von $A_0$ existiert. Dann kann $\bigcap \{A | A \in \mathfrak{M}\}$ aber durch die zweite Gleichung beschrieben werden und ist daher von der Wahl von $A_0$ unabhängig.

Der Leser möge sich klarmachen, daß für Durchschnitte die folgende Folgerung gilt.

**Folgerung 1.1.11** *Sei* $B$ *eine Menge. Es gilt* $\forall A \in \mathfrak{M}[B \subset A]$ *genau dann, wenn* $B \subset \bigcap \{A | A \in \mathfrak{M}\}$. *Weiter ist der Durchschnitt* $\bigcap \{A | A \in \mathfrak{M}\}$ *die größte Menge* $X$ *mit der Eigenschaft:* $\forall A \in \mathfrak{M}[X \subset A]$.

**Axiom 4** (Vereinigungsmengenaxiom)

1. Sind $A$ und $B$ zwei Mengen, dann gibt es eine Menge, *Vereinigungsmenge* oder *Vereinigung* von $A$ und $B$ genannt und mit $A \cup B$ bezeichnet, die genau die Elemente enthält, die in $A$ oder $B$ enthalten sind:

$$A \cup B = \{x | x \in A \vee x \in B\}.$$

2. Sei $\mathfrak{M}$ eine Menge, deren Elemente selbst Mengen sind. Dann gibt es eine Menge, *Vereinigungsmenge* genannt und mit $\bigcup\{A | A \in \mathfrak{M}\}$ bezeichnet, die genau die Elemente enthält, die in mindestens einem $A \in \mathfrak{M}$ liegen:

$$\bigcup\{A | A \in \mathfrak{M}\} = \{x | \exists A \in \mathfrak{M}[x \in A]\}.$$

Bemerkung: 1. folgt nicht aus 2., weil wir nicht wissen, ob es eine Menge $\{A, B\}$ gibt. Es ist $\bigcup\{A | A \in \emptyset\} = \emptyset$, denn mit $\mathfrak{M} = \emptyset$ ist $\{x | \exists A \in \mathfrak{M}[x \in A]\} = \emptyset$: wäre diese Menge nicht leer, so gäbe es ein $x$ in ihr, also wäre $x \in A$ für ein $A \in \mathfrak{M}$, also wäre $\mathfrak{M} \neq \emptyset$. Das ist ein Widerspruch!

Wir geben jetzt eine Reihe weiterer wichtiger Regeln für das Rechnen mit Mengen an. Auch hier verzichten wir auf ausführliche Beweise, verweisen dazu aber auf Kapitel 1.3.

**Folgerung 1.1.12** *(Weitere Rechenregeln der Mengenalgebra)*
   *Seien $A$, $B$, $C$ Mengen und $U$ ein Universum. Dann gelten*

1. $A \cup B = B \cup A$, *(Kommutativgesetz)*
2. $(A \cup B) \cup C = A \cup (B \cup C)$, *(Assoziativgesetz)*
3. $A \cup A = A$, *(Idempotenzgesetz)*
4. $A \cap (B \cup C) = (A \cap B) \cup (A \cap C)$, *(Distributivgesetze)*
   $A \cup (B \cap C) = (A \cup B) \cap (A \cup C)$,
5. $A \setminus (B \cap C) = (A \setminus B) \cup (A \setminus C)$, *(de Morgansche[4] Gesetze)*
   $A \setminus (B \cup C) = (A \setminus B) \cap (A \setminus C)$,
   $\overline{(B \cap C)} = \overline{B} \cup \overline{C}$,
   $\overline{(B \cup C)} = \overline{B} \cap \overline{C}$,
6. $\overline{\overline{A}} = A$, *(Gesetz vom doppelten Komplement)*
7. $A \cup \emptyset = A$, $A \cap U = A$, *(Gesetz von der Identität)*
8. $A \cup \overline{A} = U$, $A \cap \overline{A} = \emptyset$, *(Gesetz vom Inversen)*
9. $A \cup U = U$, $A \cap \emptyset = \emptyset$, *(Dominierungsgesetz)*
10. $A \cup (A \cap B) = A$, $A \cap (A \cup B) = A$, *(Absorptionsgesetz)*.
11. $(A \setminus B) \cup B = A \cup B$.

**Definition 1.1.13** Seien $A, B$ Mengen. Die *symmetrische Differenz* von $A$ und $B$ ist die Menge

$$A \triangle B := \{x \in A \cup B) | x \notin A \cap B\} = (A \cup B) \setminus (A \cap B).$$

---

[4] Augustus de Morgan (1806–1871)

**Folgerung 1.1.14** *(Weitere Rechenregeln der Mengenalgebra)*

1. $A\Delta B = (A \setminus B) \cup (B \setminus A)$,
2. $A\Delta B = B\Delta A$,
3. $A\Delta(B\Delta C) = (A\Delta B)\Delta C$,
4. $A\Delta A = \emptyset$,
5. $A\Delta\emptyset = A$.

**Bemerkung 1.1.15** (Venn[5] Diagramme)   Man stellt sich Mengen oft als Teilmengen der Ebene, eingegrenzt durch Kurven, vor. Diese Vorstellung hilft Beweise für die genannten Rechenregeln zu finden. Sie ersetzt aber nicht einen exakten Beweis.

Einzelne Menge:

$$A = $$

Durchschnitt:

$$A \cap B = $$

Vereinigung:

$$A \cup B = $$

Komplement:

$$A \setminus B = $$

Symmetrische Differenz:

$$A\Delta B = $$

$$\overline{(A \cup B) \cap C} = (\overline{A} \cap \overline{B}) \cup \overline{C} :$$

[5] John Venn (1834–1923)

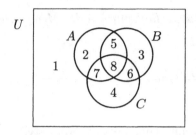

führt zu folgendem Beweis:

$A \cup B = 2 \cup 3 \cup 5 \cup 6 \cup 7 \cup 8$, $C = 4 \cup 6 \cup 7 \cup 8$, $(A \cup B) \cap C = 6 \cup 7 \cup 8$, $\Longrightarrow$
$\overline{(A \cup B) \cap C} = 1 \cup 2 \cup 3 \cup 4 \cup 5$.
$\overline{A} = 1 \cup 3 \cup 4 \cup 6$, $\overline{B} = 1 \cup 2 \cup 4 \cup 7$, $\overline{A} \cap \overline{B} = 1 \cup 4$, $\overline{C} = 1 \cup 2 \cup 3 \cup 5$ $\Longrightarrow$
$(\overline{A} \cap \overline{B}) \cup \overline{C} = 1 \cup 2 \cup 3 \cup 4 \cup 5$.

**Bemerkung 1.1.16** (Mengen im Computer) Im Computer werden Mengen von Zahlen oder Daten gespeichert, z.B. die Adressdaten von Geschäftspartnern, die statistisch verteilten Werte von wiederholten Strahlungsmessungen, die Buchstaben des Alphabets, die natürlichen Zahlen.

Sie werden dann als Menge im obigen Sinn aufgefaßt werden müssen, wenn mengentheoretische Operationen vorkommen, z.B. {Buchstaben des Alphabets} $\cup$ { Ziffern $0, \ldots, 9$}.

Es bieten sich grundsätzlich zwei verschiedene Arten an, wie man Mengen im Computer realisieren und speichern kann. Einmal kann man alle Elemente einer Menge einzeln abspeichern. Aufgrund der Endlichkeit des Speichers kann man so natürlich nur verhältnismäßig kleine Mengen erfassen, wie das Alphabet, die Einträge eines Lexikons oder die Daten einer statistischen Erhebung, zum Beispiel einer Volkszählung. Durch die Speicherung aller Elemente einer Menge sind auch wiederholte Einträge desselben Elements möglich, die Ordnung des Speichers bedingt auch eine Ordnung der Elemente der Menge. Es entsteht eine geordnete Liste, deren Definition und Struktur wir später untersuchen.

Ist die Datenmenge jedoch zu groß, gar unendlich, wie z.B. $\mathbb{N}$ oder $2\mathbb{N}$, so muß das Bildungsgesetz abgespeichert werden. Die natürlichen Zahlen betrachtet man als die Menge, die 1 enthält und durch fortlaufendes Addieren von 1 zu immer neuen Zahlen führt, die geraden Zahlen entstehen aus 2 und den Zahlen, die man durch fortlaufendes Addieren von 2 erhält. Man hat damit zwar nicht alle Elemente „gleichzeitig" im Computer zur Verfügung, kann aber im Beispiel der natürlichen Zahlen jede einzelne beliebig gewählte natürliche Zahl nach endlicher Rechenzeit erhalten und zum Beispiel auf dem Drucker ausdrucken. Auf diese Weise kann man auch noch sogenannte abzählbare Mengen elementweise beherrschen. Schließlich kann man statt der Angabe eines Bildungsgesetzes und damit der Konstruktionsmöglichkeit jedes einzelnen Elements viel größere Mengen dadurch beherrschen, daß man lediglich einen Algorithmus angibt, der von einem vorgegebenen Element feststellt, ob es der definierten Menge angehört. Diese Darstellung von Mengen fällt jedoch schon unter die Möglichkeiten, Teilmengen (des Universums „aller Elemente") darzustellen.

Die Menge $2\mathbb{N}$ erhält man auch als $\{t \in \mathbb{N} \,|\, \exists s \in \mathbb{N} \,[2s = t]\}$. Diese endliche Zeichenfolge kann gespeichert werden. Häufig stellt man sich also auf den Standpunkt, daß ein Universum als Grundmenge gegeben ist, beschrieben etwa durch den Aufbau der verwendeten Elemente (z.B. alle Worte, die man mit Buchstaben und Ziffern – alphanumerisch – schreiben kann), und beschreibt die interessierenden Teilmengen $A$ von $U$ durch ein Prädikat $\mathfrak{A}(x)$, also $A = \{x | \mathfrak{A}(x)\} = \{x \in U | \mathfrak{A}(x)\}$, durch das festgestellt werden kann, ob ein gegebenes Element der Teilmenge angehört. $\mathfrak{A}(x)$ ist dann ein Algorithmus, der für ein gegebenes Element $x$ einen Wert wahr ($x \in A$) oder falsch ($x \notin A$) ausgibt.

Für endliche elementweise im Computer gespeicherte Mengen $U$ gibt es noch ein weiteres häufig verwendetes Verfahren, um Teilmengen $A \subset U$ zu definieren. Man stellt einen weiteren Speicher zur Verfügung mit ebenso vielen Bits Speicherraum, wie die Grundmenge Elemente hat. Jedem Element $x$ von $U$ steht damit also sein eigener zusätzlicher Speicher von 1 Bit Länge zur Verfügung. Um jetzt eine Teilmenge $A$ zu bilden, schreibt man für diejenigen Elemente $x \in U$, die in $A$ liegen, eine 1 in den zu $x$ gehörigen Speicher. Für die Elemente $x \in U$ mit $x \notin A$ schreibt man eine 0 in den zugehörigen Speicher. Man hat damit eigentlich eine Funktion $\chi_A : U \longrightarrow \{0, 1\}$ definiert mit

$$\chi_A(x) = \begin{cases} 1, & \text{für } x \in A, \\ 0, & \text{für } x \notin A. \end{cases}$$

Dadurch ist die Teilmenge $A$ aber offensichtlich vollständig bestimmt. Die Funktion $\chi_A$ nennt man auch die *charakteristische Funktion* von $A$ (vgl. auch Kapitel 1.3).

Zum Beispiel kann man bei der Beschreibung von Farbmischungen aus den 3 Farben $U := \{\text{blau, grün, rot}\}$ insgesamt $2^3 = 8$ verschiedene Teilmengen finden. Die Teilmenge $\{\text{blau, rot}\}$ wird dabei dann durch die Bitfolge 101 definiert.

**Bemerkung 1.1.17** (Mengenoperationen im Computer)

1. Der Fall endlicher Mengen: Sind zwei endliche Mengen $A$ und $B$ als geordnete Listen gegeben, so kann man $A \cup B$ darstellen durch Bildung einer neuen Liste, in die alle Elemente aus $A$ und $B$ aufgenommen werden, im einfachsten Fall durch ein Aneinanderhängen der Listen, oder dadurch, daß man sich merkt, daß die Elemente aus $A \cup B$ solche sind, die in $A$ *oder* in $B$

liegen, beide Mengen also zur Wahl eines Elements zuläßt. Der Durchschnitt $A \cap B$ ist für die Bildung einer neuen Gesamtmenge schwieriger, weil man hier tatsächlich eine neue Liste konstruieren muß, zum Beispiel nach dem Verfahren, alle Elemente aus $A$ zu durchlaufen (das sind nur endlich viele!) und zu untersuchen, ob sie in $B$ liegen, und die dabei gefundenen Elemente in eine neue Liste aufzunehmen. Aber auch hier kann man statt dessen die abstrakte Beschreibung des Durchschnitt verwenden, also nur solche Elemente, die man *sowohl* in $A$ *als auch* in $B$ vorfindet (in $A$ *und* in $B$). Ähnliche Überlegungen gelten für das Komplement $A \setminus B$ und die symmetrische Differenz $A \Delta B$. Wenn man Teilmengen $A$ und $B$ eines Universums $U$ betrachtet und diese durch Bitfolgen, d.h. durch ihre charakteristischen Funktionen $\chi_A$ bzw. $\chi_B$ darstellt, so ist die Vereinigung einfach durch die charakteristische Funktion

$$\chi_{A \cup B}(x) = \max(\chi_A(x), \chi_B(x))$$

oder durch die OR Operation auf den Bitfolgen zu erhalten. Ähnlich erhält man den Durchschnitt durch

$$\chi_{A \cap B}(x) = \min(\chi_A(x), \chi_B(x))$$

oder durch die AND Operation auf den Bitfolgen (vgl. hierzu Kapitel 1.3).

2. Der Fall großer und unendlicher Mengen gestattet nicht mehr eine elementweise Aufbereitung der neuen Mengen $A \cup B$, $A \cap B$, $A \setminus B$ bzw. $A \Delta B$, allein schon weil die Ausgangsmengen $A$ und $B$ nicht elementweise, sondern durch ein Prädikat gegeben sind. Von den neuen Mengen sind also wieder die entsprechenden Prädikate zu bilden. Dazu verwenden wir die logischen Zeichen $\vee$ (oder), $\wedge$ (und) und $\neg$ (nicht). Wir legen außerdem ein Universum $U$ zugrunde, in dem sich alles abspielt. Seien die Mengen $A = \{x \in U | \mathfrak{A}(x)\}$ und $B = \{x \in U | \mathfrak{B}(x)\}$ gegeben. Dann gelten

$$
\begin{aligned}
A \cup B &= \{x \in U | \mathfrak{A}(x) \vee \mathfrak{B}(x)\}, \\
A \cap B &= \{x \in U | \mathfrak{A}(x) \wedge \mathfrak{B}(x)\}, \\
A \setminus B &= \{x \in U | \mathfrak{A}(x) \wedge \neg \mathfrak{B}(x)\}, \\
A \Delta B &= \{x \in U | (\mathfrak{A}(x) \vee \mathfrak{B}(x)) \wedge \neg(\mathfrak{A}(x) \wedge \mathfrak{B}(x))\}.
\end{aligned}
$$

Das Rechnen mit Mengenoperationen kann also übersetzt werden in ein Rechnen mit Prädikaten. Die Vereinigung entspricht dabei dem logischen OR, der Durchschnitt dem logischen AND. Die Komplementärmenge kann mit den logischen Operationen AND NOT erhalten werden und die symmetrische Differenz mit ( OR ) AND NOT ( AND ).

**Axiom 5** (Potenzmengenaxiom)
Zu jeder Menge $A$ gibt es eine Menge, *Potenzmenge* von $A$ genannt und mit $\mathcal{P}(A)$ bezeichnet, die genau alle Teilmengen von $A$ als Elemente enthält. Diese wird auch mit

$$\mathcal{P}(A) := \{B | B \subset A\}$$

bezeichnet.

**Beispiele 1.1.18** $\mathcal{P}(\emptyset) = \{\emptyset\}$ ist eine Menge mit einem Element. $\mathcal{P}(\{a\}) = \{\emptyset, \{a\}\}$ ist eine Menge mit zwei Elementen. $\mathcal{P}(\{a, b\}) = \{\emptyset, \{a\}, \{b\}, \{a, b\}\}$ ist eine Menge mit vier Elementen.

**Folgerung 1.1.19** *(Rechenregeln)*

1. $\mathcal{P}(A) \cap \mathcal{P}(B) = \mathcal{P}(A \cap B)$,
2. $\mathcal{P}(A) \cup \mathcal{P}(B) \subset \mathcal{P}(A \cup B)$,
3. $A \subset B \Longrightarrow \mathcal{P}(A) \subset \mathcal{P}(B)$,
4. $\bigcap \{B | B \in \mathcal{P}(A)\} = \emptyset$, $\bigcup \{B | B \in \mathcal{P}(A)\} = A$.

Jetzt sind wir endlich soweit, daß wir die Existenz von gewissen interessanten Mengen beweisen können, die wir früher schon in Beispielen betrachtet haben, ohne zu wissen, ob sie existieren.

**Folgerung 1.1.20** *Seien $a_1, \ldots, a_n$ Elemente. Dann existiert eine Menge $\{a_1, \ldots, a_n\}$, die genau aus den Elementen $a_1, \ldots, a_n$ besteht. Seien $A_1, \ldots, A_n$ Mengen. Dann existiert eine Menge $\{A_1, \ldots, A_n\}$.*

*Beweis.* Nach Axiom 1 3. gibt es zu jedem Element $a_i$ eine Menge $A_i$ mit $a_i \in A_i$. Nach Axiom 4 1. kann man die Mengen $B_1 := A_1$, $B_2 := B_1 \cup A_2$, $B_3 := B_2 \cup A_3, \ldots, B_n := B_{n-1} \cup A_n$ bilden, also $B_n = (\ldots((A_1 \cup A_2) \cup A_3) \cup \ldots A_{n-1}) \cup A_n = A_1 \cup A_2 \cup A_3 \cup \ldots \cup A_{n-1} \cup A_n$ (nach 1.1.12 2.). Damit gilt $a_1 \in B_n, a_2 \in B_n, \ldots, a_n \in B_n$. Dann ist $\{a_1, a_2, \ldots, a_n\} := \{x \in B_n | x = a_1 \vee x = a_2 \vee \ldots x = a_n\}$ nach Axiom 3 eine Menge.

Die Mengen $A_1, A_2, \ldots, A_n$ sind selbst Elemente, denn es gilt $A_i \in \mathcal{P}(A_i)$. Dann kann die erste Aussage dieser Folgerung verwendet werden, um die Existenz der Menge $\{A_1, \ldots, A_n\}$ zu erhalten.

Wir beenden diesen Abschnitt mit der berühmten Russellschen[6] Antinomie. In der naiven Mengenlehre, die versucht, auf der Mengendefinition von Georg Cantor aufzubauen, kann man die *Menge aller Mengen* ebenfalls bilden. Russell hat dann gezeigt, daß dieser Begriff einen Widerspruch in sich trägt. In einem axiomatischen Aufbau, wie wir ihn hier betrachten, löst sich dieser Widerspruch in der Aussage, daß es nicht die Menge aller Mengen geben kann. Dieser Beweis der Nichtexistenz einer bestimmten Menge wird in ähnlicher Form in der Informatik dazu verwendet, zu zeigen, daß es gewisse Programme, die bestimmte Forderungen erfüllen sollen, nicht geben kann, etwa Programme, die von beliebigen vorgegebenen Programmen mit zugehörigen Dateneingaben feststellen können, ob sie abbrechen oder nicht.

**Bemerkung 1.1.21** (Das Russellsche Paradoxon)
Die Menge aller Mengen existiert nicht. Wenn es nämlich eine Menge $\Omega = \{A | A$ ist eine Menge$\}$ aller Mengen gäbe, dann wäre auch $X := \{A \in \Omega | A \notin$

---

[6] Bertrand Arthur William Russell (1872–1970), 3rd Earl Russell of Kingston Russell, Viscount Amberley of Amberley and of Ardsalla

$A$} eine Menge und ebenso $Y := \Omega \setminus X = \{A \in \Omega | A \in A\}$. Wäre nun $X \in X$, so folgte nach der Definition von $Y$ daraus $X \in Y$. Da weiter $Y = \Omega \setminus X$ gilt, kann $X$ nicht Element von $X$ sein; es gilt also $X \notin X$. Wäre umgekehrt $X \notin X$, so folgte daraus $X \in X$ nach der Definition von $X$. In beiden Fällen haben wir einen Widerspruch zu Axiom 1 erhalten. Deshalb kann $X$ nicht existieren und damit auch nicht $\Omega$.

**Übungen 1.1.22**    1. Welche der folgenden Mengen sind nicht leer:
- a) $\{x | x \in \mathbb{N} \wedge 2x + 1 = 3\}$
- b) $\{x | x \in \mathbb{Q} \wedge x^2 + 4 = 6\}$
- c) $\{x | x \in \mathbb{Z} \wedge 3x + 5 = 9\}$
- d) $\{x | x \in \mathbb{R} \wedge x^2 + 4 = 6\}$
- e) $\{x \in \mathbb{R} | x^2 + 5 = 4\}$
- f) $\{x \in \mathbb{R} | x^2 + 3x + 3 = 0\}$

(Lösung durch Angabe mindestens eines Elementes aus der Menge bzw. die Angabe der leeren Menge. Schulkenntnisse sollen verwendet werden.)

2. Zeigen Sie, daß für die Mengen $A$ und $B$ folgende Aussagen äquivalent sind:
   - a) $A$ und $B$ sind disjunkt.
   - b) $A \setminus B = A$.
   - c) $B \setminus A = B$.
3. Geben Sie Beispiele von Mengen $A_1, B_1, C_1$ und $A_2, B_2, C_2$ mit
   - a) $A_1 \in B_1 \wedge B_1 \in C_1 \wedge A_1 \notin C_1$,
   - b) $A_2 \in B_2 \wedge B_2 \in C_2 \wedge A_2 \in C_2$.
4. Beweisen Sie mit den Gesetzen der Mengenalgebra
   - a) $(A \setminus B) \cup (A \cap B) = A$,
   - b) $\overline{A} \cup \overline{B} \cup \overline{(\overline{A} \cup \overline{B} \cup C)} = \overline{(A \cap B \cap C)}$ (bezüglich eines Universums $U$).
5. Zeigen Sie durch elementweises Rechnen
   $$A \cup (A \cap B) = A, \qquad \overline{A \cap B} = \overline{A} \cup \overline{B}.$$
6. Seien $A, B$ und $C$ Mengen. Die symmetrische Differenz von $A$ und $B$ ist $A \triangle B := (A \cup B) \setminus (A \cap B)$ (vgl. Definition 1.1.13). Zeigen Sie:
   - a) $A \triangle B = (A \setminus B) \cup (B \setminus A)$,
   - b) $\overline{A \triangle B} = A \triangle \overline{B}$,
   - c) $A \triangle (B \triangle C) = (A \triangle B) \triangle C$.
7. Zeigen Sie für Mengen $A, B$ und $C$:
   - a) $A \cap (B \triangle C) = (A \cap B) \triangle (A \cap C)$,
   - b) $A \triangle (B \cap C) \supset (A \triangle B) \cap (A \triangle C)$,
   - c) $A \triangle (B \cap C) \subset (A \triangle B) \cup (A \triangle C)$.
   - d) Geben Sie Beispiele an, in denen die Inklusionen in (b) und (c) echt sind.
8. Sei ein Universum $U$ vorgegeben, seien $A, B \subset U$. Finden Sie für die Mengen $\overline{A}, A \cap B, A \cup B$ und $A \triangle B$ Ausdrücke nur unter Verwendung der Symbole $A, B, U$ und $\setminus$ (und natürlich von Klammern).
9. Zeigen Sie mit den Gesetzen der Mengenalgebra:
   - a) $\overline{A \setminus B} = \overline{B} \setminus \overline{A}$

b) $\overline{A \Delta B} = A \Delta B$

c) $A \cap (B \Delta C) = (A \cap B) \Delta (A \cap C)$

d) $A \Delta (B \cap C) \supset (A \Delta B) \cap (A \Delta C)$

e) $A \Delta (B \cap C) \subset (A \Delta B) \cup (A \Delta C)$

f) Geben Sie Beispiele an, in denen die Inklusionen in d) und e) echt sind.

10. Seien

$$A_1 := \{1 \cdot 2^1, 2 \cdot 2^1, 3 \cdot 2^1, 4 \cdot 2^1, \ldots\} = 2\mathbb{N},$$
$$A_2 := \{1 \cdot 2^2, 2 \cdot 2^2, 3 \cdot 2^2, 4 \cdot 2^2, \ldots\} = 2^2\mathbb{N}, \ldots$$
$$A_n := \{1 \cdot 2^n, 2 \cdot 2^n, 3 \cdot 2^n, 4 \cdot 2^n, \ldots\} = 2^n\mathbb{N}, \ldots$$

und sei $M := \{A_1, A_2, A_3, \ldots, A_n, \ldots\}$. Zeigen Sie:

$$\bigcap_{A_n \in M} A_n = \emptyset.$$

11. Zeigen Sie für Mengen $A$ und $B$:

a) $\mathcal{P}(A \cap B) = \mathcal{P}(A) \cap \mathcal{P}(B)$,

b) $\mathcal{P}(A) \cup \mathcal{P}(B) \subset \mathcal{P}(A \cup B)$,

c) $\mathcal{P}(A \cup B) = \mathcal{P}(A) \cup \mathcal{P}(B) \quad \Leftrightarrow \quad A \subset B \vee B \subset A$,

d) $\mathcal{P}(A) \Delta \mathcal{P}(B)$ und $\mathcal{P}(A \Delta B)$ sind genau dann disjunkt, wenn $A = B$ gilt.

## 1.2 Relationen und Abbildungen

Wir beginnen mit einer Vorbemerkung zum naiven Begriff eines Paares. Seien $a$ und $b$ zwei nicht notwendig verschiedene Elemente. Ein Paar $(a, b)$ hat zwei Elemente, eines, $a$, an erster Stelle, und ein weiteres, $b$, an zweiter Stelle. Dabei dürfen $a$ und $b$ auch gleich sein. Zwei Paare werden als gleich angesehen: $(a, b) = (x, y)$ genau dann, wenn $a = x$ und $b = y$ gelten. Häufig spricht man auch von einem geordneten Paar (im Unterschied zu einer Menge $\{a, b\}$ mit einem $(a = b)$ oder zwei $(a \neq b)$ Elementen). Es gilt für $a \neq b$ zwar $\{a, b\} = \{b, a\}$, aber $(a, b) \neq (b, a)$. Die exakte mengentheoretische Erfassung dieses Begriffs gibt die

**Definition 1.2.1** Seien $a$ und $b$ zwei nicht notwendig verschiedene Elemente. Dann wird das (geordnete) *Paar* $(a, b)$ definiert durch

$$(a, b) := \{\{a\}, \{a, b\}\}.$$

$a$ heißt *erstes Element* des Paares $(a, b)$, $b$ heißt *zweites Element* des Paares $(a, b)$.

Bemerkung: Diese Menge existiert nach 1.1.20.

Der Wert dieser recht unanschaulichen Definition liegt darin, daß man den Begriff eines Paares so mit Hilfsmitteln der Mengenlehre ausdrücken kann und das folgende fundamentale Lemma beweisen kann.

**Lemma 1.2.2** $(a, b) = (c, d) \Longleftrightarrow a = c \wedge b = d.$

*Beweis.* „$\Longleftarrow$": Folgt aus der Eigenschaft der Gleichheit, da man in einem Ausdruck gleiche Elemente $a = c$ bzw $b = d$ ersetzen darf und dabei der Ausdruck gleich bleibt.

„$\Longrightarrow$": Wir unterscheiden zwei Fälle:

1. Fall: $a = b$. Dann ist $(a, b) = (a, a) = \{\{a\}, \{a, a\}\} = \{\{a\}, \{a\}\} = \{\{a\}\}$. Wegen $\{\{c\}, \{c, d\}\} = (c, d) = (a, b) = \{\{a\}\}$ folgt $\{c\} = \{a\}$ und $\{c, d\} = \{a\}$, also $c = a$ und $d = a = b$.

2. Fall: $a \neq b$. Dann hat $\{a, b\}$ genau zwei Elemente. Wegen $\{\{a\}, \{a, b\}\} = (a, b) = (c, d) = \{\{c\}, \{c, d\}\}$ folgt daher $\{a, b\} \in \{\{c\}, \{c, d\}\}$, also muß $\{a, b\} = \{c, d\}$ gelten (denn $\{a, b\} = \{c\}$ würde $a = c = b$ implizieren, was nach Voraussetzung nicht möglich ist). Damit ist auch $c \neq d$. Dann folgt $\{a\} = \{c\}$ und $a = c$. Aus $\{a, b\} = \{c, d\}$ folgt dann $b = d$.

**Definition und Lemma 1.2.3** *Zu je zwei (nicht notwendig verschiedenen) Mengen $A$ und $B$ gibt es die Menge*

$$A \times B := \{(a, b) | a \in A \wedge b \in B\},$$

*genannt* Produkt *der Mengen $A$ und $B$ (auch* Produktmenge, kartesisches[7] Produkt, direktes Produkt*).*

*Beweis.* Die Existenz ergibt sich aus der Tatsache $(a, b) \in \mathcal{P}(\mathcal{P}(A \cup B))$, denn $\{a\} \in \mathcal{P}(A) \subset \mathcal{P}(A \cup B)$ und $\{a, b\} \in \mathcal{P}(A \cup B)$ impliziert $(a, b) = \{\{a\}, \{a, b\}\} \in \mathcal{P}(\mathcal{P}(A \cup B))$. Dann setzen wir

$$A \times B := \{x \in \mathcal{P}(\mathcal{P}(A \cup B)) | \exists a \in A, b \in B[x = (a, b)]\}.$$

Das ist genau die Menge aller Paare $(a, b)$ mit erstem Element in $A$ und zweitem Element in $B$.

Wenn die Menge $A$ oder die Menge $B$ leer ist, passiert etwas Merkwürdiges. Es kann dann nämlich kein Paar in $A \times B$ geben, denn das erste Element $a$ eines solchen Paares $(a, b)$ wäre ein Element in $A$ und das zweite Element $b$ wäre ein Element in $B$, was nicht gleichzeitig sein darf. Andrerseits gibt es sicher Paare der Form $(a, b)$, wenn $A$ und $B$ nicht leer sind. Also gilt:

**Folgerung 1.2.4** $A \times B = \emptyset \Longleftrightarrow A = \emptyset$ *oder* $B = \emptyset.$

---

[7] René Descartes (Renatus Cartesius) (1596–1650)

**Bemerkung 1.2.5** Wir verwenden in Zukunft lediglich die Tatsache, daß wir zu je zwei Elementen $a$ und $b$ ein Paar $(a, b)$ (als Menge) bilden können (Existenz), daß die Produktmenge $A \times B$ von Paaren existiert und daß zwei Paare genau dann gleich sind, wenn ihre Komponenten gleich sind (1.2.2). Die exakte Definition wird nicht mehr weiter benötigt.

**Definition 1.2.6** Seien $a, b, c$ drei (nicht notwendig verschiedene) Elemente. Ein *Tripel* $(a, b, c)$ ist definiert durch

$$(a, b, c) := ((a, b), c).$$

**Bemerkung 1.2.7** Analog zu den Paaren gilt

$$(a, b, c) = (x, y, z) \Longleftrightarrow a = x \wedge b = y \wedge c = z.$$

Wir kommen jetzt zu dem zentralen Begriff dieses Abschnitts. Wir wollen möglichst allgemein Beziehungen zwischen Elementen in zwei Mengen $A$ und $B$ beschreiben. Wie kann man eine Beziehung, eine Verbindung, einen Zusammenhang oder Ähnliches zwischen einem Element $a \in A$ und einem Element $b \in B$ möglichst allgemein fassen? Das tun wir, indem wir schlicht und einfach sagen, ob die gewünschte Beziehung zwischen $a$ und $b$ existiert oder nicht. Dann können wir diejenigen Paare $(a, b)$, für die $a$ in der gewünschten Beziehung zu $b$ steht, in einer Menge $R$ zusammenfassen und können dann genau feststellen, ob eine Beziehung zwischen $a$ und $b$ besteht, indem wir nämlich $(a, b) \in R$ überprüfen. Auf diese Weise legen wir den Begriff der Beziehung, oder wie wir dann sagen werden, der Relation, in keiner Weise weiter fest, als daß zwischen Elementen aus $A$ und solchen aus $B$ eine Beziehung bestehen kann.

Um Relationen gut unterscheiden zu können, fügen wir in der Definition auch noch die beiden Mengen $A$ und $B$ hinzu und definieren wie folgt:

**Definition 1.2.8** Eine *Relation* $\rho = (A, B, R)$ ist ein Tripel von Mengen $A, B, R$ mit $R \subset A \times B$.

Ist $\rho = (A, B, R)$ eine Relation, so schreiben wir gelegentlich auch

$$a \rho b :\Longleftrightarrow (a, b) \in R.$$

$\rho$ heißt auch Relation von $A$ in $B$, von $A$ nach $B$ oder zwischen $A$ und $B$. Eine Relation der Form $\rho = (A, A, R)$ heißt *binäre Relation* auf $A$.

Da der Begriff der Relation so allgemein formuliert worden ist, wird es viele Beispiele dafür geben. Wir geben hier nur einige wenige an, weitere werden sich später ergeben.

**Beispiele 1.2.9**   1. $\rho = (A, B, A \times B)$ heißt die *größte Relation* zwischen $A$ und $B$. Jedes Element $a \in A$ steht in Relation oder Beziehung zu jedem Element $b \in B$.

2. $\rho = (A, B, \emptyset)$ heißt die *kleinste* oder *leere Relation* zwischen $A$ und $B$. Dieses ist eine Relation, weil $\emptyset \subset A \times B$. Bei ihr steht kein Element aus $A$ in Relation zu einem Element in $B$.

3. $\rho = (A, A, \{(a, a) | a \in A\})$ heißt die *identische* oder *Gleichheitsrelation* von $A$. Zwei Elemente stehen in Relation zueinander genau dann, wenn sie gleich sind. Diese Relation ist also aus dem Gleichheitszeichen entstanden.

4. $\rho = (\mathbb{R}, \mathbb{R}, \{(x, x^2) | x \in \mathbb{R}\})$ ist die reelle Funktion $x^2$. Jedes $x \in \mathbb{R}$ steht nämlich in Relation zu $x^2 \in \mathbb{R}$.

5. Die Relation

$$\rho = (\mathcal{P}(A), \mathcal{P}(A), \{(B, C) \in \mathcal{P}(A) \times \mathcal{P}(A) | B \subset C)$$

ist die *Teilmengenrelation* auf der Menge der Teilmengen von $A$, d.h. auf der Potenzmenge von $A$.

6. Die Relation $\rho = (\mathbb{N}, \mathbb{N}, \{(m, n) | m, n \in \mathbb{N} \wedge m \leq n\})$ ist die *Anordnungsrelation* $\leq$ auf den natürlichen Zahlen. Es gilt $m \rho n \iff (m, n) \in \rho \iff m \leq n$. Man schreibt daher auch $\rho = \leq$. Eine graphische Darstellung für diese Relation ist

wobei die Elemente aus $R = \{(m, n) | m, n \in \mathbb{N} \wedge m \leq n\}$ durch dicke Punkte dargestellt sind und die Elemente aus $\mathbb{N} \times \mathbb{N}$, die nicht in $R$ liegen, durch kleine Kreise dargestellt sind. An dieser Darstellung sieht man auch deutlich, wie die Relation $R$ als Teilmenge des Produkts $\mathbb{N} \times \mathbb{N}$ aufgefaßt wird.

7. Ist $B \subset C$ eine Teilmenge, so ist $\rho = (B, C, R)$ mit $R = \{(b, b) \in B \times C | b \in B\}$ eine Relation, genannt *Inklusionsrelation*.

**Bemerkung 1.2.10** Zwei Relationen

$$\rho_1 = (A_1, B_1, R_1) \quad \text{und} \quad \rho_2 = (A_2, B_2, R_2)$$

sind genau dann gleich, wenn $A_1 = A_2$, $B_1 = B_2$ und $R_1 = R_2$ gelten. Es sind daher die Relationen $(\mathbb{N}, \mathbb{N}, \{(n, n) | n \in \mathbb{N}\})$ und $(\mathbb{N}, \mathbb{R}, \{(n, n) | n \in \mathbb{N}\})$ verschieden. Ist eine der Mengen $A$ oder $B$ leer, so gibt es genau eine Relation zwischen $A$ und $B$, nämlich die leere Relation. Für $A = \emptyset$ und eine Relation $\rho = (\emptyset, B, R)$ ist nämlich $R \subset \emptyset \times B = \emptyset$ (vgl. 1.2.4), also $R = \emptyset$.

**Definition 1.2.11** Sei $\rho = (A, B, R)$ eine Relation. Wir definieren

1. *Quelle* von $\rho = \mathrm{Qu}(\rho) := A$,
2. *Ziel* von $\rho = \mathrm{Zi}(\rho) := B$,
3. *Graph* von $\rho = \mathrm{Gr}(\rho) := R$,
4. *Urbild* von $\rho = \mathrm{Ur}(\rho) := \{a | a \in A \wedge \exists b \in B[(a,b) \in R]\}$,
5. *Bild* von $\rho = \mathrm{Bi}(\rho) := \{b | b \in B \wedge \exists a \in A[(a,b) \in R]\}$.

**Definition 1.2.12** Seien die Relationen $\rho = (A, B, R)$ und $\sigma = (B, C, S)$ gegeben. Dann heißt die Relation

$$\sigma\rho := (A, C, T)$$

mit

$$T := \{(a,c) | (a,c) \in A \times C \wedge \exists b \in B[(a,b) \in R \wedge (b,c) \in S]\}$$

die *Produkt-* oder *Verknüpfungsrelation* von $\rho$ und $\sigma$. Gelegentlich schreibt man für die Produktrelation auch $\sigma \circ \rho := \sigma\rho$. Man beachte, daß $\sigma\rho$ nur definiert ist, wenn $\mathrm{Zi}(\rho) = \mathrm{Qu}(\sigma)$ gilt. Man beachte weiterhin die Reihenfolge von $\rho$ und $\sigma$ in der Produktschreibweise $\sigma\rho$.

Ist $\rho$ die Teilmengenrelation von Beispiel 1.2.9 5., so gilt $\rho\rho = \rho$, weil $B \subset C$ und $C \subset D$ impliziert $B \subset D$.

Besonders wichtige Relationen in der Mathematik sind die Abbildungen, die Äquivalenzrelationen und die Ordnungen. Wir besprechen zunächst den Begriff der Abbildung. In der Informatik werden oft Abbildungen benötigt, die nicht total definiert sind. Das sind die partiellen Abbildungen.

**Definition 1.2.13** Eine Relation $\alpha = (A, B, R)$ heißt eine *partielle Abbildung*, wenn gilt

$$\forall a \in A \; \forall b_1, b_2 \in B[(a, b_1) \in R \wedge (a, b_2) \in R \Longrightarrow b_1 = b_2]. \qquad (1.1)$$

In Worten ausgedrückt heißt das, daß zu jedem Element $a \in A$ *höchstens* ein Element $b \in B$ mit $(a, b) \in R$ existiert. Wenn $(a, b) \in R$ gegeben ist, dann schreiben wir für das eindeutig durch $a$ definierte $b$ auch $\alpha(a)$ (Funktionsschreibweise). Es gilt also mit dieser Festlegung

$$(a, b) \in R \Longleftrightarrow b = \alpha(a).$$

Eine weitere Bezeichnungsweise für $(a, b) \in R = \mathrm{Gr}(\alpha)$ ist auch $a \overset{\alpha}{\mapsto} b$ oder $a \mapsto b$ mit der Sprechweise „dem Element $a$ wird durch $\alpha$ das Element $b$ zugeordnet." Man nennt $b$ auch das *Bild* von $a$ bei $\alpha$ und $a$ ein *Urbild* von $b$ bei $\alpha$. Man beachte, daß $b$ zwar durch die Vorgabe von $a$ eindeutig bestimmt ist, daß aber $a$ keinesfalls eindeutig durch $b$ bestimmt ist, wenn $b = \alpha(a)$ gilt.

Das Bild von $\alpha$ ist eine Teilmenge von $B$, das Urbild von $\alpha$ eine Teilmenge von $A$. Beide Teilmengen können echte Teilmengen sein. Man nennt das Bild von $\alpha$ auch den *Wertebereich* (engl. range) und das Urbild von $\alpha$ den *Definitionsbereich* (engl. domain).

Eine partielle Abbildung $\alpha = (A, B, R)$ wird auch mit der Schreibweise $\alpha : A \rightharpoonup B$ oder $A \overset{\alpha}{\rightharpoonup} B$ bezeichnet. Gelegentlich schreiben wir auch $\alpha : A \ni a \mapsto b \in B$ oder $A \ni a \mapsto \alpha(a) \in B$, wobei häufig $\alpha(a)$ auch ersetzt wird durch eine Formel mit der $\alpha(a)$ aus $a$ berechnet werden kann.

Eine wesentliche Aufgabe wird es wieder sein festzustellen, ob zwei partielle Abbildungen gleich sind oder nicht, so wie wir schon Kriterien dafür haben, ob zwei Mengen gleich sind (Axiom 2), zwei Paare gleich sind (1.2.2) oder ob zwei Relationen gleich sind (1.2.10).

**Bemerkung 1.2.14** Zwei partielle Abbildungen $\alpha = (A, B, R)$ und $\beta = (C, D, S)$ sind genau dann gleich, wenn gelten

$$\begin{aligned} &\mathrm{Qu}(\alpha) = \mathrm{Qu}(\beta), \\ &\mathrm{Zi}(\alpha) = \mathrm{Zi}(\beta), \\ &\mathrm{Ur}(\alpha) = \mathrm{Ur}(\beta) \quad \text{und} \\ &\forall a \in \mathrm{Ur}(\alpha)[\alpha(a) = \beta(a)]. \end{aligned}$$

**Definition 1.2.15** Eine Relation $\alpha = (A, B, R)$ heißt eine *Abbildung*, eine *Funktion* oder eine *Familie*, wenn $\alpha$ eine partielle Abbildung ist und gilt

$$\forall a \in A \exists b \in B[(a, b) \in R]. \tag{1.2}$$

Benutzt man für $\alpha$ die Bezeichnung Familie, dann heißt $A$ die *Indexmenge* der Familie.

Die Bedingungen (1.2) und (1.2) können wie folgt ausgedrückt werden: Zu jedem $a \in A$ existiert genau ein $b \in B$ mit $(a, b) \in R$. Bei einer Abbildung stimmen Definitionsbereich und Quelle überein: $\mathrm{Ur}(\alpha) = \mathrm{Qu}(\alpha)$[8].

Warum sind hier drei verschiedene Ausdrücke, nämlich Abbildung, Funktion und Familie, für denselben Begriff eingeführt worden? Man verwendet diese Begriffe in verschiedenem Zusammenhang. Von einer Funktion, statt von einer Abbildung, spricht man oft, wenn das Ziel der Abbildung eine Menge von Zahlen ist. Man denkt dabei z.B. an die Sinusfunktion $(\sin(x))$ oder die Exponentialfunktion $(e^x = \exp(x))$. Zum Begriff der Familie werden wir noch mehr im Zusammenhang mit Produkten sagen. Wir können jetzt schon andeuten, daß man sich bei einer Familie mehr die Kollektion der Bildelemente vorstellt, während man bei einer Abbildung mehr an eine Zuordnungsvorschrift denkt.

**Definition 1.2.16** Sei $\alpha : A \rightarrow B$ eine Abbildung und $A_0 \subset A$. Dann heißt $\alpha|_{A_0} := (A_0, B, \mathrm{Gr}(\alpha) \cap (A_0 \times B))$ die *Einschränkung* von $\alpha$ auf $A_0$. Weiter definieren wir

$$\alpha(A_0) := \{\alpha(x) \mid x \in A_0\}.$$

---

[8] Wir werden häufiger Aussagen von der Form „es gibt genau ein Element mit ..." benötigen und verwenden dafür die Abkürzung $\exists_1$.

Für $B_0 \subset B$ definieren wir

$$\alpha^{-1}(B_0) := \{x \in A | \alpha(x) \in B_0\}.$$

Schließlich sei

$$\alpha^{-1}(b) := \alpha^{-1}(\{b\}),$$

genannt *Urbild von b*.

Unter den vielen verschiedenen Abbildungen spielen die folgenden eine herausragende Rolle.

**Definition 1.2.17**  1. Eine Abbildung $\alpha : A \to B$ heißt *surjektiv* oder eine *Surjektion* oder eine Abbildung von $A$ *auf* $B$, wenn gilt

$$\forall b \in B \exists a \in A[(a,b) \in R], \tag{1.3}$$

das heißt, alle Elemente aus dem Ziel von $\alpha$ sind Bilder von Elementen aus der Quelle von $\alpha$, also $\text{Bi}(\alpha) = \text{Zi}(\alpha)$.

2. Eine Abbildung $\alpha : A \to B$ heißt *injektiv* oder eine *Injektion* oder eine *eineindeutige* Abbildung, wenn gilt:

$$\forall b \in B \forall a_1, a_2 \in A[(a_1,b) \in R \wedge (a_2,b) \in R \Longrightarrow a_1 = a_2], \tag{1.4}$$

das heißt, je zwei verschiedene Elemente aus $A$ werden auf verschiedene Elemente aus $B$ abgebildet.

3. Eine Abbildung $\alpha : A \to B$ heißt *bijektiv* oder eine *Bijektion*, wenn $\alpha$ injektiv und surjektiv ist.

**Bemerkung 1.2.18** Ist $\alpha = (A, B, R)$ eine Relation, so definieren wir eine Relation $\alpha' := (B, A, R')$ durch die Bedingung $(b,a) \in R' :\Longleftrightarrow (a,b) \in R$ und bezeichnen $\alpha'$ als *Umkehrrelation*. Ist $\alpha$ eine bijektive Abbildung, so ist $\alpha'$ ebenfalls eine bijektive Abbildung. Die Gesetze (1.3) und (1.4) für die Relation $\alpha$ sind nämlich die Gesetze (1.2) bzw. (1.1) für die Umkehrrelation $\alpha'$ und die Gesetze (1.1) und (1.2) für $\alpha$ sind die Gesetze (1.4) bzw. (1.3) für $\alpha'$.

**Beispiele 1.2.19**  1. Die identische Relation 1.2.9 3. ist eine Abbildung, die *identische Abbildung* oder *Identität*, bezeichnet mit $1_A : A \to A$ oder $\text{id}_A : A \to A$.

2. $\mathbb{N} \ni n \mapsto 2 \cdot n \in \mathbb{N}$ ist eine Abbildung.

3. $\mathbb{N} \ni n \mapsto 2 \cdot n \in \{2, 4, 6, 8, \ldots\}$ ist verschieden von der Abbildung unter 2. (die Ziele sind verschieden). Die Abbildung unter 2. ist injektiv, aber nicht surjektiv. Die Abbildung unter 3. ist bijektiv.

4. $\mathbb{R} \ni r \mapsto [r] \in \mathbb{Z}$, wobei $[r]$ die größte ganze Zahl $\leq r$ sei, ist surjektiv, aber nicht injektiv.

5. $\mathbb{Q} \ni q \mapsto q \in \mathbb{R}$ ist eine (injektive) Inklusionsabbildung.

6. $\mathbb{R} \ni r \mapsto 2^r \in \mathbb{R}^+ := \{r \in \mathbb{R} | r > 0\}$ ist eine bijektive Abbildung.

**Lemma 1.2.20** *Seien* $\alpha : A \to B$ *und* $\beta : B \to C$ *Abbildungen. Dann ist das Produkt oder die Komposition* $\beta\alpha : A \to C$ *wieder eine Abbildung.*

*Beweis.* Wir wissen aus der Diskussion in 1.2.12, daß $A$ die Quelle der Produktrelation $\beta\alpha$ ist, und daß $C$ das Ziel ist. Es bleibt zu zeigen, daß die Produktrelation eine Abbildung ist. Zu jedem $a \in A$ gibt es genau ein $b \in B$ mit $\alpha(a) = b$ (d.h. $(a, b) \in \mathrm{Gr}(\alpha)$). Zu diesem $b \in B$ gibt es genau ein $c \in C$ mit $\beta(b) = c$ (d.h. $(b, c) \in \mathrm{Gr}(\beta)$), also auch mit $(\beta\alpha)(a) = c$ (d.h. $(a, c) \in \mathrm{Gr}(\beta\alpha)$). Das Element $c \in C$ ist auch durch die Bedingung $(a, c) \in \mathrm{Gr}(\beta\alpha)$ eindeutig festgelegt. Ist nämlich $c' \in C$ mit $(a, c') \in \mathrm{Gr}(\beta\alpha)$, so gibt es nach Definition 1.2.12 ein $b' \in B$ mit $(a, b') \in \mathrm{Gr}(\alpha)$ und $(b', c') \in \mathrm{Gr}(\beta)$. Aus der ersten Bedingung folgt $b' = b$, weil $\alpha$ eine Abbildung ist. Damit ist $(b, c') \in \mathrm{Gr}(\beta)$, also $c' = c$, weil $\beta$ eine Abbildung ist. Daher ist $c \in C$ mit der Eigenschaft $(a, c) \in \mathrm{Gr}(\beta\alpha)$ durch $a$ eindeutig bestimmt.

Wir können jetzt insbesondere einfach schreiben $(\beta\alpha)(a) = c = \beta(b) = \beta(\alpha(a))$.

**Lemma 1.2.21**  *1. Seien* $\alpha : A \to B$, $\beta : B \to C$ *und* $\gamma : C \to D$ *Abbildungen. Dann ist* $(\gamma\beta)\alpha = \gamma(\beta\alpha)$ *(Assoziativgesetz).*
  *2. Für Abbildungen* $\alpha : A \to B$ *und* $\beta : C \to A$ *und* $1_A$ *gelten:* $1_A\beta = \beta$ *und* $\alpha 1_A = \alpha$. *(Gesetz von der Identität).*

*Beweis.* Es ist leicht zu sehen, daß die Komposition der Abbildungen möglich ist, Quelle und Ziel jeweils übereinstimmen. Es genügt daher $((\gamma\beta)\alpha)(a) = \gamma(\beta(\alpha(a))) = (\gamma(\beta\alpha))(a)$, $(1_A\beta)(c) = 1_A(\beta(c)) = \beta(c)$ und $(\alpha 1_A)(a) = \alpha(1_A(a)) = \alpha(a)$ zu sehen.

**Satz 1.2.22** *Sei* $\alpha : A \to B$ *eine Abbildung.* $\alpha$ *ist genau dann bijektiv, wenn es eine Abbildung* $\beta : B \to A$ *mit* $\alpha\beta = 1_B$ *und* $\beta\alpha = 1_A$ *gibt.* $\beta$ *ist eindeutig durch* $\alpha$ *bestimmt.*

Bemerkung: Wir verwenden die Bezeichnung $\alpha^{-1} := \beta$ und nennen $\alpha^{-1}$ die *inverse Abbildung* oder *Umkehrabbildung*.

*Beweis.* Sei $\alpha$ eine bijektive Abbildung. Nach 1.2.18 wissen wir, daß die Umkehrrelation $\alpha' = \beta$ wieder bijektiv ist. Weiter ist $(a, b) \in \mathrm{Gr}(\alpha) \Longleftrightarrow (b, a) \in \mathrm{Gr}(\beta)$. Damit gilt $\alpha(a) = b \Longleftrightarrow \beta(b) = a$. Daraus folgt $\beta\alpha(a) = \beta(b) = a$, also $\beta\alpha = 1_A$, und ebenso $\alpha\beta(b) = \alpha(a) = b$, also $\alpha\beta = 1_B$.

Ist umgekehrt $\beta : B \to A$ mit $\beta\alpha = 1_A$ und $\alpha\beta = 1_B$ gegeben, so schließen wir so: $\alpha(a_1) = \alpha(a_2) \Longrightarrow \beta\alpha(a_1) = \beta\alpha(a_2) \Longrightarrow a_1 = a_2$, weil $\beta\alpha = 1_A$ gilt. Damit ist $\alpha$ injektiv. Für $b \in B$ ist $\alpha(\beta(b)) = b$, also ist $\alpha$ surjektiv.

Ist $\beta'$ eine weitere Umkehrabbildung mit $\alpha\beta' = 1_B$ und $\beta'\alpha = 1_A$, so ist mit 1.2.21 $\beta' = 1_A\beta' = \beta\alpha\beta' = \beta 1_A = \beta$, also ist $\beta$ eindeutig durch $\alpha$ bestimmt.

Mit der Bezeichnung $\alpha^{-1}$ muß man vorsichtig umgehen. Sie war auch schon in 1.2.16 eingeführt worden. Dort hatten wir für eine beliebige Abbildung $\alpha$ definiert $\alpha^{-1}(b) := \alpha^{-1}(\{b\}) = \{x \in A | \alpha(x) \in \{b\}\}$. Diese Notation darf keinesfalls zu dem Schluß verführen, daß damit $\alpha^{-1}$ die Umkehrabbildung von $\alpha$ sei, und damit gar vorausgesetzt werde, daß die Abbildung $\alpha$ bijektiv sei. Wenn die Abbildung $\alpha$ jedoch tatsächlich bijektiv ist, dann ist mit der Definition von 1.2.16 $\alpha^{-1}(b) := \alpha^{-1}(\{b\}) = \{a \in A | \alpha(a) = b\}$, d.h. $\alpha^{-1}(b) = \{a\}$, wenn $\alpha(a) = b$ gilt. Verwenden wir die Definition der Umkehrabbildung, so erhalten wir $\alpha^{-1}(b) = a$, wenn $\alpha(a) = b$ gilt. Wir erhalten also aus diesen gleich benannten Ausdrücken statt einer einelementigen Teilmenge von $A$ nur das eine Element dieser Teilmenge. Es wird sich aber aus dem Zusammenhang jeweils ergeben, welche der beiden Definitionen gemeint ist.

**Folgerung 1.2.23**   *1. Ist $\alpha : A \to B$ bijektiv, so ist $\alpha^{-1} : B \to A$ bijektiv, und es gilt $(\alpha^{-1})^{-1} = \alpha$.*

*2. Sind $\alpha : A \to B$ und $\beta : B \to C$ bijektiv, so ist $\beta\alpha : A \to C$ bijektiv, und es gilt $(\beta\alpha)^{-1} = \alpha^{-1}\beta^{-1}$.*

*Beweis.* 1. Wegen 1.2.22 ist $\alpha^{-1}$ eine bijektive Abbildung und es gilt $\alpha^{-1}\alpha = 1$ und $\alpha\alpha^{-1} = 1$. Für die Umkehrabbildung von $\alpha^{-1}$ erhalten wir dann $(\alpha^{-1})^{-1}\alpha^{-1} = 1 = \alpha\alpha^{-1}$ und $\alpha^{-1}(\alpha^{-1})^{-1} = 1 = \alpha^{-1}\alpha$. Damit sind $(\alpha^{-1})^{-1}$ und $\alpha$ Umkehrabbildungen von $\alpha^{-1}$ und daher nach 1.2.22 gleich: $(\alpha^{-1})^{-1} = \alpha$.

2. Wir verwenden 1.2.21 und zeigen mit 1.2.22, daß $\alpha^{-1}\beta^{-1}$ die eindeutig bestimmte Umkehrabbildung von $\beta\alpha$ ist: $\alpha^{-1}\beta^{-1}\beta\alpha = \alpha^{-1}1_B\alpha = \alpha^{-1}\alpha = 1_A$ und $\beta\alpha\alpha^{-1}\beta^{-1} = \beta 1_B\beta^{-1} = \beta\beta^{-1} = 1_C$. Daraus folgt, daß $\beta\alpha$ bijektiv ist und daß $(\beta\alpha)^{-1} = \alpha^{-1}\beta^{-1}$ gilt.

Wir wenden uns jetzt dem Begriff der Familie zu. Nach Definition ist eine Familie eine Abbildung. Wir verbinden mit einer Familie jedoch eine andere Vorstellung, als mit einer Abbildung. Das wird schon aus der Vielzahl der verschiedenen Schreibweisen für eine Familie deutlich. Wir definieren zunächst wie folgt.

**Definition 1.2.24** Sei $f : I \to A$ eine Familie mit Indexmenge I. Dann heißt $f =: (f(i) | i \in I) = (f(i)) = (f_i | i \in I) = (f_i) = (a_i)$ (mit $a_i = f(i)$) eine Familie mit *Koeffizienten $a_i$* aus $A$.

Ist die Indexmenge $\mathbb{N}$, so heißt $f$ eine *Folge*.

Ist $I = \{1, \ldots, n\}$, so heißt $f$ eine *endliche Folge* (der Länge $n$) oder ein *n-Tupel*.

Ein Beispiel ist die Familie $(\frac{1}{i} | i \in \mathbb{N}) = (1, \frac{1}{2}, \frac{1}{3}, \frac{1}{4}, \ldots) = f$ mit $f : \mathbb{N} \to \mathbb{Q}$ und $f(i) := \frac{1}{i}$. Hier wird deutlich, daß wir uns eine Familie als Kollektion ihrer Koeffizienten vorstellen. Die Koeffizienten sind mit einem Index versehen, der den Platz angibt, den der Koeffizient in der Familie einnimmt. Koeffizienten können dabei mehrfach in einer Familie vorkommen, an verschiedenen Plätzen versteht sich, oder mit verschiedenen Indizes. Damit ist eine Familie nicht einfach eine Menge. Die Familien $(1, 3, 5, 6)$ und $(3, 6, 5, 1)$

sind verschieden, die Mengen $\{1, 3, 5, 6\}$ und $\{3, 6, 5, 1\}$ sind jedoch gleich. Ebenso sind die Familien $(1, 2, 1)$ und $(1, 2)$ verschieden, während die Mengen $\{1, 2, 1\}$ und $\{1, 2\}$ gleich sind. Das sind Eigenschaften, die wir von Familien haben wollen. Sie sind durch den Begriff der Abbildung erfüllt. Das erste gegebene Beispiel wird durch die Abbildung

$$f : \{1, 2, 3, 4\} \to \mathbb{N}$$
$$1 \mapsto 1;$$
$$2 \mapsto 3;$$
$$3 \mapsto 5;$$
$$4 \mapsto 6$$

ausgedrückt. Der Leser möge sich die weiteren Beispiele von Familien als Abbildungen darstellen.

Bei einer Familie wird die Indexmenge häufig explizit angegeben, nicht jedoch die Menge, aus der die Koeffizienten stammen. Durch die Definition einer Familie als Abbildung sind die Familien $(1, 3, 5, 6)$ von natürlichen Zahlen und $(1, 3, 5, 6)$ von reellen Zahlen verschieden, denn es handelt sich im ersten Fall um eine Abbildung $f : \{1, 2, 3, 4\} \to \mathbb{N}$ und im zweiten Fall um eine Abbildung $g : \{1, 2, 3, 4\} \to \mathbb{R}$. Es stimmen zwar deren Graphen überein, nicht jedoch die Ziele der beiden Abbildungen.

Man sollte eine Familie auch nicht etwa als eine geordnete Menge ansehen, denn in einer Familie können (wie in einem Paar) Koeffizienten mehrfach auftreten. Und eine Ordnung wird nur dann suggeriert, wenn die Indexmenge schon geordnet ist.

Ähnlich wie wir Paare (,die wir später auch als Familien, genauer als 2-Tupel auffassen werden,) zur einer Menge von Paaren, der Produktmenge, zusammengefaßt haben, können wir auch Familien zu größeren Mengen, den Produkten, zusammenfassen.

**Definition 1.2.25** Sei $(A_i | i \in I)$ eine Familie von Mengen $A_i$. Das *Produkt* ist definiert als

$$\prod_{i \in I} A_i := \left\{ f : I \to \bigcup_{i \in I} A_i \, \middle| \, \forall i \in I[f(i) \in A_i] \right\}.$$

Die Abbildungen $p_j : \prod_{i \in I} A_i \to A_j, f \mapsto f(j)$ heißen *Projektionen*, die $A_j$ die *Faktoren* des Produkts. Wenn $I = \{1, \ldots, n\}$ endlich ist, dann schreiben wir auch

$$A_1 \times \ldots \times A_n = \prod_{i=1}^{n} A_i := \prod_{i \in I} A_i.$$

**Bemerkung 1.2.26** Das Produkt existiert als Menge, weil $\{f : I \rightarrow \bigcup_{i \in I} A_i\} \subset \{I\} \times \{\bigcup_{i \in I} A_i\} \times \mathcal{P}(I \times \bigcup_{i \in I} A_i)$ existiert. Die Elemente des Produktes $\prod_{i \in I} A_i$ sind Familien mit einer gemeinsamen Indexmenge $I$. Der $i$-te Koeffizient einer solchen Familie kann aus der Menge $A_i$ beliebig gewählt werden. Alle Familien, die so entstehen, bilden dann das Produkt.

**Beispiele 1.2.27**  1. Die Menge aller Abbildungen von einer Menge $A$ in eine Menge $B$ ist ein Produkt und wird mit $\{f : A \rightarrow B | f \text{ Abbildung}\} = \text{Abb}(A, B) = \prod_{i \in A} B_i = B^A$ bezeichnet. (Dabei sei $B_i := B$ für alle $i \in A$.)

2. $\{f : \mathbb{N} \rightarrow \mathbb{R}\}$ ist die Menge der Folgen von reellen Zahlen und wird auch als $\prod_{\mathbb{N}} \mathbb{R} = \mathbb{R}^{\mathbb{N}}$ geschrieben.

3. $\{f : \mathbb{R} \rightarrow \mathbb{R}\}$ ist die Menge der reellen Funktionen.

4. $\{f : \{1, \ldots, n\} \rightarrow \mathbb{C}\}$ ist die Menge der komplexen $n$-Tupel und wird auch mit $\mathbb{C} \times \ldots \times \mathbb{C} = \mathbb{C}^n$ bezeichnet.

5. Es gibt eine bijektive Abbildung zwischen den Mengen $\{f : \{1, 2\} \rightarrow A\}$ und $A \times A$. Sie ordnet jedem 2-Tupel $(a_1, a_2) = (f : \{1, 2\} \rightarrow A)$ das Paar $(a_1, a_2)$ zu.

Damit haben wir die wesentlichen Grundtatsachen über Abbildungen und Relationen zusammengestellt. Zum Abschluß diskutieren wir jetzt den Begriff der endlichen und der unendlichen Menge. Da wir die Menge der natürlichen Zahlen noch nicht zur Verfügung haben, müssen wir eine recht unanschauliche Definition einer endlichen Menge geben.

Um diese Definition zu motivieren, nehmen wir zunächst an, daß die Menge $\mathbb{N}$ der natürlichen Zahlen schon zur Verfügung steht. Dann wird man eine Menge $A$ endlich nennen, wenn sie eine endliche Anzahl von Elementen hat. Wie soll man das aber feststellen? Man muß sie abzählen, und das kann man mit den natürlichen Zahlen so machen, daß man jedem Element von $A$ genau eine natürliche Zahl, von 1 beginnend und aufsteigend in $\mathbb{N}$, zuordnet. Wenn dieser Prozeß bei einer Zahl $n \in \mathbb{N}$ abbricht, so wird man sagen, daß $A$ genau $n$ Elemente hat.

Zwei Probleme ergeben sich hier. Zunächst ist ein solcher Abzählprozeß noch nicht klar mit unseren Hilfsmitteln definiert. Weiter ist auch nicht klar, ob die Anzahl der Elemente von $A$ von der Reihenfolge, in der wir gezählt haben, abhängt. Das letzte Problem werden wir erst beim Studium der natürlichen Zahlen in Kapitel 2 behandeln. Das erste Problem wird dadurch gelöst, daß man sagt, $A$ sei endlich, wenn es ein $n \in \mathbb{N}$ und eine bijektive Abbildung von $\{1, \ldots, n\}$ in $A$ gibt, nämlich die vorher verwendete Zählabbildung.

Das folgende Lemma wird also diese Grundkenntnis der natürlichen Zahlen zunächst voraussetzen.

**Lemma 1.2.28** *Seien $A$ und $B$ zwei Mengen mit $n$ Elementen ($n \in \mathbb{N}$). Dann sind für eine Abbildung $\alpha : A \rightarrow B$ äquivalent*

*1. α ist surjektiv,*
*2. α ist injektiv,*
*3. α ist bijektiv.*

*Beweis.* Es genügt offenbar 1. $\Longleftrightarrow$ 2. zu zeigen, da eine bijektive Abbildung injektiv und surjektiv ist. Sei $\alpha$ injektiv. Die $n$ verschiedenen Elemente aus $A$ haben also $n$ verschiedene Bilder in $B$. Da $B$ nur $n$ Elemente enthält, sind die Bildelemente schon alle Elemente von $B$, also ist $\alpha$ surjektiv. Sei umgekehrt $\alpha$ surjektiv. Seien $b_1, \ldots, b_n$ die Elemente von $B$. Jedes $b_i$ ist Bild eines Elementes $a_i$ von $A$, also $\alpha(a_i) = b_i$. Da $\alpha$ eine Abbildung ist, sind die Elemente $a_1, \ldots, a_n$ alle voneinander verschieden und daher genau alle Elemente von $A$. $\alpha(a_i) = b_i$ besagt dann, daß verschiedene Elemente aus $A$ verschiedene Bilder besitzen, also ist $\alpha$ injektiv.

Es folgt aus dem vorausgehenden Lemma insbesondere für eine Menge $A$ mit $n$ Elementen, daß jede injektive Abbildung von $A$ nach $A$ surjektiv ist. Diese Eigenschaft nehmen wir zum Anlaß der folgenden Definition von endlichen Mengen, die wir jetzt ohne Verwendung der natürlichen Zahlen geben können.

**Definition 1.2.29** Eine Menge $A$ heißt *endlich*, wenn jede injektive Abbildung $\alpha : A \to A$ surjektiv ist. Wenn eine Menge nicht endlich ist, so heißt sie *unendlich*.

Die Existenz einer unendlichen Menge werden wir in Kapitel 2 axiomatisch fordern. Sie ist äquivalent zur Existenz der Menge der natürlichen Zahlen.

Die für endliche Mengen gegebene Definition ist bei näherem Hinsehen etwas schwächer, als die Aussage des Lemmas. Aus dem Lemma geht nämlich für Mengen $A$ mit $n$ Elementen hervor, daß auch jede surjektive Abbildung $\alpha : A \to A$ injektiv ist. Tatsächlich kann man das für endliche Mengen jetzt aber beweisen. Es gilt sogar

**Satz 1.2.30** *Für eine Menge $A$ sind äquivalent*

*1. A ist endlich;*
*2. jede surjektive Abbildung $\beta : A \to A$ von $A$ nach $A$ ist injektiv (bijektiv);*
*3. jede injektive Abbildung $\alpha : A \to A$ von $A$ nach $A$ ist surjektiv (bijektiv).*

*Beweis.* Ist $A = \emptyset$, so sind 2. und 3. trivialerweise erfüllt, also auch äquivalent. Sei also $A \neq \emptyset$ und $a_0 \in A$.

    3.$\Longleftrightarrow$1. ist die vorhergehende Definition.

    2.$\Longrightarrow$3. Sei $\alpha : A \to A$ injektiv. Wir müssen zeigen, daß $\alpha$ auch surjektiv ist. Zur Verfügung haben wir die Bedingung, daß jede surjektive Abbildung von $A$ nach $A$ auch injektiv ist. Wie sollen wir diese beiden Bedingungen verbinden? Offenbar müssen wir uns zusätzlich zu $\alpha$ eine weitere Abbildung $\beta : A \to A$ verschaffen, die surjektiv ist, um die Bedingung 2. ausnützen zu können, denn von $\alpha$ wissen wir (noch) nicht, daß es surjektiv ist. Und wenn wir das schon wüßten, dann brauchten wir nichts mehr zu zeigen. Wir definieren also eine neue Abbildung $\beta : A \to A$ durch

$$\beta(b) := \begin{cases} a, & \text{falls } \exists a \in A[\alpha(a) = b], \\ a_0, & \text{sonst} \end{cases}$$

und hoffen, daß wir von ihr nachweisen können, daß sie surjektiv ist. Da $\alpha$ injektiv ist, gibt es zu vorgegebenem $b$ höchstens ein $a$ mit $\alpha(a) = b$, damit ist $\beta$ eine Abbildung. Da es zu jedem $a$ ein $b$ gibt mit $\alpha(a) = b$ und damit $\beta(b) = a$, ist $\beta$ surjektiv und wegen 2. dann auch injektiv. Sei nun $b \in A$. Dann ist $\beta(b) = a$ mit $\alpha(a) = b$ oder $\beta(b) = a_0$. Es ist aber auch $\beta(\alpha(a_0)) = a_0$, denn für $b_0 := \alpha(a_0)$ gilt nach Definition $\beta(b_0) = a_0$. Da $\beta$ injektiv ist, kann $\beta(b) = a_0$ also nur für $b = b_0$ eintreten. Damit gibt es aber für jedes $b \in A$ ein $a \in A$ mit $\alpha(a) = b$. Das bedeutet, daß $\alpha$ surjektiv ist.

3.$\Longrightarrow$2. Sei $\beta : A \to A$ surjektiv. Hier müssen wir ähnlich wie im vorhergehenden Teil eine weitere injektive Abbildung $\alpha : A \to A$ definieren, um die Voraussetzung ausnutzen zu können. Wir definieren daher $\alpha : A \to A$ wie folgt. Für jedes $a \in A$ ist $\beta^{-1}(a) \neq \emptyset$, weil $\beta$ surjektiv ist. Wir wählen also zu jedem $a \in A$ ein $a' \in \beta^{-1}(a)$ aus,[9] also mit $\beta(a') = a$, und definieren $\alpha(a) := a'$. Dann gilt $\beta\alpha(a) = \beta(a') = a$ für alle $a \in A$, also gilt $\alpha(a_1) = \alpha(a_2) \Longrightarrow \beta\alpha(a_1) = \beta\alpha(a_2) \Longrightarrow a_1 = a_2$. Damit ist $\alpha$ injektiv, nach 3. also bijektiv. Sei jetzt $\beta(a_1) = \beta(a_2)$. Dann gibt es $b_1, b_2$ mit $\alpha(b_1) = a_1$ und $\alpha(b_2) = a_2$, weil $\alpha$ surjektiv ist. Es folgt $b_1 = \beta\alpha(b_1) = \beta(a_1) = \beta(a_2) = \beta\alpha(b_2) = b_2$ und daraus $a_1 = \alpha(b_1) = \alpha(b_2) = a_2$. Damit ist $\beta$ injektiv.

**Folgerung 1.2.31**    *1. Eine Menge $A$ ist genau dann unendlich, wenn es eine injektive Abbildung $\alpha : A \to A$ gibt, die nicht surjektiv ist.*

*2. Eine Menge $A$ ist genau dann unendlich, wenn es eine surjektive Abbildung $\alpha : A \to A$ gibt, die nicht injektiv ist.*

**Übungen 1.2.32**    1. Geben Sie (durch Auflisten der Elemente) den Graphen der Teilmengenrelation auf der Menge der Teilmengen von $A = \{a, b\}$ an.

2. a) Dr. Alfred E. Neumann versucht, eine einfachere Definition des geordneten Paares als $(a, b) := \{a, \{b\}\}$ zu geben. Finden Sie ein Beispiel, in dem $\{a, \{b\}\} = \{c, \{d\}\}$ gilt, aber nicht $a = c$ und $b = d$.

   b) Dr. Lieschen Müller definiert ein (geordnetes) Tripel durch $(a, b, c) := \{a, \{a, b\}, \{a, b, c\}\}$. Ist das sinnvoll?

3. Welche der folgenden Mengen sind Graphen von Abbildungen, welche sind es nicht? (mit Begründung!)

$$\{(x, y) | x, y \in \mathbb{Z} \land y = x^2 + 7\},$$
$$\{(x, y) | x, y \in \mathbb{R} \land y^2 = x\},$$
$$\{(x, y) | x, y \in \mathbb{Q} \land x^2 + y^2 = 1\}.$$

---

[9] Diese Schlußweise verwendet eigentlich das sogenannte Auswahlaxiom, das wir später erst in Axiom 7 und Kapitel 2.3.7 besprechen werden.

4. Kann die Formel

$$f(x) = \frac{1}{x^2 - 2}$$

verwendet werden, um eine Abbildung $f : \mathbb{R} \to \mathbb{R}$ bzw. $f : \mathbb{Q} \to \mathbb{Q}$ bzw. $f : \mathbb{Z} \to \mathbb{R}$ zu definieren?

5. Zeigen Sie:

   a) $A \times (B \cap C) = (A \times B) \cap (A \times C)$,

   b) $A \times (B \cup C) = (A \times B) \cup (A \times C)$,

   c) für eine Abbildung $f : A \to X$ und Teilmengen $B, C \subset A$ ist $f(B \cap C) \subset f(B) \cap f(C)$ und $f(B \cup C) = f(B) \cup f(C)$.

   d) für eine Abbildung $f : A \to X$ und Teilmengen $Y, Z \subset X$ ist $f^{-1}(Y \cap Z) = f^{-1}(Y) \cap f^{-1}(Z)$ und $f^{-1}(Y \cup Z) = f^{-1}(Y) \cup f^{-1}(Z)$.

   e) Eine Inklusionsrelation in Teil c) und d) fehlt. Finden Sie ein Gegenbeispiel dazu.

6. Sei $f : A \to B$ eine Abbildung. $A_1$ und $A_2$ seien Teilmengen von $A$.

   a) Zeigen Sie: $f(A_1 \cup A_2) = f(A_1) \cup f(A_2)$, oder widerlegen Sie diese Gleichung anhand eines Gegenbeispiels.

   b) Zeigen Sie: $f(A_1 \cap A_2) = f(A_1) \cap f(A_2)$, oder widerlegen Sie diese Gleichung anhand eines Gegenbeispiels.

7. a) Die Abbildung $\alpha : \mathbb{R} \to \mathbb{R}$ mit $\alpha(x) = mx + b$ ($m \neq 0$) ist bijektiv. Geben Sie die Umkehrfunktion an.

   b) Die Funktionen exp: $\mathbb{R} \ni x \mapsto e^x \in \mathbb{R}^+$ (Exponentialfunktion) und ln: $\mathbb{R}^+ \to \mathbb{R}$ (Logarithmusfunktion) sind inverse Abbildungen voneinander. Beweisen Sie: $x = e^{\ln(x)}$ und $y = \ln(e^y)$ für alle $x \in \mathbb{R}^+$ und alle $y \in \mathbb{R}$.

   c) Geben Sie notwendige und hinreichende Bedingungen für die Abbildungen $\alpha, \beta : \mathbb{R} \to \mathbb{R}$ mit $\alpha(x) = ax + b$ und $\beta(x) = cx + d$ an, damit $\alpha \circ \beta = \beta \circ \alpha$ gilt.

8. Verwenden Sie, daß jedes Polynom mit reellen Koeffizienten und von ungeradem Grad eine reelle Nullstelle besitzt, um zu zeigen, daß die Abbildung $f : \mathbb{R} \to \mathbb{R}$, $f(x) = x^5 - 2x^2 + x$ surjektiv ist.

9. Sei $f : A \to B$ eine Abbildung und sei $A \neq \emptyset$. Zeigen Sie:

   a) $f$ ist genau dann injektiv, wenn es eine Abbildung $g : B \to A$ mit $g \circ f = \text{id}_A$ gibt.

   b) wenn es eine Abbildung $g : B \to A$ mit $f \circ g = \text{id}_B$ gibt, so ist $f$ surjektiv.

   c) Formulieren Sie eine Beweisidee für:
   Wenn $f$ surjektiv ist, dann gibt es eine Abbildung $g : B \to A$ mit $f \circ g = \text{id}_B$. (In einen Beweis hierfür geht das Auswahlaxiom ein.)

10. Sei $f : A \to B$ eine surjektive Abbildung, und seien $g, h : B \to C$ Abbildungen. Wenn $g \circ f = h \circ f$ gilt, dann ist $g = h$.

11. Sei $A$ eine endliche Menge. Zeigen Sie, daß jede Teilmenge von $A$ endlich ist.

12. Sei $f : A \to B$ eine Abbildung.

a) Sei $A'$ eine Teilmenge von $A$. Dann gilt:

$$A' \subset f^{-1}(f(A')).$$

Ist $f$ injektiv, so gilt sogar

$$A' = f^{-1}(f(A')).$$

b) Sei $B'$ eine Teilmenge von $B$. Dann gilt:

$$f(f^{-1}(B')) \subset B'.$$

Ist $f$ surjektiv, so gilt sogar

$$f(f^{-1}(B')) = B'.$$

13. Sei $f : A \to B$ eine Abbildung. Betrachten Sie die Abbildungen

$$\varphi : \mathcal{P}(A) \to \mathcal{P}(B), A' \mapsto f(A')$$
$$\psi : \mathcal{P}(B) \to \mathcal{P}(A), B' \mapsto f^{-1}(B')$$

Zeigen Sie:
   a) Ist $f$ injektiv, so ist $\varphi$ injektiv und $\psi$ surjektiv.
   b) Ist $f$ surjektiv, so ist $\varphi$ surjektiv und $\psi$ injektiv.
   (Hinweis: Verwenden Sie die beiden vorhergehenden Aufgaben.)
14. Zeigen Sie den Satz von Cantor: Eine Menge läßt sich nicht surjektiv auf
   ihre Potenzmenge abbilden. (Hinweis: Sei $f : A \to \mathcal{P}(A)$ eine hypotheti-
   sche surjektive Abbildung. Betrachten Sie die Menge $\{a \in A \mid a \notin f(a)\}$
   und argumentieren Sie wie beim Russellschen Paradoxon.)

## 1.3 Multimengen und Fuzzy-Mengen (fuzzy sets)

In diesem Abschnitt werden die Gesetze des Rechnens mit Multimengen
und Fuzzy-Mengen (fuzzy sets) entwickelt. Multimengen und Fuzzy-Mengen
werden häufig in der Informatik benötigt. Wir verallgemeinern diese beiden
Begriffe in einer Weise, daß auch der gewöhnliche Mengenbegriff darunter
fällt und definieren daher zunächst den Begriff der gewichteten Menge und
führen sodann die üblichen mengentheoretischen Rechenoperationen ein, die
die Operationen Durchschnitt, Vereinigung und Teilmenge von den gewöhnlichen Mengen auf gewichtete Mengen verallgemeinern. Schließlich leiten wir
hierfür einige fundamentale Rechengesetze her und verwenden diese dann, um
andere Rechengesetze der Mengenalgebra auch in dieser allgemeineren Situation von gewichteten Mengen zu entwickeln. Damit geben wir auch gleichzeitig Beweise für die Rechengesetze, die wir ursprünglich für gewöhnliche
Mengen lediglich behauptet aber nicht bewiesen hatten.

Wir stellen uns eine Multimenge im Gegensatz zum Begriff der Menge als eine Zusammenfassung von Elementen zu einem Ganzen vor, in der auch einzelne Elemente mehrfach „auftreten" können. Da das aber mit gewöhnlichen Mengen nicht durchführbar ist, ordnen wir jedem Element vermöge einer Abbildung eine natürliche Zahl zu, die angibt, wie oft das jeweilige Element in der Menge „auftritt". Man kann sich etwa an das folgende Beispiel (der Menge) aller Buchstaben des Wortes MISSISSIPPI halten. Die Menge der Buchstaben ist lediglich $A = \{I, M, P, S\}$. Wir wollen jedoch eine Zusammenfassung der Form $\{I, I, I, I, M, P, P, S, S, S, S\}$ erhalten. Deshalb definieren wir die Abbildung $\chi : A \to \mathbb{N}$ durch $\chi(I) = 4$, $\chi(M) = 1$, $\chi(P) = 2$ und $\chi(S) = 4$, mit der wir die Vielfachheit der Elemente zählen können.

Fuzzy-Mengen gehen zunächst von einem anderen Konzept aus, nämlich von einer graduellen oder ungenauen Zugehörigkeit eines Elements $a$ zu einer Menge $A$. Der Grad oder das Gewicht der Zugehörigkeit wird mit einer reellen Zahl zwischen 0 und 1 angegeben. Die Zahl soll die Sicherheit angeben, mit der man weiß, ob das Element der Menge angehört. Damit kann man in der Informatik, insbesondere in Expertensystemen, Aussagen und Eigenschaften subjektiv gewichten mit Wörtern wie „sehr", „ungefähr", „typisch", „im wesentlichen", „viel größer als", „wird beeinflußt von", „ist relevant für", „ist ähnlich", „ist nahe zu", "besonders groß" und vielen anderen.

Man kann zum Beispiel für Raumtemperaturen im Intervall von 2° C bis 40° C die Fuzzy-Menge $W$ der *warmen* Temperaturen definieren. Man bestimmt den Grad der Zugehörigkeit einer Temperatur von $x°$ C zu $W$ oder allgemeiner zu dem Intervall $[2, 40]$ durch den Wert von

$$\chi_W(x) = \begin{cases} 0, & \text{für } x \leq 8, \\ 2\left(\dfrac{x - 8}{24}\right)^2, & \text{für } 8 \leq x \leq 20, \\ 1 - 2\left(\dfrac{x - 32}{24}\right)^2, & \text{für } 20 \leq x \leq 32, \\ 1 & \text{für } 32 \leq x. \end{cases}$$

Danach wäre also ein Raum mit 32° C und mehr definitiv als warm anzusehen, ein Raum mit 8° C und weniger definitiv als nicht warm und in dem Intervall $[8, 32]$ in verschiedenem Grade als warm (weniger, etwas, ziemlich, sehr) anzusehen. Die Temperaturen $x°$ mit dem Wert $\chi_W(x) = 0$ gehören der Menge der warmen Temperaturen $W$ nicht an. Die übrigen Temperaturen gehören $W$ mit dem durch $\chi_W$ gegebenen Gewicht an.

In beiden Fällen, dem einer Multimenge und dem von Fuzzy-Mengen, wird jedem Element einer Menge eine Zahl zugeordnet. Wir verallgemeinern die Begriffe daher. Dazu benötigen wir an dieser Stelle schon die Menge $\mathbb{R}$ der reellen Zahlen. Wir stellen uns auf den Standpunkt, daß diese allgemein mit ihren Recheneigenschaften bekannt sind. Ein exakte Einführung wird jedoch erst am Ende des zweiten Kapitels erfolgen. Wir behandeln aus Gründen der Systematik diesen Abschnitt über Multimengen und Fuzzy-Mengen schon an dieser Stelle. Wir definieren dazu wie folgt

**Definition 1.3.1** Sei $G$, die *Gewichtsmenge*, eine Teilmenge der Menge der nichtnegativen reellen Zahlen $\mathbb{R}_0^+ = \{r \in \mathbb{R} | 0 \leq r\}$ mit $0 \in G$. Sei $U$ eine fest vorgegebene Menge, ein Universum (des Diskurses). Eine *G-gewichtete Menge über $U$* ist der Graph einer Abbildung $A = \mathrm{Gr}(\chi_A : U \to G)$, genannt *Gewicht* oder *Vielfachheit*. Die dem Graphen zugehörige Abbildung $\chi_A = (U, G, A)$ heißt *charakteristische Funktion* von $A$.

Der Graph einer solchen Abbildung $A$ besteht nach der Definition von Abbildungen aus Elementen der Form $(u, \chi_A(u))$, also aus Paaren, bestehend aus einem Element $u \in U$ und seinem Gewicht oder seiner Vielfachheit. Da das Universum und die Gewichtsmenge fest vorgegeben sind, bestimmt der Graph $A$ die Abbildung $\chi_A$ vollständig. Obwohl die betrachteten Mengen $U$ und die gewichteten Mengen $A$ unendlich sein können, können einzelne Elemente doch nur mit endlichem Gewicht (Vielfachheit) vorkommen. Wenn man dieses Gewicht darüber hinaus vergrößern möchte, so muß man eine Abbildung in eine größere geordnete Menge $G$ betrachten, z.B. eine Menge von Ordinalzahlen. Das soll hier aber nicht weiter verfolgt werden.

*Gewöhnliche Mengen* kann man hier einordnen mit der Gewichtsmenge $G = \{0, 1\}$. Da man sich auf ein Universum bezieht, sprechen wir eigentlich immer nur von Teilmengen. Eine gewöhnliche Teilmenge $A \subset U$ kann man beschreiben durch die Abbildung $\chi_A : U \to \{0, 1\}$ mit

$$\chi_A(u) = \begin{cases} 0, & \text{für } u \notin A, \\ 1, & \text{für } u \in A. \end{cases}$$

Die Abbildung $\chi_A$ heißt auch bei gewöhnlichen Mengen *charakteristische Funktion* von $A \subset U$. Auch hier ist $A$ offenbar vollständig durch die Angabe seiner charakteristischen Funktion festgelegt. Jede Abbildung $\chi : U \to \{0, 1\}$ definiert eine Teilmenge $A \subset U$ und ist die charakteristische Funktion dieser Teilmenge.

**Definition 1.3.2** 1. Eine *Multimenge mit der Basis $U$* ist eine $G$-gewichtete Menge mit $G = \mathbb{N}_0$.
2. Eine *Fuzzy-Menge* (oder *Fuzzy-Teilmenge von $U$*) ist eine $G$-gewichtete Menge mit $G = [0, 1]$, dem abgeschlossenen Intervall von 0 bis 1.

Häufig verwendet man für Fuzzy-Mengen die Bezeichnung

$$A = \int_U \chi_A(u)/u,$$

falls $U$ ein Kontinuum ist, und

$$A = \chi_A(u_1)/u_1 + \ldots + \chi_A(u_n)/u_n = \sum_{i=1}^{n} \chi_A(u_i)/u_i,$$

falls $U$ eine endliche Menge ist.

Wir haben damit gesehen, daß wir mit dem Begriff der gewichteten Menge einen gemeinsamen Oberbegriff für gewöhnliche Teilmengen von $U$, für Fuzzy-(Teil-)Mengen in $U$ und für Multimengen über $U$ gefunden haben. Wir wollen für diesen allgemeinen Begriff die meisten Regeln der Mengenalgebra (Booleschen Algebra) entwickeln. Dabei beweisen wir auch eine Reihe von Rechenregeln für gewöhnliche Mengen, die wir im ersten Abschnitt nicht bewiesen, sondern nur behauptet haben.

**Definition 1.3.3** Der *Träger* (engl. *support*) einer gewichteten Menge $A$ ist die Teilmenge $\mathrm{supp}(A) := \{u \in U | \chi_A(u) > 0\}$. Die *Höhe* (engl. *height*) einer gewichteten Menge $A$ ist das Supremum $\mathrm{hgt}(A) := \sup\{\chi_A(u) | u \in U\}$, falls ein solches Supremum existiert, sonst wird die Höhe als unendlich angenommen.

**Definition 1.3.4** Die *Vereinigung* von gewichteten Mengen $A$ und $B$ mit charakteristischen Funktionen $\chi_A$ und $\chi_B$ ist definiert durch Angabe der charakteristischen Funktion von $A \cup B$ mit

$$\chi_{A \cup B} := \max(\chi_A, \chi_B),$$

wobei $\max(\chi_A, \chi_B)(u) = \max(\chi_A(u), \chi_B(u))$ das Maximum der Gewichte von $u$ in $A$ bzw. in $B$ sei.

Der *Durchschnitt* von gewichteten Mengen $A$ und $B$ mit charakteristischen Funktionen $\chi_A$ und $\chi_B$ ist definiert durch Angabe der charakteristischen Funktion von $A \cap B$ mit

$$\chi_{A \cap B} := \min(\chi_A, \chi_B),$$

wobei $\min(\chi_A, \chi_B)(u) = \min(\chi_A(u), \chi_B(u))$ das Minimum der Gewichte von $u$ in $A$ bzw. in $B$ sei.

Die *leere gewichtete Menge* $\emptyset$ ist $\chi_\emptyset = 0$, also $\chi_\emptyset(u) = 0$ für alle $u \in U$.

Eine gewichtete Menge $A$ heißt *(gewichtete) Teilmenge* $A \subset B$ der gewichteten Menge $B$, wenn $\chi_A \leq \chi_B$, d.h. wenn für alle $u \in U$ gilt $\chi_A(u) \leq \chi_B(u)$.

Zwei gewichtete Teilmengen $A$ und $B$ des Universums sind genau dann gleich, wenn $A \subset B$ und $B \subset A$ gelten. Es ist nämlich $\chi_A = \chi_B$ genau dann, wenn $\chi_A \leq \chi_B$ und $\chi_B \leq \chi_A$.

In der Informatik wird häufiger auch der Begriff der disjunkten Vereinigung von Multimengen verwendet und dann einfach nur Vereinigung genannt.

**Definition 1.3.5** Die *disjunkte Vereinigung* $A \dot\cup B$ von Multimengen $A$ und $B$ ist definiert durch $\chi_{A\dot\cup B} = \chi_A + \chi_B$, d.h. durch $\chi_{A\dot\cup B}(u) = \chi_A(u) + \chi_B(u)$ für alle $u \in U$.

Die Bildung einer disjunkten Vereinigung ist in dieser Weise für Fuzzy-Mengen und gewöhnliche Mengen nicht möglich, da bei diesen Mengen die Gewichtsmenge $G$ nicht gegenüber der Addition abgeschlossen ist.

**Definition 1.3.6** Für gewöhnliche Mengen $A$ und $B$ definiert man die *disjunkte Vereinigung* als $A \dot\cup B := \{(a,1)|a \in A\} \cup \{(b,2)|b \in B\}$.

Man beachte, daß die Mengen $A_1 := \{(a,1)|a \in A\}$ und $B_2 := \{(b,2)|b \in B\}$ keine Elemente gemeinsam haben und jeweils eine bijektive Abbildung auf die Mengen $A$ bzw. $B$ gestatten. Es werden also vor der Bildung der Vereinigung von $A$ und $B$ deren Elemente so umbenannt, daß nach der Umbenennung keine gemeinsamen Elemente mehr vorhanden sind. Erst nachdem man die Mengen auf diese Weise disjunkt gemacht hat, wird die Vereinigung gebildet.

Wir beweisen jetzt einige Gesetze über das Rechnen mit diesen Operationen, aus denen wir dann die übrigen Gesetze der Mengenalgebra herleiten.

**Satz 1.3.7** *Für gewichtete Mengen $A, B, C$ gelten folgende Gesetze (Axiome der Mengenalgebra):*

1.  a) $A \cup B = B \cup A$,
    b) $A \cap B = B \cap A$, *(Kommutativgesetze)*
2.  a) $A \cup (B \cup C) = (A \cup B) \cup C$,
    b) $A \cap (B \cap C) = (A \cap B) \cap C$, *(Assoziativgesetze)*
3.  a) $A \cup (B \cap C) = (A \cup B) \cap (A \cup C)$,
    b) $A \cap (B \cup C) = (A \cap B) \cup (A \cap C)$, *(Distributivgesetze)*
4.  $A \cup \emptyset = A$, *(Gesetz von der Identität)*
5.  $A \cap \emptyset = \emptyset$, *(Dominierungsgesetz)*
6.  $A \cup (A \cap B) = A$, *(Absorptionsgesetz)*
7.  $A \cap A = A$, *(Idempotenzgesetz)*.

*Beweis.* 1. a) Es ist $\max(\chi_A, \chi_B)(u) = \max(\chi_B, \chi_A)(u)$ für alle $u \in U$ zu zeigen, also

$$\max(\chi_A(u), \chi_B(u)) = \max(\chi_B(u), \chi_A(u)),$$

was aus der Formel $\max(a,b) = \max(b,a)$ unmittelbar folgt.

1. b) folgt aus der Formel $\min(a,b) = \min(b,a)$.

2. a) folgt aus

$$\max(a, \max(b,c)) = \max(a,b,c) = \max(\max(a,b), c).$$

2. b) folgt aus

$$\min(a, \min(b, c)) = \min(a, b, c) = \min(\min(a, b), c).$$

3. a) Für das Minimum und Maximum von Zahlen $a, b, c$ gilt das Distributivgesetz

$$\max(a, \min(b, c)) = \min(\max(a, b), \max(a, c));$$

wenn man nämlich die Fälle $a \leq b \leq c$, $b \leq a \leq c$ und $b \leq c \leq a$ einsetzt, erhält man jeweils die Resultate $b = b$, $a = a$ und $a = a$. Wegen der Kommutativität brauchen keine weiteren Fälle diskutiert zu werden. Ganz analog sieht man $\min(a, \max(b, c)) = \max(\min(a, b), \min(a, c))$.

4. und 5. folgen aus $\max(a, 0) = a$ bzw. $\min(a, 0) = 0$.

6. folgt aus $\max(a, \min(a, b)) = a$.

7. folgt aus $\min(a, a) = a$.

**Satz 1.3.8** *Es ist $A \subset B$ genau dann, wenn $A \cap B = A$.*

*Beweis.* Es ist $a \leq b$ genau dann, wenn $\min(a, b) = a$. Also ist auch $\chi_A \leq \chi_B$ genau dann, wenn $\min(\chi_A, \chi_B) = \chi_A$.

Man könnte durch die im Satz angegebene Bedingung den Begriff der gewichteten Teilmenge auch einführen (definieren) und brauchte dann gar nichts zu beweisen. Wir haben hier also lediglich überprüft, daß unsere obige Definition sich vernünftig in die Entwicklung der Rechenregeln der Mengenalgebra einfügt. In den späteren Beweisen werden wir ausschließlich auf die im Satz gegebene Charakterisierung einer gewichteten Teilmenge zurückgreifen, d.h. den obigen Satz als Definition des Begriffes der Teilmenge ansehen.

**Satz 1.3.9** *(Die übrigen Rechenregeln der Mengenalgebra)*

1. *$A \subset A$.*
2. *$A \subset B$ und $B \subset C \Rightarrow A \subset C$.*
3. *$A \subset B$ und $B \subset A \Rightarrow A = B$.*
4. *$A \cap B \subset A$.*
5. *$A \cap (A \cup B) = A = A \cup (A \cap B)$.*
6. *$A \subset A \cup B$.*
7. *$A \cup A = A$.*
8. *$A \subset B \Leftrightarrow A \cup B = B$.*
9. *$A \subset B \Rightarrow A \cap C \subset B \cap C$, $A \cup C \subset B \cup C$.*
10. *$C \subset A$ und $C \subset B \Rightarrow C \subset A \cap B$.*
11. *$A \subset C$ und $B \subset C \Rightarrow A \cup B \subset C$.*
12. *$\emptyset \subset A$.*
13. *$A \subset \emptyset \Rightarrow A = \emptyset$.*

*Beweis.* Wir werden keine speziellen Hinweise auf die Kommutativgesetze und die Assoziativgesetze geben. Alle anderen Gesetze werden, wo sie im Beweis angewendet werden, durch ihre Numerierung zitiert werden.

1. $A \cap A = A \Rightarrow (1.3.8)$ $A \subset A$.

2. $A \subset B$ und $B \subset C \Rightarrow (1.3.8)$ $A \cap B = A$ und $B \cap C = B \Rightarrow A \cap C = (A \cap B) \cap C = A \cap (B \cap C) = A \cap B = A \Rightarrow (1.3.8)$ $A \subset C$.

3. $A \subset B$ und $B \subset A \Rightarrow A \cap B = A$ und $B \cap A = B \Rightarrow A = A \cap B = B \cap A = B$.

4. $(A \cap B) \cap A = A \cap (A \cap B) = (A \cap A) \cap B = (1.3.7\ 7.)$ $A \cap B \Rightarrow (1.3.8)$ Beh.

5. $A \cap (A \cup B) = (1.3.7\ 3.\ b)$ $(A \cap A) \cup (A \cap B) = (1.3.7\ 7.)$ $A \cup (A \cap B) = (1.3.7\ 6.)$ $A$.

6. $A \cap (A \cup B) = A \Rightarrow (1.3.8)$ Beh.

7. $A \cup A = (1.3.7\ 7.)$ $A \cup (A \cap A) = (1.3.7\ 6.)$ $A$.

8. $A \subset B \Rightarrow (1.3.8)$ $A \cap B = A \Rightarrow (A \cup B) \cap B = (5.)$ $(A \cap B) \cup B = A \cup B \Rightarrow (1.3.8)$ $A \cup B \subset B$ und (6.) $\Rightarrow$ $A \cup B = B$. Umgekehrt gilt $A \cap B = A \cap (A \cup B) = (5.)$ $A \Rightarrow (1.3.8)$ $A \subset B$.

9. $A \cap C \cap B \cap C = A \cap B \cap C \cap C = A \cap C$, $A \cup C \cup B \cup C = A \cup B \cup C \cup C = (8.)$ $B \cup C \Rightarrow (8.)$ Beh.

10. $C \subset A$ und $C \subset B \Rightarrow (1.3.8)$ $C \cap A = C$ und $C \cap B = C \Rightarrow C \cap (A \cap B) = (C \cap A) \cap B = C \cap B = C \Rightarrow (1.3.8)$ $C \subset A \cap B$.

11. $A \subset C$ und $B \subset C \Rightarrow (8.)$ $A \cup C = C$ und $B \cup C = C \Rightarrow (A \cup B) \cup C = A \cup (B \cup C) = A \cup C = C \Rightarrow (8.)$ $A \cup B \subset C$.

12. $\emptyset \cap A = \emptyset (1.3.7\ 5.) \Rightarrow (1.3.8)$ Beh.

13. $A \subset \emptyset \Rightarrow (1.3.8)$ $A = A \cap \emptyset = (1.3.7\ 5.)$ $\emptyset$.

Wenn die Menge $G$ bezüglich weiterer Verknüpfungen abgeschlossen, wenn also weitere Abbildungen $G \times G \to G$ (außer max und min) gegeben sind, so übertragen sich diese jeweils auch auf entsprechend gewichtete Mengen. So haben wir die disjunkte Vereinigung von Multimengen oben aus der Addition in den natürlichen Zahlen erhalten. Da sowohl $\mathbb{N}_0$ als auch $[0,1]$ als auch $\{0,1\}$ gegenüber der Multiplikation abgeschlossen sind, kann man das *Produkt* von diesen gewichteten Mengen bilden durch $\chi_{A \cdot B} := \chi_A \cdot \chi_B$, ebenso die Potenz $\chi_{A^p} := (\chi_A)^p$. Das Produkt entspricht allerdings nicht dem in 1.2 besprochenen (kartesischen) Produkt von Mengen. Für gewöhnliche Mengen, also für $G = \{0,1\}$, ist das so definierte Produkt der Durchschnitt wegen $\chi_A \cdot \chi_B = \min(\chi_A, \chi_B)$. Insbesondere ist $\chi_A^p = \chi_A$.

Bei Fuzzy-Mengen nennt man das Quadrat $A^2$ einer Fuzzy-Menge $A$ auch ihre *Konzentration*. Dann ist $A^2 \subset A$, weil alle Werte von $\chi_A$ kleiner als 1 sind. Man verwendet $A^2$ oft, um eine stärkere Eigenschaft „sehr" auszudrücken. In unserem Beispiel der warmen Temperaturen nennt man dann die Fuzzy-Menge der Temperaturen

$$\chi_{W^2}(x) = \begin{cases} 0, & \text{für } x \le 8, \\ 4\left(\dfrac{x-8}{24}\right)^4, & \text{für } 8 \le x \le 20, \\ (1 - 2\left(\dfrac{x-32}{24}\right)^2)^2, & \text{für } 20 \le x \le 32, \\ 1 & \text{für } 32 \le x. \end{cases}$$

„sehr warm". Wenn man vereinbart, eine Temperatur erst ab einem Grad der Zugehörigkeit von 0.5 als warm zu bezeichnen, so sind die Temperaturen über 20° C als „warm" zu bezeichnen und die Temperaturen über 22.8° C als „sehr warm".

Wenn das Universum $U$ als Menge aller Menschen gewählt wird und die Fuzzy-Mengen $A$ der alten Menschen und $J$ der jungen Menschen bekannt ist, dann kann man die Fuzzy-Mengen $A^2$ der sehr alten Menschen, $J^2$ der sehr jungen Menschen, $A^{1/2}$ der etwas älteren Menschen, $J^{1/2}$ der mehr oder weniger jungen Menschen, $U \setminus J^2$ der nicht sehr alten Menschen usw. bilden, wobei $A \setminus B$ definiert ist durch $\chi_{A \setminus B} := \max(\chi_A - \chi_B, 0)$ und $U$ durch $\chi_U = 1$.

**Definition 1.3.10** Seien $A_1, \ldots, A_n$ gewichtete Mengen in den Universen $U_1, \ldots, U_n$. Das *kartesische Produkt* $A_1 \times \ldots \times A_n$ der Mengen $A_1, \ldots, A_n$ in $U_1 \times \ldots \times U_n$ wird definiert durch

$$\chi_{A_1 \times \ldots \times A_n}(u_1, \ldots, u_n) := \min(\chi_{A_1}(u_1), \ldots, \chi_{A_n}(u_n)).$$

Gelegentlich verwendet man bei der Definition des Durchschnitts statt des Minimums auch das Produkt in $G$. Dann verwendet man bei der Definition des kartesischen Produkts ebenfalls das Produkt in $G$, also

$$\chi_{A_1 \times \ldots \times A_n}(u_1, \ldots, u_n) := \chi_{A_1}(u_1) \cdot \ldots \cdot \chi_{A_n}(u_n).$$

**Definition 1.3.11** Sei $U = U_1 \times \ldots \times U_n$ ein (mengentheoretisches oder kartesisches) Produkt von Universen. Eine *gewichtete Relation $R$* ist eine gewichtete (Teil-)Menge von $U$. Ist $n = 2$, so heißt die gewichtete Relation $R$ auch *gewichtete binäre Relation*. Die *Komposition* oder *Verknüpfung $S \circ R$* (in $U \times W$) von gewichteten binären Relationen $R$ in $U \times V$ und $S$ in $V \times W$ wird definiert durch

$$\chi_{S \circ R}(u, w) := \max\{\min(\chi_R(u, v), \chi_S(v, w)) | v \in V\}.$$

Wir betrachten in den letzten Definitionen dieses Abschnitts nur noch Fuzzy-Mengen. Für die kann man Fuzzy-Äquivalenzrelationen, -Ordnungen und -Abbildungen definieren.

**Definition 1.3.12** Eine binäre Fuzzy-Relation $R$ in $U \times U$ heißt
*reflexiv*, wenn $\forall u \in U[\chi_R(u, u) = 1]$,
*symmetrisch*, wenn $\forall u, u' \in U[\chi_R(u, u') = \chi_R(u', u)]$,

*antisymmetrisch*, wenn

$$\forall u, u' \in U[\chi_R(u, u') > 0 \land \chi_R(u', u) > 0 \Longrightarrow u = u'],$$

*transitiv*, wenn

$$\forall u, u', u'' \in U[\chi_R(u, u'') \geq \min(\chi_R(u, u'), \chi_R(u', u''))].$$

Eine reflexive, symmetrische Fuzzy-Relation heißt *Nähe-Beziehung*. Eine reflexive, symmetrische und transitive Fuzzy-Relation heißt *Ähnlichkeits-Relation*. Der *transitive Abschluß* $R^+$ einer reflexiven Fuzzy-Relation $R$ ist definiert durch das Supremum

$$R^+ := \sup(R, R^2, R^3, \ldots, R^n, \ldots)$$

mit $R^{n+1} = R^n \circ R$.

Für diese Definitionen wollen wir keine weiteren Beispiele angeben. Sie haben jedoch eine weitreichende Bedeutung für die Anwendungen der Theorie der Fuzzy-Mengen. Wir schließen diesen Abschnitt mit einer Bemerkung zu Abbildungen von Fuzzy-Mengen und zur Definition der Bildmenge.

**Definition 1.3.13** Seien $U$ und $V$ Universen und $\alpha : U \to V$ eine Abbildung. Sei $A$ eine Fuzzy-Teilmenge von $U$. Dann ist das *Bild B* von $A$ unter $\alpha : U \to V$ eine Fuzzy-Teilmenge von $V$ definiert durch $\chi_B(b) := \sup\{\chi_A(a) | \alpha(a) = b\}$. (Dabei sei $\sup(\emptyset) = 0$.)

**Übungen 1.3.14**    1. Sei $U$ ein Universum und $A$ eine Fuzzy-Menge (bzgl. $U$). Wir definieren $\overline{A}$ durch $\chi_{\overline{A}}(u) = 1 - \chi_A(u)$. Zeigen Sie:

   a) $\overline{(B \cap C)} = \overline{B} \cup \overline{C}$,
   b) $\overline{(B \cup C)} = \overline{B} \cap \overline{C}$,
   c) $\overline{\overline{A}} = A$,
   d) $A \cup \overline{A} \leq U$.

   Warum gilt für gewöhnliche Mengen $A \cup \overline{A} = U$? Geben Sie ein Beispiel für eine Fuzzy-Menge $A$ mit $A \cup \overline{A} \neq U$.

2. Wir definieren eine Fuzzy-Verwandschaftsrelation auf der Menge $U$ aller Menschen (die bisher gelebt haben oder noch leben). Sei $X \subseteq U \times U$ definiert durch $(m, p) \in X$ genau dann, wenn $m$ Vater oder Mutter von der Person $p$ ist. Sei $f : U \times U \to [0, 1]$ definiert durch

$$f(a, b) = \begin{cases} 1 & \text{wenn } a = b \\ 0.5 & \text{wenn } (a, b) \in X \\ 0.5 & \text{wenn } (b, a) \in X \\ 0 & \text{sonst.} \end{cases}$$

Weiter definieren wir die Verwandschaftsrelation $g : U \times U \to [0, 1]$ durch

$$g(a, b) := \text{Max}_{n \in \mathbb{N}_0} \text{Max}_{c_1, \ldots, c_n \in U} f(a, c_1) \cdot f(c_1, c_2) \cdot \ldots \cdot f(c_n, b).$$

Zeigen Sie, daß $g$ eine Ähnlichkeits-Relation definiert und bestimmen Sie den Wert von $g(a, b)$ für eine Person $b$ und ihren Onkel $a$.

## 1.4 Äquivalenzrelationen

Eine besonders wichtige Art von Relationen ist die Äquivalenzrelation. Sie verallgemeinert den Begriff der Gleichheit. In sehr vielen mathematischen Begriffen ist sie im Hintergrund verborgen. So kommen die Definitionen der Menge der ganzen Zahlen, der rationalen Zahlen und der reellen Zahlen kaum ohne diesen Begriff aus. Man stelle sich eine Äquivalenzrelation so vor, daß sie lediglich gewisse Eigenschaften von Elementen überprüft und gemäß dieser Überprüfung feststellt, ob die Elemente „gleich" sind oder nicht. Da die Gleichheit eine ganz bestimmte logische Bedeutung hat und feststeht, ob gewisse Elemente gleich sind, dürfen wir das Ergebnis, das bei der Überprüfung von nur wenigen Eigenschaften so herauskommt, natürlich nicht auch als Gleichheit ausdrücken. Wir sagen dann, daß Elemente äquivalent sind, wenn sie sich in den überprüften Eigenschaften nicht unterscheiden. Wir werden jedoch weiter unten sehen, daß man mit Hilfe des Begriffs der Partition tatsächlich eine echte Gleichheitsrelation bei solchen Betrachtungen konstruieren kann.

**Definition 1.4.1** Eine *Äquivalenzrelation* auf einer Menge $A$ ist eine Relation $\rho = (A, A, R)$ mit den folgenden Eigenschaften:

1. $\forall a \in A[(a,a) \in R]$, (*Reflexivität*)
2. $\forall a, b, c \in A[(a,b) \in R \land (b,c) \in R \Longrightarrow (a,c) \in R]$, (*Transitivität*)
3. $\forall a, b \in A[(a,b) \in R \Longrightarrow (b,a) \in R]$, (*Symmetrie*).

Wir schreiben häufig auch $a \sim b$, wenn $(a,b) \in R$ gilt (lies: $a$ ist *äquivalent* zu $b$). Dann können 1., 2. und 3. auch ausgedrückt werden als

1'. $\forall a \in A[a \sim a]$,
2'. $\forall a, b, c \in A[a \sim b \land b \sim c \Longrightarrow a \sim c]$,
3'. $\forall a, b \in A[a \sim b \Longrightarrow b \sim a]$.

**Beispiele 1.4.2** 1. $\mathrm{id}_A = (A, A, \{(a,a) | a \in A\})$ ist die *Gleichheits*-(äquivalenz-)relation. Es gilt $a \sim b \iff a = b$. Diese Äquivalenzrelation ist wegen der Reflexivität in jeder Äquivalenzrelation auf $A$ enthalten.

2. $(A, A, A \times A)$ ist die totale Äquivalenzrelation. Jede weitere Äquivalenzrelation auf $A$ ist in ihr enthalten.

3. Für $n \in \mathbb{Z}, n \neq 0$ und $a, b \in \mathbb{Z}$ definieren wir

$$a \sim b \iff n/a - b \quad (n \text{ teilt } a - b).$$

Dabei bedeutet $n/a - b$, daß es ein $q \in \mathbb{Z}$ gibt mit $a - b = qn$. Statt $a \sim b$ schreibt man in diesem Falle auch

$$a \equiv b(\mathrm{mod}\ n) \quad (a \text{ ist kongruent } b \text{ modulo } n).$$

Man rechnet leicht nach, daß dieses eine Äquivalenzrelation ist. Für die Transitivität gilt beispielsweise: $a \equiv b(\mathrm{mod}\ n)$ und $b \equiv c(\mathrm{mod}\ n) \Longrightarrow \exists q_1, q_2 \in \mathbb{Z}[a - b = q_1 n \land b - c = q_2 n] \Longrightarrow a - c = (a - b) + (b - c) = (q_1 + q_2)n \Longrightarrow a \equiv c(\mathrm{mod}\ n)$.

4. Es gibt viele Beispiele aus der Praxis, die man hier nennen könnte. Wenn immer wir Elementen gewisse Eigenschaften zuschreiben können, können wir sagen, daß die Elemente äquivalent sind, wenn sie alle gegebenen Eigenschaften gemeinsam haben. So ist zum Beispiel der Text einer Adresse in einer Adressensammlung eine Eigenschaft. Eine andere ist die Position, an der die Adresse in der Sammlung steht. Wenn zwei Adressen in der Adressensammlung dieselben Texteinträge haben, dann kann man sie äquivalent nennen. Eigentlich ist man bei einer Sammlung von Adressen nur an den zugehörigen Äquivalenzklassen interessiert. Ein Doppeleintrag einer Adresse an verschiedenen Stellen der Adressenliste ist uninteressant.

Wir haben anfangs dieses Abschnitts bemerkt, daß Äquivalenzrelationen häufig daraus entstehen, daß man Objekte bezüglich gewisser Eigenschaften vergleicht. Die Zuordnung einer Eigenschaft zu einem gegebenen Objekt kann aber aufgefaßt werden als eine Abbildung von der Menge aller betrachteten Objekte in die Menge der möglichen Eigenschaften (z.B. in die Menge der Farben). Wir werden jetzt sehen, daß sich allgemein aus jeder Abbildung eine Äquivalenzrelation ergibt. Es gilt nämlich

**Lemma 1.4.3** *Sei* $\alpha : A \longrightarrow B$ *eine Abbildung. Für* $a_1, a_2 \in A$ *sei* $a_1 \sim a_2 :\Longleftrightarrow \alpha(a_1) = \alpha(a_2)$. *Dieses definiert eine Äquivalenzrelation auf* $A$.

*Beweis.* Reflexivität: Es gilt $\alpha(a) = \alpha(a)$ für alle $a \in A$. Daraus folgt $a \sim a$ für alle $a \in A$.

Transitivität: Aus $a \sim b$ und $b \sim c$ folgt $\alpha(a) = \alpha(b)$ und $\alpha(b) = \alpha(c)$, also $\alpha(a) = \alpha(c)$ und damit $a \sim c$.

Symmetrie: Aus $a \sim b$ folgt $\alpha(a) = \alpha(b)$, also $\alpha(b) = \alpha(a)$ und damit $b \sim a$.

Das Gegenstück zum Begriff der Äquivalenzrelation ist der Begriff der Partition. Wir werden sogleich sehen, daß diese beiden Begriffe im Wesentlichen dasselbe beinhalten.

**Definition 1.4.4** Eine *Partition* oder *Klasseneinteilung* $\mathfrak{P}$ ist eine Menge von nichtleeren, paarweise disjunkten Teilmengen von $A$, deren Vereinigung $A$ ist, in Zeichen:

$\mathfrak{P} \subset \mathcal{P}(A) \setminus \{\emptyset\}$ und
$\forall X, Y \in \mathfrak{P}[X \neq Y \Longrightarrow X \cap Y = \emptyset]$ und
$\bigcup \{X | X \in \mathfrak{P}\} = A$.

Die Elemente $X \in \mathfrak{P}$ einer Partition heißen auch *Klassen* der Partition. Ein Element $a \in X$ heißt ein *Repräsentant* der Klasse $X$. Eine Teilmenge $R \subset A$ heißt ein *vollständiges Repräsentantensystem* für die Partition $\mathfrak{P}$, wenn für jedes $X \in \mathfrak{P}$ genau ein $a \in R$ existiert mit $a \in X$.

Die zweite Bedingung $\forall X, Y \in \mathfrak{P}[X \neq Y \Longrightarrow X \cap Y = \emptyset]$ wird oft auch in der gleichwertigen Form $\forall X, Y \in \mathfrak{P}[X \cap Y \neq \emptyset \Longrightarrow X = Y]$ verwendet.

**Definition 1.4.5** Sei $\rho = (A, A, R)$ eine Äquivalenzrelation auf $A$. Wir schreiben $a \sim b$ oder $a \rho b$ für $(a, b) \in R$. Für $a \in A$ bezeichne

$$\bar{a} := \{b \in A | b \sim a\}$$

die Menge der zu $a$ äquivalenten Elemente. Die Menge $\bar{a}$ heißt *Äquivalenzklasse* von $a$. Die Menge der Äquivalenzklassen wird mit

$$A/\sim \, := \{\bar{a} | a \in A\}$$

(lies: $A$ modulo $\sim$-Relation) bezeichnet, wenn aus dem Zusammenhang klar ist, zu welcher Äquivalenzrelation $\rho$ das Zeichen $\sim$ gehört. Sonst schreibt man auch $A/\rho = \{\bar{a} | a \in A\}$.

Mit dieser Definition haben wir jetzt die Möglichkeit geschaffen, das Äquivalenzzeichen durch das Gleichheitszeichen auszudrücken. Mit Teil 1. des folgenden Lemmas wird klar, daß durch das Zusammenfassen von Elementen mit gemeinsamen Eigenschaften, d.h. von Elementen, die äquivalent sind, wir tatsächlich von Gleichheit (nämlich der Äquivalenzklassen) sprechen können, wenn zwei Elemente lediglich äquivalent sind.

**Lemma 1.4.6** *Sei $\rho$ eine Äquivalenzrelation auf $A$. Dann gelten*

1. $a \sim b \Longleftrightarrow a \in \bar{b} \Longleftrightarrow \bar{a} = \bar{b}$ *für alle* $a, b \in A$.
2. $A/\sim$ *ist eine Partition, die sogenannte Äquivalenzklasseneinteilung.*

*Beweis.* 1. Sei $\bar{a} \subset \bar{b}$. Dann gilt sofort $a \in \bar{a} \subset \bar{b}$. Daraus folgt ebenso unmittelbar $a \sim b$. Gilt nun $a \sim b$ und ist $c \in \bar{a}$, so ist $c \sim a$, also wegen der Transitivität $c \sim b$ oder $c \in \bar{b}$, womit $\bar{a} \subset \bar{b}$ bewiesen ist. Damit sind die Aussagen $a \sim b$, $a \in \bar{b}$ und $\bar{a} \subset \bar{b}$ äquivalent. Da aber $a \sim b$ genau dann gilt, wenn $b \sim a$ gilt, folgt auch $\bar{a} = \bar{b}$.

2. Wenn $\bar{a} \in A/\sim$ , dann ist $a \in \bar{a}$, also $\bar{a} \neq \emptyset$. Ist $\bar{a} \cap \bar{b} \neq \emptyset$, dann wählen wir ein $c \in \bar{a} \cap \bar{b}$ und es folgt $c \sim a$ und $c \sim b$, also auch $a \sim b$ oder nach 1. $\bar{a} = \bar{b}$. Schließlich ist jedes $a \in A$ Element in einer Äquivalenzklasse: $a \in \bar{a}$. Also ist $A \subset \bigcup\{\bar{a} | a \in A\} \subset A$, d.h. $A = \bigcup\{\bar{a} | a \in A\}$.

Wir kommen jetzt zu dem eingangs dieses Abschnitts erwähnten Zusammenhang zwischen Äquivalenzrelationen und Partitionen. Es ist nach dem folgenden Satz gleichgültig, ob auf einer Menge $A$ eine Äquivalenzrelation oder eine Partition vorgegeben wird. Man kann jeweils die eine Angabe in die andere umrechnen.

**Satz 1.4.7** *Bezeichne $R_A$ die Menge aller Äquivalenzrelationen auf $A$ und $P_A$ die Menge aller Partitionen auf $A$. Dann ist*

$$\Phi : R_A \ni \rho \mapsto A/\rho \in P_A$$

*eine bijektive Abbildung.*

*Beweis.* Wir definieren die Umkehrabbildung $\Psi : P_A \to R_A$. Sei $\mathfrak{P} \in P_A$ eine Partition. Wir definieren die zugehörige Äquivalenzrelation $\Psi(\mathfrak{P})$ durch $a \sim_{\mathfrak{P}} b :\Longleftrightarrow \exists X \in \mathfrak{P}[a, b \in X]$. Dann gelten

$\forall a \in A[a \sim_{\mathfrak{P}} a]$, weil $A = \bigcup\{X | X \in \mathfrak{P}\}$,

$\forall a, b, c \in A[a \sim_{\mathfrak{P}} b \wedge b \sim_{\mathfrak{P}} c \Longrightarrow a \sim_{\mathfrak{P}} c]$ wegen $X \neq Y \Longrightarrow X \cap Y = \emptyset$

und

$\forall a, b \in A[a \sim_{\mathfrak{P}} b \Longrightarrow b \sim_{\mathfrak{P}} a]$ unmittelbar aus der Definition.

Damit ist eine Abbildung $\Psi : P_A \to R_A$ definiert.

Wir zeigen jetzt, daß die Komposition $\Phi\Psi : P_A \to R_A \to P_A$ die Identität ist. Sei dazu $\mathfrak{P} \in P_A$ gegeben und $\sim_{\mathfrak{P}}$ durch $\mathfrak{P}$ induziert. Sei $\bar{a} \in A/\sim$ und $a \in \bar{a}$ ein Repräsentant. Dann gilt $\bar{a} = \{b | b \sim_{\mathfrak{P}} a\} = \{b | \exists X \in \mathfrak{P}[a, b \in X]\} = X$, denn es gibt nur ein $X \in \mathfrak{P}$ mit $a \in X$. Also gilt $(A/\sim) \subset \mathfrak{P}$. Ist aber $X \in \mathfrak{P}$ und $a \in X$, so ist $X = \bar{a}$ wie zuvor, also gilt $(A/\sim) = \mathfrak{P}$.

Es bleibt zu zeigen, daß auch $\Psi\Phi : R_A \to P_A \to R_A$ die Identität ist. Das folgt unmittelbar daraus, daß für $\sim \in R_A$ und $\mathfrak{P}$ die zugehörige Partition der Äquivalenzklassen gilt $\exists \bar{c}[a, b \in \bar{c}] \Longleftrightarrow a \sim b$.

**Beispiel 1.4.8** Die Äquivalenzklassen der Äquivalenzrelation modulo $n$ auf $\mathbb{Z}$ (Beispiel 1.4.2 (3)) sind von der Form $\bar{a} = \{a, a \pm n, a \pm 2n, \ldots\} = a + n \cdot \mathbb{Z}$.

Nachdem wir neue Elemente eingeführt haben, die Äquivalenzklassen, deren Gleichheit die Äquivalenzrelation ausdrückt, wollen wir jetzt untersuchen, wie Abbildungen mit diesen neuen Elementen fertig werden. Ein besonders wichtiger Satz in diesem Zusammenhang ist der Faktorisierungssatz. Er wird in späteren Kapiteln sehr häufig verwendet werden.

Der Satz ist durch die folgende Fragestellung motiviert. Wir betrachten rationale Zahlen an der Form

$$\frac{a}{b} \in \mathbb{Q}.$$

Ein rationale Zahl ist also durch ein Paar $(a, b) \in \mathbb{Z} \times (\mathbb{Z} \setminus \{0\})$ gegeben. Dabei ist $b \neq 0$, weil es im Nenner steht. Es gibt aber verschiedene Paare $(a, b) \neq (c, d)$, die dieselbe rationale Zahl $\frac{a}{b} = \frac{c}{d}$ beschreiben. Zwei Paare $(a, b)$ und $(c, d)$ beschreiben genau dann dieselbe rationale Zahl, wenn gilt $ad = cb$. Dadurch wird eine Äquivalenzrelation definiert, wie man leicht nachrechnet, oder durch Anwendung von 1.4.3 sieht. Wenn wir uns nun auf den Standpunkt stellen, daß die ganzen Zahlen schon mit ihren Rechenregeln bekannt sind, nicht jedoch die rationalen Zahlen, so könnte man die rationalen Zahlen gerade durch Äquivalenzklassen bezüglich dieser Äquivalenzrelation definieren: eine rationale Zahl ist eine Äquivalenzklasse eines Paares $(a, b)$ und wir schreiben für die zugehörige Äquivalenzklasse auch $\frac{a}{b}$. Tatsächlich werden so die rationalen Zahlen später eingeführt.

Ein Problem ergibt sich nun mit der Addition. Wir wollen lediglich den Spezialfall $\mathbb{Q} \ni \frac{a}{b} \mapsto \frac{a}{b} + \frac{1}{2} = \frac{2a+b}{2b} \in \mathbb{Q}$ betrachten. Um zu zeigen, daß dieses eine Abbildung ist, müssen wir z.B. zeigen, daß $\frac{2}{4} + \frac{1}{2} = \frac{1}{2} + \frac{1}{2}$, oder allgemeiner, daß für verschieden dargestellte rationale Zahlen $\frac{a}{b} = \frac{c}{d}$ das Ergebnis der Addition $\frac{2a+b}{2b} = \frac{2c+d}{2d}$ gleich wird, sonst kann die Addition keine Abbildung werden. Wir haben nämlich das Ergebnis der Addition unter Benutzung von den einzelnen Zahlen $a$ und $b$ beschrieben. Zu diesem Zweck definieren wir die Abbildung zunächst auf $\mathbb{Z} \times (\mathbb{Z} \setminus \{0\}) \ni (a,b) \mapsto \frac{2a+b}{2b} \in \mathbb{Q}$. Das ist sicherlich eine Abbildung. Es ergibt sich die Frage, ob wir daraus dann eine Abbildung $\mathbb{Q} \to \mathbb{Q}$ bilden können. Das tut der folgende Satz.

**Satz 1.4.9** *(Faktorisierungssatz)*

*Sei $\alpha : A \to B$ eine Abbildung und $\sim$ eine Äquivalenzrelation auf $A$ mit der Eigenschaft*

$$\forall a, b \in A [a \sim b \Longrightarrow \alpha(a) = \alpha(b)],$$

*(d.h. $\alpha$ ist konstant auf den Äquivalenzklassen). Dann gibt es genau eine Abbildung $\bar{\alpha} : A/\!\!\sim\, \to B$, so daß das Diagramm*

*mit $\nu(a) := \bar{a}$ kommutiert, d.h. $\bar{\alpha}\nu = \alpha$. Die Abbildung $\nu$ ist surjektiv und heißt* kanonische Surjektion *oder* Restklassenabbildung.

Mit Hilfe dieses Satzes bekommen wir nun sofort die gewünschte Abbildung $\mathbb{Q} \ni \frac{a}{b} \mapsto \frac{a}{b} + \frac{1}{2} = \frac{2a+b}{2b} \in \mathbb{Q}$, denn wenn $(a,b) \sim (c,d)$ gilt, so ist $ad = cb$, also folgt $(2a+b)2d = 4ad + 2bd = 4cb + 2bd = (2c+d)2b$ und damit auch $\frac{2a+b}{2b} = \frac{2c+d}{2d}$.

**Folgerung 1.4.10**    *1. Unter den Voraussetzungen von 1.4.9 ist $\bar{\alpha}$ genau dann injektiv, wenn*

$$\forall a, b \in A [a \sim b \Longleftrightarrow \alpha(a) = \alpha(b)],$$

*d.h. wenn die Äquivalenzrelation die von $\alpha$ gemäß 1.4.3 induzierte Äquivalenzrelation ist. Insbesondere läßt sich jede Abbildung $\alpha$ in ein Produkt $\bar{\alpha}\nu = \alpha$ einer surjektiven mit einer injektiven Abbildung zerlegen.*

*2. Ist $\alpha$ im Satz surjektiv, so ist auch $\bar{\alpha}$ surjektiv.*

*3. Ist $\sim$ die durch $\alpha$ induzierte Äquivalenzrelation, so gibt es eine bijektive Abbildung zwischen $A/\!\!\sim$ und $\mathrm{Bi}(\alpha)$.*

*Beweis.* Beweis der Folgerung

1. $\bar{\alpha}$ injektiv $\Longleftrightarrow \forall a, b \in A [\bar{\alpha}(\bar{a}) = \bar{\alpha}(\bar{b}) \Longrightarrow \bar{a} = \bar{b}]$
   $\Longleftrightarrow \forall a, b \in A [\bar{\alpha}\nu(a) = \bar{\alpha}\nu(b) \Longrightarrow a \sim b]$
   $\Longleftrightarrow \forall a, b \in A [\alpha(a) = \alpha(b) \Longrightarrow a \sim b],$

die fehlende Implikation.

   2. Wenn $\alpha$ surjektiv ist, dann ist jedes Element von $B$ im Bild von $\alpha = \bar{\alpha}\nu$, insbesondere also auch im Bild von $\bar{\alpha}$. Damit ist auch $\bar{\alpha}$ surjektiv.

3. Ist $\alpha : A \to B$ gegeben, so sei $\alpha' : A \to \mathrm{Bi}(\alpha)$ die Einschränkung der Abbildung $\alpha$ auf das Bild, die surjektiv ist. $\alpha$ und $\alpha'$ definieren dieselbe Äquivalenzrelation auf $A$. Also ist $\bar{\alpha}' : A/\sim \to \mathrm{Bi}(\alpha)$ injektiv und surjektiv und damit bijektiv.

*Beweis.* des Satzes: Wir definieren $\bar{\alpha}(\bar{a}) := \alpha(a)$. Um zu zeigen, daß $\bar{\alpha}$ damit eine Abbildung wird, muß festgestellt werden, daß es zu $\bar{a}$ nur ein Paar $(\bar{a}, \alpha(a))$ in $\mathrm{Gr}(\bar{\alpha})$ gibt, daß also $\alpha(a)$ nicht von der Wahl des Repräsentanten $a \in \bar{a}$ abhängt. Seien $(\bar{a}, \alpha(a))$, $(\bar{b}, \alpha(b))$ mit $\bar{a} = \bar{b}$ gegeben. Dann folgt $a \sim b$ und damit nach Voraussetzung des Satzes $\alpha(a) = \alpha(b)$. Damit ist $\bar{\alpha} : A/\sim \to B$ eine Abbildung. Weiter gilt $\alpha(a) = \bar{\alpha}(\bar{a}) = \bar{\alpha}\nu(a)$ für alle $a \in A$, also $\alpha = \bar{\alpha}\nu$. Ist $\beta : A/\sim \to B$ eine weitere Abbildung mit $\alpha = \beta\nu$, so gilt $\beta(\bar{a}) = \beta\nu(a) = \alpha(a) = \bar{\alpha}(\bar{a})$ für alle $\bar{a} \in A/\sim$, also ist $\bar{\alpha} = \beta$.

**Übungen 1.4.11**   1. Sei $A$ eine Menge. Eine Relation $(A, A, R)$ auf $A$ heißt *transitiv*, wenn gilt: Ist $(a, b) \in R$ und $(b, c) \in R$, so ist auch $(a, c) \in R$. Zeigen Sie: Sind $(A, A, R_1)$ und $(A, A, R_2)$ transitive Relationen, so ist auch $(A, A, R_1 \cap R_2)$ transitiv.

2. a) Seien $R_1$ und $R_2$ symmetrische Relationen auf $A$ und gelte $\mathrm{Gr}(R_1 \circ R_2) \subset \mathrm{Gr}(R_2 \circ R_1)$. Zeigen Sie, daß $R_1 \circ R_2 = R_2 \circ R_1$ gilt.

   b) Sei $R$ eine Relation auf $A$. Zeigen oder widerlegen Sie $R^2$ reflexiv $\Longrightarrow R$ reflexiv.

3. Sei $\rho = (A, A, R)$ eine Relation auf der Menge $A$ und sei $\rho' = (A, A, R')$ die Umkehrrelation (vgl. Bemerkung 1.2.18). Zeigen Sie, daß folgende Aussagen äquivalent sind:

   a) Die Relation $\rho$ ist symmetrisch.

   b) $\rho = \rho'$.

4. Wieviele Äquivalenzrelationen gibt es auf der Menge $A = \{a, b, c, d, e\}$?

5. a) Zeigen Sie, daß eine Äquivalenzrelation auf einer Menge $A$ auch durch die folgenden Gesetze charakterisiert werden kann:

   (1)     $\forall a \in A[a \sim a]$,

   (2)     $\forall a, b, c \in A[a \sim b \wedge a \sim c \Longrightarrow b \sim c]$.

   b) Dr. Lieschen Müller zeigt mit folgendem Argument, daß das erste Axiom (Reflexivität) für eine Äquivalenzrelation überflüssig ist:

   Wegen Axiom (3, Symmetrie) folgt aus $a \sim b$ die Aussage $b \sim a$. Setzt man beide Bedingungen in Axiom (2, Transitivität) ein, so erhält man $a \sim b \wedge b \sim a \Longrightarrow a \sim a$, also gilt auch $a \sim a$, d.h. Axiom (1; Reflexivität).

   Hat Frau Dr. Müller recht?

6. Sei $A$ eine Menge und $(\rho_i \mid i \in I)$ eine Familie von Äquivalenzrelationen, wobei $I$ eine Indexmenge und $\rho_i = (A, A, R_i)$ sei. Zeigen Sie, daß $\rho := (A, A, \bigcap_{i \in I} R_i)$ eine Äquivalenzrelation ist.

7. a) Seien $A_1 := \{1, 2\}$, $A_2 := \{2, 3, 4\}$, $A_3 := \{5\}$ und $A := A_1 \cup A_2 \cup A_3$. Wir definieren eine Relation $(A, A, R)$ durch $(a, b) \in R$ dann und nur

dann, wenn $a$ und $b$ in einer gemeinsamen Teilmenge $A_i, 1 \le i \le 3$ liegen. Ist das eine Äquivalenzrelation?

b) Auf $\mathbb{R} \times \mathbb{R}$ wird eine Relation $(x_1, y_1) \sim (x_2, y_2)$ durch $x_1 = x_2$ erklärt. Ist dieses eine Äquivalenzrelation?

Beschreiben Sie in beiden Teilaufgaben gegebenenfalls die Äquivalenzklassen.

8. Sei $\mathbb{N}_0 := \{0, 1, 2, \dots\}$ die Menge der natürlichen Zahlen einschließlich Null. Zeigen Sie, daß auf $\mathbb{N}_0 \times \mathbb{N}_0$ durch

$$(a, b) \sim (c, d) :\Leftrightarrow a + d = b + c$$

eine Äquivalenzrelation definiert wird.

9. Sei $\mathbb{Z}$ die Menge der ganzen Zahlen. Zeigen Sie, daß auf $\mathbb{Z} \times (\mathbb{Z} \setminus \{0\})$ durch

$$(a, b) \sim (c, d) :\Leftrightarrow ad = bc$$

eine Äquivalenzrelation definiert wird.

10. Betrachten Sie die Abbildung

$$f : A := \{1, 2, 3, 4\} \to B := \{1, 2\}$$
$$1 \mapsto 2, 2 \mapsto 1, 3 \mapsto 1, 4 \mapsto 2$$

Nach Lemma 1.4.3 bestimmt $f$ eine Äquivalenzrelation auf $A$, die wiederum nach Lemma 1.4.6 eine Partition von $A$ bestimmt. Geben Sie diese Partition explizit an.

11. Betrachten Sie die Abbildung

$$f : A := \{1, 2, 3, 4\} \to B := \{1, 2\}$$
$$1 \mapsto 2, 2 \mapsto 1, 3 \mapsto 1, 4 \mapsto 2$$

aus der vorhergehenden Aufgabe. Sei $\sim$ die durch $f$ bestimmte Äquivalenzrelation. Zeigen Sie unter Benutzung des Faktorisierungssatzes, daß durch

$$\bar{f} : A/\sim \to B, \bar{a} \mapsto \bar{f}(\bar{a}) := f(a)$$

eine Abbildung definiert wird. Bestimmen Sie anschließend diese Abbildung explizit, indem Sie das Bild jeder Äquivalenzklasse angeben.

12. Seien $\sim$ eine Äquivalenzrelation auf $A$ und $\sim'$ eine Äquivalenzrelation auf $B$. Dann definiert $(a, b) \approx (x, y) :\Longleftrightarrow a \sim x \wedge b \sim' y$ eine Äquivalenzrelation auf $A \times B$. Sei $\nu : A \times B \to (A \times B)/\approx$ die kanonische Surjektion. Definieren Sie $\lambda : A \times B \to (A/\sim) \times (B,/\sim')$ durch $\lambda(a, b) := (\bar{a}, \bar{b})$. Zeigen Sie

a) Es gibt genau ein $j : (A \times B)/\approx \to (A/\sim) \times (B/\sim')$, so daß

$$
\begin{array}{ccc}
A \times B & \xrightarrow{\ \nu\ } & (A \times B)/\approx \\
& \searrow{\lambda} & \downarrow{j} \\
& & (A/\sim) \times (B/\sim')
\end{array}
$$

kommutiert.

b) $j$ ist bijektiv.

c) Sei $\alpha : A \times B \to C$ eine Abbildung, so daß

$$\forall a, x \in A \forall b, y \in B[a \sim x \wedge b \sim' y \Rightarrow \alpha(a,b) = \alpha(x,y)].$$

Dann gibt es genau eine Abbildung $\overline{\alpha} : (A/\sim) \times (B/\sim') \to C$, so daß

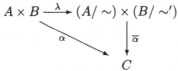

kommutiert.

## 1.5 Ordnungen

In diesem letzten Abschnitt des Kapitels führen wir noch kurz den Begriff der Ordnung ein. Er wird uns später vor allem in zwei Beispielen begegnen, bei Zahlenmengen und bei Potenzmengen.

**Definition 1.5.1** Eine *Ordnung* (oder *Anordnung*) (gelegentlich auch: *teilweise* oder *partielle Ordnung*) auf einer Menge $A$ ist eine Relation $\rho = (A, A, R)$ mit folgenden Eigenschaften:

1. $\forall a \in A[(a,a) \in R]$, (*Reflexivität*)
2. $\forall a, b, c \in A[(a,b) \in R \wedge (b,c) \in R \Longrightarrow (a,c) \in R]$, (*Transitivität*)
3. $\forall a, b \in A[(a,b) \in R \wedge (b,a) \in R \Longrightarrow a = b]$, (*Antisymmetrie*).

Wir führen die übliche Bezeichnungsweise für die Ordnungsrelation ein. Für Elemente $a, b \in A$ schreiben wir

$$a \leq b :\Longleftrightarrow (a,b) \in R,$$
$$a < b :\Longleftrightarrow a \leq b \wedge a \neq b,$$
$$a \not\leq b :\Longleftrightarrow (a,b) \notin R.$$

Weiter verwenden wir wie üblich die Zeichen in umgekehrter Richtung, also z.B. $b \geq a :\Longleftrightarrow a \leq b$.

Die Eigenschaften 1., 2., 3. können dann in folgender Form geschrieben werden:

1'. $\forall a \in A[a \leq a]$,
2'. $\forall a, b, c \in A[a \leq b \wedge b \leq c \Longrightarrow a \leq c]$,
3'. $\forall a, b \in A[a \leq b \wedge b \leq a \Longrightarrow a = b]$.

Eine *geordnete Menge* ist ein Paar $(A, \leq)$, bestehend aus einer Menge $A$ und einer Ordnung $\leq = (A, A, R)$ auf der Menge $A$.

**Beispiele 1.5.2** 1. Ist $(A, \leq)$ eine geordnete Menge und $B \subset A$ eine Teilmenge, so ist $(B, B, R \cap (B \times B))$ ebenfalls eine Ordnung.
2. Die Gleichheitsrelation ist eine Ordnung.
3. Die Potenzmenge einer Menge ist durch $\subset$ geordnet.

**Definition 1.5.3** Sei $(A, \leq)$ eine geordnete Menge.

1. $a_0 \in A$ heißt *maximales (minimales) Element* in $A$ genau dann, wenn gilt:
$$\forall a \in A[a_0 \leq a \implies a_0 = a]$$
$$(\forall a \in A[a \leq a_0 \implies a = a_0]).$$

2. $a_0 \in A$ heißt *größtes (kleinstes) Element* in $A$ genau dann, wenn gilt:
$$\forall a \in A[a \leq a_0] \qquad (\forall a \in A[a_0 \leq a]).$$

3. $a_0 \in A$ heißt *obere (untere) Schranke* der Teilmenge $B$ in $A$ genau dann, wenn gilt:
$$\forall b \in B[b \leq a_0] \qquad (\forall b \in B[a_0 \leq b]).$$

4. Sei $B \subset A$. Besitzt die Menge der oberen Schranken von $B$ in $A$ ein kleinstes Element, so heißt dieses *kleinste obere Schranke* oder *Supremum* von $B$ in $A$, in Zeichen sup$(B)$.

5. Besitzt die Menge der unteren Schranken von $B$ in $A$ ein größtes Element, so heißt dieses *größte untere Schranke* oder *Infimum* von $B$ in $A$, im Zeichen inf$(B)$.

**Bemerkung 1.5.4** Eine geordnete Menge $(A, \leq)$ braucht weder maximale noch minimale Elemente zu enthalten (z.B. $(\mathbb{R}, \leq)$). Wenn $A$ ein größtes Element besitzt, so ist dieses eindeutig bestimmt und ein maximales Element von $A$. Wenn $A$ genau ein maximales Element besitzt, so braucht dieses kein größtes Element zu sein (z.B. $\mathbb{N} \cup \{x\}$ mit $n \leq x$ für $n \leq 2$). $A$ kann viele maximale Elemente besitzen (z.B. Gleichheitsrelation auf $A$).

**Definition 1.5.5** Eine geordnete Menge $(A, \leq)$ heißt *total geordnet* oder eine *Kette*, wenn

4. $\forall a, b \in A[a \leq b \vee b \leq a]$.

**Beispiele 1.5.6** 1. $(\mathbb{R}, \leq)$ ist totalgeordnet.
2. Jede Teilmenge einer totalgeordneten Menge ist totalgeordnet.
3. $(\mathbb{N}, \leq)$ ist totalgeordnet.
4. Sind $A$ und $B$ totalgeordnete Mengen, so ist auch $A \times B$ total geordnet mit der *lexikographischen Ordnung*
$$(a, b) \leq (a', b') \iff (a < a') \vee (a = a' \wedge b \leq b')).$$

**Übungen 1.5.7** 1. a) Zeigen Sie, daß auf der Menge $\mathbb{N}_0$ der natürlichen Zahlen einschließlich Null die Teilbarkeitsrelation eine Ordnung ist, aber keine totale Ordnung.

b) Bestimmen Sie das größte und das kleinste Element (falls es existiert).

c) Zeigen Sie, daß für den größten gemeinsamen Teiler $\mathrm{ggT}(a, b)$ von zwei Zahlen $a, b \in \mathbb{N}$ und das kleinste gemeinsame Vielfache $\mathrm{kgV}(a, b)$ gelten

$$\mathrm{ggT}(a, b) = \inf(\{a, b\}) \qquad \mathrm{kgV}(a, b) = \sup(\{a, b\}).$$

2. Sei $A$ eine Menge. Bestimmen Sie alle Relationen auf $A$, die gleichzeitig eine Äquivalenzrelation und eine Ordnungsrelation sind.

3. Eine Abbildung $f : A \to B$ zwischen geordneten Mengen heißt monoton (wachsend), falls gilt:

$$\forall a, a' \in A[a \leq a' \Rightarrow f(a) \leq f(a')].$$

Sei $f$ bijektiv und monoton. Ist dann auch die Umkehrabbildung monoton? (Begründen Sie Ihre Antwort, indem Sie einen Beweis oder ein Gegenbeispiel angeben.)

# 2. Natürliche Zahlen

Wie am Anfang der Mengenlehre eine axiomatische Einführung stand, so sollen jetzt die natürlichen Zahlen axiomatisch eingeführt werden. Dabei steht der Prozeß des gewöhnlichen Zählens zunächst im Vordergrund. Die heute übliche Begründung der natürlichen Zahlen basiert auf Axiomen, die von Peano[1] 1889 veröffentlicht wurden, die aber auch Dedekind[2] 1888 schon bekannt waren.

## 2.1 Die natürlichen Zahlen und die vollständige Induktion

Wir werden einige einfache Eigenschaften der natürlichen Zahlen in der folgenden Definition festlegen. Dabei werden wir nebeneinander eine mathematisch präzise Formulierung, die wir in der Sprache der Mengenlehre geben können, und die umgangssprachliche Formulierung der gewünschten Eigenschaften für natürliche Zahlen angeben. Diese Eigenschaften nennt man auch die Peano-Axiome.

Die Existenz einzelner natürlicher Zahlen (z.B. zwei oder drei) ist in den logischen Grundlagen, die wir hier verwenden, enthalten, weil man einzelne Objekte nebeneinander stellen kann und sie damit abzählen kann. Die Existenz der *Menge aller natürlichen Zahlen* ist dadurch jedoch nicht gegeben. Das ist nämlich eine Menge mit unendlich vielen Elementen. Wir wissen bisher nicht einmal, ob es überhaupt irgendeine Menge mit unendlich vielen Elementen gibt. Daher müssen wir die Existenz der Menge aller natürlichen Zahlen zusätzlich durch ein mengentheoretisches Axiom fordern.

Das Rechnen mit natürlichen Zahlen ist ein wesentlich komplexerer Vorgang. Bevor wir überhaupt die Addition von natürlichen Zahlen einführen können, was erst im Abschnitt 2.3 geschehen wird, müssen wir starke Hilfsmittel über Rekursion und Induktion bereitstellen.

---

[1] Giuseppe Peano (1858–1932)
[2] Richard Dedekind (1831–1916)

**Definition 2.1.1** Ein Tripel $(\mathbb{N}, 1, \mu)$ bestehend aus einer Menge $\mathbb{N}$, einem Element $1 \in \mathbb{N}$ und einer Abbildung $\mu : \mathbb{N} \to \mathbb{N}$, genannt *Nachfolgerfunktion*, heißt (eine) *Menge der natürlichen Zahlen*, wenn die folgenden Axiome erfüllt sind:

(P1) $1 \in \mathbb{N}$, („1 ist eine natürliche Zahl"),

(P2) $\mu : \mathbb{N} \to \mathbb{N}$ ist eine Abbildung, („jede natürliche Zahl besitzt einen eindeutig bestimmten Nachfolger"),

(P3) $\forall n \in \mathbb{N} [\mu(n) \neq 1]$, („1 ist kein Nachfolger einer natürlichen Zahl"),

(P4) $\mu$ ist injektiv, („natürliche Zahlen mit gleichen Nachfolgern sind gleich"),

(P5) (Prinzip der vollständigen Induktion)

$$\forall E \subset \mathbb{N} [(1 \in E \wedge \forall n \in E [\mu(n) \in E]) \implies E = \mathbb{N}],$$

(„eine Eigenschaft, die der 1 zukommt und mit einer beliebigen natürlichen Zahl auch ihrem Nachfolger, kommt allen natürlichen Zahlen zu").

Wir schreiben mit der Nachfolgerfunktion $\mu$ und $n \in \mathbb{N}$ häufig $n + 1 := \mu(n)$.

**Axiom 6** (Existenz der Menge der natürlichen Zahlen)
Es existiert eine Menge der natürlichen Zahlen $(\mathbb{N}, 1, \mu)$.

Wie wichtig die Forderung nach der Existenz einer Menge der natürlichen Zahlen ist, ersieht man aus dem folgenden Satz. Nur wenn es eine Menge der natürlichen Zahlen gibt, kann es überhaupt auch andere unendliche Mengen geben. Die Menge der natürlichen Zahlen kann man als den kleinsten Prototyp einer unendlichen Menge auffassen. Weiter kann man in jeder unendlichen Menge ein Modell für eine Menge von natürlichen Zahlen finden. Wir erinnern noch einmal an unsere Definition einer unendlichen Menge $M$ (1.2.29 und 1.2.31). Es muß zu ihr eine (Selbst-)Abbildung $\lambda : M \to M$ geben, die injektiv aber nicht surjektiv ist.

Zum Beweis des folgenden Satzes benötigen wir zunächst ein Lemma.

**Lemma 2.1.2** *Seien $M$ eine Menge, $\lambda : M \to M$ eine Abbildung und $m \in M$ ein Element. Dann gibt es in $M$ eine kleinste Teilmenge $N$ mit $\lambda(N) \subset N$ und $m \in N$.*

*Beweis.* Wir betrachten die Menge $\mathfrak{M}$ aller Teilmengen $A \subset M$, für die gilt $\lambda(A) \subset A$ und $m \in A$. Diese Menge enthält sicherlich $M$ als Element. Nun bilden wir den Durchschnitt über alle so gefundenen Teilmengen

$$N := \bigcap \{A \subset M | \lambda(A) \subset A, m \in A\}.$$

Offenbar ist dann $m \in N$. Für $n \in N$ ist $n$ in allen genannten Teilmengen $A$ enthalten, also auch $\lambda(n)$. Damit ist auch $\lambda(n) \in N$. $N$ ist daher die kleinste Teilmenge von $M$ mit $m \in N$ und $\lambda(N) \subset N$.

Insbesondere ist diese kleinste Teilmenge $N$ in $M$ mit $\lambda(N) \subset N$ und $m \in N$ eindeutig bestimmt.

Man kann sich diese kleinste Teilmenge $N$ in $M$ vorstellen als die Menge der Elemente, die man aus $m$ durch beliebig häufige Anwendung von $\lambda$ erhält, also die Menge $\{m, \lambda(m), \lambda(\lambda(m)), \ldots\}$. Leider ist es recht schwierig, diese Menge formal richtig anzugeben, deshalb haben wir den unanschaulichen, aber mathematisch bequemen Weg der Durchschnittsbildung eingeschlagen. Wir werden diese Methode bei den algebraischen Strukturen in Kapitel 3 häufig verwenden.

**Satz 2.1.3** *Die folgenden Aussagen sind äquivalent:*

1. *Es existiert eine Menge der natürlichen Zahlen.*
2. *Es existiert eine unendliche Menge.*

*Beweis.* Wenn es eine Menge der natürlichen Zahlen $(\mathbb{N}, 1, \mu)$ gibt, so ist $\mu$ nach (P4) injektiv und nach (P3) nicht surjektiv. Also ist $\mathbb{N}$ eine unendliche Menge.

Sei umgekehrt $M$ eine unendliche Menge und $\lambda$ eine injektive und nicht surjektive Abbildung von $M$ in $M$. Dann gibt es ein Element $m \in M$, das nicht im Bild von $\lambda$ liegt. Wir betrachten jetzt die kleinste Teilmenge $N \subset M$ mit $\lambda(N) \subset N$ und $m \in N$.

Sei $\nu : N \to N$ die Einschränkung von $\lambda$ auf die Teilmenge $N$. Wir zeigen, daß für $(N, m, \nu)$ die Peano-Axiome erfüllt sind. Offenbar ist $\nu$ als Einschränkung von $\lambda$ wieder injektiv, und es gilt $\forall n \in N[\nu(n) \neq m]$, da $m$ nicht im Bild von $\lambda$ liegt. Es bleibt nur die Gültigkeit des Prinzips der vollständigen Induktion für $(N, m, \nu)$ zu zeigen. Ist $E \subset N$ mit $m \in E$ und $\forall n \in E[\nu(n) \in E]$, dann gilt für $E$ auch die Bedingung $\nu(E) \subset E$ bzw. $\lambda(E) \subset E$. Weil $N$ die kleinste solche Menge ist und $E \subset N$ gilt, folgt $E = N$. Damit ist die Gültigkeit des Prinzips der vollständigen Induktion (P5) bewiesen.

Die Konstruktion einer Menge der natürlichen Zahlen in einer beliebigen unendlichen Menge kann zu recht überraschenden Beispielen führen. Die Abbildung $f : \mathbb{R}^+ \ni x \mapsto x^2 + 1 \in \mathbb{R}^+$ von den positiven reellen Zahlen in sich ist bekanntlich injektiv, und es gilt $1 \notin f(\mathbb{R}^+)$. Eine Menge der natürlichen Zahlen in $\mathbb{R}^+$ ist dann $N = \{1, 2, 5, 26, \ldots\}$.

Aus den vielen wichtigen Eigenschaften, die eine Menge von natürlichen Zahlen besitzt, ist das Zahlenrechnen in $\mathbb{N}$ hervorzuheben. Bevor wir aber die einfachsten Rechenoperationen einführen können, müssen wir eines der wichtigsten Beweisprinzipien studieren, den Beweis durch vollständige Induktion. Es gibt dazu viele Varianten. Wir wollen lediglich zwei davon angeben. Sie alle bauen auf dem Peano-Axiom (P5) auf. Weiter benötigen wir ein vor allem in der Informatik und mathematischen Logik wichtiges Hilfsmittel, die Definition von Abbildungen durch primitive Rekursion, bevor wir die einfachsten Rechenoperationen in der Menge der natürlichen Zahlen einführen können. Dieses Hilfsmittel werden wir im nächsten Abschnitt besprechen.

**Satz 2.1.4** *(über den Beweis durch vollständige Induktion): Für jede natürliche Zahl $n \in \mathbb{N}$ sei eine Aussage $\mathfrak{A}(n)$ formuliert. Dafür gelte*

*Induktionsanfang:*     $\mathfrak{A}(1)$ *ist richtig (wahr) und*
*Induktionsannahme:*   *aus der Richtigkeit von $\mathfrak{A}(n)$*
*Induktionsschluß:*      *folgt die Richtigkeit von $\mathfrak{A}(n+1)$.*
*Dann ist $\mathfrak{A}(n)$ für alle $n \in \mathbb{N}$ richtig.*
*(Formal: $(\mathfrak{A}(1) \wedge \forall n \in \mathbb{N}\,[\mathfrak{A}(n) \implies \mathfrak{A}(n+1)]) \implies \forall n \in \mathbb{N}\,[\mathfrak{A}(n)])$*

*Beweis.* Sei $E := \{n \in \mathbb{N}\,|\,\mathfrak{A}(n)\}$. Es gilt $1 \in E$ und $\forall n \in E[n+1 \in E]$ wegen der Induktionsvoraussetzungen. Nach (P5) ist $E = \mathbb{N}$, also $\forall n \in \mathbb{N}\,[\mathfrak{A}(n)]$.

Varianten dieses Satzes sind vor allem Induktionsaussagen, die erst von einer vorgegebenen Zahl $n_0 \in \mathbb{N}$ an gelten:

$$\mathfrak{A}(n_0) \wedge \forall n \in \mathbb{N}\,[n \geq n_0 \wedge \mathfrak{A}(n) \implies \mathfrak{A}(n+1)])$$

$$\implies \forall n \in \mathbb{N}\,[n \geq n_0 \implies \mathfrak{A}(n)].$$

Diese Aussage werden wir an dieser Stelle nicht beweisen, zumal wir die Ordnung $m \leq n$ auf den natürlichen Zahlen noch gar nicht kennen. Die Aussage ergibt sich später aber ganz leicht aus dem Beispiel einer Menge von natürlichen Zahlen, die eine Teilmenge $T$ von $\mathbb{N}$ ist mit derselben Nachfolgerabbildung, dem Anfangselement $n_0$, und deren Elemente gerade diejenigen $n \in \mathbb{N}$ sind, für die $n_0 \leq n$ gilt, also $(\{n \in \mathbb{N}\,|\,n_0 \leq n\}, n_0, \mu)$. (vgl. Beispiel 2.3.8 2.).

Für den nächsten Satz setzen wir voraus, daß die Ordnung von $\mathbb{N}$ schon bekannt ist. Diese Ordnung wird zwar erst in 2.3.3 eingeführt werden. Der Satz gehört jedoch systematisch in diesen Abschnitt über vollständige Induktion. Er wird zur Herleitung des Ordnungsbegriffes in $\mathbb{N}$ auch nicht verwendet.

**Satz 2.1.5** *(über die starke vollständige Induktion): Für jede natürliche Zahl $n \in \mathbb{N}$ sei eine Aussage $\mathfrak{A}(n)$ formuliert. Dafür gelte*

*Induktionsanfang:*     $\mathfrak{A}(1)$,
*Induktionsannahme:*   *aus $\forall i \leq n[\mathfrak{A}(i)]$, d.h. aus*
                              $\mathfrak{A}(1), \ldots, \mathfrak{A}(i), \ldots, \mathfrak{A}(n)$,
*Induktionsschluß:*      *folgt $\mathfrak{A}(n+1)$.*
*Dann gilt $\mathfrak{A}(n)$ für alle $n \in \mathbb{N}$.*

*Beweis.* Wir definieren $\mathfrak{B}(n) :\Longleftrightarrow \forall i \in \mathbb{N}\,[i \leq n \implies \mathfrak{A}(i)]$. Dann gelten $\mathfrak{B}(1)$ und $\forall n \in \mathbb{N}\,[\mathfrak{B}(n) \implies \mathfrak{B}(n+1)]$. Also ist $\forall n \in \mathbb{N}\,[\mathfrak{B}(n)]$ und damit auch $\forall n \in \mathbb{N}\,[\mathfrak{A}(n)]$.

**Übungen 2.1.6**  1. Zeigen Sie durch vollständige Induktion:

a) $1 + 2 + 3 + 4 + \ldots + n = \dfrac{n(n+1)}{2}$,

b) $\sum_{k=1}^{n} k^2 = \dfrac{n(n+1)(2n+1)}{6}$,

c) $\sum_{k=1}^{n} k^3 = \dfrac{n^2(n+1)^2}{4}$,

d) $\dfrac{1}{1 \cdot 3} + \dfrac{1}{3 \cdot 5} + \dfrac{1}{5 \cdot 7} + \ldots + \dfrac{1}{(2n-1) \cdot (2n+1)} = \dfrac{n}{2n+1}$,

e) $1^3 + 2^3 + 3^3 + 4^3 + \ldots + n^3 = (1^2 + 2^2 + 3^2 + 4^2 + \ldots + n^2)^2$.

2. Der Mathematiker C. F. Gauß[3] wurde als junger Schüler aufgefordert, die Zahlen 1 bis 100 zu addieren. Welche Methode würden Sie verwenden und wie lautet das Ergebnis?

3. Bestimmen Sie die ersten 4 Werte von $2^n$ und von $n^{10} + 2$ ($n = 1, 2, 3, 4$). Gilt allgemein

$$2^n < n^{10} + 2?$$

4. Zeigen Sie, daß $x^{2n-1} + y^{2n-1}$ für jede natürliche Zahl $n$ durch $x + y$ teilbar ist.

## 2.2 Primitive Rekursion

Wir wollen eine Abbildung $\varphi : X \to X$ iterieren, also $\varphi^2 := \varphi\varphi$, $\varphi^{n+1} := \varphi\varphi^n$ bilden. Diese zunächst ganz einfach erscheinende Bildung bringt eine grundlegende Schwierigkeit mit sich. Wir wissen nicht, ob $\varphi^n$ für *alle* $n \in \mathbb{N}$ mit den gewünschten Eigenschaften definiert ist. Dabei hilft zunächst auch noch nicht das Prinzip der vollständigen Induktion. Deswegen beschränken wir uns zunächst darauf, für ein Element $c \in X$ die Elemente $\varphi^n(c) \in X$ zu definieren, genau eine Abbildung

$$\alpha : \mathbb{N} \ni n \mapsto \varphi^n(c) \in X$$

zu definieren. Das geschieht in dem folgenden Satz.

**Satz 2.2.1** *(über die einfache Rekursion): Sei $X$ eine Menge, $c \in X$ ein Element und $\varphi : X \to X$ eine Abbildung. Dann gibt es genau eine Abbildung $\alpha : \mathbb{N} \to X$ mit*

1. *$\alpha(1) = c$,*
2. *$\forall n \in \mathbb{N}\, [\alpha(n+1) = \varphi(\alpha(n))]$,*

*d.h. so daß das Diagramm*

*kommutiert, wobei $\gamma(1) = c$, $\iota(1) = 1$.*

---

[3] Carl Friedrich Gauß (1777–1855), bekannt als Mathematicorum Princeps

*Beweis.* Quelle und Ziel für die gesuchte Abbildung $\alpha$ stehen fest. Wir suchen den Graphen von $\alpha$. Dazu betrachten wir die Abbildung $(\mu \times \varphi) : \mathbb{N} \times X \ni (n, x) \mapsto (\mu(n), \varphi(x)) \in \mathbb{N} \times X$ und das Element $(1, c) \in \mathbb{N} \times X$. Nach Lemma 2.1.2 sei $G$ die kleinste Teilmenge von $\mathbb{N} \times X$ mit $(\mu \times \varphi)(G) \subset G$ und $(1, c) \in G$.

1) Es ist $(m, y) \in G \Longleftrightarrow ((m, y) = (1, c) \vee \exists (n, x) \in G[(m, y) = (n + 1, \varphi(x))]$. Hierbei gilt „$\Longleftarrow$" wegen der Definition von $G$. Die Richtung „$\Longrightarrow$" erhält man aus der folgenden Argumentation: Angenommen, die Folgerung gilt nicht. Dann gibt es ein $(m, y) \in G$ mit $(m, y) \neq (1, c)$ und $\forall (n, x) \in G[(m, y) \neq (n + 1, \varphi(x))]$. Dann gilt $(\mu \times \varphi)(G \setminus \{(m, y)\}) \subset G \setminus \{(m, y)\}$ und $(1, c) \in G \setminus \{(m, y)\}$. Das kann aber nicht sein, weil $G$ die kleinste Menge mit diesen Eigenschaften ist.

2)˙ $G$ ist Graph einer Abbildung von $\mathbb{N}$ nach $X$. Wir zeigen durch vollständige Induktion $\forall n \in \mathbb{N} \exists x \in X[(n, x) \in G]$. Sei also $\mathfrak{A}(n)$ die Induktionsaussage $\exists x \in X[(n, x) \in G]$.

Induktionsanfang: $\mathfrak{A}(1)$ gilt wegen $(1, c) \in G$.

Induktionsannahme: Gelte $\mathfrak{A}(n)$, d.h. $\exists x \in X[(n, x) \in G]$.

Induktionsschluß: Wegen $(n + 1, \varphi(x)) \in G$ gilt $\mathfrak{A}(n + 1)$.

Damit folgt die Behauptung.

Weiter zeigen wir durch vollständige Induktion: $\forall n \in \mathbb{N} \, \forall x, y \in X[(n, x) \in G \wedge (n, y) \in G \Longrightarrow x = y]$. Sei $\mathfrak{A}(n)$ die Induktionsaussage $\forall x, y \in X[(n, x) \in G \wedge (n, y) \in G \Longrightarrow x = y]$.

Induktionsanfang: Sei $(1, x) \in G$ und $(1, c) \in G$. Angenommen $x \neq c$. Wegen 1) gibt es $(n, z) \in G[(1, x) = (n + 1, \varphi(z))]$, also $1 = n + 1$ im Widerspruch zu (P3). Also ist $x = c$. Daraus folgt $\mathfrak{A}(1)$.

Induktionsannahme: Gelte $\mathfrak{A}(n)$, d.h. $\forall x, y \in X[(n, x) \in G \wedge (n, y) \in G \Longrightarrow x = y]$.

Induktionsschluß: Seien $x, y \in X$ gegeben mit $(n + 1, x) \in G$ und $(n + 1, y) \in G$. Da $n$ durch $n + 1$ eindeutig festgelegt ist ($\mu$ ist injektiv), gibt es (nach 1)) $u, v \in G$ mit $(n, u) \in G, (n, v) \in G$ und $\varphi(u) = x$ und $\varphi(v) = y$, wegen $(n + 1, \varphi(u)) = (n + 1, x)$ und $(n + 1, \varphi(v)) = (n + 1, y)$. Nach Induktionsannahme ist $u = v$, also $x = \varphi(u) = \varphi(v) = y$.

Also ist $\alpha := (\mathbb{N}, X, G)$ eine Abbildung.

3) $\alpha$ erfüllt die Bedingungen $\alpha(1) = c$ und $\forall n \in \mathbb{N} [\alpha(n + 1) = \varphi(\alpha(n))]$, denn $(n, x) \in G$ und $(n + 1, \varphi(x)) \in G$ implizieren $\alpha(n) = x$ und $\alpha(n + 1) = \varphi(x) = \varphi\alpha(n)$.

4) Es bleibt zu zeigen, daß $\alpha$ eindeutig bestimmt ist. Sei also $\beta : \mathbb{N} \to X$ mit $\beta(1) = c$ und $\forall n \in \mathbb{N} [\beta(n + 1) = \varphi\beta(n)]$ gegeben. Wir zeigen durch vollständige Induktion $\forall n \in \mathbb{N} [\alpha(n) = \beta(n)]$. Sei $\mathfrak{A}(n)$ die Induktionsaussage $\alpha(n) = \beta(n)$.

Induktionsanfang: Es ist $\alpha(1) = c = \beta(1)$, also gilt $\mathfrak{A}(1)$.

Induktionsannahme: Sei $\alpha(n) = \beta(n)$.

Induktionsschluß: Dann ist $\alpha(n + 1) = \varphi(\alpha(n)) = \varphi(\beta(n)) = \beta(n + 1)$.

Damit gilt $\alpha = \beta$.

In diesem Satz ist das Hilfsmittel der vollständigen Induktion gleich mehrfach angewendet worden. Damit haben wir jetzt aber auch die Möglichkeit, die Funktion $\varphi^n$ für alle $n \in \mathbb{N}$ zu definieren. Wir schreiben einfach $\varphi^1(c) = c$ und $\varphi^{n+1}(c) = \varphi(\varphi^n(c))$. Für festgewähltes $c \in X$ gibt es damit eine Abbildung $\varphi(\;)(c) : \mathbb{N} \to X$ gegeben, wobei $\varphi(n)(c) = \varphi^n(c)$ gelte. Da damit der Wert für jedes $c \in X$ eindeutig festgelegt ist, haben wir auch die Abbildungen $\varphi^n : X \to X$ für alle $n \in \mathbb{N}$ definiert. Häufig braucht man zur rekursiven Definition von Abbildungen etwas kompliziertere Bedingungen an die Rekursion. Der einfachste Fall ist der

**Satz 2.2.2** *(über die primitive Rekursion): Sei $X$ eine Menge, $c \in X$ ein Element und $\varphi : \mathbb{N} \times X \to X$ eine Abbildung. Dann gibt es genau eine Abbildung $\alpha : \mathbb{N} \to X$ mit*

*1. $\alpha(1) = c$,*
*2. $\forall n \in \mathbb{N}\,[\alpha(n+1) = \varphi(n, \alpha(n))]$,*

*d.h. so daß das Diagramm*

*kommutiert, wobei $\gamma(1) = (1, c)$, $\iota(1) = 1$ und $(\mathrm{id}_\mathbb{N}, \alpha)(n) := (n, \alpha(n))$.*

**Beweis.** Wir wenden 2.2.1 an auf $\mathbb{N} \times X$, $(1, c) \in \mathbb{N} \times X$ und $\psi : \mathbb{N} \times X \to \mathbb{N} \times X$, $\psi(n, x) := (n+1, \varphi(n, x))$. Dann gibt es genau eine Abbildung $\beta : \mathbb{N} \to \mathbb{N} \times X$ mit $\beta(1) = (1, c)$ und $\beta(n+1) = \psi(\beta(n))$ für alle $n \in \mathbb{N}$:

Durch $\beta$ werden eindeutig Abbildungen $\rho : \mathbb{N} \to \mathbb{N}$ und $\alpha : \mathbb{N} \to X$ definiert mit $\beta(n) = (\rho(n), \alpha(n))$. Für diese Abbildungen gilt $\rho(1) = 1$, $\alpha(1) = c$ und $(\rho(n+1), \alpha(n+1)) = \beta(n+1) = \psi(\beta(n)) = \psi(\rho(n), \alpha(n)) = (\rho(n) + 1, \varphi(\rho(n), \alpha(n)))$, also ist $\rho(n+1) = \rho(n) + 1$ und $\alpha(n+1) = \varphi(\rho(n), \alpha(n))$. Da die Abbildung $\rho$ aber $\rho(1) = 1$ und $\rho(n+1) = \rho(n) + 1 = \mu\rho(n)$ erfüllt und ebenso $\mathrm{id}_\mathbb{N}(1) = 1$ und $\mathrm{id}_\mathbb{N}(n+1) = \mu\mathrm{id}_\mathbb{N}(n)$ gilt, ist $\rho = \mathrm{id}_\mathbb{N}$ nach 2.2.1, also ist $\alpha(n+1) = \varphi(n, \alpha(n))$.

Ist $\alpha' : \mathbb{N} \to X$ gegeben mit $\alpha'(1) = c$ und $\alpha'(n+1) = \varphi(n, \alpha'(n))$ für alle $n \in \mathbb{N}$, so erfüllt $\beta' : \mathbb{N} \to \mathbb{N} \times X$ mit $\beta'(n) := (n, \alpha'(n))$ die Bedingungen $\beta'(1) = (1, \alpha'(1)) = (1, c)$ und $\beta'(n+1) = (n+1, \alpha'(n+1)) = (n+1, \varphi(n, \alpha'(n))) = \psi(n, \alpha'(n)) = \psi(\beta'(n))$, also ist $\beta = \beta'$ und damit $\alpha = \alpha'$.

Wir kommen jetzt zu den Grundlagen der natürlichen Zahlen zurück. Wir hatten schon gefordert, daß eine Menge der natürlichen Zahlen existieren soll. Es ist aber zunächst nicht klar, ob es hier verschiedene Wahlmöglichkeiten für diese Menge gibt. Wir werden in Beispiel 2.3.8 tatsächlich verschiedene Mengen angeben, die die Peano-Axiome erfüllen und damit als Mengen der natürlichen Zahlen in Frage kommen. Damit wäre es möglich, daß späteres Rechnen mit natürlichen Zahlen von der Wahl der Menge abhängt, was natürlich recht unsinnig wäre. Deswegen ist der folgende Satz wichtig.

**Satz 2.2.3** *(von der Eindeutigkeit der Menge der natürlichen Zahlen): Seien $(\mathbb{N}, 1, \mu)$ und $(A, a, \nu)$ Mengen der natürlichen Zahlen. Dann gibt es genau eine Abbildung $\alpha : \mathbb{N} \to A$ mit $\alpha(1) = a$ und $\alpha\mu = \nu\alpha$, und diese Abbildung ist bijektiv.*

*Beweis.* : Nach 2.2.1 folgt Existenz und Eindeutigkeit von $\alpha : \mathbb{N} \to A$ mit $\alpha(1) = a$, $\alpha(n+1) = \nu(\alpha(n))$. Ebenso gibt es genau ein $\beta : A \to \mathbb{N}$, so daß das Diagramm

$$
\begin{array}{ccc}
A & \xrightarrow{\ \nu\ } & A \\
& & \\
\{a\} \nearrow \searrow \Big\downarrow \beta & & \Big\downarrow \beta \\
& & \\
\mathbb{N} & \xrightarrow[\ \mu\ ]{} & \mathbb{N}.
\end{array}
$$

kommutiert. Insgesamt haben wir $\beta\alpha(1) = \beta(a) = 1 = \mathrm{id}_{\mathbb{N}}(1)$ und $\forall n \in \mathbb{N} \, [\beta\alpha(n+1) = \beta\nu\alpha(n) = \mu\beta\alpha(n)]$ und $\forall n \in \mathbb{N} \, [\mathrm{id}_{\mathbb{N}}(n+1) = \mu\,\mathrm{id}_{\mathbb{N}}(n)]$. Wegen der Eindeutigkeit in 2.2.1 folgt $\beta\alpha = \mathrm{id}_{\mathbb{N}}$. Analog sieht man $\alpha\beta = \mathrm{id}_A$.

**Bemerkung 2.2.4** Wir bemerken, daß $\alpha$ die gesamte bisher bekannte „Struktur" von $\mathbb{N}$ erhält wegen $\alpha(1) = a$ und $\alpha\mu = \nu\alpha$ (es ist gleichgültig, ob man erst den Nachfolger in $\mathbb{N}$ bildet und dann nach $A$ geht, oder gleich nach $A$ geht und dann dort den Nachfolger bildet). Man kennt den „Nachfolger" in $A$ wegen $\nu = \alpha\mu\alpha^{-1}$. Ebenso kennt man die „Eins" in $A : \alpha(1) = a$. Wir wählen daher eine Menge der natürlichen Zahlen $(\mathbb{N}, 1, \mu)$ fest aus und bezeichnen sie fortan als *die Menge der natürlichen Zahlen*. Nach der vorhergehenden Bemerkung ist das keine Einschränkung. In jeder anderen Menge der natürlichen Zahlen könnte die Theorie genauso aufgebaut werden und ergäbe über die bijektive Abbildung $\alpha$ dieselben Resultate (dieselben Primzahlen, dieselbe Primzahlzerlegung etc.).

**Übungen 2.2.5**    1. Wir setzen das Rechnen in $\mathbb{N}$ voraus. Seien $X := \mathbb{N}$, $c = 5$ und $\varphi : \mathbb{N} \to \mathbb{N}$ durch $\varphi(n) = 3n$ gegeben. Sei $\alpha : \mathbb{N} \to \mathbb{N}$ die durch einfache Rekursion mit diesen Daten definierte Abbildung:

$$\alpha(1) = 5, \quad \alpha(n+1) = \varphi(\alpha(n)).$$

Zeigen Sie durch vollständige Induktion

$$\alpha(n) = 3^{n-1} \cdot 5.$$

2. Wir setzen das Rechnen in $\mathbb{N}$ voraus. Seien $X := \mathbb{N}$, $c = 2$ und $\varphi : \mathbb{N}$ $\to \mathbb{N}$ durch $\varphi(n) = n^2$ gegeben. Sei $\alpha : \mathbb{N} \to \mathbb{N}$ die durch einfache Rekursion mit diesen Daten definierte Abbildung:

$$\alpha(1) = 2, \quad \alpha(n+1) = \varphi(\alpha(n)).$$

Zeigen Sie durch vollständige Induktion

$$\alpha(n) = 2^{2^{n-1}}.$$

3. Wir setzen das Rechnen in $\mathbb{N}$ voraus. Seien $X := \mathbb{N}$, $c = 2$ und $\varphi : \mathbb{N}$ $\to \mathbb{N}$ durch $\varphi(n) = n!$ gegeben. Sei $\alpha : \mathbb{N} \to \mathbb{N}$ die durch einfache Rekursion mit diesen Daten definierte Abbildung:

$$\alpha(1) = 2, \quad \alpha(n+1) = \varphi(\alpha(n)).$$

   a) Finden Sie einen geschlossenen Ausdruck für $\alpha(n)$.
   b) Welche Ausdrücke ergeben sich für $c = 3$? Bestimmen Sie $\alpha(3)$ und geben Sie eine Abschätzung für $\alpha(4)$.

4. Wir setzen das Rechnen in $\mathbb{N}$ voraus. Seien $X := \mathbb{N}$, $c = 1$ und $\varphi : \mathbb{N} \times \mathbb{N}$ $\to \mathbb{N}$ durch $\varphi(r,s) = rs + 1$ gegeben. Sei $\alpha : \mathbb{N} \to \mathbb{N}$ die durch primitive Rekursion mit diesen Daten definierte Abbildung:

$$\alpha(1) = 1, \quad \alpha(n+1) = \varphi(n, \alpha(n)).$$

Bestimmen Sie $\alpha(5)$.

5. Wir setzen das Rechnen in $\mathbb{N}$ voraus. Seien $X := \mathbb{N}$, $c = 1$ und $\varphi : \mathbb{N} \times \mathbb{N}$ $\to \mathbb{N}$ durch $\varphi(r,s) = |r - s| + 1$ gegeben. Sei $\alpha : \mathbb{N} \to \mathbb{N}$ die durch primitive Rekursion mit diesen Daten definierte Abbildung:

$$\alpha(1) = 1, \quad \alpha(n+1) = \varphi(n, \alpha(n)).$$

   a) Beschreiben Sie die Funktion $\alpha$ ohne Rückgriff auf die Rekursion und $\varphi$.
   b) Zeigen Sie, daß es keine Funktion $\psi : \mathbb{N} \to \mathbb{N}$ gibt, durch die $\alpha$ mit einfacher Rekursion definiert werden kann.

6. a) Für jedes $x \in \mathbb{R}$ definieren wir $p_x : \mathbb{N} \to \mathbb{R}$ rekursiv durch

$$p_x(1) = x$$
$$p_x(n+1) = p_x(n)x$$

   und schreiben $p_x(n) =: x^n$. Zeigen Sie:
   i. $\forall m, n \in \mathbb{N} \, [x^{m+n} = x^m x^n]$,
   ii. $\forall m, n \in \mathbb{N} \, [x^{mn} = (x^m)^n]$,
   iii. $\forall n \in \mathbb{N} \, [(xy)^n = x^n y^n]$.
   b) Definieren Sie rekursiv die Abbildung $f_x : \mathbb{N} \to \mathbb{R}$, für die $f_x(n) = 1 + x + \ldots + x^n$ gilt.
   c) Zeigen Sie $\forall n \in \mathbb{N} \, [f_x(n)(x - 1) = x^{n+1} - 1]$.

## 2.3 Die Strukturen auf den natürlichen Zahlen

Wir wollen in diesem Abschnitt die üblichen Regeln des Rechnens mit den natürlichen Zahlen entwickeln. Dabei werden wir uns auf die einfache Rekursion stützen und mit ihr zunächst Addition und Multiplikation von natürlichen Zahlen definieren. Mit Hilfe der primitiven Rekursion kann man dann auch das Potenzieren von natürlichen Zahlen einführen.

**Definition und Lemma 2.3.1**    *1. Sei $m \in \mathbb{N}$. Wir definieren die Abbildung $\alpha_m : \mathbb{N} \to \mathbb{N}$ durch die Bedingungen*
$$\alpha_m(1) = m + 1,$$
$$\forall n \in \mathbb{N}\,[\alpha_m(n+1) = \alpha_m(n) + 1]$$
*(bezüglich $m + 1 = \mu(m) \in \mathbb{N}$, $\rho : \mathbb{N} \to \mathbb{N}$, $\rho(n) = \mu(n)$). Wir kürzen $\alpha_m(n) =: m + n$ ab. Die Abbildung $\mathbb{N} \times \mathbb{N} \ni (m,n) \mapsto m + n \in \mathbb{N}$ heißt* Addition.

*2. Sei $m \in \mathbb{N}$. Wir definieren die Abbildung $\mu_m : \mathbb{N} \to \mathbb{N}$ durch die Bedingungen*
$$\mu_m(1) = m,$$
$$\forall n \in \mathbb{N}\,[\mu_m(n+1) = \mu_m(n) + m]$$
*(bezüglich $m \in \mathbb{N}$, $\rho : \mathbb{N} \to \mathbb{N}$, $\rho(n) = n + m$). Wir kürzen $\mu_m(n) =: m \cdot n$ ab. Die Abbildung $\mathbb{N} \times \mathbb{N} \ni (m,n) \mapsto m \cdot n \in \mathbb{N}$ heißt* Multiplikation.

*3. Sei $m \in \mathbb{N}$. Wir definieren die Abbildung $\rho_m : \mathbb{N} \to \mathbb{N}$ durch die Bedingungen*
$$\rho_m(1) = m,$$
$$\forall n \in \mathbb{N}\,[\rho_m(n+1) = \rho_m(n) \cdot m]$$
*(bezüglich $m \in \mathbb{N}$, $\rho(n) = n \cdot m$). Wir kürzen $\rho_m(n) =: m^n$ ab. Die Abbildung $\mathbb{N} \times \mathbb{N} \ni (m,n) \mapsto m^n \in \mathbb{N}$ heißt* Potenzieren.

*Beweis.* In allen drei Fällen existieren die Abbildungen und sind eindeutig bestimmt wegen 2.2.1 $\alpha_1(n) = n + 1$ und $\mu(n) = n + 1$ können tatsächlich identifiziert werden wegen $\alpha_1(1) = \mu(1)$ und $\forall n \in \mathbb{N}\,[\alpha_1(\mu(n)) = \mu(\alpha_1(n))]$ und $\forall n \in \mathbb{N}\,[\mu\mu(n) = \mu\mu(n)]$, also wegen $\alpha_1 = \mu$.

Man muß sich die Bedeutung der Rekursionsformeln klar machen, um zu verstehen, daß mit diesen Konstruktionen etwas ganz Alltägliches gemeint ist. Die Rekursionsformel für die Addition ist gegeben durch $m + (n + 1) = (m + n) + 1$, also einfach durch einen Spezialfall des Assoziativgesetzes für die Addition. Bei der Multiplikation ist die Bedingung $m \cdot (n + 1) = (m \cdot n) + m$, also ein einfacher Fall des Distributivgesetzes. Schließlich fordern wir für das Potenzieren $m^{n+1} = m^n \cdot m$. Daher sind einige einfache Fälle der Rechenregeln für natürliche Zahlen schon in der Definition angelegt. Die anderen Rechenregeln muß man allerdings beweisen.

**Satz 2.3.2** *(Rechengesetz für natürliche Zahlen):*
*Für alle $m, n, t \in \mathbb{N}$ gilt:*

*1. $m + n = n + m$;    $m \cdot n = n \cdot m$;*

2. $(m + n) + t = m + (n + t);$    $(m \cdot n) \cdot t = m \cdot (n \cdot t);$
3. $t + m = t + n \Longrightarrow m = n;$    $t \cdot m = t \cdot n \Longrightarrow m = n;$ *(Kürzungsgesetz)*
4. $m \cdot (n + t) = m \cdot n + m \cdot t;$
5. $1 \cdot n = n.$

*Beweis.* Zunächst weisen wir die Rechengesetze für die Addition nach.

1. i) Wir wissen schon $m + (n+1) = (m+n) + 1$. Durch Induktion nach $m$ beweisen wir zunächst $1 + m = m + 1$. Es ist $1 + 1 = 1 + 1$. Ist $1 + m = m + 1$, so ist auch $1 + (m+1) = (1+m) + 1 = (m+1) + 1$. Also folgt die Behauptung. Jetzt zeigen wir $m + (n+1) = (m+n) + 1 = (m+1) + n$ durch Induktion nach $n$. Wir brauchen nur die letzte Gleichung zu zeigen. Es ist $(m + 1) + 1 = (m + 1) + 1$. Ist $(m + n) + 1 = (m + 1) + n$, so ist $(m + (n + 1)) + 1 = ((m + n) + 1) + 1 = ((m + 1) + n) + 1 = (m + 1) + (n + 1)$, also folgt die Behauptung. Jetzt kommen wir endlich zum Kommutativgesetz der Addition, das wir wieder durch Induktion nach $n$ zeigen. Es ist $m + 1 = 1 + m$, wie oben gezeigt. Ist $m + n = n + m$, so folgt $m + (n+1) = (m+n) + 1 = (n+m) + 1 = (n+1) + m$ nach dem vorher Gezeigten, und wir sind fertig.

2. i) Das Assoziativgesetz weisen wir durch Induktion nach $t$ nach. Es ist $(m + n) + 1 = m + (n + 1)$ nach Definition. Gilt $(m + n) + t = m + (n + t)$, so folgt $(m+n) + (t+1) = ((m+n) + t) + 1 = (m + (n+t)) + 1 = m + ((n+t) + 1) = m + (n + (t + 1))$.

3. i) Induktion nach $t$: Ist $1 + m = 1 + n$, so ist nach (P4) $m = n$. Folgt aus $t + m = t + n$ für jede Wahl von $m$ und $n$ immer $m = n$, so folgt $(t+1) + m = (t+1) + n \Longrightarrow 1 + (t+m) = 1 + (t+n) \Longrightarrow t + m = t + n \Longrightarrow m = n$.

Wir kommen nun zu den Rechengesetzen der Multiplikation. Nach Definition gilt $m \cdot 1 = m$ und $m \cdot (n + 1) = (m \cdot n) + m$.

5. Aus der Definition folgt $1 \cdot 1 = 1$. Wenn $1 \cdot n = n$ gilt, so folgt $1 \cdot (n+1) = (1 \cdot n) + 1 = n + 1$.

1. ii) Wir zeigen zunächst $(n + 1) \cdot m = n \cdot m + m$ durch Induktion nach $m$. Es ist $(n + 1) \cdot 1 = n + 1 = n \cdot 1 + 1$. Wenn $(n + 1) \cdot m = n \cdot m + m$ gilt, so ist $(n + 1) \cdot (m + 1) = (n + 1) \cdot m + (n + 1) = n \cdot m + m + n + 1 = n \cdot m + n + m + 1 = n \cdot (m+1) + (m+1)$. Weiter ist nach (5.) $1 \cdot m = m = m \cdot 1$. Wenn $n \cdot m = m \cdot n$ gilt, so ist $(n+1) \cdot m = n \cdot m + m = m \cdot n + m = m \cdot (n+1)$.

4. Es ist $m \cdot (n+1) = m \cdot n + m = m \cdot n + m \cdot 1$. Wenn $m \cdot (n+t) = m \cdot n + m \cdot t$ gilt, so folgt $m \cdot (n + (t+1)) = m \cdot ((n+t) + 1) = m \cdot (n+t) + m = m \cdot n + m \cdot t + m = m \cdot n + m \cdot (t + 1)$.

2. ii) Es ist $(m \cdot n) \cdot 1 = m \cdot n = m \cdot (n \cdot 1)$. Ist $(m \cdot n) \cdot t = m \cdot (n \cdot t)$, so folgt $(m \cdot n) \cdot (t+1) = (m \cdot n) \cdot t + m \cdot n = m \cdot (n \cdot t) + m \cdot n = m \cdot ((n \cdot t) + n) = m \cdot (n \cdot (t+1))$.

3. ii) Diesen Beweis stellen wir bis zum Beweis des Satzes 2.3.5 zurück.

Die natürlichen Zahlen tragen noch eine weitere interessante Struktur. Sie bilden eine total geordnete Menge. Die Eigenschaften dieser Ordnung untersuchen wir im folgenden. Insbesondere wird sich herausstellen, daß diese Ordnung zusätzliche wichtige Eigenschaften hat, sie ist eine Wohlordnung. Zunächst definieren wir diese Ordnung auf $\mathbb{N}$.

**Definition und Satz 2.3.3** *Auf* $\mathbb{N}$ *ist eine totale Ordnung gegeben durch*
$$m \leq n :\Longleftrightarrow (m = n \vee \exists p \in \mathbb{N}\,[p + m = n]).$$

*Beweis.* Die Reflexivität ist unmittelbar klar. Für den Beweis der Transitivität sei $a \leq b$ und $b \leq c$. Wenn in einem der beiden Fälle Gleichheit gilt, so folgt unmittelbar $a \leq c$. Sei also $a + s = b$ und $b + t = c$. Dann folgt $a + s + t = c$, also $a \leq c$. Sei $a \leq b$, $b \leq a$ und $a \neq b$. Dann gilt $a + s = b$ und $b + t = a$, also $a + s + t + 1 = a + 1$, nach 2.3.2 3. i) also $s + t + 1 = 1$ im Widerspruch zu (P3). Damit gilt auch die Antisymmetrie. Die Eigenschaft der totalen Ordnung folgt aus der Wohlordnung der natürlichen Zahlen, die wir sogleich zeigen werden.

**Definition 2.3.4** Eine Ordnung auf einer Menge $A$ heißt *Wohlordnung*, wenn jede nichtleere Teilmenge von $A$ ein kleinstes Element besitzt.

**Satz 2.3.5**   *1.* $\forall m, n, p \in \mathbb{N}\,[m \leq n \Longleftrightarrow p + m \leq p + n]$,
   *2.* $\forall m, n, p \in \mathbb{N}\,[m \leq n \Longrightarrow p \cdot m \leq p \cdot n]$,
   *3.* $\forall n \in \mathbb{N}\,[1 \leq n]$,
   *4.* $\forall n \in \mathbb{N}\,[n \neq n + 1]$,
   *5.* $\{m \in \mathbb{N}\,|\,n \leq m \wedge m \leq n + 1\} = \{n, n + 1\}$,
   *6.* $\mathbb{N}$ *mit* $\leq$ *ist wohlgeordnet.*

*Beweis.* 1. Gelte $m \leq n$. Wenn $m = n$ gilt, dann ist nichts zu zeigen. Sei $m + t = n$. Dann folgt $p + m + t = p + n$, also $p + m \leq p + n$. Sei umgekehrt $p + m \leq p + n$. Wenn $m \leq n$ ist, ist nichts zu zeigen. Wenn jedoch $m \geq n$ gilt, dann ist nach dem ersten Teil der Aussage $p + m \geq p + n$, zusammen mit der anderen Ungleichung erhält man $p + m = p + n$. Nach dem Kürzungsgesetz ergibt sich $m = n$.

2. Gelte $m \leq n$. Dann folgt $p \cdot n = p \cdot (m + t) = p \cdot m + p \cdot t$, also $p \cdot m \leq p \cdot n$.

3. Es ist $1 \leq 1$. Weiter folgt aus $1 \leq n$ und $1 + t = n$ sofort $1 + t + 1 = n + 1$, also $1 \leq n + 1$. Ist jedoch $1 \leq n$ und $1 = n$, so folgt $1 + 1 = n + 1$, also wieder $1 \leq n + 1$.

4. Sei $E = \{n \in \mathbb{N}\,|\,n \neq n + 1\}$. $1 \in E$ wegen (P3). Sei $n \in E \Longrightarrow n \neq n + 1 \Longrightarrow \mu(n) \neq \mu(n + 1) \Longrightarrow n + 1 \in E \Longrightarrow E = \mathbb{N}$.

5. Offenbar erfüllen $m = n$ und $m = n + 1$ die Bedingungen $n \leq m$ und $m \leq n + 1$. Sei jetzt $m \neq n$ und $n \leq m$ und $m \leq n + 1$. Dann ist $m = n + t$ für ein $t \in \mathbb{N}$, also $n + t \leq n + 1$. Wegen $1 \leq t$ gilt auch $n + 1 \leq n + t$ und damit $m = n + t = n + 1$. Also sind die beiden angegebenen Mengen gleich.

6. Sei $I \subset \mathbb{N}$, $I \neq \emptyset$. Sei $A := \{n \in \mathbb{N}\,|\,\forall i \in I\,[n \leq i]\}$. Wir wollen zeigen, daß $A \cap I \neq \emptyset$. Wenn nämlich dann $r \in A \cap I$, dann gilt $\forall i \in I\,[r \leq i]$, d.h. $r \in I$ ist das kleinste Element von $I$. Wir nehmen jetzt an, daß $A \cap I = \emptyset$. Nach 3. ist $1 \in A$. Sei $n \in A$ und sei $i \in I$. Wegen $A \cap I = \emptyset$ ist $n \notin I$, also $n \neq i$. Weiter ist $n \leq i$, also existiert ein $t \in \mathbb{N}$ mit $n + t = i$. Wegen $1 \leq t$ ist $n + 1 \leq n + t = i$, also ist auch $n + 1 \in A$. Nach Induktionsprinzip ist daher $A = \mathbb{N}$ und $I \subset \mathbb{N} = A$, ein Widerspruch zu $A \cap I = \emptyset$.

*Beweis.* von 2.3.2 3.ii) Aus $1 \cdot m = 1 \cdot n$ folgt $m = n$. Wenn aus $t \cdot m = t \cdot n$ die Gleichung $m = n$ folgt, so schließen wir wie folgt. Sei $(t+1) \cdot m = (t+1) \cdot n$. Wenn $m = n$, dann sind wir schon fertig. Sonst gilt $n \leq m$ oder $m \leq n$. Bis auf Umbenennung können wir $n \leq m$ mit $n + s = m$ annehmen. Dann ist $t \cdot n + n + 1 = (t+1) \cdot n + 1 = (t+1) \cdot m + 1 = (t+1) \cdot (n+s) + 1 = t \cdot n + n + t \cdot s + 1$, nach 2.3.2 3.i) also $1 = t \cdot s + 1$ im Widerspruch zu (P3). Also kann $n + s = m$ nicht eintreten. Es gilt daher $n = m$.

**Bemerkung 2.3.6** Die letzte Aussage des Satzes ist ein wichtiges mathematisches Beweismittel, das man auch die „Jagd nach dem kleinsten Verbrecher" nennt. Wenn man eine Aussage $\mathfrak{A}(n)$ für alle $n \in \mathbb{N}$ beweisen will und eine vollständige Induktion kompliziert wird, so hilft häufig die folgende Argumentation. Man nimmt an, daß es Elemente $r \in \mathbb{N}$ gibt, für die die Aussage $\mathfrak{A}(r)$ falsch ist. Dann gibt es nach Teil 4. des Satzes auch ein kleinstes solches $n_0 \in \mathbb{N}$, für das $\mathfrak{A}(n_0)$ falsch ist. Das Element $n_0$ nennt man oft auch den kleinsten „Verbrecher". Man zeigt dann, daß diese Bedingung zu einem Widerspruch führt. Es gibt also keine Elemente $n \in \mathbb{N}$, für die die Aussage falsch ist. Sie ist daher für alle $n \in \mathbb{N}$ richtig.

Der Begriff der Wohlordnung hat eine weitere ungemein wichtige Bedeutung in der Mengenlehre. Es gibt nämlich ein weiteres Axiom der Mengenlehre über die Wohlordnung. Für viele Anwendungen sind die dazu äquivalenten (und damit auch als Axiome der Mengenlehre verwendbaren) Aussagen ebenso wichtig. Wir können sie hier nur für spätere Anwendungen formulieren, aber ihre Äquivalenz nicht beweisen.

**Axiom 7** Jede Menge kann wohlgeordnet werden, d.h. auf jeder Menge gibt es eine Wohlordnung.

**Satz 2.3.7** *Falls die übrigen Axiome der Mengenlehre gelten, so sind äquivalent:*

1. *(Wohlordnungsaxiom) Jede Menge kann wohlgeordnet werden.*
2. *(Zornsches[4] Lemma) Besitzt in einer geordneten Menge A jede total geordnete Teilmenge eine obere Schranke, so besitzt A ein maximales Element.*
3. *(Auswahlaxiom) Zu jeder Menge $M \neq \emptyset$ gibt es eine Abbildung $f : \mathcal{P}(M) \to M$ mit der Eigenschaft*

$$\forall U \in \mathcal{P}(M) \setminus \{\emptyset\} [f(U) \in U].$$

*„Es gibt eine Abbildung $f$, die aus jeder nichtleeren Teilmenge $U$ von $M$ eines ihrer Elemente, nämlich $f(U)$, auswählt."*

Bevor wir weitere Eigenschaften der natürlichen Zahlen studieren, wollen wir einige Beispiele für Mengen der natürlichen Zahlen anführen und erinnern dazu nochmals an den Satz 2.2.3.

---

[4] Max August Zorn (1906–1993)

**Beispiele 2.3.8**   1. Ein durch Axiom 6 gegebenes Tripel $(\mathbb{N}, 1, \mu)$ ist eine Menge der natürlichen Zahlen.

2. Sei $n_0 \in \mathbb{N}$ eine natürliche Zahl. Dann ist die Menge $N := \{n \in \mathbb{N} \mid n_0 \leq n\}$ zusammen mit $n_0$ und der Einschränkung $\mu|_N$ von $\mu$ als $\mu|_N : N \to N$ eine Menge der natürlichen Zahlen.

3. $\mathbb{N}_0 := \mathbb{N} \cup \{0\}$ zusammen mit 0 und $\mu'$ mit

$$\mu'(n) = \begin{cases} \mu(n), & \text{für } n \in \mathbb{N}, \\ 1, & \text{für } n = 0 \end{cases}$$

ist eine Menge der natürlichen Zahlen.

4. $\mathbb{N}_0 \times \mathbb{N}_0$ zusammen mit $(0,0)$ und $\nu : \mathbb{N}_0 \times \mathbb{N}_0 \to \mathbb{N}_0 \times \mathbb{N}_0$ mit

$$\nu(m, n) := \begin{cases} (m + 1, n - 1), & \text{falls } n > 0, \\ (0, m + 1), & \text{falls } n = 0 \end{cases}$$

ist eine Menge der natürlichen Zahlen.

Das letzte Beispiel ist etwas komplizierter und zeigt, daß es häufig nicht sofort ersichtlich ist, ob man ein Modell für eine Menge der natürlichen Zahlen vor sich hat. Dabei gibt es einen einfachen Trick, neue Modelle zu konstruieren. Dazu gehen wir noch einmal auf 2.2.3 zurück. Wenn man zwei Mengen der natürlichen Zahlen $(\mathbb{N}, 1, \mu)$ und $(A, a, \nu)$ hat, dann gibt es eine bijektive Abbildung $\alpha : \mathbb{N} \to A$, die die gegebenen Strukturen erhält. Hat man nun nur eine Menge $A$ und eine bijektive Abbildung $\alpha : \mathbb{N} \to A$, so kann man auf $A$ eine Struktur einer Menge von natürlichen Zahlen immer einführen. Man definiert die „Eins" in $A$ durch $\alpha(1)$ und die Nachfolgerabbildung $\nu : A \to A$ durch $\nu := \alpha\mu\alpha^{-1}$. Dann kann man leicht nachprüfen, daß $(A, a, \nu)$ eine Menge der natürlichen Zahlen ist. So ist auch unser Beispiel 4. entstanden. Der Leser mag versuchen, die bijektive Abbildung $\alpha : \mathbb{N} \to \mathbb{N}_0 \times \mathbb{N}_0$ zu finden.

Man nennt eine Menge $A$ *abzählbar unendlich*, wenn es eine bijektive Abbildung $\alpha : \mathbb{N} \to A$ gibt. Die Abbildung wird dann auch eine *Abzählung* von $A$ genannt. Offenbar kann man jede abzählbar unendliche Menge mit der Struktur einer Menge der natürlichen Zahlen versehen. Abzählbar unendliche Mengen sind $\mathbb{Z}$, $\mathbb{Z} \times \mathbb{Z}$, $\mathbb{Q}$, $\mathbb{Q} \times \mathbb{Q} \times \mathbb{Q}$, $\mathbb{Q}^n$ und viele andere mehr. Die jeweils induzierte Struktur einer Menge der natürlichen Zahlen auf den genannten Mengen hängt selbstverständlich von der gewählten Abzählung ab. Selbst auf $\mathbb{N}$ mit $1 \in \mathbb{N}$ kann man verschiedene Nachfolgerfunktionen $\mu_i : \mathbb{N} \to \mathbb{N}$ angeben, mit denen $(\mathbb{N}, 1, \mu_i)$ eine Menge der natürlichen Zahlen wird. Man kann also sehr exotische Beispiele für Mengen der natürlichen Zahlen finden. Beispiele für unendliche Mengen, die nicht abzählbar sind, sind $\mathbb{R}$, $\mathbb{C}$ und $\mathrm{Abb}(\mathbb{R}, \mathbb{R}) = \mathbb{R}^{\mathbb{R}}$, die Menge der reellen Funktionen. Diese Überlegungen führen jetzt aber schon in das Gebiet der Kardinalzahlen, die wir nicht weiter betrachten wollen.

Eine der wichtigen Rechenregeln in den natürlichen Zahlen ist die Division mit Rest, die in der Zahlentheorie eine grundlegende Bedeutung hat. Wir beweisen sie hier vor allem, um in der Folgerung eine Aussage über die Darstellung des größten gemeinsamen Teilers zweier Zahlen zu erhalten. Der dort angegebene Algorithmus ist Grundlage vieler zahlentheoretischer Programmpakete auf Computern.

Wir geben die Division mit Rest gleich für die Menge der ganzen Zahlen an, weil sie in dieser Menge ihre volle Nützlichkeit entwickelt. Man kann auch leicht die Division mit Rest für natürliche Zahlen formulieren und beweisen. Wie man formal die Menge der ganzen Zahlen $\mathbb{Z}$ einführt, werden wir erst im 5. Abschnitt dieses Kapitels diskutieren.

**Satz 2.3.9** *(Division mit Rest)* Es gilt

$$\forall x \in \mathbb{Z}, n \in \mathbb{N} \exists q \in \mathbb{Z}, r \in \mathbb{N}_0 [x = qn + r \wedge r \leq n - 1],$$

*und in dieser Darstellung sind $q$ und $r$ durch $x$ und $n$ eindeutig bestimmt.*

*Beweis.* Sei $M := \{x - pn | p \in \mathbb{Z} \wedge 0 \leq x - pn\}$. Dann gilt $M \subset \mathbb{N}_0$ und $M \neq \emptyset$. Denn für $x \geq 0$ ist $x \in M$ und für $x < 0$ ist $x - xn = x(1 - n) = (-x)(n - 1) \geq 0$, also $x - xn \in M$. Da $\mathbb{N}$ und damit auch $\mathbb{N}_0$ wohlgeordnet sind, existiert ein kleinstes Element $r \in M$ mit $x - qn = r$ oder $x = qn + r$. Wenn $r \geq n$, dann ist $r - n \geq 0$ und $x - qn - n = x - (q + 1)n = r - n$, also $r - n \in M$ im Widerspruch dazu, daß $r$ minimal in $M$ gewählt ist. Damit ist $r \leq n - 1$. Um nun die Eindeutigkeit von $q$ und $r$ zu zeigen, gelte auch $x = qn + r = q'n + r'$ mit $r' \leq n - 1, r' \in \mathbb{N}_0$ und $q' \in \mathbb{Z}$. Ohne Einschränkung der Allgemeinheit kann $r \leq r'$ angenommen werden. Dann ist $0 \leq r' - r = qn - q'n = (q - q')n$. Damit ist auch $q - q' \geq 0$. Wäre nun $q - q' \geq 1$, so wäre $(q - q')n \geq n$ im Widerspruch zu $(q - q')n = r' - r \leq n - 1$. Daher muß $q = q'$ und dann auch $r = x - qn = x - q'n = r'$ gelten.

**Definition 2.3.10** Wir nennen eine Zahl $n \in \mathbb{N}$ einen *Teiler* von $x \in \mathbb{Z}$, wenn für den Rest $r \in \mathbb{N}_0$ bei der Division mit Rest von $x$ durch $n$ gilt $r = 0$.

Eine Zahl $n \in \mathbb{N}$ heißt ein *gemeinsamer Teiler* von $x, y \in \mathbb{Z}$, nicht beide 0, wenn $n$ sowohl Teiler von $x$ als auch von $y$ ist.

Der *größte gemeinsame Teiler* von $x, y \in \mathbb{Z}$, nicht beide 0, ist bezüglich der Ordnung in $\mathbb{N}$ definiert und wird mit $\mathrm{ggT}(x, y)$ bezeichnet. Er existiert und eindeutig bestimmt, weil die Menge der gemeinsamen Teiler von $x$ und $y$ endlich ist (durch $|x| \neq 0$ bzw. $|y| \neq 0$ beschränkt wird) und daher ein größtes Element besitzt.

**Folgerung 2.3.11** *Seien $m, n \in \mathbb{Z}$ nicht beide 0, und sei $t \in \mathbb{N}$ größter gemeinsamer Teiler von $m$ und $n$. Dann gibt es $a, b \in \mathbb{Z}$ mit $am + bn = t$.*

*Beweis.* Sei $t$ kleinstes Element in der Menge $M := \{am + bn | a, b \in \mathbb{Z} \wedge am + bn > 0\}$. Da die Menge offenbar nicht leer ist und in $\mathbb{N}$ liegt, existiert $t$, und es ist $t = a_0 m + b_0 n$. Die Division mit Rest ergibt $m = qt + r$ mit $0 \leq r < t$. Wegen $r = m - qt = m - qa_0 m - qb_0 n = (1 - qa_0)m - qb_0 n$ ist $r \in M$ oder $r = 0$. Weil $t$ in $M$ minimal ist und $r < t$ gilt, muß $r = 0$ gelten. Also ist $m = qt$. Ebenso erhält man $n = pt$. Also ist $t$ ein gemeinsamer Teiler von $m$ und $n$. Ist $d \in \mathbb{N}$ ein weiterer gemeinsamer Teiler von $m$ und $n$, so gilt $xd = m$ und $yd = n$, also $t = a_0 xd + b_0 yd = (a_0 x + b_0 y)d$. Damit ist $d$ ein Teiler von $t$ und $t$ größter gemeinsamer Teiler von $m$ und $n$.

**Bemerkung 2.3.12** Einen Algorithmus zur Bestimmung von $t$, $a_0$ und $b_0$ aus $m$ und $n \neq 0$ erhält man so:

1. Schritt: man führe eine Division mit Rest aus: $m = q \cdot n + r$ und $0 \leq r < n$. Das kann man z.B. mit den in Computersprachen vorhandenen Operationen $q = \mathrm{div}(m, n)$ und $r = \mathrm{mod}(m, n)$ durchführen.

2. Schritt: man iteriere den 1. Schritt, indem man $m$ durch $n$, $n$ durch $r$ ersetzt, bis $r = 0$ eintritt.

$$m_0 := m, \quad n_0 := n, \quad m_0 = q_0 n_0 + r_0, \, 0 \leq r_0 < n_0,$$
$$m_1 := n_0, \quad n_1 := r_0, \quad m_1 = q_1 n_1 + r_1, \, 0 \leq r_1 < r_0,$$
$$\vdots \qquad\qquad \vdots \qquad\qquad \vdots \qquad\qquad \vdots$$
$$m_k := n_{k-1}, \, n_k := r_{k-1}, \, m_k = q_k n_k.$$

Dann ist $n_k$ der größte gemeinsame Teiler von $m$ und $n$, denn $n_k = r_{k-1}$ teilt $m_k = n_{k-1}$ und wegen $m_{k-1} = q_{k-1} n_{k-1} + r_{k-1}$ auch $m_{k-1}$. Nach endlich vielen Schritten ist dann $n_k$ ein Teiler von $m$ und $n$. Weiter ist $r_0 = m - q_0 n$ und $r_1 = m_1 - q_1 n_1 = n - q_1(m - q_0 n) = -q_1 m + (1 + q_0)n$. Ist $r_i = a_i m + b_i n$ und $r_{i+1} = a_{i+1} m + b_{i+1} n$, so ist $r_{i+2} = m_{i+2} - q_{i+2} n_{i+2} = r_i - q_{i+2} r_{i+1} = a_i m + b_i n - q_{i+2}(a_{i+1} m + b_{i+1} n) = (a_i - q_{i+2} a_{i+1})m + (b_i - q_{i+2} b_{i+1})n$. Also sind alle Reste, insbesondere aber $r_{k-1}$ von der Form $r_{k-1} = am + bn$. Also ist jeder gemeinsame Teiler von $m$ und $n$ auch Teiler von $r_{k-1}$, d.h. $r_{k-1}$ ist größter gemeinsamer Teiler. Die obige Berechnung der Faktoren $a$ und $b$ durch den Übergang

$$\begin{pmatrix} a_i & a_{i+1} \\ b_i & b_{i+1} \end{pmatrix} \mapsto \begin{pmatrix} a_{i+1} & a_i - q_{i+2} a_{i+1} \\ b_{i+1} & b_i - q_{i+2} b_{i+1} \end{pmatrix}$$

in jedem Schritt des Algorithmus ergibt mit dem Anfangswert $\begin{pmatrix} 1 & 0 \\ 0 & 1 \end{pmatrix}$ die gewünschte Darstellung $\mathrm{ggT}(m, n) = am + bn$. Der Anfangswert ist dadurch zu erklären, daß man den gegebenen Algorithmus eventuell durch Umbenennung mit $m > n$ durchführt (der Fall $m = n$ ist trivial) und ihn noch um eine Zeile nach oben hin erweitert, nämlich

$$m_{-1} := n, n_{-1} := m, m_{-1} = 0 \cdot n_{-1} + r_{-1}, 0 \leq r_{-1} < n_{-1}.$$

Damit hat man $r_{-2} := n_{-1} = m = 1 \cdot m + 0 \cdot n$ und $r_{-1} = n = 0 \cdot m + 1 \cdot n$. Dann kann man die iterative Anwendung der Division mit Rest in jedem

Schritt begleiten von der angegebenen Umschreibung der Paare $(a_i, b_i)$ und $(a_{i+1}, b_{i+1})$. Wenn der Algorithmus dann abbricht, hat man insbesondere die Koeffizienten der Darstellung $r_{k-1} = am + bn$ erhalten.

**Übungen 2.3.13**  1. Zeigen Sie, daß $M = \{\frac{1}{n} | n \in \mathbb{N}\}$ mit $1 \in M$ und $\nu(\frac{1}{n}) = \frac{1}{n+1}$ eine Menge der natürlichen Zahlen ist.

2. Sei
$$M := \{\frac{r}{2^n} \,\Big|\, \frac{r}{2^n} \in [0,1]\}.$$

Finden Sie $\nu : M \to M$, so daß $(M, 1, \nu)$ eine Menge der natürlichen Zahlen ist.

3. Bestimmen Sie die größten gemeinsamen Teiler:

$$\mathrm{ggT}(3,5), \mathrm{ggT}(154,210), \mathrm{ggT}(17,-51), \mathrm{ggT}(-27,0).$$

4. Bestimmen Sie für folgende $m, n \in \mathbb{Z}$ Zahlen $a, b \in \mathbb{Z}$ mit $am + bn = \mathrm{ggT}(m,n)$:

$$m = 3, n = -5; \quad m = 25, n = 0; \quad m = 103512, n = 7629.$$

5. Schreiben Sie ein Programm, das als Eingabe zwei ganze Zahlen $m, n$ gestattet (nicht beide 0) und als Ausgabe Zahlen $a, b$ hat mit $am + bn = \mathrm{ggT}(m,n)$.

6. Zeigen Sie, daß jede Wohlordnung eine totale Ordnung ist.

## 2.4 Anzahlaussagen

Nachdem in Kapitel 1 in Definition 1.2.29 eine abstrakte Definition von endlichen Mengen ohne Rückgriff auf natürliche Zahlen gegeben wurde und jetzt die natürlichen Zahlen mit vielen ihrer Eigenschaften auch zur Verfügung stehen, können wir auch die viel anschaulichere Beschreibung endlicher Mengen geben, nämlich mit Hilfe der endlichen durch eine natürliche Zahl festgelegten Anzahl der Elemente in einer Menge. Wir werden danach in diesem Abschnitt für eine Reihe von Mengen die Anzahl ihrer Elemente genau bestimmen.

**Satz 2.4.1**  *Die Menge* $\{1, \dots, n\} := \{i \in \mathbb{N} \,|\, 1 \le i \le n\}$ *ist endlich.*

*Beweis.* Sei $\alpha : \{1, \dots, n\} \to \{1, \dots, n\}$ injektiv. Es ist nach 1.2.30 zu zeigen, daß $\alpha$ surjektiv ist. Wir beweisen das durch vollständige Induktion nach $n$. Die Behauptung ist klar für $n = 1$. Sei $\alpha : \{1, \dots, n+1\} \to \{1, \dots, n+1\}$ eine injektive Abbildung und $\alpha' : \{1, \dots, n\} \to \{1, \dots, n+1\}$ die Einschränkung von $\alpha$.

1. Fall: $\mathrm{Bi}(\alpha') \subseteq \{1, \dots, n\}$. Dann ist $\alpha'$ injektiv und nach Induktionsannahme damit auch surjektiv, also bijektiv. Da $\alpha$ injektiv ist, ist $\alpha(n+1) \notin \{1, \dots, n\}$, also $\alpha(n+1) = n+1$. Damit ist $\alpha$ surjektiv.

2. Fall: Wenn $\mathrm{Bi}(\alpha') \not\subset \{1, \ldots, n\}$, dann gibt es genau ein $i$ mit $\alpha'(i) = n+1 = \alpha(i)$. Da $\alpha$ injektiv ist, gibt es auch ein $j \in \{1, \ldots, n\}$ mit $\alpha(n+1) = j$. Sei nun $\beta : \{1, \ldots, n\} \to \{1, \ldots, n\}$ definiert durch

$$\beta(m) = \begin{cases} \alpha(m), & m \neq i, \\ j, & m = i. \end{cases}$$

$\alpha$ injektiv $\Longrightarrow \beta$ surjektiv $\Longrightarrow$ alle Zahlen $\{1, \ldots, n+1\} \setminus \{j, n+1\}$ kommen in $\mathrm{Bi}(\alpha)$ vor, aber auch $n+1$ und $j$, also ist $\alpha$ surjektiv.

**Satz 2.4.2** *Seien $m, n$ natürliche Zahlen.*

1. *Es gibt dann und nur dann eine injektive Abbildung $\alpha : \{1, \ldots, m\} \to \{1, \ldots, n\}$, wenn $m \leq n$ gilt.*
2. *Es gibt dann und nur dann eine surjektive Abbildung $\alpha : \{1, \ldots, m\} \to \{1, \ldots, n\}$, wenn $m \geq n$ gilt.*
3. *Es gibt dann und nur dann eine bijektive Abbildung $\alpha : \{1, \ldots, m\} \to \{1, \ldots, n\}$, wenn $m = n$ gilt.*

*Beweis.* 1. Wenn $m \leq n$, dann ist die Inklusionsabbildung eine injektive Abbildung. Wenn $m > n$ ist, dann ist die Komposition $\{1, \ldots, m\} \overset{\alpha}{\to} \{1, \ldots, n\} \hookrightarrow \{1, \ldots, m\}$ ebenfalls injektiv, also nach 2.4.1 surjektiv, aber $m$ ist nicht nur im Bild dieser Abbildung wegen $m > n$. Widerspruch. Damit ist $m \leq n$.

2. Sei $m \geq n$. Dann ist

$$\alpha(i) = \begin{cases} i & 1 \leq i \leq n \\ 1 & n < i \leq m \end{cases}$$

eine surjektive Abbildung $\alpha : \{1, \ldots, m\} \to \{1, \ldots, n\}$.

Sei $\alpha$ surjektiv. Sei $\beta : \{1, \ldots, n\} \to \{1, \ldots, m\}, g(i) =$ kleinstes $j : \alpha(j) = i$.

Damit ist $\beta$ eine Abbildung und injektiv. $\Longrightarrow$ (nach Teil 1.) $n \leq m$.

3. Wenn $n = m$ ist, dann ist die identische Abbildung eine bijektive Abbildung. Wenn $\alpha : \{1, \ldots, m\} \to \{1, \ldots, n\}$ bijektiv ist, dann ist $m \leq n$ nach Teil 1 und $m \geq n$ nach Teil 2, also $m = n$.

Jetzt haben wir die Hilfsmittel zur Verfügung, um zu zeigen, daß die Endlichkeit einer Menge damit zusammenfällt, daß sie mit den natürlichen Zahlen bis zu einer bestimmten Zahl $n$ abgezählt werden kann. Der Beweis des folgenden Satzes wird auch ergeben, daß die Anzahl der Elemente einer endlichen Menge von der Wahl der Abzählung, d.h. von der Reihenfolge, wie die Elemente abgezählt werden, unabhängig ist. Die zunächst so selbstverständlich erscheinende Tatsache, daß jede Abzählung einer endlichen Menge zu derselben Anzahl von Elementen führt, hat einen recht komplizierten Beweis, den wir auch als Beweis (mit einem Stern) markiert haben, der in der Vorlesung ausgelassen werden kann.

**Satz 2.4.3** *Eine Menge $A \neq \emptyset$ ist genau dann endlich, wenn es ein $m \in$ $\mathbb{N}$ und eine bijektive Abbildung $\beta : \{1, \ldots, m\} \to A$ gibt. $m$ ist durch $A$ eindeutig bestimmt und wird* Anzahl *der Elemente von $A$ genannt.*

*Beweis.** Die eine Richtung des Beweises ist recht einfach. Sei $\beta : \{1, \ldots, m\}$ $\to A$ eine bijektive Abbildung. Sei $\gamma : A \to A$ injektiv. Dann ist auch $\beta^{-1}\gamma\beta : \{1, \ldots, m\} \to \{1, \ldots, m\}$ injektiv, also auch surjektiv. Damit wird dann auch $\gamma = \beta\beta^{-1}\gamma\beta\beta^{-1}$ surjektiv, also ist $A$ endlich.

Die andere Richtung des Beweises ist die eigentlich wichtige Aussage des Satzes. Wir erläutern zunächst die Idee dieses längeren Beweises. Wir wollen die vorgegebene Menge so abzählen wie wir es uns naiv vorstellen. Dazu benötigen wir eine Abzählabbildung von $\mathbb{N}$ in $A$. Wir hoffen, daß wir nicht alle natürlichen Zahlen benötigen, aber ob das geht, werden wir erst später feststellen können. Eine Abbildung $\mathbb{N} \to A$ kann mit einfacher Rekursion definiert werden. Der Anfang ist leicht: wir wählen irgendein Element von $A$, das wir als erstes abzählen. Die Fortsetzung der Abzählung ist komplizierter. Wenn wir schon $n$ Elemente aus $A$ abgezählt haben, dann müssen wir das nächste abzuzählende Element angeben. Es darf nicht unter den schon abgezählten Elementen vorkommen. Deshalb genügt es für die einfache Rekursion nicht, lediglich das letzte abgezählte Element zu kennen, man muß die Teilmenge $U$ aller bisher abgezählten Elemente kennen. Dann kann man damit das nächste abzuzählende Element festlegen, indem man ein Element aus dem Komplement von $U$ in $A$ wählt. Es kommt also eine Variante des Auswahlaxioms mit ins Spiel, weil wir zu jeder Teilmenge $U$ ein Element außerhalb wählen müssen. Diese formulieren wir zunächst.

Sei also $A \neq \emptyset$ endlich. Wir benutzen eine Auswahlabbildung $f : \mathcal{P}(A) \setminus \{\emptyset\} \to A$ (vgl. 2.3.7) mit $f(U) \in U$ für alle Teilmengen $U \neq \emptyset$ von $A$. Weiter sei $g : \mathcal{P}(A) \setminus \{A\} \to A$ die Abbildung $g(U) := f(A \setminus U)$. Dann gilt $g(U) \notin U$ für alle Teilmengen $U \neq A$ von $A$.

Sei $X := \{(a, U) | a \in U, U \in \mathcal{P}(A)\} \subset A \times \mathcal{P}(A)$. Wir definieren eine Abbildung $\varphi : X \to X$ durch

$$\varphi(a, U) := \begin{cases} (g(U), U \cup \{g(U)\}) & \text{für } U \neq A, \\ (a, A) & \text{für } U = A \end{cases}.$$

Weiter legen wir ein Element $a_1 \in A$ und damit ein Element $(a_1, U_1) \in X$ mit $U_1 := \{a_1\}$ fest.

Nach Satz 2.2.1 gibt es genau eine Abbildung, d.h. eine Folge, $\alpha : \mathbb{N} \to X$ mit $\alpha(1) = (a_1, U_1)$ und $\alpha(r + 1) = \varphi(\alpha(r))$. Wir schreiben $(a_r, U_r) := \alpha(r)$ und erhalten so $(a_{r+1}, U_{r+1}) = \varphi(a_r, U_r)$, also

$$a_{r+1} = \begin{cases} g(U_r), & \text{wenn } U_r \neq A, \\ a_r, & \text{wenn } U_r = A, \end{cases}$$
$$U_{r+1} = \begin{cases} U_r \cup \{a_{r+1}\}, & \text{wenn } U_r \neq A, \\ A, & \text{wenn } U_r = A. \end{cases}$$

Wir können uns $U_r$ als die Menge $\{a_1, \ldots, a_r\} = \{a_i | 1 \le i \le r\}$ vorstellen, jedoch ist nicht klar, daß $U_r$ tatsächlich diese Form hat.

Im Falle $U_r \ne A$ ist nun $a_{r+1} = g(U_r) \notin U_r$, also $U_r \subsetneq U_{r+1}$. Im Falle $U_r = A$ ist $U_r \subset U_{r+1}$. Sei $r < s$ und $U_r \ne A$. Dann ist $U_r \subsetneq U_{r+1}$. Ist $U_r \subsetneq U_{r+t}$, so ist dann $U_{r+t} \subset U_{r+t+1}$, also auch $U_r \subsetneq U_{r+t+1}$. Damit ist mit vollständiger Induktion $U_r \subsetneq U_{r+t}$ für alle $t \in \mathbb{N}$, insbesondere also $U_r \subsetneq U_s$.

Sei $r < s$ und $U_r \ne A$. Wir zeigen jetzt, daß dann $a_r \ne a_s$ gilt. Für $s = r + 1$ haben wir $a_s = a_{r+1} \notin U_r$ und wegen $a_r \in U_r$ gilt $a_s \ne a_r$. Ist $s = r + t$ und $a_{r+t} \ne a_r$, so gibt es zwei Fälle. Ist $U_s = A$, so ist $a_{r+t+1} = a_{s+1} = a_s \ne a_r$. Ist $U_s \ne A$, so ist $a_{r+t+1} = a_{s+1} \notin U_s$, also auch $a_{r+t+1} \notin U_r$ und damit $a_{r+t+1} \ne a_r$. Die Behauptung $a_r \ne a_{r+t}$ gilt also für alle $t \in \mathbb{N}$.

Wir betrachten die Menge $B := \{a_i | i \in \mathbb{N}\} \subset A$. Wenn für alle $r \ne s$ gilt $a_r \ne a_s$, dann ist die Abbildung $\mathbb{N} \ni i \mapsto a_i \in B$ bijektiv. Wir können damit die Abbildung $B \ni a_i \mapsto a_{i+1} \in B$ konstruieren, die injektiv ist, aber nicht surjektiv. $B$ ist als Teilmenge von $A$ aber ebenfalls endlich, ein Widerspruch.

Daher gibt es $r < s$ mit $a_r = a_s$. Nach der vorhergehenden Überlegung ist dann $U_r = A$. Sei $m \in \mathbb{N}$ die kleinste solche Zahl, d.h. die kleinste Zahl in $\{s \in \mathbb{N} | U_s = A\}$. Wir zeigen jetzt, daß die Abbildung $\beta : \{1, \ldots, m\} \to A$ mit $\beta(i) = a_i$ bijektiv ist. Für alle $r < m$ ist $U_i \ne A$ und daher sind alle $a_r$ für $r \in \{1, \ldots, m\}$ paarweise verschieden, d.h. $\beta$ ist injektiv. Sei nun $a \in A$ und $a \notin \mathrm{Bi}(\beta)$. Dann ist $a \ne a_1$ und daher $a \notin U_1$. Ist $a \notin U_r$, so ist $a \notin U_r \cup \{\beta(r+1)\} = U_r \cup \{a_{r+1}\} = U_{r+1}$, also ist $a \notin U_n$ für alle $n \in \mathbb{N}$. Das ist ein Widerspruch wegen $U_m = A$. Daher ist $\beta$ auch surjektiv.

Die Eindeutigkeit von $m$ folgt nun unmittelbar aus Satz 2.4.2.

**Folgerung 2.4.4** *1. (Dirichletsches Schubfächerprinzip):*
*Wenn man n Objekte auf m Schubfächer verteilt und $n > m$ ist, dann gibt es mindestens ein Schubfach, das mehrere Objekte enthält.*

*2. Wenn man n Objekte auf m Schubfächer verteilt und $n < m$ ist, dann gibt es mindestens ein leeres Schubfach.*

*Beweis.* 1. $\alpha : \{1, \ldots, n\} \to \{1, \ldots, m\}$ und $n > m$ impliziert, daß $\alpha$ nicht injektiv ist. Also existiert ein Schubfach $j$ und Objekte $i_1, i_2$ mit $\alpha(i_1) = \alpha(i_2) = j$.

2. $\alpha : \{1, \ldots, n\} \to \{1, \ldots, m\}$ und $n < m$ impliziert, daß $\alpha$ nicht surjektiv ist. Also existiert ein Schubfach $j$ mit $\alpha^{-1}(j) = \emptyset$.

**Definition 2.4.5** Wir bezeichnen mit $\mathbb{N}_0 \ni n \mapsto n! \in \mathbb{N}$ die eindeutig bestimmte Abbildung mit $0! := 1, 1! = 1$ und $(n+1)! = n! \cdot (n+1)$. (gemäß 2.2.2) Die Abbildung wird *Fakultät* genannt.

**Satz 2.4.6** *Es gibt n! bijektive Abbildungen*

$$\alpha : \{1, \ldots, n\} \to \{1, \ldots, n\}.$$

*Diese Abbildungen heißen* Permutationen.

*Beweis.* (durch vollständige Induktion) Wir beweisen allgemeiner: Sind $A, B$ Mengen mit je $n$ Elementen, dann gibt es genau $n!$ Bijektionen von $A$ nach $B$. Ist $n = 1$, so ist das klar. Sei die Behauptung für Mengen mit $n$ Elementen richtig. Seien $A = \{a_1 \ldots, a_{n+1}\}$ und $B = \{b_1, \ldots, b_{n+1}\}$ Mengen mit $n + 1$ Elementen. Wir definieren $A_i := A \setminus \{a_i\}, B_i := B \setminus \{b_i\}$. Sei $\alpha : A \to B$ eine Bijektion mit $\alpha(a_{n+1}) = b_i$. Dann ist $\alpha' : A_{n+1} \to B_i$ mit $\alpha'(a_j) = \alpha(a_j)$ wieder bijektiv. Umgekehrt kann jede Bijektion $\alpha' : A_{n+1} \to B_i$ zu einer Bijektion $\alpha : A \to B$ fortgesetzt werden durch

$$\alpha(a_j) = \begin{cases} \alpha'(a_j) & j \leq n \\ b_i & j = n + 1 \, . \end{cases}$$

Nach Induktionsannahme gibt es $n!$ bijektive Abbildungen $\alpha' : A_{n+1} \to B_i$, also auch $n!$ bijektive Abbildungen $\alpha : A \to B$ mit $\alpha(a_{n+1}) = b_i$. Es gibt $n + 1$ Möglichkeiten für die Wahl von $b_i$, also insgesamt $n! \cdot (n+1) = (n+1)!$ bijektive Abbildungen $\alpha : A \to B$.

**Satz 2.4.7** *Seien $A = \{a_1, \ldots, a_m\}$ und $B = \{b_1, \ldots, b_n\}$ endliche Mengen mit $m$ bzw. $n$ Elementen. Dann gibt es $n^m$ Abbildungen von $A$ nach $B$.*

*Beweis.* Durch Induktion nach $m$: Für $m = 1$ gibt es offenbar $n = n^1$ Abbildungen $\alpha(a_1) = b_i$. Sei die Behauptung für $m$ und alle $n \in \mathbb{N}$ wahr und sei $A = \{a_1, \ldots, a_{m+1}\}$. Dann läßt sich jede Abbildung $\alpha' : \{a_1, \ldots, a_m\} \to \{b_1, \ldots, b_n\}$ fortsetzen zu einer Abbildung $\alpha : A \to B$ durch die Festsetzung $\alpha(a_{m+1}) := b_i$ (und $\alpha(a_j) = \alpha'(a_j)$ für $1 \leq J \leq m$) und jede Abbildung $\alpha : A \to B$ kommt auf diese Weise vor. Also gibt es $n^m \cdot n = n^{m+1}$ Abbildungen von $A$ nach $B$.

**Definition und Lemma 2.4.8** *Sei $B \subset A$ eine Teilmenge. Die charakteristische Funktion $\chi_B$ von $B$ ist die Abbildung $\chi_B : A \to \{0, 1\}$ mit*

$$\chi_B(a) = \begin{cases} 0 & a \notin B \\ 1 & a \in B. \end{cases}$$

*Dann ist $\mathcal{P}(A) \ni B \mapsto \chi_B \in \mathrm{Abb}(A, \{0,1\}) = \{0,1\}^A$ eine bijektive Abbildung.*

*Beweis.* Die Umkehrabbildung ist $\alpha \mapsto B := \{a \in A | \alpha(a) = 1\} = \alpha^{-1}(1)$.

**Folgerung 2.4.9** *Sei $A$ eine endliche Menge mit $n$ Elementen. Dann besitzt $A$ genau $2^n$ Teilmengen, d.h. die Potenzmenge $\mathcal{P}(A)$ besitzt genau $2^n$ Elemente.*

*Beweis.* $\mathcal{P}(A)$ und $\{1,2\}^A$ haben gleich viele, also $2^n$ Elemente.

**Definition 2.4.10** Der *Binomialkoeffizient* $\dbinom{n}{r}$ ist die Anzahl der $r$-elementigen Teilmengen einer Menge $A$ mit $n$ Elementen für $0 \leq r \leq n$. Wir definieren für $r > 0$: $\dbinom{n}{-r} := 0$, und für $m > n$: $\dbinom{n}{m} := 0$.

Beachte: $\binom{n}{0} = \binom{n}{n} = 1$.

**Folgerung 2.4.11** $\sum_{r=0}^{n} \binom{n}{r} = 2^n$.

*Beweis.* Durch Abzählen der $r$-elementigen Teilmengen für alle $r$.

**Satz 2.4.12** *Für alle* $n \in \mathbb{N}_0$ *und* $0 \le r \le n$ *gilt*

$$\binom{n}{r-1} + \binom{n}{r} = \binom{n+1}{r}.$$

*Beweis.* Bezeichne $|B|$ die Anzahl der Elemente von $B$. Sei $A$ eine Menge mit $n+1$ Elementen und sei $a \in A$, $A' := A \setminus \{a\}$. Dann ist

$$\binom{n+1}{r} = \left| \{U \subset A \,|\, |U| = r\} \right|$$

$$= \left| \{U \subset A \,|\, a \in U \wedge |U| = r\} \dot\cup \{U \subset A \,|\, a \notin U \wedge |U| = r\} \right|$$

$$= \left| \{U \subset A \,|\, \exists V \subset A' [U = V \dot\cup \{a\} \wedge |V| = r - 1]\} \dot\cup \right.$$
$$\left. \{U \subset A' \,|\, |U| = r\} \right|$$

$$= \left| \{V \subset A' \,|\, |V| = r - 1\} \dot\cup \{U \subset A' \,|\, |U| = r\} \right|$$

$$= \binom{n}{r-1} + \binom{n}{r}.$$

**Folgerung 2.4.13** *(Pascalsches[5] Dreieck für Binomialkoeffizienten):* *Man erhält das Pascalsche Dreieck, indem man die beiden Seiten des Dreiecks mit Einsen besetzt und das Innere dadurch ausfüllt, daß man je zwei nebeneinander stehende Zahlen addiert und darunter zwischen ihnen notiert:*

$$
\begin{array}{l}
\binom{0}{0} \\[4pt]
\binom{1}{r} \\[4pt]
\binom{2}{r} \\[4pt]
\binom{3}{r} \\[4pt]
\binom{4}{r}
\end{array}
\qquad
\begin{array}{ccccccc}
 & & & 1 & & & \\
 & & 1 & & 1 & & \\
 & 1 & & 2 & & 1 & \\
 & 1 & & 3 & & 3 & & 1 \\
1 & & 4 & & 6 & & 4 & & 1
\end{array}
\qquad
\begin{array}{c}
\binom{n}{r-1} + \binom{n}{r} \\[6pt]
\binom{n+1}{r}
\end{array}
$$

*Jeder Eintrag dieses Dreiecks in der $n$-ten Zeile an der $r$-ten Stelle enthält dann den Wert* $\binom{n}{r}$.

---

[5] Blaise Pascal (1623–1662)

**Satz 2.4.14** *Für* $0 \leq r \leq n$ *gilt* $\dbinom{n}{r} = \dfrac{n!}{r!(n-r)!}$.

*Beweis.* Durch vollständige Induktion nach $n$ beweisen wir

$$\mathfrak{A}(n) :\Longleftrightarrow \forall r \in \mathbb{N} \left[ 0 \leq r \leq n \Longrightarrow \dbinom{n}{r} = \frac{n!}{r!(n-r)!} \right].$$

Induktionsanfang: Es ist

$$\binom{1}{0} = 1 = \frac{1!}{0! \cdot 1!}$$

und

$$\binom{1}{1} = 1 = \frac{1!}{1! \cdot 0!}.$$

Induktionsannahme: Sei $\mathfrak{A}(n)$ wahr.
Induktionsschluß:

$$\binom{n+1}{r} = \binom{n}{r-1} + \binom{n}{r} = \frac{n!}{(r-1)!(n-r+1)!} + \frac{n!}{r!(n-r)!}$$
$$= \frac{n! \cdot r + n!(n+1-r)}{r!(n+1-r)!} = \frac{(n+1)!}{r!((n+1)-r)!}$$

für $1 \leq r \leq n$.

Für $r = 0$ ist $\dbinom{n+1}{0} = 1 = \dfrac{(n+1)!}{0!(n+1)!}$ und für $r = n+1$ ist $\dbinom{n+1}{n+1} = 1 = \dfrac{(n+1)!}{(n+1)!0!}$.

**Satz 2.4.15** *(Die binomische Formel) Für alle* $a, b \in \mathbb{R}$ *und* $n \in \mathbb{N}$ *gilt*

$$(a+b)^n = \sum_{r=0}^{n} \binom{n}{r} a^r b^{n-r}.$$

*Beweis.* Beim Ausmultiplizieren kommt $a^r$ so oft vor, wie man $r$ Faktoren aus $n$ Faktoren auswählen kann, also $\dbinom{n}{r}$ mal. Die restlichen $n-r$ Faktoren ergeben $b^{n-r}$.

**Übungen 2.4.16**  1. Es gibt 2187 Abbildungen $f : A \to B$ und $B$ hat 3 Elemente. Wieviele Elemente hat $A$?

2. Zeigen Sie für alle $n \in \mathbb{N}$:

$$\sum_{k=0}^{n} (-1)^k \binom{n}{k} = 0.$$

3. Beweisen Sie die Formel von Zhu-Vandermonde:

$$\binom{m+n}{k} = \sum_{l=0}^{k} \binom{m}{l}\binom{n}{k-l}$$

für Zahlen $k, m, n \in \mathbb{N}_0$ mit $k \le m$ und $k \le n$. (Hinweis: Wenden Sie den binomischen Lehrsatz auf die Gleichung $(1+x)^{m+n} = (1+x)^m(1+x)^n$ an. Benutzen Sie ohne Beweis die Tatsache, daß im Reellen zwei Polynomfunktionen genau dann übereinstimmen, wenn ihre Koeffizienten übereinstimmen.)

4. Wir führen für eine Permutation $\alpha : \{1, \ldots, n\} \to \{1, \ldots, n\}$ die Schreibweise

$$\begin{pmatrix} 1 & 2 & \ldots & n \\ \alpha(1) & \alpha(2) & \ldots & \alpha(n) \end{pmatrix} := \alpha$$

ein. Dann sind

$$\zeta := \begin{pmatrix} 1 & 2 & 3 \\ 2 & 3 & 1 \end{pmatrix} \qquad \text{und} \qquad \sigma := \begin{pmatrix} 1 & 2 & 3 \\ 2 & 1 & 3 \end{pmatrix}$$

zwei Permutationen $\{1,2,3\} \to \{1,2,3\}$. Zeigen Sie, daß sich jede Permutation $\alpha : \{1,2,3\} \to \{1,2,3\}$ als Verknüpfung von $\zeta$'s und $\sigma$'s schreiben läßt.

5. Seien $A$ und $B$ endliche Mengen mit $m$ bzw. $n$ Elementen. Zeigen Sie, daß $A \times B$ eine endliche Menge mit $mn$ Elementen ist.

## 2.5 Elemente der Wahrscheinlichkeitsrechnung

Die nunmehr zur Verfügung stehenden Hilfsmittel der Mengenlehre und die Abzählprinzipien genügen, um eine kurze Einführung in die Wahrscheinlichkeitsrechnung zu geben.

Die Wahrscheinlichkeitsrechnung macht in besonderem Maße die Schwierigkeit deutlich, konkrete Gegebenheiten in sinnvoller und aussagekräftiger Weise mit mathematischen Hilfsmitteln zu verknüpfen. Historisch gesehen hat es lange gedauert, bis man die Wahrscheinlichkeitsrechnung als mathematische Disziplin entwickelt hat, nicht so sehr, weil die damit verbundene Mathematik schwierig wäre, die mathematischen Grundlagen sind recht einfach, sondern weil das Schema der Verknüpfung von praktischen Versuchen mit einer mathematischen Theorie schwierig aufzufinden war. Immer wieder führten mathematische Berechnungen zu Ergebnissen, die mit den Ergebnissen der Versuche nicht im Einklang standen. Erst im der ersten Hälfte des 20. Jahrhunderts wurde von dem russischen Mathematiker Kolmogorow[6] ein einfaches Axiomensystem angegeben, das heute allgemein für die Beschreibung von Wahrscheinlichkeitsexperimenten akzeptiert wird.

---

[6] Andrei Nikolajewitsch Kolmogorow (1903–1987)

Die Wahrscheinlichkeitstheorie befaßt sich mit Versuchen, Experimenten und Messungen, deren Ausgang nicht-deterministisch oder zufällig ist, wie dem Wurf einer Münze, eines Würfels oder einer Roulettekugel, dem radioaktiven Zerfall, dem zufälligen Ziehen von Spielkarten, zum Teil auch dem Ausgang von Wahlen oder der Entwicklung des Wertes einer Aktie. Das beste wahrscheinlichkeitstheoretische Verhalten liegt sicherlich beim radioaktiven Zerfall vor. Alle anderen angegeben Versuche unterliegen im Prinzip gewissen deterministischen (physikalischen oder psychologischen) Gesetzen, die für eine genauere Berechnung jedoch nicht brauchbar sind, da man die Ausgangsbedingungen nicht feststellen kann. Man macht sich also auch von diesen Versuchen ein idealisiertes Modell und geht von bestimmten Annahmen über das Verhalten aus.

Zwei hintereinander ausgeführte Würfe einer Münze nimmt man zum Beispiel als unabhängig voneinander an, d.h. das Ergebnis des zweiten Münzwurfes hängt nicht vom Ergebnis des ersten Münzwurfes ab. Tatsächlich jedoch könnte z.B. die Münze einen gewissen anderen Klang abgeben, je nachdem sie auf Kopf oder Zahl fällt, und beim Wurf der zweiten Münze könnte dieser Klang noch nachhallen und einen gewissen Einfluß auf das Ergebnis des zweiten Wurfes haben. Solche in der Natur möglicherweise vorhandenen geringfügigen Abhängigkeiten schließt man bei der Annahme von idealisierten Münzwürfen aus. Die mathematischen Berechnungen ergeben dann aber auch nur Aussagen über das idealisierte Modell. Es bleibt experimentell zu prüfen, ob die gemachten idealisierenden Annahmen im konkreten Fall hinreichend erfüllt sind, ob etwa ein Würfel keine unzulässige Gewichtsverteilung hat.

Die idealisierten Modelle liegen also sehr nahe an den praktischen Experimenten. Wir wollen hier die Übersetzung des idealisierten Modells in einen mathematischen Rahmen angeben und das mathematische Modell entwickeln.

Wir haben schon von *Versuchen* und ihren *Ergebnissen* gesprochen. Wir sind an der mathematischen Erfassung der Ergebnisse interessiert und damit verknüpften Zahlenwerten, die die Wahrscheinlichkeiten einer Berechnung zugänglich machen.

Die möglichen Ergebnisse eines Versuchs fassen wir zu einer Grundmenge zusammen und definieren

**Definition 2.5.1** Gegeben sei eine nichtleere Grundmenge $\Omega$. Sie heißt *Ergebnisraum*, die Elemente der Grundmenge $a \in \Omega$ heißen *Ergebnisse*.

Für den Umgang mit der Grundmenge stehen uns die Regeln der Mengenalgebra zur Verfügung, wie wir sie in Kapitel 1 und zu Beginn dieses Kapitels eingeführt haben. Für unseren weiteren Aufbau nehmen wir an, daß *die Grundmenge endlich ist*. Die fortgeschrittene Wahrscheinlichkeitsrechnung beherrscht sehr wohl auch unendliche Grundmengen. Mit dem viel einfacheren Fall endlicher Grundmengen können aber schon sehr viele praktische Wahrscheinlichkeitsversuche erfaßt werden. Wir werden folgende Beispiele weiter verfolgen.

**Beispiele 2.5.2** 1. Der idealisierte Wurf einer Münze kann zwei Ergebnisse haben, Kopf oder Zahl. Wir lassen im idealisierten Fall weitere Möglichkeiten fort, wie etwa das Aufkommen und Stehenbleiben auf dem Rand der Münze oder das Fortfliegen der Münze aus dem Versuchsraum, quantenmechanisch möglich. Der Ergebnisraum ist also $\Omega = \{K, Z\}$.

2. Der idealisierte Würfel hat den Ergebnisraum $\Omega = \{1, 2, 3, 4, 5, 6\}$.

3. Das idealisierte Roulette hat den Ergebnisraum $\Omega = \{0, 1, 2, \ldots, 36\}$. Daß die Zahlen Farben tragen, spielt hier für uns noch keine Rolle.

In den meisten Fällen ist man nicht nur an einem einzigen Ergebnis eines Versuchs interessiert, sondern vielmehr, ob das erhaltene Ergebnis eine gewisse Eigenschaft hat oder einer gewissen Teilmenge der Grundmenge angehört. Für einen Würfel ist der Ergebnisraum $\Omega = \{1, 2, 3, 4, 5, 6\}$, und man mag zum Beispiel daran interessiert sein, ob ein Wurf eine gerade Augenzahl hat, also in der Teilmenge $A = \{2, 4, 6\}$ liegt. Somit definieren wir weiter

**Definition 2.5.3** Ein *Ereignis* ist eine Teilmenge der Grundmenge $A \subseteq \Omega$. Die Potenzmenge der Grundmenge $\mathcal{P}(\Omega)$ heißt *Ereignisraum*.

Die leere Teilmenge $\emptyset$ heißt das *unmögliche Ereignis*. Die gesamte Grundmenge $\Omega \subseteq \mathcal{P}(\Omega)$ heißt das *sichere Ereignis*.

Wir sagen, daß bei einem Versuch mit dem Ergebnis $a$ das Ereignis $A$ *eintritt*, wenn $a \in A$ gilt.

Wir sehen hier, daß die Benennung mathematischer Größen angepaßt wird an die Anwendungen im praktischen Experiment. Sicherlich ist es im Versuch nicht möglich, ein Ergebnis zu erzielen, das der leeren Menge angehört. Die Namengebung sagt also schon etwas über die Bedeutung in Anwendungen aus und muß daher mit Vorsicht und Geschick vorgenommen werden. Die Namengebung betrifft natürlich nur die Übersetzung zwischen dem praktischen Versuch und dem mathematischen Modell. Aussagen innerhalb des mathematischen Modells werden davon nicht beeinflußt.

Wenn es uns beliebt, die leere Teilmenge das „todsichere Ereignis" zu nennen, so ändert das nichts an einer mathematischen Berechnung, die zeigt, daß eine gewisse Teilmenge leer ist. Allerdings wäre die Anwendung auf einen praktischen Versuch sehr gestört.

**Beispiel 2.5.4** Im Roulette kann man nicht nur auf einzelne Zahlen setzen, sondern auch auf gewisse Teilmengen von Zahlen, wobei die Null immer ausgenommen ist, wie z.B. gerade oder ungerade Zahlen, rote oder schwarze Zahlen, das erste, zweite oder dritte Dutzend usw. Diese Teilmengen sind dann die Ereignisse, auf die man seinen Spieleinsatz macht.

Da unsere Ereignisse jetzt Elemente der Potenzmenge der Grundmenge sind, stehen uns alle Rechenregeln der Mengenalgebra zur Verfügung.

**Definition 2.5.5** Wir sagen, daß ein Ereignis $A$ das Ereignis $B$ *nach sich zieht*, wenn $A \subseteq B$ gilt.

Weiterhin heißen zwei Ereignisse $A$ und $B$ *unvereinbar*, wenn sie leeren Durchschnitt haben.

Das Ereignis *Nicht-A* ist das Komplement $\overline{A}$ von $A$ in $\Omega$.

Das Ereignis $A$ *und* $B$ ist die Teilmenge $A \cap B$.

Das Ereignis $A$ *oder* $B$ ist die Teilmenge $A \cup B$.

Ein Ereignis $A$, das nur ein Element (Ergebnis) besitzt, wird ein *einfaches Ereignis* oder ein *Elementarereignis* genannt.

Häufig möchte man nicht alle nur denkbaren Ereignisse zulassen, also die ganze Ereignisalgebra $\mathcal{P}(\Omega)$, sondern nur einen sinnvollen Teil davon. Andrerseits möchte man immer noch die Möglichkeit des Rechnens mit den mengentheoretischen Operatoren haben. Man definiert also

**Definition 2.5.6** Eine nichtleere Teilmenge $\mathcal{A}$ des Ereignisraumes $\mathcal{P}(\Omega)$ heißt eine *Ereignisalgebra auf* $\Omega$, wenn gelten

1. $A \in \mathcal{A} \Longrightarrow \overline{A} \in \mathcal{A}$,
2. $A, B \in \mathcal{A} \Longrightarrow A \cup B \in \mathcal{A}$.

Offenbar ist $\mathcal{P}(\Omega)$ eine Ereignisalgebra. Weiterhin ist $\{\emptyset, \Omega\}$ eine Ereignisalgebra. In Kapitel 3 werden wir sehen, daß eine Ereignisalgebra eine *Boolesche Unteralgebra* von $\mathcal{P}(\Omega)$ ist.

**Lemma 2.5.7** *Sei $\mathcal{A}$ eine Ereignisalgebra auf dem Ergebnisraum $\Omega$. Dann gelten*

*1. $\Omega \in \mathcal{A}$,*
*2. $\emptyset \in \mathcal{A}$,*
*3. $A, B \in \mathcal{A} \Longrightarrow A \cap B \in \mathcal{A}$.*

*Beweis.* 1. Da $\mathcal{A}$ nicht leer ist, gibt es ein $A \in \mathcal{A}$. Damit ist auch $\overline{A} \in \mathcal{A}$ und schließlich $\Omega = A \cup \overline{A} \in \mathcal{A}$.

2. Mit $\Omega \in \mathcal{A}$ ist auch $\emptyset = \overline{\Omega} \in \mathcal{A}$.

3. Seien $A, B \in \mathcal{A}$. Dann ist $A \cap B = \overline{\overline{A \cap B}} = \overline{\overline{A} \cup \overline{B}} \in \mathcal{A}$.

Seien zwei Ereignisalgebren $\mathcal{A}$ und $\mathcal{B}$ auf $\Omega$ gegeben. Dann ist es leicht zu sehen, daß auch $\mathcal{A} \cap \mathcal{B}$ eine Ereignisalgebra bildet. Mehr dazu werden wir im 3. Kapitel lernen. Jedenfalls ist dann auch der Durchschnitt endlich vieler Ereignisalgebren wieder eine Ereignisalgebra. Wenn Ereignisse $A_1, \ldots, A_n$ gegeben sind, dann kann man alle Ereignisalgebren bilden, die mindestens diese Ereignisse als Elemente enthalten – das sind endlich viele. Ihr Durchschnitt ist wieder eine Ereignisalgebra, die $A_1, \ldots, A_n$ enthält, und offenbar auch die kleinste solche. Wir definieren also

**Definition 2.5.8** Seien $A_1, \ldots, A_n$ Ereignisse auf $\Omega$. Die kleinste Ereignisalgebra, die $A_1, \ldots, A_n$ enthält, wird die von $A_1, \ldots, A_n$ *erzeugte Ereignisalgebra* genannt. Wir bezeichnen sie mit $\mathcal{A} := \langle A_1, \ldots, A_n \rangle$.

**Beispiele 2.5.9**  1. Die von den einfachen Ereignissen erzeugte Ereignisalgebra ist $\mathcal{P}(\Omega)$.

2. Die von der leeren Menge von Ereignissen erzeugte Ereignisalgebra ist $\{\emptyset, \Omega\}$.

3. Sei $\Omega := \{1, 2, 3, 4, 5, 6\}$ der Ergebnisraum eines Würfels. Sei $A := \{5, 6\}$ ein Ereignis in $\mathcal{P}(\Omega)$. Die von der Ereignismenge $\{A\}$ erzeugte Ereignisalgebra $\mathcal{A}$ ist

$$\mathcal{A} = \{\emptyset, \{5, 6\}, \{1, 2, 3, 4\}, \Omega\}.$$

Nachdem wir bisher die Ereignisse von Zufallsexperimenten beschrieben haben, benötigen wir nun eine Zuordnung von reellen Zahlen zu diesen Experimenten, die objektive und quantifizierbare Aussagen zuläßt und über den Grad der Sicherheit, mit dem ein Ereignis eintritt, Auskunft gibt.

**Definition 2.5.10** Sei $\mathcal{A}$ eine Ereignisalgebra auf einem Ergebnisraum $\Omega$. Eine Abbildung $P : \mathcal{A} \to \mathbb{R}$ heißt ein *Wahrscheinlichkeitsmaß*, wenn

1. $\forall A \in \mathcal{A}[P(A) \geq 0]$ (nichtnegativ),
2. $P(\Omega) = 1$ (normiert),
3. $\forall A, B \in \mathcal{A}[A \cap B = \emptyset \Longrightarrow P(A \cup B) = P(A) + P(B)]$ (additiv).

Man nennt $P(A)$ die *Wahrscheinlichkeit des Ereignisses $A$*.

Ein *Wahrscheinlichkeitsraum* ist ein Tripel $(\Omega, \mathcal{A}, P)$, bestehend aus einem Ergebnisraum $\Omega$, einer Ereignisalgebra $\mathcal{A}$ auf $\Omega$ und einem Wahrscheinlichkeitsmaß $P : \mathcal{A} \to \mathbb{R}$.

Wir ziehen zunächst einige Folgerungen aus diesen Axiomen.

**Satz 2.5.11** *Sei $(\Omega, \mathcal{A}, P)$ ein Wahrscheinlichkeitsraum. Dann gelten für alle $A, B \in \mathcal{A}$:*

1. $P(\emptyset) = 0$,
2. $0 \leq P(A) \leq 1$,
3. $A \leq B \Longrightarrow P(A) \leq P(B)$,
4. $P(A) + P(\overline{A}) = 1$,
5. $P(A \cup B) + P(A \cap B) = P(A) + P(B)$.
6. *Wenn $A_1, \ldots, A_n$ Ereignisse in $\mathcal{A}$ sind und $A_i \cap A_j = \emptyset$ für alle $i \neq j$ gilt, dann ist $P(A_1 \cup \ldots \cup A_n) = P(A_1) + \ldots + P(A_n)$.*

*Beweis.* 4. Da $A \cap \overline{A} = \emptyset$ und $A \cup \overline{A} = \Omega$ gilt, ist $P(A) + P(\overline{A}) = P(\Omega) = 1$.
1. Aus 4. folgt $P(\emptyset) + P(\Omega) = 1 = P(\Omega)$, also $P(\emptyset) = 0$.
2. Sicherlich ist $0 \leq P(A)$ und $0 \leq P(\overline{A})$. Wegen 4. ist daher $P(A) \leq 1$.
3. Es ist $A \cup (B \cap \overline{A}) = B$ und $A \cap (B \cap \overline{A}) = \emptyset$. Nach 4. folgt $P(A) + P(B \cap \overline{A}) = P(B)$. Da $0 \leq P(B \cap \overline{A})$, folgt $P(A) \leq P(B)$.
5. Es ist $A \cup (\overline{A} \cap B) = A \cup B$ und $A \cap (\overline{A} \cap B) = \emptyset$. Weiter ist $(A \cap B) \cup (\overline{A} \cap B) = B$ und $(A \cap B) \cap (\overline{A} \cap B) = \emptyset$. Daraus folgt $P(A \cup B) - P(B) = P(A \cup (\overline{A} \cap B)) - P((A \cap B) \cup (\overline{A} \cap B)) = P(A) + P(\overline{A} \cap B)) - P(A \cap B) - P(\overline{A} \cap B)) = P(A) - P(A \cap B)$.
6. folgt durch vollständige Induktion.

Damit haben wir das wichtigste Objekt für die Wahrscheinlichkeitsrechnung definiert. Ein Wahrscheinlichkeitsmaß ist keinesfalls eindeutig bestimmt. Deshalb ist es von besonderem Interesse, Wahrscheinlichkeitsmaße
aus nur wenigen Zusatzinformationen zu berechnen. Diesem Thema ist der
Rest dieses Abschnitts gewidmet.

**Beispiel 2.5.12** In einer Vorlesung werden 2 Klausuren geschrieben. Die
Wahrscheinlichkeit, die erste Klausur nicht zu bestehen, ist 0,35, die Wahrscheinlichkeit, die zweite Klausur nicht zu bestehen, ist 0,45. Beide Klausuren werden nur mit der Wahrscheinlichkeit 0,30 bestanden. Wie groß ist die
Wahrscheinlichkeit, mindestens eine der Klausuren zu bestehen?

Der Ergebnisraum ist $\{0,1\}^2$, wobei 1 für „bestanden" steht und 0 für
„nicht bestanden" steht. Wir bezeichnen das Ereignis, die erste Klausur zu
bestehen, mit $A = \{(1,0),(1,1)\}$, die zweite Klausur zu bestehen, mit $B =
\{(0,1),(1,1)\}$. Dann ist $P(A) = 1 - P(\overline{A}) = 1 - 0,35 = 0,65$. Desgleichen
ist $P(B) = 1 - P(\overline{B}) = 1 - 0,45 = 0,55$. Weiter ist $P(A \cap B) = 0,30$. Also
ergibt sich $P(A \cup B) = P(A) + P(B) - P(A \cap B) = 0,65 + 0,55 - 0,30 = 0,90$
als Wahrscheinlichkeit für das Ereignis, mindestens eine der Klausuren zu
bestehen.

**Definition 2.5.13** Eine *Zerlegung* eines Ergebnisraumes $\Omega$ besteht aus Er-
eignissen $A_1, \ldots, A_n$ mit $A_i \cap A_j = \emptyset$ für alle $i \neq j$ und $A_1 \cup \ldots \cup A_n = \Omega$.

Ein einfaches Beispiel für eine Zerlegung von $\Omega = \{a_1, \ldots, a_n\}$ ist die
Zerlegung in Elementarereignisse $\{a_1\}, \ldots, \{a_n\}$.

**Satz 2.5.14** *Sei $A_1, \ldots, A_n$ eine Zerlegung des Ergebnisraumes $\Omega$ und $\mathcal{A} =
\langle A_1, \ldots, A_n \rangle$ die von der Zerlegung erzeugte Ereignisalgebra. Für jede Abbil-
dung $p : \{A_1, \ldots, A_n\} \to \mathbb{R}$ mit*

*1. $p(A_1) + \ldots + p(A_n) = 1$ und*
*2. $p(A_i) \geq 0$ für alle $i = 1, \ldots, n$.*

*gibt es genau ein Wahrscheinlichkeitsmaß $P : \mathcal{A} \to \mathbb{R}$ mit $P(A_i) = p(A_i)$ für
alle $i = 1, \ldots, n$.*

*Beweis.* Für jede Teilmenge $I \subseteq \{1, \ldots, n\}$ sei $A_I := \bigcup_{i \in I} A_i$. Wir betrachten
$\mathcal{A} := \{A_I \mid I \subseteq \{1, \ldots, n\}\}$. Offenbar ist mit $A \in \mathcal{A}$ auch $\overline{A} = \bigcup_{i \notin I} A_i \in \mathcal{A}$.
Weiter ist mit $A_I, A_J \in \mathcal{A}$ auch $A_I \cup A_J \in \mathcal{A}$. Damit ist $\mathcal{A}$ eine Ereignisalgebra
und zwar die von $A_1, \ldots, A_n$ erzeugte Ereignisalgebra.

Wir definieren jetzt $P : \mathcal{A} \to \mathbb{R}$ durch

$$P(A_I) := \sum_{i \in I} p(A_i). \tag{2.1}$$

Offenbar ist jedes $P(A_I) \geq 0$. Weiter ist $P(\Omega) = P(\bigcup_{i=1}^{n} A_i) = \sum_{i=1}^{n} p(A_i) =
1$. Wenn nun $A_I, A_J \in \mathcal{A}$ gegeben sind mit $A_I \cap A_J = \emptyset$, so ist $I \cap J = \emptyset$.
Damit ist $A_I \cup A_J = A_{I \cup J}$ und $P(A_I \cup A_J) = P(A_{I \cup J}) = \sum_{k \in I \cup J} A_k =$

$\sum_{i \in I} p(A_i) + \sum_{j \in J} p(A_j) = P(A_I) + P(A_J)$. Das zeigt, daß $P$ ein Wahrscheinlichkeitsmaß ist.

Das Wahrscheinlichkeitsmaß $P : \mathcal{A} \to \mathbb{R}$ nimmt auf den Ereignissen $A_i$ den Wert $p(A_i)$ an. Sei ein Wahrscheinlichkeitsmaß $Q : \mathcal{A} \to \mathbb{R}$ gegeben, das auf den Ereignissen $A_i$ ebenfalls den Wert $p(A_i)$ annimmt. Wegen 2.5.11 5. sieht man leicht durch einen Induktionsschluß, daß dann $Q(A_I) = \sum_{i \in I} p(A_i)$ gilt, also $P = Q$.

Mit diesem Satz kann man nun eine Vielzahl von Wahrscheinlichkeitsmaßen auf der Ereignisalgebra $\mathcal{P}(\Omega)$ und durch Einschränkung auch auf jeder Ereignisalgebra $\mathcal{A} \subseteq \mathcal{P}(\Omega)$ definieren.

Für Anwendungen kann man etwa die Vorgabe der Wahrscheinlichkeit auf den Elementarereignissen durch wiederholte Versuche bestimmen und dann nach (2.1) für andere Ereignisse berechnen.

**Beispiele 2.5.15** 1. Für eine idealisierte Münze haben wir oben den Ergebnisraum als $\Omega = \{K, Z\}$ festgelegt. Erfahrungsgemäß fallen Kopf und Zahl gleichhäufig. Wir legen also $p(K) = p(Z) = 1/2$ fest. Die Ereignisalgebra ist $\mathcal{P}(\Omega) = \{\emptyset, \{K\}, \{Z\}, \Omega\}$ und das Wahrscheinlichkeitsmaß nimmt die Werte $P(\emptyset) = 0$, $P(\{K\}) = P(\{Z\}) = 1/2$ und $P(\Omega) = 1$ an.

2. Für den idealisierten Würfel nimmt man gewöhnlich $p(\{1\}) = \ldots = p(\{6\}) = 1/6$. Dann ist zum Beispiel $P(\{2, 4, 6\}) = 1/2$.

3. Für das Roulette ist $p(\{0\}) = p(\{1\}) = \ldots = p(\{36\}) = 1/37$. Die Wahrscheinlichkeit für das erste Dutzend ist dann $P(D_1) = 12/37$ und die Wahrscheinlichkeit für Ungerade ist $P(U) = 18/37$.

Allgemein folgt unmittelbar für Versuche mit gleichwahrscheinlichen Ergebnissen, oft auch *Laplace-Versuche*[7] genannt,

**Folgerung 2.5.16** *Wenn man allen Elementarereignissen aus $\mathcal{P}(\Omega)$ dieselbe Wahrscheinlichkeit $P(\{a_i\})$ zuordnet, dann ist die Wahrscheinlichkeit für ein Ereignis $A$ gegeben durch*

$$P(A) = \frac{|A|}{|\Omega|}.$$

*Beweis.* Wegen Satz 2.5.11 6. gilt $\sum_{i=1}^{n} P(\{a_i\}) = 1$, also $P(\{a_i\}) = 1/n$, wobei $n = |\Omega|$ die Anzahl der Elemente von $\Omega$ ist. Nach Satz 2.5.14 ist dann $P(A) = \sum_{a \in A} 1/n = |A|/|\Omega|$.

**Beispiele 2.5.17** 1. Man werfe eine Münze dreimal unter der Annahme von Laplace-Wahrscheinlichkeiten. Wie groß ist die Wahrscheinlichkeit, dreimal dasselbe Ergebnis zu erhalten, also dreimal Kopf oder dreimal Zahl?

Der Ergebnisraum kann als $\Omega = \{K, Z\} \times \{K, Z\} \times \{K, Z\}$ angenommen werden. Dann ist die Wahrscheinlichkeit des Ereignisses $A = \{(K, K, K), (Z, Z, Z)\}$ gegeben durch $P(A) = 2/8 = 0,25$.

---

[7] Pierre-Simon Marquis de Laplace (1749–1827)

2. Für $n$-maliges Werfen einer Laplace-Münze bestimme man die Wahrscheinlichkeit dafür, daß man $k$-mal einen Kopf wirft. Der Ereignisraum ist $\Omega = \{K, Z\}^n$. Das uns interessierende Ereignis $A$ ist die Menge derjenigen $n$-Tupel in $\Omega$, die an genau $k$ Stellen den Eintrag $K$ haben. Diese Menge hat genauso viele Elemente wie die Menge der $k$-elementigen Teilmengen von $\{1, \ldots, n\}$. Die Anzahl ist also $\binom{n}{k}$. Damit erhalten wir $P(A) = \binom{n}{k}/2^n$.

Häufig ist man an der Wahrscheinlichkeit interessiert, mit der ein Ereignis $A$ eintritt unter der Bedingung, daß das Ereignis $B$ eintritt. Man nennt das die *bedingte Wahrscheinlichkeit*. Mathematisch definiert man sie wie folgt

**Definition 2.5.18** Sei $(\Omega, \mathcal{A}, P)$ ein Wahrscheinlichkeitsraum. Sei $B \in \mathcal{A}$ mit $P(B) \neq 0$. Die Abbildung $P_B : \mathcal{A} \to \mathbb{R}$ mit

$$P_B(A) := \frac{P(A \cap B)}{P(B)}$$

heißt die *bedingte Wahrscheinlichkeit von $A$ unter der Bedingung $B$*.

**Satz 2.5.19** *Die bedingte Wahrscheinlichkeit ist ein Wahrscheinlichkeitsmaß.*

*Beweis.* Offenbar ist $P_B$ nichtnegativ. Weiter ist $P_B(\Omega) = \dfrac{P(\Omega \cap B)}{P(B)} = 1$. Schließlich sei $A, A' \in \mathcal{A}$ mit $A \cap A' = \emptyset$. Dann ist

$$\begin{aligned}
P_B(A \cup A') &= \frac{P((A \cup A') \cap B)}{P(B)} = \frac{P((A \cap B) \cup (A' \cap B))}{P(B)} \\
&= \frac{P(A \cap B)}{P(B)} + \frac{P(A' \cap B)}{P(B)} = P_B(A) + P_B(A')
\end{aligned}$$

Bedingte Wahrscheinlichkeiten ergeben viele Beispiele für Wahrscheinlichkeitsmaße, die auf gewissen Ereignissen $A \neq \emptyset$ Null sind. Wenn nämlich $A \cap B = \emptyset$ ist, dann gilt $P_B(A) = P(A \cap B)/P(B) = 0$.

Der folgende Satz bietet eine schöne Berechnungsmöglichkeit der bedingten Wahrscheinlichkeit für $B$ unter der Bedingung, daß $A$ eintritt, wenn man nur die Wahrscheinlichkeiten $P(B)$, $P(\overline{B})$, $P_B(A)$ und $P_{\overline{B}}(A)$ kennt.

**Satz 2.5.20** (Bayes[8]): *Sei $(\Omega, \mathcal{A}, P)$ ein Wahrscheinlichkeitsraum. Seien $A, B \in \mathcal{A}$ mit $P(A), P(B) > 0$. Dann gilt*

$$P_A(B) = \frac{P(B)P_B(A)}{P(B)P_B(A) + P(\overline{B})P_{\overline{B}}(A)}.$$

---

[8] Thomas Bayes (1702–1761)

*Beweis.* Es gilt nach Definition $P(A \cap B) = P(B)P_B(A)$. Also ist

$$P_A(B) = \frac{P(A \cap B)}{P(A)} = \frac{P(B)P_B(A)}{P(A \cap B) + P(A \cap \overline{B})} = \frac{P(B)P_B(A)}{P(B)P_B(A) + P(\overline{B})P_{\overline{B}}(A)}.$$

**Beispiel 2.5.21** Wir greifen Beispiel 2.5.12 wieder auf und bestimmen die bedingte Wahrscheinlichkeit, die zweite Klausur zu bestehen, wenn man die erste Klausur nicht bestanden hat. Dazu haben wir zunächst $(A \cap B) \cap (\overline{A} \cap B) = \emptyset$ und $(A \cap B) \cup (\overline{A} \cap B) = B$, also $P(\overline{A} \cap B) = P(B) - P(A \cap B) = 0,55 - 0,30 = 0,25$. Daraus folgt $P_{\overline{A}}(B) = P(\overline{A} \cap B)/P(\overline{A}) = 0,25/0,35 = 0,71$.

**Definition 2.5.22** Sei $(\Omega, \mathcal{A}, P)$ ein Wahrscheinlichkeitsraum und $B$ ein Ereignis mit $P(B) \neq 0$. Ein Ereignis $A$ heißt von dem Ereignis $B$ *unabhängig*, wenn die Wahrscheinlichkeit für $A$ übereinstimmt mit der bedingten Wahrscheinlichkeit für $A$ unter der Bedingung $B$

$$P(A) = P_B(A).$$

**Satz 2.5.23** *Ein Ereignis $A$ ist von $B$ genau dann unabhängig, wenn gilt*

$$P(A \cap B) = P(A) \cdot P(B).$$

*Beweis.* Es ist $P_B(A) = \dfrac{P(A \cap B)}{P(B)} = P(A)$ genau dann, wenn $P(A \cap B) = P(A) \cdot P(B)$.

Die beiden Ereignisse $A$ und $B$ aus Beispiel 2.5.12 sind nicht unabhängig, weil $P(A \cup B) = 0,90 \neq 1,20 = 0,65 + 0,55 = P(A) + P(B)$. Das liegt natürlich daran, daß $P(A \cap B) = 0,30 > 0$ gilt.

In früheren Beispielen wurden gewisse Wahrscheinlichkeitsexperimente wiederholt. Dabei interessiert häufig lediglich ein Ereignis $A$ und sein Komplement $\overline{A}$. Ist die Ereignisalgebra von der Form $\mathcal{A} = \{\emptyset, A, \overline{A}, \Omega\}$, so ist $P : \mathcal{A} \to \mathbb{R}$ offenbar festgelegt durch $p := P(A)$.

Dieser Raum kann vereinfacht werden zu $\Omega := \{0, 1\}$. Dann kann man $A := \{1\}$ setzen, als *Erfolg* bezeichnen und $P(\{1\}) = p$ beliebig im Intervall $[0, 1]$ festlegen. Bei Wiederholung des Experiments nimmt man an, daß die Versuche voneinander unabhängig sind. Wenn also $a_1, \ldots, a_n \in \{0, 1\}$ die Ergebnisse von $n$ Versuchen sind, dann soll die Wahrscheinlichkeit für dieses Ergebnis von der Form $P(\{a_1\}) \cdot \ldots \cdot P(\{a_n\})$ sein. Dies führt zu folgender Definition.

**Definition 2.5.24** Ein *Bernoulli*[9]*-Experiment* mit der Wahrscheinlichkeit $p$ ist ein Wahrscheinlichkeitsraum $(\Omega, \mathcal{A}, P)$ mit $\Omega := \{0, 1\}$ und $\mathcal{A} = \{\emptyset, \{0\}, \{1\}, \Omega\}$ und $P(\{1\}) = p$.

Eine *Bernoulli-Kette der Länge $n$* zum Bernoulli-Experiment $(\Omega, \mathcal{A}, P)$ ist der Wahrscheinlichkeitsraum $(\Omega^n, \mathcal{P}(\Omega^n), Q)$, wobei die Wahrscheinlichkeit der Elementarereignisse $Q(\{(a_1, \ldots, a_n)\}) = P(\{a_1\} \cdot \ldots \cdot P(\{a_n\})$ ist.

---

[9] Jakob Bernoulli (1654–1705)

Man sieht sofort, daß für eine Bernoulli-Kette die Voraussetzungen von Satz 2.5.14 erfüllt sind, so daß wir tatsächlich einen Wahrscheinlichkeitsraum erhalten. Hier können wir jetzt die Abzählprinzipien des letzten Abschnitts mit Vorteil anwenden.

**Satz 2.5.25** (Bernoullische Formel) *Für die Bernoulli-Kette der Länge n eines Bernoulli-Experiments mit der Wahrscheinlichkeit p ist die Wahrscheinlichkeit für k Erfolge und n − k Mißerfolge*

$$P(genau\ k\ Erfolge) = \binom{n}{k} p^k (1-p)^{n-k}.$$

*Beweis.* Wir kennen die Wahrscheinlichkeiten der Elementarereignisse $P(a_1, \ldots, a_n) = p^k (1-p)^{n-k}$, wenn genau $k$ Einsen unter den $a_i$ vorkommen. Wir benötigen also noch die Anzahl der $n$-Tupel mit jeweils genau $k$ Einsen. Die Menge dieser $n$-Tupel entspricht aber der Menge der $k$-elementigen Teilmengen von $\{1, \ldots, n\}$. Diese geben die Stellen im $n$-Tupel an, an denen die Einsen stehen. Es gibt genau $\binom{n}{k}$ solche Teilmengen bzw. $n$-Tupel. Die gesuchte Wahrscheinlichkeit ist damit $P(genau\ k\ Erfolge) = \binom{n}{k} p^k (1-p)^{n-k}$.

**Übungen 2.5.26**  1. Bestimmen Sie die Wahrscheinlichkeit, daß eine Familie mit drei Kindern mindestens zwei Töchter hat.
2. Farbblindheit (rot-grün) ist ererbt und kommt bei Männern häufiger vor, als bei Frauen. Sei $M$ das Ereignis „männlich" und $F$ das Ereignis „farbenblind". Folgende Wahrscheinlichkeiten seinen gegeben: $P(F) = 0,049$, $P(M \cap F) = 0,042$ und $P(M \cup F) = 0,534$. Bestimmen Sie folgende Wahrscheinlichkeiten: $P(\overline{F})$, $P(M)$, $P(\overline{M})$, $P(\overline{M} \cap \overline{F})$, $P(\overline{M} \cap F)$, $P(\overline{M} \cup F)$, $P_M(F)$, $P_F(M)$ und $P_F(\overline{M})$. Sind die Ereignisse $M$ und $F$ unabhängig?
3. Ein Wissenschaftler möchte untersuchen, ob es einen Zusammenhang (eine Abhängigkeit) zwischen Taubheit ($T$) und Farbenblindheit ($F$) gibt. Er bestimmt folgende Wahrscheinlichkeiten:

|  | $T$ | $\overline{T}$ | Summe |
|---|---|---|---|
| $F$ | $0,0004$ | $0,0796$ | $0,0800$ |
| $\overline{F}$ | $0,0046$ | $0,9154$ | $0,9200$ |
| Summe | $0,0050$ | $0,9950$ | $1,0000$ |

Sind die beiden Ereignisse $T$ und $F$ unabhängig?
4. Was ist hier passiert? An einem amerikanischen College wurde der Präsident heftig angegriffen, weil die Ablehnungsrate für (weibliche) Bewerberinnen um fast 50% höher lag, als für (männliche) Bewerber. Ja, ... an amerikanischen Universitäten muß man sich noch bewerben ... und zudem noch Studiengebühren bezahlen. Jedenfalls hat der Präsident versprochen festzustellen, welches Fach so viele Frauen abgelehnt hat, und dafür zu sorgen, daß das nicht wieder vorkommt. Hier ist die Tabelle, die ihm dann seine Verwaltung aufgestellt hat. Welches Fach ist für die prozentual so hohe Ablehnungsrate bei den Frauen verantwortlich?

| | Ablehnungen am College | | | | | |
|---|---|---|---|---|---|---|
| | männlich | | | weiblich | | |
| Fach | bewor-ben | abge-lehnt | in % | bewor-ben | abge-lehnt | in % |
| Mathematik | 800 | 160 | 20% | 400 | 40 | 10% |
| Physik | 700 | 280 | 40% | 300 | 90 | 30% |
| Chemie | 900 | 270 | 30% | 400 | 80 | 20% |
| Anglistik | 300 | 240 | 80% | 2200 | 1540 | 70% |
| Romanistik | 200 | 100 | 50% | 1100 | 440 | 40% |
| total | 2900 | 1050 | 36% | 4400 | 2190 | 50% |

5. Nehmen Sie an, daß die Wahrscheinlichkeit, an einem bestimmten Tag Geburtstag zu haben, für alle Tage des Jahres gleich groß ist (Laplace-Annahme). (Wir schließen den 29. Februar aus.) Berechnen Sie die Wahrscheinlichkeit dafür, daß von $n$ Personen mindestens 2 Personen am gleichen Tag Geburtstag haben.

6. Ein Laplace-Würfel werde dreimal geworfen. Wie groß ist die Wahrscheinlichkeit, drei verschiedene Augenzahlen zu erhalten? Wie groß ist die Wahrscheinlichkeit, 2 Sechsen zu werfen?

7. Die Wahrscheinlichkeit, nach einer Röntgenbestrahlung gegen Krebs 5 Jahre zu überleben, ist 85%. Finden Sie die Wahrscheinlichkeit,

   a) daß von 4 bestrahlten Patienten alle 4 den Zeitraum von 5 Jahren überleben,

   b) daß 2 von drei bestrahlten Personen 5 Jahre lang überleben.

## 2.6 Ein kurzer Aufbau des Zahlensystems

In diesem kurzen Abschnitt wollen wir andeuten, wie man nun mit den für die natürlichen Zahlen gewonnenen Eigenschaften das weitere Zahlensystem entwickelt werden kann. Wir geben lediglich die Konstruktionen der Mengen der ganzen Zahlen, der rationalen Zahlen, der reellen Zahlen und der komplexen Zahlen an, ohne jeweils die Rechengesetze herzuleiten. Lediglich für die komplexen Zahlen definieren wir die Addition und die Multiplikation.

**Definition 2.6.1** Die Menge der *ganzen Zahlen* $\mathbb{Z}$ wird wie folgt definiert. Auf $\mathbb{N} \times \mathbb{N}$ bildet man eine Äquivalenzrelation $\sim$ durch

$$(a, b) \sim (c, d) :\Longleftrightarrow a + d = b + c.$$

Die Menge der Äquivalenzklassen $\mathbb{N} \times \mathbb{N} / \sim$ ist dann $\mathbb{Z}$.
Man fasse die Klasse $\overline{(a, b)}$ als $a - b$ auf.

**Definition 2.6.2** Die Menge der *rationalen Zahlen* $\mathbb{Q}$ wird wie folgt definiert. Auf $\mathbb{Z} \times (\mathbb{Z} \setminus \{0\})$ bildet man eine Äquivalenzrelation $\sim$ durch

$$(a, b) \sim (c, d) :\Longleftrightarrow ad = cb.$$

Dann definiert man $\mathbb{Q} := \mathbb{Z} \times (\mathbb{Z} \setminus \{0\}) / \sim$ und kürzt $\overline{(a, b)}$ durch $\frac{a}{b}$ ab.

**Definition 2.6.3** Die Menge der *reellen Zahlen* $\mathbb{R}$ wird wie folgt definiert. Eine Teilmenge $a \subset \mathbb{Q}$ heißt *Dedekindscher Schnitt,* wenn

1. $a \neq \emptyset \wedge a \neq \mathbb{Q}$,
2. $\forall x \in a \forall y \in \mathbb{Q}[x \leq y \Longrightarrow y \in a]$,
3. $a$ enthält kein kleinstes Element (bzgl. der Ordnung von $\mathbb{Q}$).

Die Menge $\mathbb{R}$ der reellen Zahlen ist die Menge der Dedekindschen Schnitte. Eine reelle Zahl ist also ein Dedekindscher Schnitt. Nach Einführung der Ordnung in der Mange der reellen Zahlen und der Identifizierung der rationalen Zahlen mit speziellen reellen Zahlen stellt sich dann heraus, daß der zugehörige Dedekindsche Schnitt für eine reelle Zahl $r$ aus allen rationalen Zahlen $x$ mit $r < x$ besteht.

**Definition 2.6.4** Die Menge der *komplexen Zahlen* $\mathbb{C}$ ist $\mathbb{R} \times \mathbb{R}$ mit den Rechenoperationen $(a, b) + (c, d) = (a + c, b + d)$ und $(a, b) \cdot (c, d) = (ac - bd, ad + bc)$. Es ist $i := (0, 1)$.

**Übungen 2.6.5** 1. Sei $\mathbb{R}$ die Menge der reellen Zahlen. Wir führen auf $\mathbb{R}$ eine Äquivalenzrelation ein, indem wir definieren:

$$r \sim s :\Leftrightarrow r - s \in \mathbb{Z}$$

für $r, s \in \mathbb{R}$. Zeigen Sie, daß dadurch eine Äquivalenzrelation definiert wird. Zeigen Sie weiter unter Benutzung des Faktorisierungssatzes, daß es genau eine Abbildung

$$\mathbb{R}/\sim \; \rightarrow \mathbb{R}, \bar{x} \mapsto \cos(2\pi x)$$

gibt. (Hinweis: Verwenden Sie die aus der Schule bekannte Tatsache, daß der Kosinus die Periode $2\pi$ hat, daß also gilt: $\cos(x + 2\pi) = \cos(x)$.)

2. Sei $\mathbb{R}$ die Menge der reellen Zahlen und $\sim$ die in der vorhergehenden Aufgabe definierte Äquivalenzrelation. Zeigen Sie, daß die Abbildung

$$\mathbb{R}/\sim \; \rightarrow \mathbb{R}, \bar{x} \mapsto \cos(x)$$

nicht wohldefiniert ist, indem Sie explizit eine Äquivalenzklasse angeben, die kein eindeutig bestimmtes Bild hat. (Hinweis: In Ihrer Lösung müssen ganz konkrete Zahlen auftauchen.)

3. Sei $\mathbb{Z}$ die Menge der ganzen Zahlen. Wir führen auf $\mathbb{Z}$ eine Äquivalenzrelation ein, indem wir definieren:

$$n \sim m :\Leftrightarrow n - m \text{ ist durch 6 teilbar}$$

für $n, m \in \mathbb{Z}$. Zeigen Sie, daß dadurch eine Äquivalenzrelation definiert wird. Zeigen Sie weiter, daß es keine Abbildung

$$f : \mathbb{Z}/\sim \; \rightarrow \mathbb{Z}/\sim, \bar{n} \mapsto f(\bar{n})$$

gibt, so daß für jede durch 3 teilbare ganze Zahl $n$ gilt: $f(\bar{n}) = \overline{n/3}$.

4. Es seien acht verschiedene ganze Zahlen vorgegeben. Zeigen Sie, daß darunter zwei verschiedene sind, deren Differenz durch sieben teilbar ist.

5. Betrachten Sie die in Definition 2.6.1 definierte Menge der ganzen Zahlen $\mathbb{Z}$ (vgl. auch Aufgabe 1.4.8).

a) Zeigen sie, daß es genau eine Abbildung

$$+ : \mathbb{Z} \times \mathbb{Z} \to \mathbb{Z}, (\overline{(a,b)}, \overline{(c,d)}) \mapsto \overline{(a+c, b+d)}$$

gibt.

b) Zeigen sie, daß es genau eine Abbildung

$$\cdot : \mathbb{Z} \times \mathbb{Z} \to \mathbb{Z}, (\overline{(a,b)}, \overline{(c,d)}) \mapsto \overline{(ac+bd, ad+bc)}$$

gibt.

c) Beweisen Sie das Distributivgesetz:

$$\overline{(a,b)}(\overline{(a',b')} + \overline{(a'',b'')}) = \overline{(a,b)}\,\overline{(a',b')} + \overline{(a,b)}\,\overline{(a'',b'')}.$$

6. Betrachten Sie die in Definition 2.6.2 definierte Menge der rationalen Zahlen $\mathbb{Q}$ (vgl. auch Aufgabe 1.4.9).

a) Zeigen sie, daß die Abbildung (Addition)

$$+ : \mathbb{Q} \times \mathbb{Q} \to \mathbb{Q}, (\frac{a}{b}, \frac{c}{d}) \mapsto \frac{ad+bc}{bd}$$

wohldefiniert ist.

b) Zeigen sie, daß die Abbildung (Multiplikation)

$$\cdot : \mathbb{Q} \times \mathbb{Q} \to \mathbb{Q}, (\frac{a}{b}, \frac{c}{d}) \mapsto \frac{ac}{bd}$$

wohldefiniert ist.

c) Beweisen Sie das Distributivgesetz:

$$\frac{a}{b}(\frac{a'}{b'} + \frac{a''}{b''}) = \frac{a}{b}\frac{a'}{b'} + \frac{a}{b}\frac{a''}{b''}$$

d) Beweisen Sie das Assoziativgesetz der Addition.

e) Zeigen Sie: Zu jedem $x \in \mathbb{Q}$ gibt es ein additives Inverses, d.h. ein $y \in \mathbb{Q}$ mit $x + y = 0$. Zu jedem $0 \neq x \in \mathbb{Q}$ gibt es ein multiplikatives Inverses, d.h. ein $z \in Q$ mit $x \cdot z = 1$.

7. a) Zeigen Sie, daß die Abbildung $\alpha : \mathbb{R} \times \mathbb{R} \to \mathbb{R}$ mit $\alpha(x,y) := \{a+b | a \in x \wedge b \in y\}$ wohldefiniert ist.

b) Zeigen Sie, daß die Abbildung $\mu : \mathbb{R} \times \mathbb{R} \to \mathbb{R}$ mit $\mu(x,y) := \{ab | a \in x \wedge b \in y\}$ nicht wohldefiniert ist.

c) Seien $\mathbb{Q}^+ = \{a \in \mathbb{Q} | 0 < a\}$ und $\mathbb{R}^+ = \{x \in \mathbb{R} | x \subset \mathbb{Q}^+\}$. Definieren Sie die Multiplikation auf $\mathbb{R}^+$.

d) Zeigen Sie: $\forall x \in \mathbb{R}^+ \exists y \in \mathbb{R}^+ [xy =\sim 1 := \{a \in \mathbb{Q} | 1 < a\}]$.

e) Zeigen Sie: $\forall y \in \mathbb{R}^+ \exists x \in \mathbb{R}^+ [x^2 = y]$.

8. Betrachten Sie die in Definition 2.6.4 definierte Menge der komplexen Zahlen $\mathcal{C}$. Zeigen Sie, daß es zu jeder von $(0,0)$ verschiedenen komplexen Zahl $(a, b)$ eine zweite komplexe Zahl $(c, d)$ mit der Eigenschaft

$$(a, b)(c, d) = (1, 0)$$

gibt. (Hinweis: Erläutern Sie, wo Sie in Ihrer Argumentation benutzen, daß die komplexe Zahl von $(0,0)$ verschieden ist.)

9. Sei $n \in \mathbb{N}$. Sei die Äquivalenzrelation $\sim$ auf $\mathbb{Z}$ definiert durch

$$a \sim b \Longleftrightarrow \exists k \in \mathbb{Z}[a - b = kn].$$

Zeigen Sie:

a) Die Addition $\bar{a} + \bar{b} := \overline{a + b}$ auf $\mathbb{Z}/\sim$ ist wohldefiniert.

b) Die Multiplikation $\bar{a} \cdot \bar{b} := \overline{ab}$ auf $\mathbb{Z}/\sim$ ist wohldefiniert.

c) Für alle $x, y, z \in \mathbb{Z}/\sim$ gelten mit $0 := \bar{0} \in \mathbb{Z}/\sim$ und $1 := \bar{1} \in \mathbb{Z}/\sim$ die folgenden Rechenregeln:

$$x + (y + z) = (x + y) + z \qquad x \cdot (y \cdot z) = (x \cdot y) \cdot z$$
$$x + y = y + x \qquad\qquad x \cdot y = y \cdot x$$
$$x + 0 = x \qquad\qquad x \cdot 1 = x$$
$$x \cdot (y + z) = (x \cdot y) + (x \cdot z) \qquad x \cdot 0 = 0$$

d) Zu jedem Element von $\mathbb{Z}/\sim$ gibt es ein additives Inverses.

e) Gibt es multiplikative Inverse?

# 3. Algebraische Grundstrukturen

Wir haben in den ersten beiden Kapiteln gewisse Gesetze kennengelernt, wie etwa das Assoziativgesetz oder das Kommutativgesetz, die bei so unterschiedlichen Strukturen, wie der Mengenalgebra oder der Addition bzw. Multiplikation von Zahlen eine Rolle spielen. In diesem Kapitel werden die allgemeinen Eigenschaften solcher Gesetze studiert. Wir werden sehen, daß diese Gesetze in sehr vielen mathematischen Objekten auftreten und daß sie auch bei Strukturen, die für die Informatik wichtig sind, eine ganz wesentliche Rolle spielen.

## 3.1 Halbgruppen, Monoide und Gruppen

Wir führen in diesem Abschnitt einige besonders einfache und häufig verwendete algebraische Strukturen ein. Besonders der Begriff der Gruppe ist allgegenwärtig in der Mathematik und wird oft in den Naturwissenschaften und der Technik verwendet.

**Definition 3.1.1** Sei $G$ eine Menge. Eine (binäre) *Operation* oder *Verknüpfung* in $G$ ist eine Abbildung $\gamma : G \times G \rightarrow G$. Das Bild $\gamma((a,b))$ eines Paares $(a,b) \in G \times G$ wird je nach Kontext bezeichnet mit

$$a \cdot b, \quad a + b, \quad ab, \quad a \cap b, \quad a \cup b, \quad a - b,$$

d.h. statt des vorangestellten Funktionszeichens (*Präfix*notation oder *umgekehrte polnische Notation*) $\gamma((a,b))$ oder einfach $\gamma(a,b)$ verwendet man gewöhnlich ein zwischen die zwei Argumente $a$ und $b$ gestelltes Funktionszeichen (*Infix*notation). Ein nachgestelltes Funktionszeichen, z.B. $ab+$, wird auch *Postfix*notation oder *polnische Notation* genannt.

**Definition 3.1.2** Sei $\circ : G \times G \ni (a,b) \mapsto a \circ b \in G$ eine Operation. Für die Operation gilt das

(1) *Assoziativ*gesetz: $\Longleftrightarrow \forall a,b,c \in G[(a \circ b) \circ c = a \circ (b \circ c)]$.

$(2_l)$ Gesetz vom *linksneutralen Element* $:\Longleftrightarrow \exists e_l \in G \forall a \in G[e_l \circ a = a]$;

$(2_r)$ Gesetz vom *rechtsneutralen Element* $:\Longleftrightarrow \exists e_r \in G \forall a \in G[a \circ e_r = a]$;

$(3_l)$ Gesetz vom *linksinversen Element* (falls ein linksneutrales Element $e_l$ existiert): $\Longleftrightarrow \forall a \in G \exists a' \in G[a' \circ a = e_l]$;

($3_r$) Gesetz vom *rechtsinversen Element* (falls ein rechtsneutrales Element $e_r$ existiert): $\Longleftrightarrow \forall a \in G \exists a'' \in G[a \circ a'' = e_r]$;

(4) *Kommutativ*gesetz: $\Longleftrightarrow \forall a, b \in G[a \circ b = b \circ a]$.

Das Assoziativgesetz kann natürlich auch bei mehr als drei Faktoren eingesetzt werden und gestattet auch dann beliebiges Umklammern. Das kann auch formal bewiesen werden. Man kann daher bei der Produktbildung die Klammern völlig fortlassen.

**Definition 3.1.3** Eine Menge $G$ zusammen mit einer Operation $\gamma : G \times G \to G$ heißt

1. *Halbgruppe*: $\Longleftrightarrow$ (1) gilt;
2. *Monoid*: $\Longleftrightarrow$ (1), ($2_l$) und ($2_r$) gelten;
3. *Gruppe*: $\Longleftrightarrow$ (1), ($2_l$), ($2_r$), ($3_l$) und ($3_r$) gelten;
4. *kommutative* oder *abelsche*[1] Gruppe : $\Longleftrightarrow$ (1), (2), (3) und (4) gelten.

**Beispiele 3.1.4** 1. $(\mathbb{N}, +)$ ist eine Halbgruppe, aber kein Monoid.

2. $(\mathbb{N}, \cdot)$ ist ein Monoid, aber keine Gruppe.

3. Die Menge $G := \mathrm{Abb}(M, M)$ der Abbildungen von $M$ in sich zusammen mit der Komposition $\circ$ von Abbildungen ist ein Monoid, aber keine Gruppe.

4. Die Menge der bijektiven Abbildungen $f : \{1, \ldots, n\} \to \{1, \ldots, n\}$ wird mit der Komposition $\circ$ von Abbildungen wegen 1.2.22 eine Gruppe $S_n$, die sogenannte *symmetrische Gruppe* oder *Permutationsgruppe*.

5. $(\mathbb{Z}, +)$ ist eine kommutative Gruppe.

6. $\mathbb{R}^\times := \mathbb{R} \setminus \{0\}$ zusammen mit der Multiplikation ist eine kommutative Gruppe.

7. $\mathbb{R}$ zusammen mit der Multiplikation ist ein Monoid, aber keine Gruppe.

8. Die Potenzmenge $\mathcal{P}(\mathcal{M})$ einer Menge $M$ zusammen mit dem Durchschnitt $\cap$ ist ein Monoid, aber keine Gruppe.

9. Wenn $G$ und $H$ Halbgruppen (Monoide, Gruppen) sind, dann ist auch $G \times H$ eine Halbgruppe (ein Monoid, eine Gruppe) mit der „komponentenweisen" Multiplikation $(g, h) \cdot (g', h') = (gg', hh')$. Im Falle von Monoiden ist dann $(e_G, e_H)$ das neutrale Element. Im Falle von Gruppen ist $(g^{-1}, h^{-1})$ das inverse Element von $(g, h)$.

10. Bei Halbgruppen (Monoiden, Gruppen) mit nur endlich vielen Elementen kann man die Verknüpfung auch in Form einer Tabelle, genannt *Verknüpfungstafel* oder *Multiplikationstafel* angeben. Das folgende ist ein Beispiel für eine Multiplikationstafel einer Gruppe $G = \{e, a, b\}$ mit drei Elementen:

|   | e | a | b |
|---|---|---|---|
| e | e | a | b |
| a | a | b | e |
| b | b | e | a |

---

[1] nach Niels Henrik Abel (1802–1855)

**Bemerkung 3.1.5** In einem Monoid gibt es nur ein linksneutrales Element $e_l$ und ein rechtsneutrales Element $e_r$ und diese sind gleich. Es ist nämlich $e_l = e_l \circ e_r = e_r$. Wir sprechen dann einfach vom *neutralen Element*.

Wenn in einer Halbgruppe die Gesetze $(b_l)$ und $(c_l)$ erfüllt sind, so sind auch $(b_r)$ und $(c_r)$ erfüllt und die Links- und Rechtsinversen $a'$ bzw. $a''$ eines Elements $a$ sind eindeutig bestimmt und stimmen überein. Sei nämlich $a'a = e_l$ und $\tilde{a}a' = e_l$, dann ist $aa' = e_l(aa') = (\tilde{a}a')(aa') = \tilde{a}((a'a)a') = \tilde{a}(e_l a') = \tilde{a}a' = e_l$. Weiter ist $ae_l = a(a'a) = (aa')a = e_l a = a$. Also ist $e_l$ auch rechtsneutrales Element und $a'$ auch Rechtsinverses von $a$. Ist $a'a = e$ und $a\bar{a} = e$, so ist $a' = a'e = a'a\bar{a} = e\bar{a} = \bar{a}$. Damit sind linksinverse und rechtsinverse Elemente von $a$ gleich und eindeutig bestimmt. Wir sprechen dann einfach vom *inversen Element* $a'$ von $a$. Das inverse Element von $a'$ ist $a$, denn $aa' = e$. Das inverse Element von $ab$ ist $b'a'$, denn $b'a'ab = b'eb = b'b = e$. Wenn die Operation durch $a \cdot b$, $ab$, $a * b$ oder $a \circ b$ bezeichnet wird, schreibt man für das Inverse von $a$ gewöhnlich $a^{-1}$. Wenn die Operation durch $a + b$ bezeichnet wird, schreibt man für das Inverse $-a$ oder $(-a)$.

Bei konkreten Beispielen, wie z.B. der Gruppe $(\mathbb{R}, +)$, ist man oft geneigt, auch *unendliche Summen* zu bilden und sie wie die endlichen Summen zu behandeln. Das ist jedoch prinzipiell nicht möglich. Wir können die Summe oder das Produkt von genau zwei Elementen bilden. Durch Iteration können wir die Addition bzw. Multiplikation auch auf Familien von $n$ Elementen ausdehnen, wobei $n \in \mathbb{N}$ ist, so daß Ausdrücke der Form $a_1 + a_2 + \ldots + a_n$ sinnvoll sind. Es ist aber keine unendliche Summe (Produkt) mit diesen Mitteln definierbar. Die bei reellen Zahlen definierbaren unendlichen Summen und Produkte leben von der Konvergenz von Folgen von endlichen Teilsummen (-produkten). Die meisten Reihen konvergieren nicht. Und selbst wenn sie konvergieren, kann man z.B. das Kommutativgesetz nicht unbeschränkt verwenden. Hier spielt eine zusätzliche Struktur der reellen Zahlen, die Norm oder der Absolutbetrag, eine wesentliche Rolle.

**Definition 3.1.6** Sei $A$ eine Menge und $A^*$ die Menge aller endlichen Folgen in $A$
$$A^* := \{(\alpha, n) | n \in \mathbb{N}_0 \wedge \alpha : \{1, \ldots, n\} \to A\}.$$

$A^*$ heißt auch *Kleene*[2] *Abschluß* von $A$. $A$ heißt *Alphabet*, die Elemente $a \in A$ *Buchstaben*, die Elemente von $A^*$ *Wörter*. Eine beliebige Menge von Wörtern über einem Alphabet $A$ wird in der Informatik auch *Sprache* genannt. Die Verknüpfung in $A^*$ ist definiert durch

$$\circ : A^* \times A^* \ni ((a_1, \ldots, a_m), (b_1, \ldots, b_n)) \mapsto$$
$$(a_1, \ldots, a_m, b_1, \ldots, b_n) \in A^*$$

oder genauer

$$\circ : A^* \times A^* \ni ((\alpha, m), (\beta, n)) \mapsto (\gamma, m + n) \in A^*$$

---

[2] Stephen Cole Kleene (1909–1994)

mit

$$\gamma(i) := \begin{cases} \alpha(i) & \text{für } 1 \leq i \leq m, \\ \beta(i-m) & \text{für } m < i \leq m+n. \end{cases}$$

**Lemma 3.1.7** $(A^*, \circ)$ *ist ein Monoid, genannt das (intern) freie von* $A$ erzeugte *Monoid.*

*Beweis.* Wir schreiben statt $(a_1, \ldots, a_m)$ einfach $a_1 \ldots a_m$. Dann ist $a_1 \ldots a_m \circ b_1 \ldots b_n = a_1 \ldots a_m b_1 \ldots b_n$ und

$$(a_1 \ldots a_m \circ b_1 \ldots b_n) \circ c_1 \ldots c_r = a_1 \ldots a_m b_1 \ldots b_n \circ c_1 \ldots c_r = a_1 \ldots a_m b_1 \ldots b_n c_1 \ldots c_r = a_1 \ldots a_m \circ (b_1 \ldots b_n \circ c_1 \ldots c_r).$$

Das neutrale Element ist $(\emptyset, 0)$ mit $\emptyset : \emptyset \to A$ leere Abbildung. Dabei fassen wir $\{1, \ldots, 0\}$ als leere Menge auf. Die leere endliche Folge $(\emptyset, 0)$ in $A^*$ oder das *leere Wort* wird oft auch mit $\epsilon$ bezeichnet. Offenbar gilt $\epsilon a_1 \ldots a_n = a_1 \ldots a_n = a_1 \ldots a_n \epsilon$.

**Definition 3.1.8** Sei $(G, \circ)$ eine Halbgruppe und $A \subset G$ eine Teilmenge. Wir definieren eine Teilmenge $\bar{A} \subset G$ durch

$$\bar{A} := \{a_1 \circ \ldots \circ a_m | m \in \mathbb{N} \wedge a_1, \ldots, a_m \in A\}.$$

Wenn $(G, \circ)$ ein Monoid ist, dann definiert man

$$\bar{A} := \{a_1 \circ \ldots \circ a_m | m \in \mathbb{N}_\circ \wedge a_1, \ldots, a_m \in A\},$$

wobei im Falle $m = 0$ das leere Produkt das neutrale Element $e$ sei. Wenn $(G, \circ)$ eine Gruppe ist, dann definiert man

$$\bar{A} := \{a_1^{\epsilon_1} \circ \ldots \circ a_m^{\epsilon_m} | m \in \mathbb{N}_\circ \wedge a_i \in A \wedge \epsilon_i \in \{1, -1\}\}.$$

Man läßt also bei der Produktbildung als Faktoren auch Inverse von Elementen aus $A$ zu. $\bar{A}$ heißt die von $A$ *erzeugte* Menge in $G$. Wenn $G = \bar{A}$, dann heißt $G$ von $A$ *erzeugt.*

Man spricht von den Mengen der Form $\bar{A}$ auch als durch $A$ von „innen" erzeugt, weil alle ihre Elemente einzeln aus $A$ konstruiert werden. In 3.1.12 werden wir auch eine Methode kennen lernen, wie man die Menge $\bar{A}$ von „außen" erzeugen kann.

**Definition 3.1.9** Eine Teilmenge $B \subset G$ in einer Halbgruppe, einem Monoid oder einer Gruppe $(G, \circ)$ heißt

1. *Unterhalbgruppe*, wenn $\forall a, b \in B[a \circ b \in B]$;
2. *Untermonoid*, wenn $B$ Unterhalbgruppe ist und $e \in B$ gilt;
3. *Untergruppe*, , wenn $\forall a, b \in B[a \circ b \in B \wedge a^{-1} \in B]$ und wenn $B \neq \emptyset$.

Eine Untergruppe ist insbesondere ein Untermonoid, weil auch $e = a \circ a^{-1} \in B$ gilt. Wir sagen auch, daß $B$ unter der Bildung von Produkten, des neutralen Elements bzw. von Inversen *abgeschlossen* ist. Eine Unterhalbgruppe (-monoid, -gruppe) ist selbst eine Halbgruppe (Monoid, Gruppe).

**Lemma 3.1.10** *Sei $(G, \circ)$ eine Halbgruppe, ein Monoid oder eine Gruppe und sei $A \subset G$ eine Teilmenge. Dann ist die von $A$ erzeugte Menge $\bar{A}$ die kleinste Unterhalbgruppe (-monoid bzw. -gruppe), die $A$ enthält.*

*Beweis.* $\bar{A}$ ist so definiert, daß es unter der Multiplikation (bzw. $e \in \bar{A}$, bzw. Inversenbildung) von $(G, \circ)$ abgeschlossen ist. Es ist daher $\bar{A}$ eine Unterhalbgruppe (-monoid, -gruppe). Ist aber $B \subset G$ eine Unterhalbgruppe (-monoid, -gruppe) mit $A \subset B$, so gilt auch $\bar{A} \subset B$; also ist $\bar{A}$ kleinste Unterstruktur von $G$ mit $A \subset \bar{A}$.

**Satz 3.1.11** *Seien $(G, \circ)$ eine Halbgruppe (Monoid, Gruppe) und seien $B_i$, $i \in I$ Unterhalbgruppen (-monoide, -gruppen). Dann ist $\bigcap_{i \in I} B_i$ wieder Unterhalbgruppe (-monoid, -gruppe).*

*Beweis.* Wenn jedes der $B_i$ unter der Multiplikation ($1 \in B_i$, Inversenbildung) abgeschlossen ist, dann auch der Durchschnitt $\bigcap B_i$.

**Satz 3.1.12** *Sei $(G, \circ)$ eine Halbgruppe (Monoid, Gruppe) und $A \subset G$ eine Teilmenge. Dann ist*

$$\bar{A} = \bigcap \{B \subset G \mid B \text{ Unterstruktur } \wedge A \subset B\}.$$

*Beweis.* Da $\bar{A}$ unter den zugelassenen $B$ ist, gilt „$\supset$". Da der Durchschnitt wieder eine Unterstruktur ist, die $A$ enthält, und da $\bar{A}$ kleinste solche Unterstruktur ist, gilt „$\subset$".

Die Erzeugung von $\bar{A}$ muß man als eine Erzeugung von „außen" auffassen. Der Mechanismus der Gewinnung der einzelnen Elemente aus $A$ wird nicht angegeben. Man erhält mit dieser Methode zwar sehr schnell die Existenz des gewünschten Objekts. Die Methode ist aber nicht konstruktiv, weil man keinen Überblick über alle Unterhalbgruppen (-monoide, -gruppen) hat, die $A$ umfassen. Man kann einzelne Elemente von $\bar{A}$ nicht angeben. Im Falle von komplizierteren algebraischen Gebilden ist es jedoch oft sehr schwer, die Konstruktion der Elemente explizit anzugeben. Das war schon für Gruppen komplizierter, als für Monoide. Dann entwickelt die Methode der Durchschnittsbildung erst ihre ganze Kraft.

Die Verknüpfung einer Halbgruppe (Monoid, Gruppe) kann man in gewissen Fällen durch Tafeln wiedergeben, sogenannte *Halbgruppen-Tafeln*. Ein Beispiel ist

| + | 0 | 1 | 2 |
|---|---|---|---|
| 0 | 0 | 1 | 2 |
| 1 | 1 | 2 | 0 |
| 2 | 2 | 0 | 1 |

Diese Verknüpfung oder Addition definiert eine Gruppe auf der Menge $\{0, 1, 2\}$, wie man einzeln nachrechnen kann.

**Übungen 3.1.13**  1. Sei $G$ eine Gruppe und $U$ eine Unterhalbgruppe von $G$ mit der Eigenschaft, daß $U$ (mit der von $G$ her eingeschränkten Operation) eine Gruppe ist. Zeigen Sie, daß das neutrale Element $e_U$ von $U$ mit dem neutralen Element $e_G$ von $G$ übereinstimmt.

2. Sei $H$ eine Halbgruppe und $E = \{e\}$ eine einelementige Menge, die keine Teilmenge von $H$ ist. Zeigen Sie, daß $M := H \cup E$ zu einem Monoid wird, wenn man auf $M$ die Verknüpfung $\circ$ durch

$$e \circ e = e \qquad e \circ h = h \qquad h \circ e = h \qquad g \circ h = g \cdot h$$

für $g, h \in H$ einführt, wobei $\cdot$ die Verknüpfung auf $H$ bezeichnet.

3. Entscheiden Sie, ob die folgende Aussage richtig ist (ja/nein).
Sei $G$ eine endliche Gruppe und $H$ eine Unterhalbgruppe. Dann ist $H$ eine Untergruppe.

4. Sei $G$ eine Gruppe und seien $H_1, H_2$ Untergruppen von $G$. Dann sind folgende Aussagen äquivalent:
a) $H_1 \cup H_2$ ist eine Untergruppe von $G$.
b) Es gilt $H_1 \subset H_2$ oder $H_2 \subset H_1$.

5. Sei $G$ eine Gruppe. Beweisen Sie die Rechenregeln:
a) $\forall a, b \in G\,[(a \circ b)^{-1} = b^{-1} \circ a^{-1}]$,
b) $\forall a \in G\,[(a^{-1})^{-1} = a]$.

6. Sei $G$ eine endliche Gruppe, d.h. eine Gruppe, die nur endlich viele Elemente enthält. Zeigen Sie, daß es zu jedem $a \in G$ ein $n \in \mathbb{N}$ gibt, so daß

$$a^n := a \circ \ldots \circ a = e$$

ist.

7. Sei $G$ eine Gruppe, in der jedes Element zu sich selbst invers ist. Zeigen Sie, daß $G$ kommutativ ist.

8. Definieren Sie eine Verknüpfung in der Menge $G = \{1, 2, 4\}$, so daß $G$ ein Monoid wird.

9. Definieren Sie eine Verknüpfung in der Menge $G = \{1, 2, 4\}$, so daß $G$ eine Gruppe wird.

10. Zeigen Sie:
a) Jede Gruppe mit höchstens vier Elementen ist kommutativ.
b) Jede Gruppe mit fünf Elementen ist kommutativ.

11. a) Erstellen Sie eine Gruppentafel der Permutationsgruppe $S_3$.
b) Bestimmen Sie alle Untergruppen der $S_3$.

12. Zeigen Sie:

a) Sei $M$ ein Monoid. Durch $\varphi(m)(n) = mn$ wird ein injektiver Homomorphismus von Monoiden $\varphi : M \to \text{Abb}(M, M)$ definiert. (vgl. Beispiel 3.1.4 3.)

b) Jede endliche Gruppe ist isomorph zu einer Untergruppe von $S_n$ für ein geeignetes $n \in \mathbb{N}$.

13. Sei $G$ eine Gruppe und $M \subset G$ ein endliches Untermonoid des Monoids $G$. Dann ist $M$ eine Gruppe. (Hinweis: Betrachten Sie für $m \in M$ die Abbildung $l_m : M \ni x \mapsto mx \in M$.)

14. Warum ist $\mathbb{Z}$ keine Gruppe mit der Subtraktion als Verknüpfung?

15. Definieren Sie eine binäre Operation auf $\mathbb{Z}$ durch $a \circ b := a + b + 1$. Zeigen Sie, daß $\mathbb{Z}$ mit dieser Operation eine Gruppe bildet.

16. Definieren Sie eine binäre Operation auf $\mathbb{Q} \setminus \{-1\}$ durch $a \circ b := a + b + ab$. Zeigen Sie, daß $\mathbb{Q} \setminus \{-1\}$ mit dieser Operation eine Gruppe bildet.

17. Formulieren Sie das Assoziativgesetz in Postfixnotation. Warum werden dabei keine Klammern benötigt?

18. Zeigen Sie, daß für eine Halbgruppe (Monoid, Gruppe) $G$ und eine Menge $I$ auch die Menge $\text{Abb}(I, G) = \prod_I G = G^I$ mit der „komponentenweisen" Multiplikation eine Halbgruppe (Monoid, Gruppe) bildet.

## 3.2 Homomorphismen

Nachdem wir nun erste Beispiele und Eigenschaften von gewissen algebraischen Strukturen kennen, folgt die Einführung von Abbildungen, die mit der gegebenen Struktur verträglich sind, von sogenannten Homomorphismen.

**Definition 3.2.1** Seien $(G, \circ)$ und $(H, \cdot)$ Halbgruppen (Monoide, Gruppen). Eine Abbildung $f : G \to H$ heißt ein *Homomorphismus* von

1. Halbgruppen, wenn $\forall g_1, g_2 \in G[f(g_1 \circ g_2) = f(g_1) \cdot f(g_2)]$,
2. Monoiden, wenn $\forall g_1, g_2 \in G[f(g_1 \circ g_2) = f(g_1) \cdot f(g_2)]$, und $f(e_G) = e_H$, (wobei $e_G \in G$ und $e_H \in H$ die neutralen Elemente sind),
3. Gruppen, wenn $\forall g_1, g_2 \in G[f(g_1 \circ g_2) = f(g_1) \cdot f(g_2)]$.

Man verwendet häufig auch die Bezeichnung *Halbgruppenhomomorphismus*, *Monoidhomomorphismus* bzw. *Gruppenhomomorphismus*.

**Lemma 3.2.2** *Ist $f : G \to H$ ein Homomorphismus von Gruppen, so gilt $f(e_G) = e_H$ und $\forall g \in G[f(g^{-1}) = f(g)^{-1}]$.*

*Beweis.* $f(e_G) \cdot f(e_G) = f(e_G \circ e_G) = f(e_G) \implies h \cdot h = h$ für $h = f(e_G)$. $\implies h = h^{-1} \cdot h \cdot h = h^{-1} \cdot h = e_H \implies f(e_G) = e_H$.

$f(g)^{-1} \cdot f(g) = e_H = f(e_G) = f(g^{-1} \circ g) = f(g^{-1}) \cdot f(g) \implies f(g)^{-1} = f(g^{-1})$.

**Lemma 3.2.3** *Seien $G, H, K$ Halbgruppen (Monoide, Gruppen) und $f : G \to H, f' : H \to K$ Homomorphismen. Dann ist auch $f'f : G \to K$ ein Homomorphismus. Weiter ist $\text{id}_G : G \to G$ ein Homomorphismus.*

*Beweis.* Es ist $(f'f)(g_1 \cdot g_2) = f'(f(g_1) \cdot f(g_2)) = (f'f)(g_1) \cdot (f'f)(g_2)$ und $(f'f)(e_G) = f'(e_H) = e_K$.

**Definition 3.2.4** Ein Homomorphismus $f : G \to H$ heißt *Isomorphismus*, wenn es einen Homomorphismus $f' : H \to G$ so gibt, daß $ff' = \mathrm{id}_H$ und $f'f = \mathrm{id}_G$. Wenn es einen Isomorphismus $f : G \to H$ gibt, dann heißen $G$ und $H$ *isomorph*, in Zeichen $G \cong H$.

Ein Isomorphismus $f : G \to G$ heißt *Automorphismus*.

**Bemerkung 3.2.5** Isomorphe Objekte sind für alle mathematischen Betrachtungen als gleichwertig anzusehen. Man kann nämlich die Verknüpfung von zwei Elementen auch durch die Verknüpfung der entsprechenden Elemente im dazu isomorphen Objekt ausdrücken, d.h. für einen Isomorphismus $f : G \to H$ und $a, b \in G$ gilt

$$a \cdot b = f^{-1}(f(a) \cdot f(b)).$$

Ist $f : G \to H$ ein bijektiver Homomorphismus, so ist $f$ ein Isomorphismus, denn für die eindeutig bestimmte Umkehrabbildung $f^{-1} H \to G$ gilt $f^{-1}(h_1 \cdot h_2) = f^{-1}(ff^{-1}(h_1) \cdot ff^{-1}(h_2)) = f^{-1}f(f^{-1}(h_1) \cdot f^{-1}(h_2)) = f^{-1}(h_1) \cdot f^{-1}(h_2)$ und $f^{-1}(e_H) = e_G$.

**Lemma 3.2.6** *Wenn* $f : G \to H$ *ein Homomorphismus ist, dann ist* $\mathrm{Bi}(f)$ *eine Unterhalbgruppe (-monoid, -gruppe) von* $H$.

*Beweis.* Seien $h_1, h_2 \in \mathrm{Bi}(f)$. Dann gibt es $g_1, g_2 \in G$ mit $f(g_1) = h_1, f(g_2) = h_2$. Da $f$ ein Homomorphismus ist, ist $h_1 \cdot h_2 = f(g_1) \cdot f(g_2) = f(g_1 \cdot g_2) \in \mathrm{Bi}(f)$. Im Monoidfall ist außerdem $e_H = f(e_G) \in \mathrm{Bi}(f)$. Ist schließlich $f$ ein Homomorphismus von Gruppen, dann ist $h^{-1} = f(g)^{-1} = f(g^{-1}) \in \mathrm{Bi}(f)$.

**Beispiel 3.2.7** Ein wichtiges Beispiel für einen Isomorphismus ist die Exponentialabbildung oder $e$-Funktion. Die reellen Zahlen bilden unter der Addition eine Gruppe $(\mathbb{R}, +)$. Weiter bildet die Menge $\mathbb{R}_+$ der positiven reellen Zahlen unter der Multiplikation eine Gruppe $(\mathbb{R}_+, \cdot)$. Die Funktionalgleichung für die Exponentialfunktion $\exp(a+b) = \exp(a) \cdot \exp(b)$ besagt genau daß diese Abbildung ein Homomorphismus ist. Da sie bijektiv ist, ist sie ein Isomorphismus. Die Umkehrabbildung ist ebenfalls ein Isomorphismus und genügt der Gleichung $\log(a \cdot b) = \log(a) + \log(b)$. Man merke sich zudem, daß die Gruppen $(\mathbb{R}, +)$ und $(\mathbb{R}_+, \cdot)$ zueinander isomorph sind.

**Übungen 3.2.8**   1. Zeigen Sie oder widerlegen Sie durch explizite Angabe eines Gegenbeispiels: Sind $M$ und $N$ Monoide und ist $f : M \to N$ ein Halbgruppenhomomorphismus, so ist $f$ auch ein Monoidhomomorphismus.

2. Entscheiden Sie, ob die folgende Aussage richtig ist (ja/nein). Seien $G_1$ und $G_2$ zwei Gruppen und $f : G_1 \to G_2$ ein Halbgruppenhomomorphismus. Dann ist $f$ auch ein Gruppenhomomorphismus.

3. Entscheiden Sie, ob die folgende Aussage richtig ist (ja/nein). Sei $f : G \to G'$ ein bijektiver Gruppenhomomorphismus. Dann ist $f^{-1} : G' \to G$ ebenfalls ein Gruppenhomomorphismus.

4. Sei $f : G \to H$ ein surjektiver Gruppenhomomorphismus und sei $G$ eine abelsche Gruppe. Zeigen Sie, daß $H$ ebenfalls eine abelsche Gruppe ist.

5. Sei $G$ eine Gruppe und $f : G \to G$ die Abbildung $f(a) := a^{-1}$. Zeigen Sie: $f$ ist genau dann ein Gruppenhomomorphismus, wenn $G$ abelsch ist.

6. Sei $G$ eine Gruppe. Zeigen Sie:
   a) Die Menge $\mathrm{Aut}(G)$ aller Automorphismen von $G$ ist eine Gruppe unter der Verknüpfung von Abbildungen als Gruppenmultiplikation.
   b) Durch $\psi(g)(h) = ghg^{-1}$ wird ein Homomorphismus von Gruppen $\psi : G \to \mathrm{Aut}(G)$ definiert.
   c) Ist $\psi$ immer injektiv?

## 3.3 Freie Halbgruppen, Monoide und Gruppen

Eine besonders nützliche Art von Strukturen sind die freien Strukturen. Man kennt sie (bis auf Isomorphie), wenn man nur ihre erzeugenden Elemente kennt. Sie erlauben es auch, besonders einfach Homomorphismen in andere Strukturen zu konstruieren. Allerdings geht ihre Definition von einer besonderen Eigenschaft aus, die sie haben, einer sogenannten universellen Eigenschaft. Daher ist ihre Definition nicht ganz leicht verständlich. Erst nach dem Beweis ihrer Existenz (und Eindeutigkeit) kann man diese Eigenschaft besser verstehen.

**Definition 3.3.1** Sei $A$ eine Menge. Eine Halbgruppe (Monoid, Gruppe) $F(A)$ zusammen mit einer Abbildung $\iota : A \to F(A)$ heißt eine (extern) *freie Halbgruppe (Monoid, Gruppe)*, wenn zu jeder Halbgruppe (Monoid, Gruppe) $G$ und zu jeder Abbildung $\alpha : A \to G$ genau ein Homomorphismus $f : F(A) \to G$ existiert, so daß

$$
\begin{array}{ccc}
A & \overset{\iota}{\longrightarrow} & F(A) \\
 & \alpha \searrow & \downarrow f \\
 & & G
\end{array}
$$

kommutiert.

**Bemerkung 3.3.2** Die Abbildung $\iota$ ist immer injektiv (vgl. 3.3.3), so daß man $A$ als Teilmenge von $F(A)$ auffassen kann. Dann bedeutet die obige Definition, daß sich jede beliebige Zuordnung $\alpha$ von Elementen aus $G$ zu den Elementen aus $A$ auf genau eine Weise zu einem Homomorphismus von $F(A)$ nach $G$ fortsetzen läßt und daß jeder Homomorphismus $f : F(A) \to G$ schon vollständig durch die Werte bestimmt ist, die er auf Elementen aus $A$ annimmt.

**Satz 3.3.3** *1. Ist $F(A)$ mit $\iota : A \to F(A)$ eine freie Halbgruppe (Monoid, Gruppe), so ist $\iota$ injektiv.*

2. *Sind $F(A)$ und $F'(A)$ mit $\iota : A \to F(A)$ und $\iota' : A \to F'(A)$ freie Halbgruppen (Monoide, Gruppen), so gibt genau einen Homomorphismus $f : F(A) \to F'(A)$ mit*

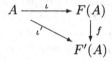

*kommutativ (d.h. $f\iota = \iota'$) und $f$ ist ein Isomorphismus.*

*Beweis.* 1. $\{1, -1\}$ mit der Multiplikation ist eine Gruppe (Halbgruppe, Monoid). Sei $\iota : A \to F(A)$ nicht injektiv. Dann gibt es $a, b \in A$ mit $\iota(a) = \iota(b)$ und $a \neq b$. Wir definieren $\alpha : A \to \{1, -1\}$ durch $\alpha(c) = \begin{cases} 1 & c \neq a \\ -1 & c = a \end{cases}$. Dann ist $1 = \alpha(b) = f\iota(b) = f\iota(a) = \alpha(a) = -1$, ein Widerspruch. Also ist $\iota$ injektiv.

2. Die erste Aussage, daß genau ein Homomorphismus $f$ mit $f\iota = \iota'$ existiert, ist die Definition einer freien Halbgruppe (Monoid, Gruppe). Ebenso gibt es (genau) einen Homomorphismus $f' : F'(A) \to F(A)$ mit $f'\iota' = \iota$. Damit ist $ff'\iota' = \iota' = \mathrm{id}_{F'(A)}\iota'$, also $ff' = \mathrm{id}_{F'(A)}$, weil $(F'(A), \iota')$ frei ist, und es ist $f'f\iota = \iota = \mathrm{id}_{F(A)}\iota$, also $f'f = \mathrm{id}_{F(A)}$, weil $(F(A), \iota)$ frei ist. Also ist $f$ ein Isomorphismus.

Wir haben schon in 3.1.7 freie Monoide kennengelernt, jedoch nicht durch die oben gegebene Abbildungseigenschaft. Diese Abbildungseigenschaft beweisen wir im folgenden Satz. Ebenso geben wir hier die Konstruktion einer freien Halbgruppe an. Die Konstruktion einer freien Gruppe ist schwieriger. Da wir sie später nicht benötigen, wollen wir diese Konstruktion auch hier nicht angeben.

**Satz 3.3.4** *1. Sei $A$ eine Menge. Dann ist $A^*$ zusammen mit der Einbettung von $A$ in $A^*$ freies Monoid.*

*2. Sei $A$ eine Menge. Dann ist $A^* \setminus \{\varepsilon\}$ zusammen mit der Einbettung von $A$ in $A^* \setminus \{\varepsilon\}$ freie Halbgruppe.*

*Beweis.* 1. Sei $\alpha : A \to G$ eine Abbildung in ein Monoid $G$. Wir definieren $f : A^* \to G$ durch $f(a_1 \ldots a_n) := \alpha(a_1) \cdot \ldots \cdot \alpha(a_n)$ für $n \geq 1$ und $f(\varepsilon) := e_G$. (Wir definieren das 0-fache Produkt von Elementen in $G$ als $e_G$.) $f$ ist eine wohldefinierte Abbildung, weil durch jedes Element $a_1 \ldots a_n \in A^*$ die Komponenten $a_1, \ldots, a_n \in A$ eindeutig stimmt sind. Sie werden benötigt, um den Wert $f(a_1 \ldots a_n)$ zu beschreiben. Es ist $f$ ein Homomorphismus, denn $f(a_1 \ldots a_n \circ b_1 \ldots b_r) = \alpha(a_1) \cdot \ldots \cdot \alpha(a_n) \cdot \alpha(b_1) \cdot \ldots \cdot \alpha(b_r) = f(a_1 \cdot \ldots \cdot a_n) \cdot f(b_1 \cdot \ldots \cdot b_r)$ und $f(\varepsilon) = e_G$. Weiter ist $f\iota(a) = f(a) = \alpha(a)$, also $f\iota = \alpha$. Um die Eindeutigkeit von $f$ mit $f\iota = \alpha$ zu zeigen, sei $f' : A^* \to G$ ein Homomorphismus mit $f'\iota = \alpha$. Dann ist $f'(a_1 \ldots a_n) = f'(a_1 \circ \ldots \circ a_n) = f'(a_1) \cdot \ldots \cdot f'(a_n) = f'\iota(a_1) \cdot \ldots \cdot f'\iota(a_n) = \alpha(a_1) \cdot \ldots \cdot \alpha(a_n) = f(a_1 \ldots a_n)$. Weiter ist $f'(\varepsilon) = e_G = f(\varepsilon)$. Also gilt $f' = f$.

2. Der Beweis verläuft ebenso wie in Teil 1. Allerdings müssen alle Referenzen zu $\varepsilon \in A^*$ fortgelassen werden.

Man kann auch zeigen, daß es zu jeder Menge $A$ eine freie Gruppe $\iota : A \to F(A)$ gibt. Die Konstruktion ist jedoch wesentlich komplizierter. Wir haben eine solche Konstruktion daher hier nicht mit aufgenommen.

**Beispiele 3.3.5**  1. $(\mathbb{N}, +)$ ist freie Halbgruppe über $A = \{1\}$.
  2. $(\mathbb{N}_0, +)$ ist freies Monoid über $A = \{1\}$.
  3. $(\mathbb{Z}, +)$ ist freie Gruppe über $A = \{1\}$.

**Übungen 3.3.6**  1. Sei $n \in \mathbb{N}$ eine natürliche Zahl. Zeigen Sie, daß die Gruppe $\mathbb{Z}/(n)$ keine freie Gruppe über der Menge $\{1\}$ ist, wobei die Einbettungsabbildung definiert ist als:

$$\iota : \{1\} \to \mathbb{Z}/(n), 1 \mapsto \bar{1}.$$

2. Sei $A$ eine Menge und $F(A)$ die freie Gruppe über $A$. Zeigen Sie: Enthält $A$ mindestens 2 Elemente, so ist $F(A)$ nicht kommutativ.
3. Entscheiden Sie, ob die folgende Aussage richtig ist (ja/nein).
   Jede freie Gruppe ist unendlich.
4. Sei $A = \{0, 1\}$. Betrachten Sie das Monoid $(\mathbb{N}_0, +)$. Zeigen Sie, daß es genau einen Monoidhomomorphismus $f : A^* \to \mathbb{N}_0$ mit $f(0) = 1$ und $f(1) = 2$ gibt.

## 3.4 Kongruenzrelationen und Restklassen

Wir haben gesehen, daß die freien Strukturen besonders günstige Eigenschaften haben. Wir kennen jedoch Beispiele von Halbgruppen, Monoiden bzw. Gruppen, die nicht frei sind. Wir werden in diesem Abschnitt zeigen, daß sich alle solchen Objekte zumindest mit Hilfe von freien Objekten beschreiben lassen. Dazu führen wir zunächst eine allgemeine Konstruktion der Restklassenbildung ein, wie wir sie bei der Bildung von Äquivalenzklassen in ähnlicher Weise auch schon früher kennengelernt haben. Der sogleich einzuführende Begriff der Kongruenzrelation spielt für Halbgruppen (Monoide, Gruppen) dieselbe Rolle, wie der Begriff der Äquivalenzrelation für Mengen. Insbesondere werden wir Partitionen nach einer Kongruenzrelation bilden und einen Faktorisierungssatz beweisen.

**Definition 3.4.1** Sei $G$ eine Halbgruppe (Monoid, Gruppe). Eine Teilmenge $R \subset G \times G$ heißt *Kongruenzrelation*, wenn $R$ eine Äquivalenzrelation und eine Unterhalbgruppe (-monoid, -gruppe) von $G \times G$ ist. Dabei ist die Multiplikation auf $G \times G$ komponentenweise definiert: $(g_1, g_2) \cdot (g_1', g_2') = (g_1 \cdot g_1', g_2 \cdot g_2')$.

**Satz 3.4.2** *Wenn $R \subset G \times G$ eine Kongruenzrelation auf $G$ ist, dann trägt $G/R$ genau eine Struktur einer Halbgruppe (Monoid, Gruppe), so daß die Restklassenabbildung $\nu : G \to G/R$ ein Homomorphismus ist.*

*Beweis.* Im Halbgruppenfall definieren wir eine Operation auf $G/R$ durch das kommutative Diagramm

$$G \times G \xrightarrow{\nu \times \nu} G/R \times G/R$$

$$\searrow^{\alpha} \qquad \downarrow f$$

$$G/R$$

mit $\alpha(g,h) := \overline{g \cdot h}$. Die Abbildung $f$ existiert und ist eindeutig bestimmt, weil für $(g,g'),(h,h') \in R$ auch $(g,g') \cdot (h,h') = (g \cdot h, g' \cdot h') \in R \subset G \times G$ gilt. Ist also $g \sim g'$ und $h \sim h'$, so ist $g \cdot h \sim g' \cdot h'$, also $\overline{g \cdot h} = \overline{g' \cdot h'}$ und damit $\alpha(g,h) = \alpha(g',h')$ Wir schreiben die Multiplikation $f(\overline{g},\overline{h})$ als $\overline{g} \cdot \overline{h}$, also gilt $\overline{g} \cdot \overline{h} = \overline{g \cdot h}$. Die Multiplikation $f : G/R \times G/R \to G/R$ ist assoziativ wegen $\overline{g} \cdot (\overline{h} \cdot \overline{k}) = \overline{g} \cdot \overline{(h \cdot k)} = \overline{g \cdot (h \cdot k)} = \overline{(g \cdot h) \cdot k} = \overline{(g \cdot h)} \cdot \overline{k} = (\overline{g} \cdot \overline{h}) \cdot \overline{k}$. Weiter ist die Restklassenabbildung $\nu : G \to G/R$ ein Homomorphismus wegen $\nu(g \cdot h) = \overline{g \cdot h} = \overline{g} \cdot \overline{h} = \nu(g) \cdot \nu(h)$. Schließlich ist $f$ eindeutig dadurch festgelegt, daß $\nu$ ein Homomorphismus ist, denn $f(\overline{g},\overline{h}) = f(\nu(g),\nu(h)) =$ (da $\nu$ ein Homomorphismus ist) $\nu(g \cdot h) = \overline{g \cdot h}$. Im Falle von Monoiden kommt das neutrale Element $e \in G$ hinzu. Wegen $\overline{e} \cdot \overline{g} = \overline{e \cdot g} = \overline{g}$ und $\overline{g} \cdot \overline{e} = \overline{g \cdot e} = \overline{g}$ ist $\overline{e}$ neutrales Element in $G/R$. Weiter ist $\nu(e) = \overline{e}$. Im Falle von Gruppen kommen inverse Elemente hinzu. Es ist $\overline{g^{-1}} \cdot \overline{g} = \overline{g^{-1} \cdot g} = \overline{e} = \overline{g \cdot g^{-1}} = \overline{g} \cdot \overline{g^{-1}}$, also ist $\overline{g^{-1}}$ invers zu $\overline{g}$ und $G/R$ damit eine Gruppe.

**Beispiele 3.4.3** 1. In $\mathbb{N}$ ist die Partition

$$\overline{1} = \{1\}, \overline{2} = \{2\}, \overline{3} = \{n \in \mathbb{N} \,|\, n \geq 3\}$$

von einer Kongruenzrelation abgeleitet, denn in

$$R = \{(r,s) \,|\, r,s \geq 3 \vee r = s\}$$

gilt $(r,s) + (r',s') = (r+r', s+s') \in R$, wie man durch Nachrechnen sofort sieht. Dann hat $\mathbb{N}/R$ die folgende Verknüpfungstafel:

| + | $\overline{1}$ | $\overline{2}$ | $\overline{3}$ |
|---|---|---|---|
| $\overline{1}$ | $\overline{2}$ | $\overline{3}$ | $\overline{3}$ |
| $\overline{2}$ | $\overline{3}$ | $\overline{3}$ | $\overline{3}$ |
| $\overline{3}$ | $\overline{3}$ | $\overline{3}$ | $\overline{3}$ |

2. Sei $n \in \mathbb{N}_0$ fest gewählt. In $\mathbb{Z} \times \mathbb{Z}$ sei $R := \{(r,s) \in \mathbb{Z} \times \mathbb{Z} | \exists q \in \mathbb{Z}[q \cdot n = r - s]\}$. Man sieht leicht, daß $R$ eine Kongruenzrelation (bzgl. der Addition von $\mathbb{Z}$) ist. Die Kongruenzklassen $\mathbb{Z}/R$ sind $\{\overline{0}, \overline{1}, \ldots, \overline{n-1}\}$ im Falle $n > 0$ und $\{\overline{0}, \pm\overline{1}, \pm\overline{2}, \pm\overline{3}, \ldots\}$ für $n = 0$. Die Verknüpfungstafel für $n > 0$ ist wegen $\overline{r} + \overline{s} = \overline{r+s}$

| $+$ | $\bar{0}$ | $\bar{1}$ | $\bar{2}$ | $\bar{3}$ | $\ldots$ | $\overline{n-1}$ |
|---|---|---|---|---|---|---|
| $\bar{0}$ | $\bar{0}$ | $\bar{1}$ | $\bar{2}$ | $\bar{3}$ | $\ldots$ | $\overline{n-1}$ |
| $\bar{1}$ | $\bar{1}$ | $\bar{2}$ | $\bar{3}$ | $\bar{4}$ | $\ldots$ | $\bar{0}$ |
| $\vdots$ | $\vdots$ | $\vdots$ | $\vdots$ | $\vdots$ | | $\vdots$ |
| $\overline{n-1}$ | $\overline{n-1}$ | $\bar{0}$ | $\bar{1}$ | $\bar{2}$ | $\ldots$ | $\overline{n-2}$ |

Im Falle $n = 0$ ist $R$ die Gleichheitsrelation auf $\mathbb{Z}$ und $\mathbb{Z}/R \cong \mathbb{Z}$ (als Gruppen). In diesem Beispiel schreiben wir auch $(n) := R$ und damit $\mathbb{Z}/(n)$ für $n > 0$ bzw. $\mathbb{Z}/(0) \cong \mathbb{Z}$. Die hier betrachtete Äquivalenzrelation $(n)$ ist die in Beispiel 1.4.2 (3) betrachtete.

Die Äquivalenzrelation $(n)$ ist auch eine Kongruenzrelation bezüglich der Multiplikation auf $\mathbb{Z}$. $\mathbb{Z}$ ist dann ein Monoid. Die Verknüpfungstafel für $n = 6$ ist wegen $\bar{r} \cdot \bar{s} = \overline{r \cdot s}$

| $\cdot$ | $\bar{0}$ | $\bar{1}$ | $\bar{2}$ | $\bar{3}$ | $\bar{4}$ | $\bar{5}$ |
|---|---|---|---|---|---|---|
| $\bar{0}$ | $\bar{0}$ | $\bar{0}$ | $\bar{0}$ | $\bar{0}$ | $\bar{0}$ | $\bar{0}$ |
| $\bar{1}$ | $\bar{0}$ | $\bar{1}$ | $\bar{2}$ | $\bar{3}$ | $\bar{4}$ | $\bar{5}$ |
| $\bar{2}$ | $\bar{0}$ | $\bar{2}$ | $\bar{4}$ | $\bar{0}$ | $\bar{2}$ | $\bar{4}$ |
| $\bar{3}$ | $\bar{0}$ | $\bar{3}$ | $\bar{0}$ | $\bar{3}$ | $\bar{0}$ | $\bar{3}$ |
| $\bar{4}$ | $\bar{0}$ | $\bar{4}$ | $\bar{2}$ | $\bar{0}$ | $\bar{4}$ | $\bar{2}$ |
| $\bar{5}$ | $\bar{0}$ | $\bar{5}$ | $\bar{4}$ | $\bar{3}$ | $\bar{2}$ | $\bar{1}$ |

**Satz 3.4.4** (Faktorisierungssatz oder Homomorphiesatz)  *Sei $f : G \to G'$ ein Homomorphismus von Halbgruppen (Monoiden, Gruppen) und $R$ eine Kongruenzrelation in $G$. Wenn für alle $(a, b) \in R$ gilt $f(a) = f(b)$, dann gibt es genau einen Homomorphismus $\bar{f} : G/R \to G'$, so daß*

$$G \xrightarrow{\ \nu\ } G/R$$

(Diagramm: $G$ mit $f$ nach $G'$ und $\bar{f}$ von $G/R$ nach $G'$)

*kommutiert.*

*Beweis.* Nach 1.4.9 existiert genau eine Abbildung $\bar{f}$ mit $\bar{f}\nu = f$. Wir zeigen daher nur, daß $\bar{f}$ ein Homomorphismus ist. Da $\nu$ nach 3.4.2 ein Homomorphismus ist gilt $\bar{f}(\bar{a} \cdot \bar{b}) = \bar{f}(\nu(a) \cdot \nu(b)) = \bar{f}(\nu(a \cdot b)) = (\bar{f}\nu)(a \cdot b) = f(a \cdot b) = f(a) \cdot f(b) = (\bar{f}\nu)(a) \cdot (\bar{f}\nu)(b) = \bar{f}(\bar{a}) \cdot \bar{f}(\bar{b})$ und im Falle von Monoiden $\bar{f}(\bar{e}) = (\bar{f}\nu)(e) = f(e) = e$.

Der vorstehende Satz ist das allgemeine und einzige Hilfsmittel, um einen Homomorphismus $\bar{f} : G/R \to G'$ zu definieren. Wenn man einen solchen Homomorphismus konstruieren soll, so muß man zunächst einen Homomorphismus $f : G \to G'$ konstruieren und dann die Voraussetzungen des Satzes erfüllen. Wir wollen das an einigen Beispielen studieren.

**Beispiele 3.4.5** 1. Definiert die folgende Angabe einen Homomorphismus:

$$\mathbb{Z}/(6) \ni \bar{n} \mapsto \bar{n} \in \mathbb{Z}/(3)?$$

Hier ist eine Eigenheit der Notation der Restklassen besonders zu beachten. Es ist $\bar{0} \in \mathbb{Z}/(6)$ die Menge $\bar{0} = \{0, \pm 6, \pm 12, \pm 18, \ldots\}$. Weiter ist $\bar{0} \in \mathbb{Z}/(3)$ eine gänzlich andere Menge, nämlich $\bar{0} = \{0, \pm 3, \pm 6, \pm 9, \ldots\}$. Der Leser möge sich die Elemente $\bar{1} \in \mathbb{Z}/(6)$ und $\bar{1} \in \mathbb{Z}/(3)$ in entsprechender Schreibweise klarmachen. Bei Verwendung der Schreibweise $\bar{n}$ muß also immer klar sein, in welcher Menge dieses Element liegen soll. Wir sind insbesondere mit der obigen Angabe weit von einer identischen Abbildung entfernt.

Die wichtigste Frage ist jedoch, ob die oben angegebene Zuordnung oder Relation eine (wohldefinierte) Abbildung ist. Es können nämlich verschiedene Zahlen $n \in \mathbb{Z}$ gleiche Elemente $\bar{n} \in \mathbb{Z}/(6)$ bestimmen, z.B. $\bar{1} = \bar{7}$. Wir haben also zwei verschiedene Repräsentanten für $\bar{1}$, nämlich 1 und 7. Dann muß man überprüfen, daß in jedem solchen Fall die Bilder $\bar{n} \in \mathbb{Z}/(3)$ nicht von der besonderen Wahl des Repräsentanten $n$ für $\bar{n}$ abhängt. Also ist der Faktorisierungssatz einzusetzen. Das geschieht so:

Die Abbildung $\alpha := \nu_3 : \mathbb{Z} \to \mathbb{Z}/(3)$ (die Restklassenabbildung) ist nach 3.4.2 ein Homomorphismus. Für $R = (6)$ ist $(n, r) \in R$ genau dann, wenn $n - r = q \cdot 6$ für ein $q \in \mathbb{Z}$. Dann gilt aber $\alpha(n) = \nu_3(n) = \nu_3(r + q \cdot 6) = \nu_3(r + 2q \cdot 3) = \nu_3(r) = \alpha(r)$. Also gibt es genau einen Homomorphismus $f : \mathbb{Z}/(6) \to \mathbb{Z}/(3)$ mit $f\nu_6 = \nu_3$, d.h. mit $f(\bar{n}) = \nu_3(n) = \bar{n}$, also der gewünschte Homomorphismus.

Wie sind wir nun gerade auf den Homomorphismus $\alpha := \nu_3$ gekommen. Da das Dreieck

$$\begin{array}{ccc} \mathbb{Z} & \xrightarrow{\ \nu\ } & \mathbb{Z}/(6) \\ & \alpha \searrow & \downarrow f \\ & & \mathbb{Z}/(3) \end{array}$$

kommutieren soll, muß, falls $f$ überhaupt existiert, $\alpha = f\nu$ sein. Dann ergibt sich aber $\alpha(n) = f\nu_6(n) = f(\bar{n}) = \bar{n} = \nu_3(n)$.

2. Definiert die folgende Angabe einen Homomorphismus:

$$\mathbb{Z}/(6) \ni \bar{n} \mapsto \bar{n} \in \mathbb{Z}/(4)?$$

Wieder setzen wir den Faktorisierungssatz ein. Als Homomorphismus $\alpha : \mathbb{Z} \to \mathbb{Z}/(4)$ müssen wir wie zuvor $\alpha = \nu_4$ wählen. Für $(n, r) \in (6)$, also $n = r + q \cdot 6$ ist $\nu_4(n) = \nu_4(r)$ oder $(n, r) \in (4)$ zu zeigen, also müssen wir prüfen, ob $n - r$ auch durch 4 teilbar ist, wenn es durch 6 teilbar ist. Das ist offenbar nicht der Fall und liefert uns schon ein Gegenbeispiel. In $\mathbb{Z}/(6)$ ist $\bar{6} = \bar{0} = \{0, \pm 6, \pm 12, \pm 18, \ldots\}$. Aber in $\mathbb{Z}/(4)$ ist $\bar{6} = \{2, -4, 6, -8, 10, \ldots\} \neq \{0, \pm 4, \pm 8 \pm 12, \ldots\} = \bar{0}$, also kann die angegebene Relation keine Abbildung sein, weil ein Element $\bar{6} = \bar{0} \in \mathbb{Z}/(6)$ zwei verschiedene Bilder $\bar{6} \neq \bar{0}$ in $\mathbb{Z}/(4)$ hat.

3. Definiert die folgende Angabe einen Homomorphismus:

$$\mathbb{Z}/(3) \ni \bar{n} \mapsto \overline{n^3} \in \mathbb{Z}/(3)?$$

Der Homomorphismus $\alpha : \mathbb{Z} \to \mathbb{Z}/(3)$ muß die Abbildung $\alpha(n) = \overline{n^3}$ sein. Das ist tatsächlich ein Homomorphismus, denn

$$\alpha(n + r) = \overline{(n + r)^3} = \overline{n^3 + 3n^2r + 3nr^2 + r^3}$$

und

$$\alpha(n) + \alpha(r) = \overline{n^3} + \overline{r^3} = \overline{n^3 + r^3}.$$

Die beiden rechten Seiten der Gleichungen stimmen überein, weil $n^3 + 3n^2r + 3nr^2 + r^3 - n^3 - r^3 = (n^2r + nr^2) \cdot 3$. Ist weiterhin $n \sim r$, d.h. $n - r = q \cdot 3$, so ist $n^3 = (r + q \cdot 3)^3 = r^3 + (r^2q \cdot 3 + rq^2 \cdot 9 + q^3 \cdot 9) \cdot 3$, also $\alpha(n) = \overline{n^3} = \overline{r^3} = \alpha(r)$. Damit sind die Voraussetzungen des Faktorisierungssatzes erfüllt.

Tatsächlich kann man leicht nachrechnen, daß die gegebene Abbildung sogar die identische Abbildung ist.

**Satz 3.4.6** *Sei $f : G \to G'$ ein Homomorphismus von Halbgruppen (Monoiden, Gruppen). Dann ist die zu $f$ gehörige Äquivalenzrelation $a \sim b :\Longleftrightarrow f(a) = f(b)$ (vgl. 1.4.3) eine Kongruenzrelation.*

*Beweis.* Sei $R \subset G \times G$ die gegebene Äquivalenzrelation. Seien $(a, b), (a', b') \in R$. Dann ist $f(a \cdot a') = f(a) \cdot f(a') = f(b) \cdot f(b') = f(b \cdot b)$, also auch $(a \cdot a', b \cdot b') \in R$. Ebenso ist im Monoidfall $(e, e) \in R$, weil $R$ eine Äquivalenzrelation ist. Schließlich ist im Falle von Gruppen mit $(a, b) \in R$ auch $(a^{-1}, b^{-1}) \in R$, denn $f(a^{-1}) = f(a)^{-1} = f(b)^{-1} = f(b^{-1})$.

**Bemerkung 3.4.7** Mit der Konstruktion von $G/R$ erhält man eine Bijektion zwischen der Menge aller Kongruenzrelationen in $G$ und der Menge aller möglichen Restklassenobjekte $G/R$, d.h. der Menge aller Partitionen von $G$, die die Struktur einer Halbgruppe (Monoid, Gruppe) so tragen, daß $\nu : G \to G/R$ ein Homomorphismus wird (vgl. 1.4.7). Die Aussagen von 1.4.10 übertragen sich sinngemäß. Insbesondere ist $\mathrm{Bi}(f)$ eine Unterhalbgruppe (-monoid, -gruppe) für einen Homomorphismus $f : G \to G'$, und die von $\nu : G/R \to G'$ induzierte Abbildung $\nu' : G/R \to \mathrm{Bi}(f)$ ist ein Isomorphismus, wobei $R$ die zu $f$ gehörige Kongruenzrelation ist.

**Definition 3.4.8** Sei $G$ eine Halbgruppe (Monoid, Gruppe), die von einer Menge $A$ erzeugt wird. Dann gibt es nach 3.3.1 genau einen Homomorphismus $f : F(A) \to G$, der die Inklusion $\alpha : A \to G$ fortsetzt. Eine *Relation für $G$ bzgl. $A$* ist ein Paar $(w_1, w_2)$ in $F(A) \times F(A)$ mit $f(w_1) = f(w_2)$. Die Menge der Relationen für $G$ bezüglich $A$ bezeichnen wir mit $R_G(A) := \{(w_1, w_2) \in F(A) \times F(A) | f(w_1) = f(w_2)\}$.

**Folgerung 3.4.9** *Die Menge der Relationen für $G$ bezüglich $A$ ist eine Kongruenzrelation auf $F(A)$.*

*Beweis.* $R_G(A)$ ist die Kongruenzrelation, die durch den Homomorphismus $f : F(A) \to G$ induziert wird.

**Satz 3.4.10** *Jede Halbgruppe (Monoid, Gruppe) ist isomorph zu einem Objekt $F(A)/R$, wobei $R$ eine Kongruenzrelation ist.*

*Beweis.* Sei $A$ eine Erzeugendenmenge von $G$. Eine solche existiert immer, z.B. $A = G$. Es gibt aber im allgemeinen sehr viel kleinere Erzeugendenmengen für $G$. Sei $R := R_G(A)$. Wir definieren einen surjektiven Homomorphismus $f : F(A) \to G$ durch das kommutative Diagramm

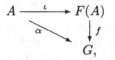

wobei $\alpha : A \to G$ die Inklusionsabbildung ist. Da $A \subset \mathrm{Bi}(f)$ und $\mathrm{Bi}(f)$ nach 3.2.6 eine Unterhalbgruppe (-monoid, -gruppe) von $G$ ist, ist nach 3.1.10 $G = \bar{A} \subset \mathrm{Bi}(f) \subset G$, also $\mathrm{Bi}(f) = G$ und damit $f$ surjektiv.

Dann induziert $f : F(A) \to G$ nach 1.4.9 und 1.4.10 (3) einen bijektiven Homomorphismus $\bar{f} : F(A)/R \to G$, so daß

$$F(A) \xrightarrow{\;\nu\;} F(A)/R$$
$$f \searrow \quad \downarrow \bar{f}$$
$$G$$

kommutiert, denn $\bar{f}(\overline{w_1} \cdot \overline{w_2}) = \bar{f}(\overline{w_1 \cdot w_2}) = \bar{f}\nu(w_1 \cdot w_2) = f(w_1 \cdot w_2) = f(w_1) \cdot f(w_2) = \bar{f}\nu(w_1) \cdot \bar{f}\nu(w_2) = \bar{f}(\overline{w_1}) \cdot \bar{f}(\overline{w_2})$. Im Falle von Monoiden gilt zusätzlich $\bar{f}(\bar{\varepsilon}) = f(\varepsilon) = e$.

**Bemerkung 3.4.11** Zur Darstellung einer Halbgruppe (Monoid, Gruppe) $G$ in der Form $F(A)/R$ genügt es also, eine Erzeugendenmenge $A$ für $G$ und eine Erzeugendenmenge $B$ für $R \subset F(A) \times F(A)$ anzugeben. Gibt man eine Menge $A$ und eine Teilmenge $B \subset F(A) \times F(A)$ vor, so kann man daraus eine kleinste Kongruenzrelation $R \subset F(A) \times F(A)$ mit $B \subset R$ bilden durch $R := \bigcap \{S \subset F(A) \times F(A) | S$ Kongruenzrelation $\wedge A \subset S\}$. Damit definieren $A$ und $B$ eine Halbgruppe (Monoid, Gruppe) $F(A)/R$ durch *Erzeugende $A$* und *Relationen $B$*.

**Übungen 3.4.12** 1. Sei $G = \mathbb{R} \times \mathbb{R}$ mit der Gruppenoperation $(a, b) + (c, d) := (a + c, b + d)$.
   a) Zeigen Sie: $H := \{(a, 0) | a \in \mathbb{R}\}$ ist eine Untergruppe von $G$.
   b) Geben Sie eine geometrische Interpretation der Nebenklassen zu $H$ in $G$.
2. Seien $H$ und $K$ Untergruppen der Gruppe $G$.
   a) Zeigen Sie: Wenn $|H| = 10$ und $|K| = 11$, dann ist $H \cap K = \{e\}$, wobei $e \in G$ das neutrale Element ist.
   b) Zeigen Sie: Wenn $|H| = m$ und $|K| = n$ und $\mathrm{ggT}(m, n) = 1$ ist, dann ist $H \cap K = \{e\}$.
3. Welche der folgenden Angaben definiert einen Homomorphismus:

a) $\mathbb{Z}/(6) \ni \bar{n} \mapsto \bar{n} \in \mathbb{Z}/(7)$;

b) $\mathbb{Z}/(8) \ni \bar{n} \mapsto \overline{n^2} \in \mathbb{Z}/(2)$;

c) $\mathbb{Z}/(4) \ni \bar{n} \mapsto \overline{n^4} \in \mathbb{Z}/(4)$;

d) $\mathbb{Z}/(5) \ni \bar{n} \mapsto \overline{2n} \in \mathbb{Z}/(5)$.

4. Sei $G$ eine Gruppe. Sei $R \subset G \times G$ eine Kongruenzrelation für die *Halb*gruppe $G$. Man zeige, daß $R$ dann auch eine Kongruenzrelation für die Gruppe $G$ ist.

(Hinweis: Ist $(g,h) \in R$, so auch $(h,g)$. Weiter sind $(h^{-1}, h^{-1}), (g^{-1}, g^{-1})$ $\in R$. Wegen

$$(h^{-1}, h^{-1})(h, g)(g^{-1}, g^{-1}) = (g^{-1}, h^{-1}) \in R$$

ist $R$ auch eine Kongruenzrelation für die Gruppe $G$.)

## 3.5 Restklassengruppen

Bei den Gruppen hängt die Restklassenbildung mit gewissen Untergruppen mit einer ganz besonderen Eigenschaft zusammen, die man normale Untergruppen nennt. Genauer gibt es eine Bijektion zwischen allen normalen Untergruppen einer Gruppe $G$ und allen Kongruenzrelationen auf $G$. Die etwas unhandlichen Kongruenzrelationen lassen sich also durch einfachere normale Untergruppen ersetzen. Auch die Faktorgruppen oder Restklassengruppen lassen sich damit einfacher beschreiben.

**Definition 3.5.1** Eine Untergruppe $H$ einer Gruppe $G$ heißt *Normalteiler* (oder *normale Untergruppe*), wenn

$$\forall g \in G, h \in H \exists h' \in H[gh = h'g].$$

**Bemerkung 3.5.2** Äquivalent dazu ist, daß für alle $g \in G$ gilt $gHg^{-1} :=$ $\{ghg^{-1} | h \in H\} \subset H$ oder daß für alle $g \in G$ gilt $gH = Hg$.

Die Bedingung läßt sich besonders einfach für abelsche (kommutative) Gruppen $G$ erfüllen, es ist nämlich $gh = hg$ für alle $h \in H$ und alle $g \in G$. Zu $g$ und $h$ kann man also immer $h \in H$ wählen, um die Bedingung für die Normalität zu erfüllen. Es gilt also:

jede Untergruppe einer abelschen Gruppe ist eine normale Untergruppe.

**Satz 3.5.3** *Sei $G$ eine Gruppe. Die Zuordnungen*

$$\mathcal{P}(G) \ni H \mapsto R \in \mathcal{P}(G \times G)$$

*mit $R := \{(a,b) | ab^{-1} \in H\}$ und*

$$\mathcal{P}(G \times G) \ni R \mapsto H \in \mathcal{P}(G)$$

*mit $H := \{ab^{-1} | (a,b) \in R\}$ definieren eine Bijektion zwischen der Menge der Normalteiler $H$ von $G$ und der Menge der Kongruenzrelationen $R$ auf $G$.*

*Beweis.* 1. Behauptung: Wenn $H$ ein Normalteiler ist, dann ist $R :=$ $\{(a,b)|ab^{-1} \in H\}$ eine Kongruenzrelation.

Beweis: $R$ ist reflexiv, weil $a \cdot a^{-1} = e \in H$ für alle $a \in G$ gilt. Ist $(a,b),(b,c) \in R$, so ist $a \cdot b^{-1}, b \cdot c^{-1} \in H$, also auch $a \cdot c^{-1} = (a \cdot b^{-1}) \cdot (b \cdot c^{-1}) \in H$. Also ist $(a,c) \in R$ und $R$ damit transitiv. Ist $(a,b) \in R$, so ist $a \cdot b^{-1} \in H$, also $b \cdot a^{-1} = (b^{-1})^{-1} \cdot a^{-1} = (a \cdot b^{-1})^{-1} \in H$ und damit $(b,a) \in R$. Daher ist $R$ eine Äquivalenzrelation. Bisher haben wir nur verwendet, daß $H$ eine Untergruppe von $G$ ist. Seien jetzt $(a,b),(c,d) \in R$. Dann ist $a \cdot b^{-1}, c \cdot d^{-1} \in H$ und damit $(a \cdot c) \cdot (b \cdot d)^{-1} = a \cdot c \cdot d^{-1} \cdot b^{-1} = a \cdot h \cdot b^{-1} = h' \cdot a \cdot b^{-1} \in H$, wobei $h = c \cdot d^{-1} \in H$ und $a \cdot h = h' \cdot a$, weil $H$ ein Normalteiler ist. Damit ist auch $(a \cdot c, b \cdot d) \in R$. Nach einer Übung im vorhergehenden Abschnitt ist $R$ damit eine Kongruenzrelation.

2. Behauptung: Wenn $R$ eine Kongruenzrelation ist, dann ist $H :=$ $\{ab^{-1}|(a,b) \in R\}$ ein Normalteiler.

Beweis: $H$ ist eine Untergruppe von $G$. Wegen $(e,e) \in R$ ist $e = e \cdot e^{-1} \in H$.

Ist $x = a \cdot b^{-1} \in H$ mit $(a,b) \in R$, so ist auch $(b,a) \in R$, also $x^{-1} = (a \cdot b^{-1})^{-1} = b \cdot a^{-1} \in H$.

Seien schließlich $x = a \cdot b^{-1}$ und $y = c \cdot d^{-1}$ in $H$ mit $(a,b),(c,d) \in R$. Dann ist auch $(a,b) \cdot (b^{-1},b^{-1}) \cdot (c,d) \cdot (d^{-1},d^{-1}) = (a \cdot b^{-1} \cdot c \cdot d^{-1}, b \cdot b^{-1} \cdot d \cdot d^{-1}) = (a \cdot b^{-1} \cdot c \cdot d^{-1}, e) \in R$, also $x \cdot y = a \cdot b^{-1} \cdot c \cdot d^{-1} \cdot e^{-1} \in H$.

Sei schließlich $x \in H$ und $c \in G$. Sei $x = a \cdot b^{-1}$ mit $(a,b) \in R$, so ist auch $(c,c) \cdot (a,b) \cdot (b^{-1},b^{-1}) \cdot (c^{-1},c^{-1}) = (c \cdot a \cdot b^{-1} \cdot c^{-1}, c \cdot b \cdot b^{-1} \cdot c^{-1}) = (c \cdot a \cdot b^{-1} \cdot c^{-1}, e) \in R$, also $y := c \cdot a \cdot b^{-1} \cdot c^{-1} \in H$. Zu $x = a \cdot b^{-1}$ und $c$ ist damit ein $y \in H$ gefunden mit $y \cdot c = c \cdot a \cdot b^{-1} \cdot c^{-1} \cdot c = c \cdot a \cdot b^{-1} = c \cdot x$. Damit ist $H$ ein Normalteiler.

3. Behauptung: Die Hintereinanderausführung $H \mapsto R \mapsto H'$ ist die Identität.

Beweis: Es seien also

$$R := \{(a,b)|ab^{-1} \in H\} \quad \text{und} \quad H' := \{ab^{-1}|(a,b) \in R\}.$$

Wir zeigen $H = H'$. Sei $x \in H'$. Dann ist $x = ab^{-1}$ für ein $(a,b) \in R$. Für $(a,b)$ gilt aber $ab^{-1} \in H$, also ist $x \in H$ und damit $H' \subset H$. Ist umgekehrt $h \in H$, so ist $(h,e) \in R$ und damit $h = he^{-1} \in H'$, also auch $H \subset H'$.

4. Behauptung: Die Hintereinanderausführung $R \mapsto H \mapsto R'$ ist die Identität.

Beweis: Es seien also

$$H := \{ab^{-1}|(a,b) \in R\} \quad \text{und} \quad R' := \{(a,b)|ab^{-1} \in H\}.$$

Wir zeigen $R = R'$. Sei $(a,b) \in R$. Dann ist $ab^{-1} \in H$ und daher $(a,b) \in R'$, also $R \subset R'$. Sei $(a,b) \in R'$. Dann gilt $ab^{-1} \in H$, also gibt es $(c,d) \in R$ mit $cd^{-1} = ab^{-1}$. Wegen $(b,b),(d^{-1},d^{-1}) \in R$ folgt $(a,b) = (ab^{-1}b,b) = (cd^{-1}b,b) = (c,d)(d^{-1},d^{-1})(b,b) \in R$, also $(a,b) \in R$ und damit auch $R' \subset R$.

**Bemerkung 3.5.4** Man schreibt nun auch $G/H := G/R$. Die Kongruenzklassen $\bar{a}$ lassen sich schreiben als $\bar{a} = \{b \in G | (b,a) \in R\} = \{b | \exists h \in H [b \cdot a^{-1} = h]\} = \{b | \exists h \in H [b = h \cdot a]\} = H \cdot a = a \cdot H$. Die Verknüpfung in $G/H$ ist $\bar{a} \cdot \bar{b} = \overline{a \cdot b}$ oder $(a \cdot H) \cdot (b \cdot H) = (a \cdot b) \cdot H$.

**Definition 3.5.5** Sei $H$ ein Normalteiler von $G$. Die Gruppe

$$G/H = \{a \cdot H | a \in G\}$$

heißt *Restklassengruppe* oder *Faktorgruppe von $G$ modulo $H$*.

**Satz 3.5.6** (Faktorisierungs- oder Homomorphiesatz für Gruppen) *Sei $f : G \to G'$ ein Homomorphismus von Gruppen und $H$ ein Normalteiler in $G$. Wenn $f(H) = \{e_{G'}\}$, dann gibt es genau einen Homomorphismus $\bar{f} : G/H \to G'$, so daß*

$$G \xrightarrow{\ \nu\ } G/H$$
$$\searrow_{f} \quad \downarrow_{\bar{f}}$$
$$G'$$

*kommutiert.*

*Beweis.* Nach 1.4.9 existiert $\bar{f}$ eindeutig als Abbildung, wenn für alle $a, b \in G$ mit $(a, b) \in R$ gilt $f(a) = f(b)$. Aber wenn $(a, b) \in R$ ist, dann ist $a \cdot b^{-1} \in H$, also $f(a \cdot b^{-1}) = e_{G'}$ und damit $f(a) = f(b)$, denn $f(a) \cdot f(b)^{-1} = f(a \cdot b^{-1}) = e_{G'}$. Da die Multiplikation in $G/H$ auf den Repräsentanten durchgeführt wird, gilt (wie im Beweis von 3.4.2) $\bar{f}(\bar{a} \cdot \bar{b}) = \bar{f}(\overline{a \cdot b}) = \bar{f}\nu(a \cdot b) = f(a \cdot b) = f(a) \cdot f(b) = \bar{f}\nu(a) \cdot \bar{f}\nu(b) = \bar{f}(\bar{a}) \cdot \bar{f}(\bar{b})$, also ist $\bar{f}$ ein Homomorphismus.

**Beispiele 3.5.7** 1. Sei $n \in \mathbb{N}$. Dann ist

$$S_n := \{a : \{1, \ldots, n\} \to \{1, \ldots, n\} | a \text{ bijektiv }\}$$

unter der Verknüpfung von Abbildungen eine Gruppe (1.2.22). $S_n$ heißt *symmetrische Gruppe* oder *Permutationsgruppe*. Nach (2.4.6) ist $S_n$ eine Gruppe mit $n!$ Elementen. $S_n$ hat Erzeugende

$$\begin{pmatrix} 1,2,3,\ldots,n \\ 2,1,3,\ldots,n \end{pmatrix} \text{ und } \begin{pmatrix} 1,2,3,\ldots,n \\ 2,3,4,\ldots,1 \end{pmatrix}.$$

Eine andere Erzeugendenmenge ist $\{\sigma_i\} \subset S_n$ für $i = 1, \ldots, n-1$ mit

$$\sigma_i(k) := \begin{cases} i+1, & \text{für } k = i, \\ i, & \text{für } k = i+1, \\ k, & \text{sonst.} \end{cases}$$

Die $\sigma_i$ heißen *Transpositionen*.

Die $\sigma_i$ erfüllen die Relationen $\sigma_i\sigma_j = \sigma_j\sigma_i$ für $i < j-1$ und $1 \leq i, j \leq n-1$, und $\sigma_i\sigma_{i+1}\sigma_i = \sigma_{i+1}\sigma_i\sigma_{i+1}$ für $1 \leq i \leq n-2$, und $\sigma_i^2 = \text{id}$ für $1 \leq i \leq n-1$. Man kann $S_n$ auch darstellen als $F(\{\sigma_1, \ldots, \sigma_{n-1}\})/R$, wobei

$R$ die von den Relationen $(\sigma_i\sigma_j, \sigma_j\sigma_i), (\sigma_i\sigma_{i+1}\sigma_i, \sigma_{i+1}\sigma_i\sigma_{i+1})$ und $(\sigma_i\sigma_i, \varepsilon)$ erzeugte Kongruenzrelation ist.

2. Die Untergruppe $A_n \subset S_n$ mit $A_n = \{s_1 \cdot \ldots \cdot s_{2t} | t \in \mathbb{N}_0 \wedge s_i \in \{\sigma_1, \ldots, \sigma_{n-1}\}\}$ heißt Gruppe der *geraden Permutationen*. Man kann zeigen, daß $A_n \subset S_n$ ein Normalteiler ist und daß $A_n \neq S_n$ gilt ($n \geq 2$). Dann hat $S_n/A_n$ genau 2 Elemente $\overline{\text{id}}$ und $\overline{\sigma_1}$, denn für $s_1 \cdot \ldots \cdot s_t \in S_n$ gilt $s_1 \cdot \ldots \cdot s_t \sim \text{id}$ ($s_1 \cdot \ldots \cdot s_t \cdot \text{id}^{-1} \in A_n$), wenn $t$ gerade ist, und $s_1 \cdot \ldots \cdot s_t \sim \sigma_1$ ($s_1 \cdot \ldots \cdot s_t \cdot \sigma_1 \in A_n$), wenn $t$ ungerade ist. Dabei seien die $s_i$ Transpositionen. Es genügt Elemente der Form $s_1 \cdot \ldots \cdot s_t$ zu betrachten, weil $s_i = s_i^{-1}$ gilt. Die Multiplikationstafel muß daher

| $\cdot$ | $\overline{\text{id}}$ | $\overline{\sigma_1}$ |
|---|---|---|
| $\overline{\text{id}}$ | $\overline{\text{id}}$ | $\overline{\sigma_1}$ |
| $\overline{\sigma_1}$ | $\overline{\sigma_1}$ | $\overline{\text{id}}$ |

sein. Die Abbildung $\overline{f} : S_n/A_n \rightarrow \{1, -1\}$ mit $\overline{f}(\overline{\text{id}}) = 1, \overline{f}(\overline{\sigma_1}) = -1$ ist ein Isomorphismus, wenn man $\{1, -1\}$ als Gruppe mit der gewöhnlichen Multiplikation auffaßt:

| $\cdot$ | 1 | -1 |
|---|---|---|
| 1 | 1 | -1 |
| -1 | -1 | 1 |

Der Homomorphismus $S_n \overset{\nu}{\rightarrow} S_n/A_n \overset{\overline{f}}{\rightarrow} \{1, -1\}$ heißt *Signatur* oder *Vorzeichen*: $\text{sgn} := \overline{f}\nu$. Eine Permutation $\tau \in S_n$ heißt *gerade*, wenn sie sich als Produkt einer geraden Anzahl von Transpositionen schreiben läßt. Sonst heißt sie *ungerade*. $\tau \in S_n$ ist genau dann gerade, wenn $\text{sgn}(\tau) = 1$ gilt.

**Satz 3.5.8** (Cayley) [3] *Sei $G$ eine endliche Gruppe. Dann gibt es eine Untergruppe $U$ einer Permutationsgruppe $S_n$, zu der $G$ isomorph ist.*

*Beweis.* Habe $G$ genau $n$ Elemente und sei

$$G = \{e = a_1, \ldots, a_n\}.$$

Jedem $a \in G$ ordnen wir die Permutation $\sigma_a : \{1, \ldots, n\} \rightarrow \{1, \ldots, n\}$ zu mit $a \cdot a_i = a_{\sigma_a(i)}$. Offenbar gibt es zu jedem Index $i$ genau einen Index $\sigma_a(i)$ mit $a \cdot a_i = a_{\sigma_a(i)}$. Daher ist $\sigma_a$ eine Abbildung. Die Umkehrabbildung von $\sigma_a$ ist $\tau := \sigma_{a^{-1}}$, denn $a_i = a^{-1} \cdot a \cdot a_i = a^{-1} \cdot a_{\sigma_a(i)} = a_{\tau(\sigma_a(i))}$ und $a_i = a \cdot a^{-1} \cdot a_i = a \cdot a_{\sigma_{a^{-1}}(i)} = a_{\sigma_a(\tau(i))}$, also gilt $\tau(\sigma_a(i)) = i = \sigma_a(\tau(i))$. Damit ist $\sigma_a$ bijektiv, also eine Permutation. Wir haben somit eine Abbildung $\sigma : G \ni a \mapsto \sigma_a \in S_n$ definiert. Wegen $a_{\sigma_{a \cdot b}(i)} = (a \cdot b) \cdot a_i = a \cdot b \cdot a_i = a \cdot a_{\sigma_b(i)} = a_{\sigma_a(\sigma_b(i))}$ ist $\sigma_{a \cdot b} = \sigma_a \circ \sigma_b$, also ist $\sigma$ ein Homomorphismus. Schließlich ist $\sigma$ injektiv, denn aus $\sigma_a = \sigma_b$ folgt $a = a \cdot e = a \cdot a_1 = a_{\sigma_a(1)} = a_{\sigma_b(1)} = b \cdot a_1 = b$ Sei $U := \text{Bi}(\sigma)$. Dann ist $U$ eine Untergruppe von $S_n$ und der eingeschränkte Homomorphismus $\sigma' : G \rightarrow \text{Bi}(\sigma) = U$ bijektiv, also ein Isomorphismus.

---

[3] Arthur Cayley (1821-1895)

**Definition 3.5.9** 1. Sei $G$ eine endliche Gruppe. Die Anzahl der Elemente von $G$ heißt *Ordnung* von $G$.

2. Sei $a \in G$ ein Element einer beliebigen Gruppe. Wenn es ein kleinstes $n \in \mathbb{N}$ gibt mit $a^n = a \cdot \ldots \cdot a(n\text{-mal}) = e$, dann heißt $n$ die *Ordnung* von $a$. Gibt es kein solches $n$, so sagen wir, daß die Ordnung von $a$ unendlich ist.

Man beachte, daß dieser Begriff einer Ordnung nichts zu tun hat mit dem Begriff einer geordneten Menge.

**Bemerkung 3.5.10** Wenn es ein $n \in \mathbb{N}$ mit $a^n = e$ gibt, so gibt es auch ein kleinstes solches $n$, da $\mathbb{N}$ wohlgeordnet ist. Wir betrachten jetzt ein Element $a \in G$ in einer endlichen Gruppe. Wenn $a^r = a^s$ ist und $r < s$, so ist $a^{s-r} = e$, denn $a^{s-r} = a^{s-r} a^r (a^s)^{-1} = a^s (a^s)^{-1} = e$.

Wir betrachten die Folge $a, a^2, a^3, a^4, \ldots$. Die Elemente können nicht alle paarweise verschieden sein, denn sie liegen in $G$ und $G$ ist endlich. Sei nun $s$ die kleinste Zahl, so daß ein $r$ mit $1 \leq r < s$ existiert mit $a^r = a^s$. Sei $n := s - r$. Dann ist $a^n = e$, die Elemente $a, a^2, \ldots, a^n$ sind alle paarweise verschieden (denn $n = s - r < s$, weil $r \geq 1$). Damit ist $n$ die Ordnung von $a$. Für $t > n$ gibt es eindeutig bestimmte $q$ und $r$ mit $t = qn + r$ und $0 \leq r < n$. Dann ist $a^t = a^{qn+r} = a^{qn} a^r = (a^n)^q a^r = e^q a^r = a^r$. Also ist $\{a, a^2, \ldots, a^n\} = \{a, a^2, \ldots, a^n, a^{n+1}, \ldots\}$. Weiter ist $a^i \cdot a^{n-i} = a^n = e$ für $1 \leq i < n$, d.h. alle Elemente in $\{a, a^2, \ldots, a^{n-1}\}$ haben ihr inverses Element ebenfalls in dieser Menge. Insgesamt ist damit $U = \{a, a^2, \ldots, a^n\}$ eine Untergruppe der Ordnung $n$, die von $a$ *erzeugte zyklische Untergruppe* von $G$.

Wir haben damit allgemein bewiesen, daß ein Element der Ordnung $n$ eine Untergruppe der Ordnung $n$ erzeugt. Hat das Element $a$ unendliche Ordnung (in einer unendlichen Gruppe $G$), so hat die von $a$ erzeugte Untergruppe $\overline{\{a\}}$ ebenfalls unendlich viele Elemente.

Man beachte, daß es in einer unendlichen Gruppe Elemente endlicher Ordnung geben kann. In $(\mathbb{R} \setminus \{0\}, \cdot)$ hat z.B. $(-1)$ die Ordnung 2.

**Satz 3.5.11** (Lagrange[4]) *In einer endlichen Gruppe $G$ ist die Ordnung jeder Untergruppe $U$ ein Teiler der Ordnung der Gruppe. Insbesondere ist die Ordnung jedes Elements ein Teiler der Ordnung der Gruppe.*

*Beweis.* Wir definieren auf $G$ eine Partition $G/U := \{aU | a \in G\}$, wobei $aU := \{au | u \in U\}$. Wegen $e \in U$ gilt $a \in aU$, also ist $\bigcup_{a \in G} aU = G$. Sei $c \in aU \cap bU$. Dann ist $c = au_1 = bu_2$, also $a = bu_2 u_1^{-1} \in bU$ und $au = bu_2 u_1^{-1} u \in bU$. Damit ist $aU \subset bU$ und analog $bU \subset aU$, d.h. $aU = bU$. Damit ist gezeigt, daß $G/U$ eine Partition ist. Zwischen $aU$ und $U$ gibt es eine bijektive Abbildung $aU \ni x \mapsto a^{-1}x \in U$, denn wenn $x = au$, dann ist

---

[4] Joseph-Louis Lagrange, Comte de l' Empire (Giuseppe Luigi Lagrangia) (1736–1813)

$a^{-1}x = a^{-1}au = u \in U$. Die Umkehrabbildung ist $U \ni u \mapsto au \in aU$. Daher haben alle Klassen $aU$ der Partition gleich viele Elemente, etwa $r$ Elemente. Da $G = \bigcup aU$ eine Vereinigung von $s$ paarweise disjunkten Mengen ist, hat $G$ genau $s \cdot r$ Elemente, also ist $r$, die Ordnung von $U$, ein Teiler der Ordnung von $G$.

**Bemerkung 3.5.12** Wir wissen zunächst nicht, wieviele paarweise verschiedene (und damit auch disjunkte) Mengen der Form $aU$ wir haben. Es können $a$ und $b$ verschieden sein, und es kann trotzdem $aU = bU$ gelten. Da aber $G$ endlich ist, können nur endlich viele (oben $s$) solche Klassen auftreten.

**Bemerkung 3.5.13** Bezeichnen wir $U\backslash G := \{Ua | a \in G\}$, so ist dies ebenfalls eine Partition von $G$. Die Partitionen $U\backslash G$ und $G/U$ sind im allgemeinen verschieden. Es gilt $U\backslash G = G/U$ genau dann, wenn $U$ ein Normalteiler ist. Wir beachten dazu die Definition 3.5.1. Damit ist nur zu zeigen, daß $aU = Ub$ impliziert $aU = Ua$. Aber aus $aU = Ub$ folgt $a \in Ub$ und damit wie oben $Ub = Ua$.

**Übungen 3.5.14**  1. Sei $f : G \to G'$ ein Gruppenhomomorphismus. Zeigen Sie, daß
$$\text{Ke}(f) := \{g \in G \mid f(g) = 1\}$$
der sog. Kern von $f$, eine normale Untergruppe von $G$ ist.
  2. Seien $G_1$ und $G_2$ zwei Gruppen und $f : G_1 \to G_2$ ein surjektiver Gruppenhomomorphismus. Zeigen Sie, daß $G_1/\text{Ke}(f)$ isomorph zu $G_2$ ist.
  3. Sei $n, m \in \mathbb{N}$ natürliche Zahlen. Zeigen Sie, daß es genau dann einen injektiven Gruppenhomomorphismus
$$f : \mathbb{Z}/(n) \to \mathbb{Z}/(m)$$
gibt, wenn $n$ ein Teiler von $m$ ist.
  4. Sei $G$ eine Gruppe und $N$ eine normale Untergruppe von $G$. Zeigen Sie, daß es einen Gruppenhomomorphismus $f : G \to G'$ in eine andere Gruppe $G'$ gibt, so daß $N = \text{Ke}(f)$ ist.
  5. Betrachten Sie die Permutation
$$\sigma : \{1, \ldots, n\} \to \{1, \ldots, n\},$$
die durch
$$\sigma(i) := \begin{cases} i+1 & : i \neq n \\ 1 & : i = n \end{cases}$$
definiert ist. Zeigen Sie, daß das Vorzeichen von $\sigma$ gleich $(-1)^{n-1}$ ist.
  6. Zeigen Sie, daß jede Permutation Produkt von Transpositionen ist. (Hinweis: Verwenden Sie vollständige Induktion. Reduzieren Sie die Untersuchung auf den Fall, daß die Permutation den größten Index fest läßt.)

7. Sei $n$ eine natürliche Zahl, die größer als 2 ist. Definieren Sie für jede natürliche Zahl $j \le n-1$ die Transposition $\sigma_j$, die $j$ und $j+1$ vertauscht, durch:

$$\sigma_j(i) := \begin{cases} j+1 & : i = j \\ j & : i = j+1 \\ i & : i \ne j \text{ und } i \ne j+1 \end{cases}$$

Zeigen Sie:

$$\sigma_j \sigma_{j-1} \sigma_j = \sigma_{j-1} \sigma_j \sigma_{j-1}$$

für alle $j = 2, \ldots, n-1$.

8. Bestimmen Sie alle Untergruppen von $\mathbb{Z}/(17)$.

9. Sei $p$ eine Primzahl und $(\mathbb{Z}/(p))^* := \mathbb{Z}/(p) \setminus \{\bar{0}\}$. Zeigen Sie
   a) $(\mathbb{Z}/(p))^*$ bildet unter der Multiplikation von Restklassen $\bar{a} \cdot \bar{b} = (a + (p)) \cdot (b + (p)) := \overline{ab} = ab + (p)$ eine Gruppe.
   b) Die Gruppen $((\mathbb{Z}/(p))^*, \cdot)$ für $p = 5, 7, 11$ sind zyklisch.

10. Entscheiden Sie, ob die folgende Aussage richtig ist (ja/nein).
    Sei $G$ eine endliche Gruppe. Dann ist die Ordnung eines Elementes, das nicht das Einselement ist, ein Teiler der Gruppenordnung.

11. Entscheiden Sie, ob die folgende Aussage richtig ist (ja/nein).
    Wenn jede echte Untergruppe der Gruppe $G$ zyklisch ist, dann ist auch $G$ zyklisch.

12. Entscheiden Sie, ob die folgende Aussage richtig ist (ja/nein).
    Jede endliche Gruppe, die mindestens zwei Elemente enthält, enthält eine zyklische Untergruppe, die ebenfalls mindestens zwei Elemente enthält.

13. Entscheiden Sie, ob die folgende Aussage richtig ist (ja/nein).
    Sei $f : G \to G'$ ein Gruppenhomomorphismus. Dann ist das Bild von $f$ ein Normalteiler von $G'$.

## 3.6 Ringe und Körper

Bei den Mengen von Zahlen, etwa den ganzen oder den komplexen Zahlen, haben wir Beispiele gefunden, bei denen zwei verschiedene Verknüpfungen, z.B. die Addition und die Multiplikation, auftreten. Die beiden Verknüpfungen erfüllen Eigenschaften, die nur mit beiden Verknüpfungen gemeinsam ausgedrückt werden können, wie das Assoziativgesetz. Wir werden daher jetzt die Axiome dieser Beispiele betrachten und sie verallgemeinern.

**Definition 3.6.1** Ein *Ring* ist ein Tripel $(R, +, \cdot)$ mit folgenden Eigenschaften

1. $(R, +)$ ist eine abelsche Gruppe,
2. $(R, \cdot)$ ist eine Halbgruppe,
3. Es gelten die Distributivgesetze

$$\forall a, b, c, \in R[\, a \cdot (b + c) = a \cdot b + a \cdot c \; \land \\ (a + b) \cdot c = a \cdot c + b \cdot c]$$

(wobei die Multiplikation stärker bindet (also Präzedenz hat), als die Addition: $a \cdot b + c = (a \cdot b) + c$).

Ein Ring $(R, +, \cdot)$ heißt *Ring mit Einselement* oder *unitärer Ring*, wenn $(R, \cdot)$ ein Monoid ist. Ein Ring heißt *kommutativer Ring*, wenn $(R, \cdot)$ kommutativ ist. Ein Ring heißt *nullteilerfrei*, wenn gilt: $\forall a, b \in R[a \cdot b = 0 \Longrightarrow a = 0 \lor b = 0]$. Wir schreiben im folgenden das *Produkt* $a \cdot b$ auch als $ab$. Das neutrale Element von $(R, +)$ wird mit *Null* oder 0 bezeichnet. Das neutrale Element von $(R, \cdot)$ für einen unitären Ring wird mit *Eins* oder 1 bezeichnet. Die Verknüpfungen $+ : R \times R \to R$ bzw. $\cdot : R \times R \to R$ heißen *Addition* bzw. *Multiplikation*. Das Inverse eines Elements $a \in R$ unter der Addition wird mit $-a$ oder $(-a)$ bezeichnet, unter der Multiplikation (falls es existiert) mit $a^{-1}$.

**Lemma 3.6.2** *(Rechengesetze in Ringen) Seien* $a, b \in R$. *Dann gilt*

1. $0a = a0 = 0$,
2. $(-ab) = (-a)b = a(-b)$,
3. $(-a)(-b) = ab$,
4. $(-a) = (-1)a$.
5. *Wenn* $0 = 1$, *dann ist* $R = \{0\}$.

*Beweis.* 1. Es ist $0a = (0 + 0)a = 0a + 0a$. Durch Subtrahieren von $0a$ (Addieren von $(-0a)$) erhält man $0 = 0a$. Analog ergibt sich $0 = a0$.

2. Es ist $ab + (-a)b = (a + (-a))b = 0b = 0$, also ist $(-a)b = (-ab)$ invers zu $ab$. Analog ist $a(-b) = (-ab)$.

3. Es ist $(-a)(-b) = (-a(-b)) = (-(-ab)) = ab$.

4. Es ist $(-1)a = (-1a) = (-a)$.

5. Sei $0 = 1$ und $a \in R$. Dann ist $a = 1a = 0a = 0$.

**Definition 3.6.3** Seien $R$ und $S$ Ringe und $f : R \to S$ eine Abbildung. $f$ heißt *Homomorphismus von Ringen*, wenn

$$\forall a, b \in R[f(a + b) = f(a) + f(b) \land f(a \cdot b) = f(a) \cdot f(b)].$$

Seien $R$ und $S$ unitäre Ringe und $f : R \to S$ eine Abbildung. $f$ heißt *Homomorphismus von unitären Ringen*, wenn $f : R \to S$ ein Homomorphismus von Ringen ist und gilt $f(1) = 1$.

**Beispiele 3.6.4** 1. $(\mathbb{Z}, +, \cdot), (\mathbb{Q}, +, \cdot), (\mathbb{R}, +, \cdot)$ und $(\mathbb{C}, +, \cdot)$ sind unitäre kommutative Ringe. $(\mathbb{N}_0, +, \cdot)$ ist kein Ring, weil $(\mathbb{N}_0, +)$ keine Gruppe ist.

2. Sei $n \in \mathbb{N}_0$ fest gewählt. Dann ist $\mathbb{Z}/(n)$ mit der Addition und Multiplikation der Kongruenzklassen definiert durch Addition und Multiplikation der Repräsentanten wie in 3.4.3(2)

$$\bar{r} + \bar{s} = \overline{r + s}, \qquad \bar{r} \cdot \bar{s} = \overline{rs}$$

ein unitärer kommutativer Ring. Wegen 3.4.2 und 3.4.3(2) sind nur die Distributivgesetze zu prüfen:

$$\bar{r} \cdot (\bar{s} + \bar{t}) = \bar{r} \cdot (\overline{s+t}) = \overline{r(s+t)} = \overline{rs+rt} = \overline{rs} + \overline{rt} = \bar{r} \cdot \bar{s} + \bar{r} \cdot \bar{t}$$

und analog

$$(\bar{r} + \bar{s}) \cdot \bar{t} = \bar{r} \cdot \bar{t} + \bar{s} \cdot \bar{t}.$$

3. Restklassentests: Sei $\alpha : \mathbb{N} \longrightarrow \mathbb{Z}$ eine Abbildung, deren Bild eine endliche Teilmenge $X \subset \mathbb{Z}$ ist und für die gilt $\forall r \in \mathbb{N} [\overline{\alpha(r)} = \bar{r}]$, wobei die Restklassen in $\mathbb{Z}/(n)$ für ein festes $n \in \mathbb{Z}$ betrachtet werden. Dann gilt $\overline{\alpha(r+s)} = \overline{\alpha(r) + \alpha(s)}$ und $\overline{\alpha(r \cdot s)} = \overline{\alpha(r) \cdot \alpha(s)}$, denn $\overline{\alpha(r+s)} = \overline{r+s} = \overline{\alpha(s)} = \overline{\alpha(r) + \alpha(s)}$ und $\overline{\alpha(r \cdot s)} = \overline{r \cdot s} = \bar{r} \cdot \bar{s} = \overline{\alpha(r)} \cdot \overline{\alpha(s)} = \overline{\alpha(r) \cdot \alpha(s)}$. Diese Formeln gestatten eine Überprüfung von Additions- und Multiplikationsaufgaben, indem man $\alpha(r \cdot s)$ und $\alpha(r) \cdot \alpha(s)$ vergleicht. Diese müssen kongruent modulo $n$ sein. Da $X$ eine endliche Menge ist, sind diese Kongruenzen leicht zu überprüfen. Wenn der vermeintliche Wert des Produktes $r \cdot s$ unter $\alpha$ nicht kongruent zu $\alpha(r) \cdot \alpha(s)$ ist (letzteres Produkt ist leichter zu berechnen, evtl. aufgrund einer expliziten Multiplikationstabelle auf $X$), so ist bei der Berechnung von $r \cdot s$ ein Fehler aufgetreten. Analoges gilt für Summen.

4. Die Abbildung $\beta : \mathbb{N} \longrightarrow \mathbb{Z}$ sei die sogenannte Quersumme (der Dezimaldarstellung), d.h. $\beta(a_r \cdot 10^r + a_{r-1}10^{r-1} + \ldots + a_1 \cdot 10 + a_0) := a_0 + a_1 + \ldots + a_{r-1} + a_r$. Dann ist $10^i \equiv 1 (\mod 9)$, weil $10 \equiv 1 (\mod 9)$, und damit $a_i \cdot 10^i \equiv a_i (\mod 9)$ und $a_r \cdot 10^r + \ldots + a_0 \equiv a_r + \ldots + a_0 (\mod 9)$. Also ist $\overline{\beta(r)} = \bar{r}$ für alle $r \in \mathbb{N}$. Sei $\alpha$ die iterierte Quersummenbildung $\alpha(r) = \beta \ldots \ldots \beta(r)$, so oft iteriert, bis eine einstellige Zahl herauskommt. Dann gilt $\overline{\alpha(r)} = \overline{\beta \ldots \beta(r)} = \ldots = \overline{\beta(r)} = \bar{r}$. Außerdem hat $\alpha$ das Bild $\{0, 1, 2, \ldots, 9\} = X$. In $X$ sind 2 Zahlen $a$ und $b$ genau dann kongruent modulo 9, wenn sie gleich sind oder 0 und 9 sind. Die *Neunerprobe* für die Multiplikation natürlicher Zahlen ergibt sich damit: die iterierte Quersumme des Produkts $r \cdot s$ stimmt mit der Quersumme des Produkts der iterierten Quersummen der einzelnen Faktoren überein, es sei denn, daß sich Resultate 0 und 9 ergeben.

5. Die Abbildung $\beta : \mathbb{N} \longrightarrow \mathbb{Z}$ sei die sogenannte alternierende Quersumme, d.h. $\beta(a_r \cdot 10^r + \ldots + a_0) = (-1)^r a_r + (-1)^{r-1} a_{r-1} + \ldots + a_0$ auf $\mathbb{N}$ und $\beta(-r) := -\beta(r)$. Wegen $-10 \equiv 1 (\mod 11)$ ergibt sich wie zuvor $\beta(r) \equiv r (\mod 11)$. Sei $\alpha$ die iterierte alternierende Quersumme (stationär unter weiterer Quersummenbildung). Dann ist $\overline{\alpha(r)} = \bar{r}$ für alle $r \in \mathbb{N}$ und die Bildmenge von $\alpha$ ist $X = \{-9, -8, -7 \ldots, 0, 1, 2, \ldots, 9\}$. Wieder gilt eine entsprechende *Elferprobe* für Summen und Produkte: $\alpha(r \cdot s) \equiv \alpha(\alpha(r) \cdot \alpha(s)) (\mod 11)$.

6. Schneidet man bei der Binärdarstellung einer natürlichen Zahl alle vorderen Stellen, bis auf die letzten 8 Stellen ab: $\alpha(a_r \cdot 2^r + \ldots + a_1 \cdot 2 + a_0) = a_7 \cdot 2^7 + \ldots + a_1 \cdot 2 + a_0$ mit $a_i \in \{0, 1\}$, so gilt wieder $\alpha(2^8) \equiv 0 (\mod 2^8)$,

also $\overline{\alpha(r)} = \bar{r}$ in $\mathbb{Z}/(256)$. Die Bildmenge von $\alpha$ ist $X = \{0, \ldots, 255\}$. Damit ist $X$ sogar ein vollständiges Repräsentantensystem für $\mathbb{Z}/(256)$ und es gilt $\alpha(\alpha(r) \cdot \alpha(s)) = \alpha(r \cdot s)$, d.h. den Repräsentanten von $\bar{r} \cdot \bar{s}$ in $X$ findet man durch Bestimmung des Repräsentanten in $X$ von $\overline{r \cdot s}$. Diese besonders einfache Bildung der Restklassen und Repräsentanten ist die Grundlage für die Rechenoperationen in CPUs z.B. in 8 Bit-Registern. Addition und Multiplikation kann man wie bei natürlichen Zahlen durchführen und dann die höherwertigen Stellen (die Überträge) fortlassen. Dann erhält man die Rechenregeln eines Ringes, z.B. $\mathbb{Z}/(256)$.

**Definition 3.6.5** Ein *Körper* ist ein kommutativer Ring, bei dem die von 0 verschiedenen Elemente bei der Multiplikation eine Gruppe bilden.

**Bemerkung 3.6.6** Sei $R$ ein unitärer Ring. Eine *Kongruenzrelation* $(R, R, S)$ (mit $S \subset R \times R$) auf $R$ ist eine Äquivalenzrelation auf $R$, so daß $S$ ein Unterring von $R \times R$ ist, d.h. sowohl eine Untergruppe von $(R \times R, +)$ als auch ein Untermonoid von $(R \times R, \cdot)$. Dann bilden die Äquivalenzklassen $R/S$ wieder einen unitären Ring und $\nu : R \to R/S$ ist ein Ringhomomorphismus. Weiter gilt der Faktorisierungssatz für unitäre Ringe: eine eindeutige Faktorisierung $\bar{f}$ existiert mit

$$R \xrightarrow{\ \nu\ } R/S$$
$$f \searrow \quad \downarrow \bar{f}$$
$$R'$$

falls für alle $(r, r') \in S$ gilt $f(r) = f(r')$.

Ähnlich wie wir bei Gruppen Kongruenzrelationen durch normale Untergruppen $H \subset G$ beschrieben haben, können wir im Falle von unitären Ringen Kongruenzrelationen durch zweiseitige Ideale $I \subset R$ beschreiben. Dabei heißt eine Teilmenge $I \subset R$ ein zweiseitiges Ideal, wenn $I$ eine Untergruppe von $(R, +)$ ist und für alle $r \in R$ und $i \in I$ gilt $ri, ir \in R$. Aus einem zweiseitigen Ideal $I \subset R$ gewinnt man eine Kongruenzrelation durch $S := \{(r, r') \in R | r - r' \in I\}$ und umgekehrt erhält man aus einer Kongruenzrelation $S$ auf $R$ ein zweiseitiges Ideal durch $I := \{r - r' | (r, r') \in S\}$. Man schreibt dann auch $R/S =: R/I$.

Die Elemente in $R/I$ sind von der Form $r + I = \{r + i | i \in I\}$. Die Addition und Multiplikation auf $R/I$ ist definiert durch $(r + I) + (r' + I) := (r + r') + I$ und $(r + I) \cdot (r' + I) := r \cdot r' + I$. Das gilt wegen $\bar{r} + \overline{r'} = \overline{r + r'}$ und $\bar{r} \cdot \overline{r'} = \overline{r \cdot r'}$.

**Satz 3.6.7** *Für $n \in \mathbb{N}_0$ ist $\mathbb{Z}/(n)$ genau dann ein Körper, wenn $n$ eine Primzahl ist.*

*Beweis.* Sei $p = n$ eine Primzahl. Die Elemente von $\mathbb{Z}/(p)$ sind $\bar{0}, \bar{1}, \ldots, \overline{p-1}$. Sei $0 < k < p$. Dann gibt es $a, b \in \mathbb{Z}$ mit $ak + bp = 1$, weil $k$ und $p$ teilerfremd sind. Damit ist $\bar{a} \cdot \bar{k} = \overline{ak} + \bar{b} \cdot \bar{p} = \overline{ak + bp} = \bar{1}$, denn $\bar{p} = \bar{0}$ in $\mathbb{Z}/(p)$, also ist $\bar{a}$ invers zu $\bar{k}$ und damit $\mathbb{Z}/(p)$ ein Körper.

Sei jetzt $n$ keine Primzahl. Ist $n = 0$, so ist $\bar{2} \neq \bar{0}$. Wäre $\bar{2}$ invertierbar, etwa $\bar{1} = \bar{2} \cdot \bar{a}$, so wäre $1 \equiv 2a \pmod{0}$, also $2a = 1$ in $\mathbb{Z}$. Das ist aber nicht möglich. Ist $n = 1$, so hat $\mathbb{Z}/(1)$ genau ein Element. Aber $\mathbb{Z}/(1) \setminus \{\overline{0}\} = \emptyset$ kann keine Gruppe sein. Ist schließlich $n > 1$, so muß $n$ ein Produkt sein: $n = ab$, mit $1 < a < n$, sonst wäre es eine Primzahl. Dann ist $\overline{0} = \overline{n} = \overline{a} \cdot \overline{b}$, aber $\overline{a} \neq \overline{0}$ und $\overline{b} \neq 0$. Wäre $\overline{c} \cdot \overline{a} = \overline{1}$, so wäre $\overline{0} = \overline{c} \cdot \overline{0} = \overline{c} \cdot \overline{a} \cdot \overline{b} = \overline{1} \cdot \overline{b} = \overline{b}$ im Widerspruch zu $\overline{b} \neq 0$.

**Beispiele 3.6.8** $\mathbb{Q}, \mathbb{R}, \mathbb{C}$ sind Körper, jedoch nicht $\mathbb{N}$ und $\mathbb{Z}$.

**Bemerkung 3.6.9** Sei $R$ ein unitärer Ring und $X$ eine Menge. Dann ist $\mathrm{Abb}(X, R) = \{\alpha : X \to R | \alpha \text{ Abbildung}\}$ ein Ring mit den Operationen

$$(\alpha + \beta)(x) := \alpha(x) + \beta(x), \qquad (\alpha \cdot \beta)(x) := \alpha(x) \cdot \beta(x).$$

Es übertragen sich die algebraischen Eigenschaften von $R$ auf $R^X = \mathrm{Abb}(X, R)$. So ist z.B. die Eins in $R^X$ gegeben durch $\alpha(x) = 1$ für alle $x \in X$. Ist $R$ ein Körper, so ist $R^X$ kein Körper, denn $\alpha \neq 0$ bedeutet nicht, daß $\alpha(x) \neq 0$ für alle $x \in X$ (dann könnte man $\alpha^{-1}(x) = \alpha(x)^{-1}$ definieren), sondern nur, daß es mindestens ein $x \in X$ gibt mit $\alpha(x) \neq 0$. Wenn dann aber für ein weiteres $y \in X$ gilt $\alpha(y) = 0$, dann läßt sich $\alpha^{-1}$ an der Stelle $y$ nicht sinnvoll definieren.

**Definition 3.6.10** Sei $\mathbb{K}$ der Körper $\mathbb{Q}, \mathbb{R}$ oder $\mathbb{C}$. Die Menge $\mathbb{K}[x] := \{\alpha : \mathbb{K} \to \mathbb{K} | \exists a_0, \ldots, a_n \in \mathbb{K} \forall b \in \mathbb{K}[\alpha(b) = a_n b^n + \ldots + a_1 b + a_0]\}$ ist ein Unterring von $\mathbb{K}^{\mathbb{K}}$ und heißt *Ring der Polynom(-funktionen)* auf $\mathbb{K}$. Wir schreiben $\sum_{i=0}^n a_i x^i = a_n x^n + \ldots + a_1 x + a_0 := \alpha$, wenn $\alpha(b) = a_n b^n + \ldots + a_1 b + a = 0$ für alle $b \in \mathbb{K}$. Die Addition ist gegeben durch $\sum_{i=0}^n a_i x^i + \sum_{i=0}^n b_i x^i = \sum_{i=0}^n (a_i + b_i) x^i$, die Multiplikation durch $\sum_{i=0}^m a_i x^i \cdot \sum_{j=0}^n b_j x^j = \sum_{k=0}^{m+n} \sum_{i=0}^k a_i b_{k-i} x^k$, wie man leicht nachrechnet.

**Bemerkung 3.6.11** Außer den genannten Körpern $\mathbb{Q}, \mathbb{R}, \mathbb{C}$ und $\mathbb{Z}/(p)$ ($p$ Primzahl) gibt es noch viele weitere. Insbesondere gibt es einen endlichen Körper mit $n$ Elementen genau dann, wenn $n$ von der Form $p^r$ mit einer Primzahl $p$ ist. Die endlichen Körper mit $p^r$ Elementen heißen auch *Galois*[5]-*Felder* $GF(p^r)$. Sie werden insbesondere in der Codierungstheorie verwendet.

**Übungen 3.6.12** 1. Entscheiden Sie, ob die folgende Aussage richtig ist (ja/nein).
Sei $R$ ein unitärer Ring und $e \in R$ ein von Null verschiedenes Element mit $e \cdot e = e$. Dann ist $e = 1$.

2. a) Sei $R$ ein Ring (mit Einselement 1). Zeigen Sie, daß die (bzgl. der Multiplikation) invertierbaren Elemente $R^*$ von $R$ unter der Multiplikation eine Gruppe bilden.

   b) Sei $R = \mathbb{Z}/(n)$. Wieviele Elemente hat die Gruppe $(\mathbb{Z}/(n))^*$ ?

3. Seien $R$ und $R'$ unitäre Ringe, die mehr als ein Element enthalten. Sei $f : R \to R'$ ein Homomorphismus von unitären Ringen. Zeigen Sie, daß der Kern von $f$

---

[5] Evariste Galois (1811-1832)

$$\mathrm{Ke}(f) := \{r \in R \mid f(r) = 0\}$$

ein zweiseitiges Ideal von $R$ ist, das das Einselement nicht enthält.

4. Seien $R$ und $S$ zwei Ringe. Zeigen Sie, daß das kartesische Produkt $R \times S$ ein Ring ist, wenn man die Addition durch

$$(r, s) + (r', s') := (r + r', s + s')$$

und die Multiplikation durch

$$(r, s) \cdot (r', s') := (r \cdot r', s \cdot s')$$

definiert. (Hinweis: Geben Sie alle weiteren Strukturelemente, etwa das neutrale Element der Addition, der Multiplikation etc., explizit an. Überprüfen Sie, daß diese Elemente die verlangten Eigenschaften auch besitzen.)

5. Zeigen Sie oder widerlegen Sie: Sind in der vorhergehenden Aufgabe $R$ und $S$ Körper, so ist auch $R \times S$ ein Körper. (Hinweis: Das Widerlegen einer allgemeingültigen Aussage erfordert immer die Angabe eines expliziten Gegenbeispiels, während es zum Beweis einer allgemeingültigen Aussage nicht genügt, sie an einem Beispiel zu überprüfen.)

6. Sei $n$ eine natürliche Zahl. Zeigen Sie, daß die Ringe $\mathbb{Z}/(n) \times \mathbb{Z}/(n)$ und $\mathbb{Z}/(n^2)$ nicht isomorph sind.

7. Seien $n$ und $m$ teilerfremde natürliche Zahlen. Zeigen Sie, daß die Ringe $\mathbb{Z}/(nm)$ und $\mathbb{Z}/(n) \times \mathbb{Z}/(m)$ isomorph sind. (Hinweis: Nach Folgerung 2.3.11 gibt es ganze Zahlen $a, b \in \mathbb{Z}$ mit $an + bm = 1$. (Warum?))

8. Sei $R$ ein endlicher, nullteilerfreier Ring. Zeigen Sie, daß $R$ ein Körper ist.

9. Entscheiden Sie, welche der folgenden Aussagen richtig ist (ja/nein).

   a) Jeder Körper ist ein nullteilerfreier Ring.

   b) Sei $\mathbb{Z}/(p)$ ein nullteilerfreier Ring. Dann ist $p$ eine Primzahl.

## 3.7 Boolesche Ringe und Algebren

Auch in der Potenzmenge einer Menge haben wir zwei Verknüpfungen betrachtet, den Durchschnitt $\cap$ und die Vereinigung $\cup$. Sie erfüllen etwas andere Gesetze, als wir sie für Ringe und Körper kennengelernt haben. Diese Gesetze sind jedoch besonders wichtig, weil man sie nicht nur in Potenzmengen findet, sondern auch bei Ausdrücken mit logischen Verknüpfungszeichen.

**Definition 3.7.1** Sei $(A, \cup, \cap, ')$ ein Quadrupel mit einer Menge $A$, binären Operationen $\cup : A \times A \to A$ und $\cap : A \times A \to A$ und einer 1-stelligen Operation $' : A \to A$. Das Quadrupel $(A, \cup, \cap, ')$ heißt eine *Boolesche*[6] *Algebra*, wenn für alle $a, b, c \in A$ gelten:

---

[6] George Boole (1815– 1864)

1. $(a \cup b) \cup c = a \cup (b \cup c), \qquad (a \cap b) \cap c = a \cap (b \cap c),$
2. $a \cap (b \cup c) = (a \cap b) \cup (a \cap c),$
   $a \cup (b \cap c) = (a \cup b) \cap (a \cup c),$
3. $a \cup b = b \cup a, \qquad a \cap b = b \cap a,$
4. es gibt ein Element $0 \in A$, so daß für alle $a \in A$ gilt $0 \cup a = a$,
5. es gibt ein Element $1 \in A$, so daß für alle $a \in A$ gilt $1 \cap a = a$,
6. $a \cup a' = 1, \qquad a \cap a' = 0.$

**Beispiele 3.7.2**  1. $\mathcal{P}(A)$, die Potenzmenge einer Menge $A$, zusammen mit der gewöhnlichen Vereinigung $\cup$, dem gewöhnlichen Durchschnitt $\cap$ und der Komplementbildung $B' := A \setminus B$ ist eine Boolesche Algebra.
2. $\{0, 1\} = B$ mit $a \cup b = \max(a, b)$ und $a \cap b = \min(a, b)$ ist eine Boolesche Algebra.
3. $\mathcal{P}(A)$ mit $B \cup C :=$ Durchschnitt (!) von $B$ und $C$, $B \cap C :=$ Vereinigung von $B$ und $C$ und $B' = A \setminus B$ ist eine Boolesche Algebra.

**Satz 3.7.3** *Für eine Boolesche Algebra* $(A, \cup, \cap, ')$ *und Elemente* $a, b \in A$ *gelten*

1. *das Nullelement* $0$ *und das Einselement* $1$ *sind eindeutig bestimmt,*
2. $a \cap b = 0 \wedge a \cup b = 1 \Longrightarrow a' = b,$
3. $a'' = a,$
4. $0' = 1, \ 1' = 0,$
5. $a \cup a = a = a \cap a,$
6. $a \cup 1 = 1, a \cap 0 = 0,$
7. $a \cup (a \cap b) = a, \qquad a \cap (a \cup b) = a,$
8. $(a \cup b)' = a' \cap b', (a \cap b)' = a' \cup b'.$

*Beweis.* 1. $(A, \cup, 0)$ und $(A, \cap, 1)$ sind Monoide.

2. $a' = a' \cup 0 = a' \cup (a \cap b) = (a' \cup a) \cap (a' \cup b) = 1 \cap (a' \cup b) = a' \cup b$. Vertauscht man die Rollen von $a'$ und $b$, so erhält man $b = a' \cup b$, also $a' = b$.

3. $a' \cup a = 1$ und $a' \cap a = 0$ impliziert nach 2. $a'' = a$.

4. Wegen $1 \cap 0 = 0$ und $1 \cup 0 = 1$ und 2. folgt $0' = 1$. Aus 3. folgt $0 = 0'' = 1'$.

5. $a \cup a = (a \cup a) \cap 1 = (a \cup a) \cap (a \cup a') = a \cup (a \cap a') = a \cup 0 = a$. Weiter ist $a \cap a = (a \cap a) \cup 0 = (a \cap a) \cup (a \cap a') = a \cap (a \cup a') = a \cap 1 = a$.

6. $a \cup 1 = a \cup a \cup a' = a \cup a' = 1$ und $a \cap 0 = a \cap a \cap a' = a \cap a' = 0$.

7. $a \cup (a \cap b) = (a \cup a) \cap (a \cup b) = a \cap (a \cup b)$. Wir weisen jetzt $a \cup (a \cap b) = a''$ nach. Es ist $a \cup (a \cap b) \cup a' = 1 \cup (a \cap b) = 1$ und $(a \cup (a \cap b)) \cap a' = (a \cap (a \cup b)) \cap a' = 0 \cap (a \cup b) = 0$, also ist nach 2. und 3. $a \cup (a \cap b) = a'' = a$.

8. Es ist $(a' \cap b') \cup a \cup b = (a' \cup a \cup b) \cap (b' \cup a \cup b) = (1 \cup b) \cap (1 \cup a) = 1 \cup 1 = 1$ und $a' \cap b' \cap (a \cup b) = (a' \cap b' \cap a) \cup (a' \cap b' \cap b) = (0 \cap b') \cup (0 \cap a') = 0 \cup 0 = 0$. Damit und mit 2. folgt $(a \cup b)' = a' \cap b'$. Weiter folgt $(a \cap b)' = (a'' \cap b'')' = (a' \cup b')'' = a' \cup b'$.

**Definition 3.7.4** Ein Ring $R$ heißt ein *Boolescher Ring*, wenn gilt $\forall r \in R[r^2 = r]$.

**Satz 3.7.5** *Sei $R$ ein Boolescher Ring. Dann ist $R$ kommutativ, und es gilt $\forall r \in R[r + r = 0]$.*

*Beweis.* Für $r, s \in R$ ist $r + s = (r+s)^2 = r^2 + rs + sr + s^2 = r + rs + sr + s \implies rs + sr = 0$. Für $s = r$ folgt $r + r = r^2 + r^2 = 0$. Damit ist $r = -r$ und auch $rs = -rs$. Aus $rs + sr = 0$ folgt nun $rs = sr$.

**Satz 3.7.6**  1. *Sei $(A, \cup, \cap, ')$ eine Boolesche Algebra. Dann ist $(A, +, \cdot)$ ein Boolescher Ring mit*

$$r + s := (r \cap s') \cup (r' \cap s) \quad (= r \triangle s),$$
$$r \cdot s := r \cap s.$$

2. *Sei $(A, +, \cdot)$ ein Boolescher Ring. Dann ist $(A, \cup, \cap, ')$ eine Boolesche Algebra mit*

$$r \cup s := r + s + r \cdot s,$$
$$r \cap s := r \cdot s,$$
$$r' := 1 + r.$$

*Beweis.* 1. a) $(a+b)+c = (((a \cap b') \cup (a' \cap b)) \cap c') \cup (((a \cap b') \cup (a' \cap b))' \cap c) = (a \cap b' \cap c') \cup (a' \cap b \cap c') \cup ((a' \cup b) \cap (a \cup b') \cap c) =$ (durch Auflösen des rechten Ausdrucks) $(a \cap b' \cap c') \cup (a' \cap b \cap c') \cup (a' \cap b' \cap c) \cup (a \cap b \cap c)$ und ebenso wegen der Symmetrie des Ausdrucks $a + (b + c) = (a \cap b' \cap c') \cup (a' \cap b \cap c') \cup (a' \cap b' \cap c) \cup (a \cap b \cap c)$.

b) $a + b = b + a$, weil Vereinigung und Durchschnitt kommutativ sind.

c) $a + 0 = (a \cap 0') \cup (a' \cap 0) = (a \cap 1) \cup 0 = a$, also existiert ein neutrales Element.

d) $a + a = (a \cap a') \cup (a' \cap a) = 0$, also existieren inverse Elemente.

e) $(A, \cdot)$ ist ein Monoid.

f) $(a + b) \cdot c = ((a' \cap b) \cup (a \cap b')) \cap c = (a' \cap b \cap c) \cup (a \cap b' \cap c) = (a \cap c \cap (b' \cup c')) \cup ((a' \cup c') \cap b \cap c) = (a \cap c \cap (b \cap c)') \cup ((a \cap)' \cap b \cap c) = a \cdot c + b \cdot c$. Damit ist $A$ ein Ring. Wegen $a \cap a = a = a \cdot a$ ist $A$ ein Boolescher Ring.

2. a) $a \cup b = a + b + a \cdot b = b + a + b \cdot a = b \cup a$.

b) $(a \cup b) \cup c = (a+b+ab) + c + (a+b+ab)c = a+b+c+ab+ac+bc+abc = a + (b+c+bc) + a(b+c+bc) = a \cup (b \cup c)$.

c) $0 \cup a = 0 + a + 0a = a$.

d) $a \cup a' = a + a' + aa' = a+1+a+a+a = 1$ und $a \cap a' = a(1+a) = a+a = 0$.

e) $(A, \cap, 1)$ ist trivialerweise ein kommutatives Monoid.

f) $a \cap (b \cup c) = a(b+c+bc) = ab+ac+abc = ab+ac+abac = (a \cap b) \cup (a \cap c)$ und $a \cup (b \cap c) = a + bc + abc = a + ab + ab + ac + bc + abc + ac + abc + abc = (a+b+ab)(a+c+ac) = (a \cup b) \cap (a \cup c)$.

**Bemerkung 3.7.7** Tatsächlich erhält man wechselseitig aus den Strukturen der Booleschen Algebra und des Booleschen Ringes und beim zweimaligen Übergang die alten Strukturen zurück. Es ist nämlich $a + b + ab = (((a \cap b') \cup (a' \cap b)) \cap (a \cap b)) \cup (((a \cap b') \cup (a' \cap b))' \cap a \cap b) = ((1 \cap (a \cup b) \cap (a' \cup b') \cap 1) \cap (a' \cup b')) \cup$

$((1 \cap (a \cup b) \cap (a' \cup b') \cap 1)' \cap a \cap b) = ((a \cup b) \cap (a' \cup b')) \cup (((a' \cap b') \cup (a \cap b)) \cap a \cap b) = $
$(a' \cap b) \cup (a \cap b') \cup (a' \cap b' \cap a \cap b) \cup (a \cap b \cap a \cap b) = (a' \cap b) \cup (a \cap b') \cup (a \cap b) = $
$(a' \cap b) \cup (a \cap (b' \cup b)) = (a' \cap b) \cup a = (a' \cup a) \cap (a \cup b) = 1 \cap (a \cup b) = a \cup b.$
Weiter ist $(a \cap b') \cup (a' \cap b) = a(1 + b) + (1 + a)b + a(1 + b)(1 + a)b = $
$a + ab + b + ab + ab + ab + ab + ab = a + b.$ Schließlich ist $1 + a = (1' \cap a) \cup (1 \cap a') = $
$(0 \cap a) \cup a' = 0 \cup a' = a'.$

**Bemerkung 3.7.8** Boolesche Algebren und Boolesche Ringe sind algebraische Strukturen. Es lassen sich Kongruenzrelationen und Restklassenstrukturen bilden. Der Faktorisierungssatz gilt. Jede Boolesche Algebra läßt sich als Restklassenalgebra einer freien Booleschen Algebra darstellen, insbesondere durch Erzeugende und Relationen. Wenn $A$ eine Boolesche Algebra ist, dann ist auch $\mathrm{Abb}(X, A) = A^X$ eine Boolesche Algebra mit komponentenweisen Operationen.

Man weiß viel über die Struktur von Booleschen Algebren. Besonders im endlichen Fall kann man diese Struktur vollständig beschreiben. Wir geben hier den entsprechenden Satz zur Information an, ohne allerdings den Beweis durchzuführen.

**Satz 3.7.9** *Jede endliche Boolesche Algebra ist isomorph zur Booleschen Algebra auf der Potenzmenge $\mathcal{P}(M)$ einer endlichen Menge $M$. Sie ist außerdem isomorph zu einer Booleschen Algebra der Form $B^n$, wobei $B = \{0, 1\}$ die Struktur einer Booleschen Algebra wie in Beispiel 3.7.2 (2) trägt.*

**Definition 3.7.10** Sei $A$ eine Boolesche Algebra. Eine Abbildung $f \in \mathrm{Abb}(A^n, A)$ aus der Booleschen Algebra $\mathrm{Abb}(A^n, A)$, mit der oben beschriebenen Struktur auf $A^{A^n} = \mathrm{Abb}(A^n, A)$, heißt *Boolesche Funktion* mit Werten in $A$. Wir schreiben $f = f(x_1, \ldots, x_n)$.
Die Booleschen Funktionen $x_i : A \times \ldots \times A \ni (a_1, \ldots, a_n) \mapsto a_i \in A$ heißen *Projektionen* (oder *Variable*), die Booleschen Funktionen $A \times \ldots \times A \ni (a_1, \ldots, a_n) \mapsto b \in A$ für festes $b \in A$ *konstante Abbildungen*. Da sie in der Booleschen Algebra $\mathrm{Abb}(A^n, A)$ liegen, kann man die kleinste von den Konstanten $b \in A$ und den Variablen $x_1, \ldots, x_n$ (mit $\cup, \cap, \,'$) erzeugte Boolesche Unteralgebra $A[x_1, \ldots, x_n] \subset \mathrm{Abb}(A^n, A)$ bilden. $A[x_1, \ldots, x_n]$ heißt Boolesche Algebra der *Polynomfunktionen*.

**Bemerkung 3.7.11** Die freie Boolesche Algebra über den Erzeugenden $X_1, \ldots, X_n$ mit Konstanten $A$ ist $A[X_1, \ldots, X_n]$, die Algebra der formalen Ausdrücke, die mit Elementen $a \in A$, $X_1, \ldots, X_n, \cup, \cap$ und $'$ gebildet werden können modulo den Relationen für Boolesche Algebren, heißt Boolesche Algebra der *Polynome* über $A$. Die Abbildung $X_i \mapsto x_i$ induziert einen Homomorphismus von Booleschen Algebren

$$A[X_1, \ldots, X_n] \to A[x_1, \ldots, x_n].$$

Man unterscheidet daher Polynome und Polynomfunktionen.

**Satz 3.7.12**   *1. Zu jeder Booleschen Polynomfunktion*

$$f : A^n \to A$$

*gibt es genau eine* disjunktive Normalform

$$f(x_1, \ldots, x_n) = \bigcup_{(i_1, \ldots, i_n)} a_{i_1, \ldots, i_n} \cap x_1^{i_1} \cap \ldots \cap x_n^{i_n}$$

*mit* $i_j \in \{1, -1\}$, *wobei* $x_i^1 = x_i$ *und* $x_i^{-1} = x_i'$ *sei.*

*2. Zu jeder Booleschen Polynomfunktion* $f : A^n \to A$ *gibt es genau eine* konjunktive Normalform

$$f(x_1, \ldots, x_n) = \bigcap_{(i_1, \ldots, i_n)} a_{i_1, \ldots, i_n} \cup x_1^{i_1} \cup \ldots \cup x_n^{i_n}$$

*mit* $i_j \in \{1, -1\}$.

*Beweis.* Wir beweisen lediglich Teil 1. des Satzes. Zunächst weisen wir die Existenz einer disjunktiven Normalform nach. Wenn eine Polynomfunktion $f$ gegeben ist, so wenden wir eventuell mehrfach die Gleichungen von Satz 3.7.3 2. an, um die Bildung des Komplements auf die einzelnen Konstanten oder Variablen zu ziehen. Dann verwenden wir das Distributivgesetz 3.7.1 2. i), um den Durchschnitt $\cap$ nach innen auf die einzelnen Konstanten und Variablen zu ziehen. Wegen der Kommutativität und 3.7.3 3. erhalten wir einen Ausdruck wie in der disjunktiven Normalform, jedoch ist es möglich, daß nicht alle Terme $a_{i_1, \ldots, i_n} \cap x_1^{i_1} \cap \ldots \cap x_n^{i_n}$ mit allen Variablen $x_1, \ldots, x_n$ auftreten. In diesem Falle bekommt man die fehlenden Variablen $x_i$, indem man den entsprechenden Ausdruck mit $1 = x_i \cup x_i'$ schneidet und den obigen Prozeß wiederholt. Zuletzt fasse man Ausdrücke mit gleichen Komponenten $x_1^{i_1} \cap \ldots \cap x_n^{i_n}$ zusammen, indem man die zugehörigen Konstanten $a_{i_1, \ldots, i_n}$ und $b_{i_1, \ldots, i_n}$ in $A$ vereinigt. Das ergibt die gewünschte Normalform.

Um die Eindeutigkeit der disjunktiven Normalform zu zeigen, wählen wir ein $n$-Tupel $(k_1, \ldots, k_n)$ und setzen wir in

$$f(x_1, \ldots, x_n) = \bigcup a_{i_1, \ldots, i_n} \cap x_1^{i_1} \cap \ldots \cap x_n^{i_n}$$

Argumente $I_1, \ldots, I_n$ ein mit

$$I_j = \begin{cases} 1, & \text{falls } k_j = 1, \\ 0, & \text{falls } k_j = -1. \end{cases}$$

Dann verschwinden alle Terme der disjunktiven Normalform, bis auf den Term zum Index $(k_1, \ldots, k_n)$. Wir erhalten damit $f(I_1, \ldots, I_n) = a_{k_1, \ldots, k_n}$. Man kann also aus $f$ allein die „Koeffizienten" der disjunktiven Normalform erhalten. Diese ist damit eindeutig.

Hinweis zur Gewinnung der Koeffizienten $a_{i_1,\dots,i_n}$ in den Normalformen aus der gegebenen Polynomfunktion. Es ist durch Einsetzen ersichtlich, daß für

$$I_j = \begin{cases} 1, & \text{falls } i_j = 1, \\ 0, & \text{falls } i_j = -1 \end{cases}$$

in der disjunktiven Normalform gilt $a_{i_1,\dots,i_n} = f(I_1,\dots,I_n)$. In der konjunktiven Normalform setze man

$$I_j = \begin{cases} 0, & \text{falls } i_j = 1, \\ 1, & \text{falls } i_j = -1 \end{cases}$$

ein und erhält $a_{i_1,\dots,i_n} = f(I_1,\dots,I_n)$.

**Beispiel 3.7.13** Die disjunktive Normalform von $(x_1 \cup x_2) \cap (x_1 \cap x_2')$ ist $1 \cap x_1 \cap x_2'$, weil $f(0,0) = f(0,1) = f(1,1) = 0$ und $f(1,0) = 1$ ist. Tatsächlich ist

$$(x_1 \cup x_2) \cap (x_1 \cap x_2') = (x_1 \cap x_1 \cap x_2') \cup (x_2 \cap x_1 \cap x_2') =$$
$$(x_1 \cap x_2') \cup 0 = x_1 \cap x_2' = 1 \cap x_1 \cap x_2'.$$

Boolesche Polynome stellen eine besonders einfache Klasse von Booleschen Funktionen dar. In einem Spezialfall fallen diese beiden Begriffe jedoch sogar zusammen. Wir formulieren hier nur den entsprechenden Satz ohne Beweis.

**Satz 3.7.14** *Ist $B = \{0,1\}$, so ist jede Boolesche Funktion in* $\mathrm{Abb}(B^n, B)$ *ein Boolesches Polynom.*

**Bemerkung 3.7.15** (über Gatter) Eine (technische Realisierung einer) Booleschen Funktion $f : B^n \to B$ mit $B = \{0,1\}$ heißt ein Gatter.

$$
\begin{aligned}
&f(x_1,\dots,x_n) = x_1 \cap x_2 \cap \dots \cap x_n && \text{heißt UND-Gatter,} \\
&f(x_1,\dots,x_n) = x_1 \cup x_2 \cup \dots \cup x_n && \text{heißt ODER-Gatter,} \\
&f : B \to B \text{ mit } f(x) = x' && \text{heißt NICHT-Gatter} \\
& && \text{oder Inverter,} \\
&f(x_1,\dots,x_n) = (x_1 \cap x_2 \cap \dots \cap x_n)' && \text{heißt NAND-Gatter,} \\
&f(x_1,\dots,x_n) = (x_1 \cup x_2 \cup \dots \cup x_n)' && \text{heißt NOR-Gatter,} \\
&f(x_1,x_2) = (x_1 \cup x_2)' = x_1 \downarrow x_2 && \text{heißt Pierce-Gatter,} \\
&f(x_1,x_2) = (x_1 \cap x_2)' = x_1 | x_2 && \text{heißt Sheffer-Gatter.}
\end{aligned}
$$

Die zugehörigen Gattersymbole sind:

US Norm:

AND      OR      NOT      SHEFFER

Deutsche Norm:

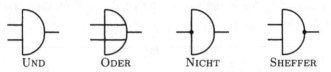

UND        ODER        NICHT        SHEFFER

Eine Parallelschaltung von Eingängen von Gattern wird als doppelte Anwendung derselben Variablen angesehen, z.B. sind mit $(f(x_1, x_2), g(x_1, x_3))$ zwei Eingänge $x_1$ der beiden Gatter $f$ und $g$ parallel geschaltet.

Eine Serienschaltung von Gattern wird als Einsetzen einer Funktion in eine andere Funktion angesehen. So ist z.B.

$$(x_1 \cup x_2) \cap (x_1 \cap x_2') = x_1 \cap x_2'$$

realisierbar durch die folgende Zusammenschaltung von Gattern

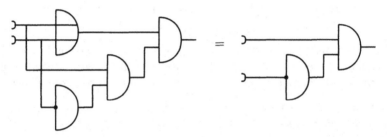

Da jede Boolesche Funktion in Abb$(B^n, B)$ eine Polynomfunktion ist, läßt sie sich durch Gatter darstellen. Die Sheffer-Operation stellt alle Booleschen Funktionen dar, denn sei $a|b = (a \cap b)'$. Dann gelten

$$x_1' = (x_1 \cap x_1)' = x_1|x_1,$$
$$x_1 \cap x_2 = ((x_1 \cap x_2)' \cap (x_1 \cap x_2)')' = (x_1|x_2)|(x_1|x_2),$$
$$x_1 \cup x_2 = ((x_1 \cap x_1)' \cap (x_2 \cap x_2)')' = (x_1|x_1)|(x_2|x_2).$$

Ebenso lassen sich alle Gatter in eindeutiger Weise mit Hilfe der disjunktiven bzw. konjunktiven Normalform darstellen.

**Übungen 3.7.16** 1. Finden Sie einfachere Ausdrücke für
   a) $[(x \cup y') \cup y \cup (x' \cup y)] \cup y'$,
   b) $[(x \cap y') \cap y \cap (x' \cap y)] \cup y'$,
   c) $[(x \cap y') \cup y \cup (x' \cap y)] \cap y'$,
   d) $(x \cap y) \cup (x \cap z)$.
2. Zeichnen Sie eine Gatterschaltung für
   a) $[(x \cup y') \cup y \cup (x' \cup y)] \cup y'$,
   b) $\{[(x \cap y') \cap y] \cup (x' \cap y)]\} \cap y'$.
   Verwenden Sie dazu ausschließlich
   a) UND-, ODER- und NICHT-Gatter,

b) Sheffer-Gatter.

3. In einem Flur wird das Licht durch jeden von drei verschiedenen Schaltern ein- oder ausgeschaltet. Zeichnen Sie eine Schaltung hierfür.

4. Drei Personen stimmen geheim über einen Antrag ab, indem Sie einen Tastschalter bedienen (einen Stromkreis schließen oder nicht). Zeichnen Sie eine Schaltung dafür, das eine Abstimmlampe genau dann aufleuchtet, wenn die Mehrheit dafür stimmt.

# 4. Kombinatorik und Graphen

Graphen sind ein besonders wichtiges Hilfsmittel der Informatik. Sie gehören zwar nicht direkt in das Gebiet der algebraischen Grundstrukturen und der linearen Algebra. Sie werden jedoch häufig in Beweisen verwendet, geben Anlaß zur Konstruktion von speziellen Matrizen und sind eng verwandt mit geometrischen und kombinatorischen Problemen und besonderen Abzählungen. Wir wollen daher in diesem Kapitel einige elementare Eigenschaften von Graphen erläutern.

## 4.1 Schlichte Graphen

**Definition 4.1.1** Die Menge $A \circ A = \{\{a,b\}|a,b \in A\} \subset \mathcal{P}(A)$ heißt *Menge der ungeordneten Paare* in $A$.

**Definition 4.1.2** Ein *Graph* ist ein Tripel $(V, E, \pi)$ bestehend aus der Menge $V$ der *Knoten* (engl. vertex, vertices), der Menge $E$ der *Kanten* (engl. edge) und der *Endpunktbildung* $\pi : E \to V \circ V$. Für eine Kante $k \in E$ heißen die Knoten $a$ und $b$ mit $\pi(k) = \{a,b\}$ *Endpunkte* von $k$. Eine Kante $k$ und ein Knoten $a$ heißen *inzident*, wenn $a$ ein Endpunkt von $k$ ist. Eine Kante $k$ heißt eine *Schlinge*, wenn $\pi(k) = \{a\}$ eine einelementige Menge ist. Ein Graph heißt *schlicht*, wenn $\pi$ injektiv ist und der Graph ohne Schlingen ist. Ein Graph heißt *endlich*, wenn er nur endlich viele Kanten und Knoten besitzt.

**Bemerkung 4.1.3** Ein endlicher schlichter Graph wird häufig durch seine *Adjazenzmatrix* dargestellt; z.B.

$$
\begin{array}{c|cccc}
 & v_1 & v_2 & v_3 & v_4 \\
\hline
v_1 & 0 & 0 & 1 & 0 \\
v_2 & 0 & 0 & 1 & 1 \\
v_3 & 1 & 1 & 0 & 1 \\
v_4 & 0 & 1 & 1 & 0
\end{array}
=
\begin{pmatrix}
0 & 0 & 1 & 0 \\
0 & 0 & 1 & 1 \\
1 & 1 & 0 & 1 \\
0 & 1 & 1 & 0
\end{pmatrix}
$$

wobei $V = \{v_1, \ldots, v_4\}$ und $E$ dargestellt ist durch die 1-en in der Matrix. Diese Matrix stellt den Graphen dar. Die Matrix muß spiegelsymmetrisch zur Diagonalen sein, weil jeder Kante nur ein ungeordnetes Paar $\{v_i, v_j\}$ zugeordnet wird.

**Definition 4.1.4** Ein *Teilgraph* eines Graphen $(V, E, \pi)$ besteht aus Teilmengen $E_1 \subset E, V_1 \subset V$, so daß $\pi(E_1) \subset V_1 \circ V_1$ gilt. Ein Teilgraph $(V_1, E_1)$ heißt *spannender Teilgraph*, wenn $V_1 = V$ ist. Ein Teilgraph $(V_1, E_1)$ heißt *gesättigter Teilgraph* oder *von $V_1$ induziert*, wenn $\pi^{-1}(V_1 \circ V_1) = E_1$.

**Definition 4.1.5** Sei $X = (V, E, \pi)$ ein endlicher Graph. Der *Grad* $d(a)$ eines Knotens $a \in V$ ist die Anzahl der mit $a$ inzidierenden Kanten, wobei eine Schlinge mit Endpunkt $a$ doppelt zu zählen ist. $a \in V$ heißt *isolierter* Punkt, wenn $d(a) = 0$.

Allgemein gilt für einen endlichen schlichten Graphen $0 \leq d(a) \leq |V| - 1$. $a \in V$ heißt ein *Endknoten* in $X$, wenn $d(a) = 1$.

Sind je zwei verschiedene Knoten eines endlichen schlichten Graphen $X$ durch eine Kante verbunden, so heißt $X$ *vollständig*. Die *Vervollständigung* eines endlichen schlichten Graphen $X = (V, E, \pi)$ ist $(V, V \circ V \setminus V, \mathrm{id})$, wobei $V \circ V \setminus V = \{\{a, b\} | a, b \in V; a \neq b\}$.

Ein erstes einfaches aber weitreichendes Abzählprinzip ist in dem folgenden Satz angegeben.

**Satz 4.1.6** *In einem endlichen schlichten Graphen $X = (V, E, \pi)$ gilt*

$$\sum_{a \in V} d(a) = 2|E|.$$

*Beweis.* Jede Kante in $E$ hat zwei Endpunkte, die beide in der linken Summe berücksichtigt werden. Sie wird also links genau zweimal gezählt.

**Folgerung 4.1.7** *Die Anzahl der Knoten ungeraden Grades in einem endlichen schlichten Graphen ist gerade.*

Ebenso wie bei algebraischen Grundstrukturen gibt es auch bei Graphen Homomorphismen, also Abbildungen, die die besondere Struktur von Graphen berücksichtigen.

**Definition 4.1.8** Seien $X = (V, E, \pi)$ und $Y = (V', E', \pi')$ Graphen. Ein *Homomorphismus* $f : X \rightarrow Y$ besteht aus zwei Abbildungen $f_V : V \rightarrow V', f_E : E \rightarrow E'$ mit

$$\forall k \in E[\pi(k) = \{a, b\} \implies \pi' f_E(k) = \{f_V(a), f_V(b)\}].$$

Es werden also Knoten auf Knoten und Kanten auf Kanten so abgebildet, daß ihre Inzidenz erhalten bleibt.

Ein *Isomorphismus* $f : X \to Y$ ist ein Homomorphismus, zu dem ein weiterer Homomorphismus $g : Y \to X$ existiert mit $gf = \text{id}_X$ und $fg = \text{id}_Y$. Zwei Graphen heißen *isomorph*, wenn zwischen ihnen ein Isomorphismus existiert.

Selbst bei endlichen Graphen ist es oft nicht leicht, zu erkennen, ob zwei gegebene Graphen isomorph sind. Für diesen Zweck wollen wir jetzt ein kleines Hilfsmittel entwickeln.

**Definition 4.1.9** Sei $Y = (V', E')$ ein Teilgraph des schlichten Graphen $X = (V, E, \pi)$. Dann ist $X \setminus Y := (V, E \setminus E')$ ein Teilgraph von $X$, genannt *Komplement von $Y$ in $X$*. Das *Komplement* eines schlichten Graphen $X = (V, E, \pi)$ ist sein Komplement in der Vervollständigung.

**Beispiele 4.1.10** 1. Das Komplement von

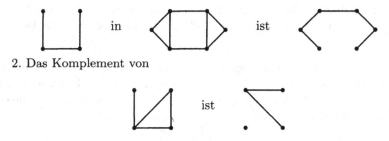

2. Das Komplement von

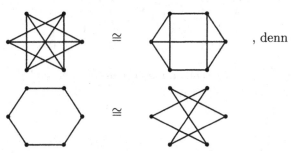

**Satz 4.1.11** *Zwei schlichte Graphen sind genau dann isomorph, wenn ihre Komplemente isomorph sind.*

*Beweis.* Da das doppelte Komplement eines Graphen der Graph selbst ist, genügt es aus der Isomorphie $X \cong Y$ auf die Isomorphie $X' \cong Y'$ zu schließen. Wir identifizieren entlang $\pi$, also $E \subset V \circ V$. Sei $f : V_X \to V_Y$ bijektiv und $f(E_X) = E_Y$, wobei $f(E_X) = \{\{f(a), f(b)\} | \{a, b\} \in E\}$. Dann ist $f(V_X \circ V_X \setminus E_X) = V_Y \circ V_Y \setminus E_Y$.

**Beispiel 4.1.12**

**Übungen 4.1.13**   1. Zeigen Sie, daß die Graphen

isomorph sind.

2. Sei $X$ ein schlichter Graph mit 15 Kanten und 12 Knoten. Alle Knoten haben ungeraden Grad. Zeigen Sie, daß $X$ mindestens 3 Endknoten besitzt.
3. Wieviele Kanten hat ein vollständiger schlichter Graph $K_n$ mit $n$ Knoten?
4. Sei $X$ ein schlichter Graph mit sechs Knoten. Zeigen Sie, daß $X$ oder sein Komplement $X'$ ein vollständiges Dreieck $K_3$ als Teilgraphen enthält.

## 4.2 Ebene Graphen

Wir beginnen diesen Abschnitt mit zwei einfachen Problemen aus der Graphentheorie, die zu ihrer Lösung schon tiefliegende allgemeinere Sätze benötigen.

**Probleme 4.2.1**   1. Gegeben seien drei Häuser $a_1, a_2, a_3$ und drei Versorgungsanschlüsse $a_4, a_5, a_6$ (für Gas, Wasser und Strom). Kann man alle drei Häuser an die Versorgung so anschließen, daß sich die Leitungen nicht überschneiden?

Kann der Graph mit der Adjazenzmatrix

|       | $a_1$ | $a_2$ | $a_3$ | $a_4$ | $a_5$ | $a_6$ |
|-------|-------|-------|-------|-------|-------|-------|
| $a_1$ | 0     | 0     | 0     | 1     | 1     | 1     |
| $a_2$ | 0     | 0     | 0     | 1     | 1     | 1     |
| $a_3$ | 0     | 0     | 0     | 1     | 1     | 1     |
| $a_4$ | 1     | 1     | 1     | 0     | 0     | 0     |
| $a_5$ | 1     | 1     | 1     | 0     | 0     | 0     |
| $a_6$ | 1     | 1     | 1     | 0     | 0     | 0     |

in der Ebene ohne Überschneidungen realisiert werden?

2. (*Problem der Königsberger Brücken*)

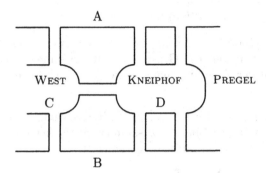

Gibt es einen Weg von $A, B$ oder $C$ nach $D$, der über jede der 7 Brücken genau einmal führt? (Euler 1736)

Die gestellten Probleme benötigen einige weitere Begriffe.

**Definition 4.2.2**   1. Ein endlicher Graph heißt *ebener Graph*, wenn er sich durch Punkte und Kurven ohne Überschneidungen in der Ebene realisieren läßt.

2. Ein *Weg* $W$ der *Länge* $n$ in einem Graphen $X$ besteht aus einer endlichen Folge von Kanten $k_1, \ldots, k_n$ mit $\pi(k_1) = \{a_0, a_1\}, \pi(k_2) = \{a_1, a_2\}, \ldots, \pi(k_i) = \{a_{i-1}, a_i\}, \pi(k_n) = \{a_{n-1}, a_n\}$. $a_0$ heißt *Anfangspunkt*, $a_n$ *Schlußpunkt* des Weges, beide heißen *Endpunkte* von $W$. Ein Weg heißt *geschlossen* oder eine *Schleife*, wenn $a_0 = a_n$ gilt, sonst heißt er *offen*. Ein Weg heißt *einfach*, wenn alle Knoten $a_0, a_1, \ldots, a_n$ des Weges paarweise verschieden sind mit Ausnahme der Endpunkte. Der Weg $\phi$ von $a_0$ nach $a_0$ heißt *trivial*. Ein *Kreis* ist eine einfache nichttriviale Schleife.

**Satz 4.2.3** *Jeder Weg von $a$ nach $b$ in einem Graphen $X$ enthält einen einfachen Weg von $a$ nach $b$.*

*Beweis.* Für $a = b$ ist der triviale Weg einfach. Sei $a \neq b$ und $k_1, \ldots, k_{n+1}$ der Weg von $a$ nach $b$. Für $n = 1$ ist $W$ einfach. Enthalte jeder Weg der Länge $n$ einen einfachen Weg. Seien $i < j$ mit $a_i = a_j$ gegeben. Dann ist $k_1, \ldots, k_i, k_{j+1}, \ldots, k_{n+1}$ ein Weg, denn $\pi(k_i) = \{a_{i-1}, a_j\}, \pi(k_{j+1}) = \{a_j, a_{j+1}\}$. Da die Länge dieses Weges kleiner als $n + 1$ ist, enthält er einen einfachen Weg von $a$ nach $b$.

**Definition 4.2.4** Der *Abstand* $d(a, b)$ zweier Knoten $a$ und $b$ in einem Graphen $X$ ist die kleinste Länge eines (einfachen) Weges von $a$ nach $b$. Wenn es keinen Weg von $a$ nach $b$ gibt, dann setzen wir $d(a, b) = \infty$. Es gelten die Gesetze einer *Metrik*

1. $d(a, b) = 0$ genau dann, wenn $a = b$,
2. $d(a, b) = d(b, a)$ für alle $a, b \in V$,
3. $d(a, c) \leq d(a, b) + d(b, c)$ für alle $a, b, c \in V$.

Ein Graph heißt *zusammenhängend*, wenn je zwei seiner Knoten durch einen Weg verbunden sind. Ein Graph „zerfällt" in seine Zusammenhangskomponenten, weil der Zusammenhang zweier Knoten ($d(a, b) < \infty$) eine Äquivalenzrelation ist.

**Bemerkung 4.2.5** Jede geometrische Realisierung eines ebenen Graphen in der Ebene zerlegt die Ebene in zusammenhängende Gebiete, von denen genau eines, das *Außengebiet*, nicht beschränkt ist.

und

sind zwei ebene Realisierungen desselben Graphen.

**Satz 4.2.6** (Euler[1]) *Sei* $X = (V, E, \pi)$ *ein zusammenhängender ebener nichtleerer Graph und* $G$ *die Menge der Gebiete des Graphen. Dann gilt*

$$|V| - |E| + |G| = 2. \text{ (Eulersche Polyederformel)}$$

*Beweis.* Induktion nach $|E|$. Wenn $|E| = 0$ ist, dann gibt es genau einen Knoten, da $X$ nicht leer und zusammenhängend ist. Weiter gibt es genau ein Gebiet und daher gilt die Formel in diesem Falle.

Sei $|E| = 1$. Dann besitzt $X$ genau eine Kante und entweder einen Knoten (die Kante ist eine Schlinge) oder zwei Knoten. Mehr treten nicht auf, weil $X$ zusammenhängend ist. Im ersten Fall gilt $|G| = 2, |V| = 1$ und $|V| - |E| + |G| = 2$. Im zweiten Fall gilt $|G| = 1, |V| = 2$ und $|V| - |E| + |G| = 2$. Sei die Behauptung richtig, wenn $|E| = n$. Sei $X$ ein zusammenhängender ebener Graph mit $|E| = n + 1$.

Fall 1: $X$ besitzt einen Endpunkt $a$ (mit $d(a) = 1$) mit anhängender Kante $k$ ($\pi(k) = \{a, b\}$). Dann ist auch $X' = (V \setminus \{a\}, E \setminus \{k\}, \pi)$ ein zusammenhängender ebener Graph. Die Anzahl der Gebiete verändert sich nicht, weil durch $k$ kein Gebiet abgeschlossen werden kann. Also ist $2 = (|V| - 1) - (|E| - 1) + |G| = |V| - |E| + |G|$.

Fall 2: Es gibt keine Endpunkte. Sei $k$ mit $\pi(k) = \{a, b\}$ eine Kante auf der Begrenzung eines endlichen Gebietes. Ein solches Gebiet existiert, sonst ist $X$ ein zusammenhängender Graph mit $|V|$ Knoten und $|E| = |V| - 1$ Kanten, insbesondere mit einem Endpunkt. Wir entfernen $k$ aus $X$ und erhalten einen Graphen $X \setminus \{k\}$, der ein Gebiet weniger als $X$ hat, also $2 = |V| - (|E| - 1) + (|G| - 1) = |V| - |E| + |G|$.

---

[1] Leonhard Euler (1707–1783)

**Folgerung 4.2.7** *Sei $X$ ein zusammenhängender ebener schlichter Graph mit mindestens 2 Kanten. Dann ist $3|G| \leq 2|E|$ und $|E| \leq 3|V| - 6$. Außerdem gilt $d = \min\{d(a)|a \in V\} \leq 5$.*

*Beweis.* Jedes innere Gebiet wird von mindestens 3 Kanten begrenzt, weil $X$ schlicht ist. Jede Kante grenzt an höchstens 2 Gebiete. Also ist $3|G| \leq 2|E|$ , wenn wir die Inzidenzpaare (Kante, Gebiet) zählen. Das gilt auch, wenn nur 2 Kanten und kein inneres Gebiet existieren. Mit dem Satz von Euler folgt $2 = |V| - |E| + |G| \leq |V| - |E| + \frac{2}{3}|E| = |V| - \frac{1}{3}|E|$, oder $3|V| - 6 \geq |E|$. Weiter ist $d \cdot |V| \leq 2|E| \leq 6|V| - 12$, ein Widerspruch für $d \geq 6$.

**Folgerung 4.2.8** *Die beiden Graphen*

$$K_{3,3} = \qquad und \qquad K_5 =$$

*sind nicht eben.*

*Beweis.* $K_{3,3}$ : Es ist $|V| = 6$ und $|E| = 9$. Wäre $K_{3,3}$ eben, so müßte $|G| = 2 - |V| + |E| = 5$ gelten. Jedes Gebiet wird von mindestens 4 Kanten begrenzt (es gibt keine Dreiecke in $K_{3,3}$). Jede Kante grenzt an 2 Gebiete an. Also ist $4|G| \leq 2|E|$. Dann wäre aber $20 = 4 \cdot 5 \leq 2 \cdot 9 = 18$, was nicht möglich ist. $K_5$ : Es ist $|V| = 5$ und $|E| = 10$. Dann ist $3|V| - 6 = 15 - 6 = 9 < 10 = |E|$ in Widerspruch zu Folgerung 4.2.7

**Bemerkung 4.2.9** Mit Folgerung 4.2.8 ist auch das Versorgungsproblem 4.2.1 1. gelöst, und zwar negativ.

Da wir jetzt einige Graphen gefunden haben, die nicht eben sind, erhebt sich die Frage, ob es noch weitere solche Graphen gibt. Darüber gibt der Satz von Kuratowski Auskunft, den wir hier nur angeben wollen, weil sein Beweis weitere Hilfsmittel benötigt. Um die Aussage des Satzes zu verstehen, benötigen wir erst noch einen weiteren Begriff.

**Definition 4.2.10** Ein schlichter Graph $Y = (V', E', \pi')$ entsteht aus dem schlichten Graphen $X = (V, E, \pi)$ durch *einfache Unterteilung der Kante* $k \in E$, wenn gelten

$$V' = V \cup \{a\} \text{ mit } a \notin V,$$
$$E' = (E \setminus \{k\}) \cup \{l, m\} \text{ mit } l, m \notin E, k \in E,$$
$$\pi(k) = \{b, c\}, \pi'(l) = \{a, b\}, \pi'(m) = \{a, c\}.$$

$Y$ entsteht aus $X$ durch *Unterteilung*, wenn $Y$ durch eine endliche Folge von einfachen Unterteilungen aus $X$ entsteht.

**Satz 4.2.11** (Kuratowski[2]) *Ein schlichter endlicher Graph ist genau dann eben, wenn er keinen Teilgraphen besitzt, der eine Unterteilung von $K_{3,3}$ oder $K_5$ ist.*

Eine weitere schöne Anwendung der Eulerschen Polyederformel ist die Aufzählung der möglichen Platonischen[3] Körper.

**Bemerkung 4.2.12** (*Platonische Körper*) Ein Platonischer Körper besteht aus einer Realisierung eines schlichten Graphen auf der 2-Sphäre $S^2$ (Kugeloberfläche), so daß alle entstehenden Gebiete kongruent sind und sich in jedem Knoten gleich viele Gebiete treffen. Sei $m$ die Anzahl der Kanten bzw. Knoten eines (jeden) Gebietes, $n$ die Anzahl der Gebiete, die einen Knoten gemeinsam haben. Wir setzen weiterhin $m, n \geq 3$ voraus. Schneiden wir ein Gebiet auf, so entsteht ein ebener Graph, der das aufgeschnittene Gebiet als Außengebiet hat. Sei $P = (V, E)$ eine solche Realisierung eines platonischen Körpers. Dann ist $2|E| = m|G|$, wenn man die Inzidenzpaare (Kanten, Gebiete) zählt. Zählen wir die Inzidenzpaare (Knoten, Gebiete), so gilt $m|G| = n|V|$. Mit Eulers Satz folgt $0 < 2 = |V| - |E| + |G| = (\frac{m}{n} - \frac{m}{2} + 1)|G|$, also $\frac{2m - mn + 2n}{2n} > 0$ und damit $(m - 2)(n - 2) = (-2m + mn - 2n) + 4 < 4$. Es können höchstens folgende Fälle auftreten:

$$m = 3, \, n = 3, \, (m - 2)(n - 2) = 1, \text{ Tetraeder,}$$
$$m = 4, \, n = 3, \, (m - 2)(n - 2) = 2, \text{ Würfel,}$$
$$m = 3, \, n = 4, \, (m - 2)(n - 2) = 2, \text{ Oktaeder,}$$
$$m = 5, \, n = 3, \, (m - 2)(n - 2) = 3, \text{ Dodekaeder,}$$
$$m = 3, \, n = 5, \, (m - 2)(n - 2) = 3, \text{ Ikosaeder.}$$

**Definition 4.2.13** Gibt es in einem Graphen $X$ einen geschlossenen Weg $W$, der jede Kante aus $E_X$ genau einmal enthält und jeden Knoten (mindestens) einmal enthält, so heißt $X$ ein *Eulerscher Graph* und $W$ eine *Eulersche Linie*.

**Satz 4.2.14** *Für einen Graphen $X$ sind äquivalent:*

1. *$X$ ist ein Eulerscher Graph.*
2. *Jeder Knoten von $X$ hat geraden Grad und $X$ ist ein zusammenhängender, endlicher Graph.*

*Beweis.* 1. $\Longrightarrow$ 2. : Eine Eulersche Linie, die in einen Knoten hineinläuft, muß ihn auf einer anderen Kante auch wieder verlassen. Bei jedem Besuch eines Knotens werden 2 weitere Kanten belegt. Man beachte, daß hier Schlingen bei der Bestimmung des Grades von Knoten doppelt gezählt werden. Es ist klar, daß $X$ zusammenhängend und endlich ist.

---

[2] Kazimierz Kuratowski (1896–1980)
[3] Plato (ca. 428–348)

2. $\Longrightarrow$ 1. : Wenn $|E| = 1$, dann ist $X$ von der Form $\bigcirc$. Wenn $|E| = 2$,

dann hat $X$ die Form $\bigcirc\!\bigcirc$ oder $\bullet\!\bigcirc$. In beiden Fällen ist die Eulersche Linie klar. Sei die Aussage wahr für Graphen mit höchstens $n$ Kanten. Habe $X = (V, E, \pi)$ $n + 1$ Kanten. Sei $a \in V$ als Anfangspunkt gewählt. Wir bilden einen Weg $W$ von $a$ ausgehend, bei dem jede Kante höchstens einmal auftritt. Wenn dieser Weg nicht mehr zu verlängern ist, d.h. keine Kante mehr aus dem letzten Knoten herausführt, dann muß der Endpunkt dieses Weges $a$ sein, weil alle anderen besuchten Knoten geraden Grad haben. Sind in diesem Weg alle Kanten und Knoten enthalten, so sind wir fertig. Sonst bilden wir $X \setminus W$. Dieser Graph kann in Zusammenhangskomponenten zerfallen. Aber jede Komponente hat wieder nur Knoten von geradem Grad, und hat daher Eulersche Linien. Diese müssen sich mit $W$ treffen, weil $X$ zusammenhängend war. Man kann sie daher mit $W$ zu einer Eulerschen Linie zusammenfügen.

**Bemerkung 4.2.15** (*Lösung des Königsberger Brückenproblems*) Der zu verwendende Graph ist

Wir fügen einen zusätzlichen „Rückweg" ein und erhalten

 oder  oder

In keinem Fall liegt ein Eulerscher Graph vor.

**Beispiel 4.2.16** Das Königsberger Brückenproblem kann wie folgt erweitert werden. Der reiche Baron $A$ wohnt in $A$. Er ärgert sich, daß er nach einem Besuch des Kneiphofes auf der Insel $D$ nicht so nach Hause gehen kann, daß er jede der Brücken genau einmal überquert. Deshalb baut er eine weitere Brücke, so daß er über die nunmehr acht Brücken abends heimgehen kann.

Der auf seinen guten Ruf bedachte Graf $B$ wohnt in $B$ und ärgert sich, daß zwar der Baron $A$ jetzt abends vom Kneiphof über alle Brücken heimgehen kann, er selbst aber nicht. Daher baut er noch eine weitere Brücke. Nun kann Graf $B$ abends über alle neun Brücken heimgehen und jede dabei genau einmal überqueren, aber nicht mehr der Baron $A$.

Weil die Kosten für den Brückenbau die Finanzen der beiden Herren stark belastet haben, einigen sie sich auf den Bau nur noch einer weiteren Brücke, so daß sie beide auf einer einzigen Eulerschen Linie den Kneiphof besuchen und wieder heimkehren können. Wie wurden die drei weiteren Brücken gebaut?

Zur Lösung wurde die achte Brücke so gebaut:

    und ergab mit Hinweg

einen Eulerschen Graphen. Die neunte Brücke wurde so gebaut:

    und ergab mit Hinweg

einen Eulerschen Graphen. Die zehnte Brücke wurde so gebaut

Dieser Graph ist Eulersch.

**Übungen 4.2.17**  1. Die Knotenmenge eines Graphen $X$ bestehe aus der disjunkten Vereinigung von Mengen $U$ und $V$. Der Graph $X$ heißt *bipartit*, wenn zwischen jedem Knoten aus $U$ und jedem Knoten aus $V$ eine Kante verläuft und dieses die einzigen Kanten von $X$ sind. Wenn $U$ aus $m$ Knoten und $V$ aus $n$ Knoten besteht, so wird der Graph $X$ auch mit $K_{m,n}$ bezeichnet.

   a) Wieviele Kanten hat $K_{m,n}$?

   b) Für welche $m, n$ ist $K_{m,n}$ ein ebener Graph?

2. Der Graph $X$ habe die Adjazenzmatrix

$$\begin{pmatrix} 0 & 1 & 0 & 1 & 0 & 0 & 1 \\ 1 & 0 & 1 & 0 & 1 & 1 & 0 \\ 0 & 1 & 0 & 1 & 0 & 0 & 1 \\ 1 & 0 & 1 & 0 & 1 & 1 & 0 \\ 0 & 1 & 0 & 1 & 0 & 1 & 1 \\ 0 & 1 & 0 & 1 & 1 & 0 & 0 \\ 1 & 0 & 1 & 0 & 1 & 0 & 0 \end{pmatrix}.$$

   Entscheiden Sie, ob $X$ ein ebener Graph ist.

3. Welche der folgenden durch Adjazenzmatrizen gegebenen Graphen sind Eulersche Graphen?

a)

$$\begin{pmatrix} 0 & 1 & 1 & 0 \\ 1 & 0 & 0 & 1 \\ 1 & 0 & 0 & 1 \\ 0 & 1 & 1 & 0 \end{pmatrix}$$

b)

$$\begin{pmatrix} 0 & 1 & 1 & 1 & 0 \\ 1 & 0 & 0 & 0 & 1 \\ 1 & 0 & 0 & 0 & 1 \\ 1 & 0 & 0 & 0 & 1 \\ 0 & 1 & 1 & 1 & 0 \end{pmatrix}$$

c)

$$\begin{pmatrix} 0 & 1 & 1 & 0 \\ 1 & 0 & 1 & 1 \\ 1 & 1 & 0 & 1 \\ 0 & 1 & 1 & 0 \end{pmatrix}$$

d)

$$\begin{pmatrix} 0 & 1 & 1 & 0 & 0 & 0 \\ 1 & 0 & 1 & 0 & 0 & 0 \\ 1 & 1 & 0 & 0 & 0 & 0 \\ 0 & 0 & 0 & 0 & 1 & 1 \\ 0 & 0 & 0 & 1 & 0 & 1 \\ 0 & 0 & 0 & 1 & 1 & 0 \end{pmatrix}$$

## 4.3 Bäume

Besonders häufig benutzte Graphen in der Informatik sind sogenannte Bäume. Sie werden ausführlich in anderen Vorlesungen studiert, so daß wir uns hier mit einer Charakterisierung und einigen Beispielen begnügen können.

**Definition 4.3.1** Ein *Baum* ist ein zusammenhängender schlichter Graph ohne Kreise. Ein *Wald* ist ein schlichter Graph ohne Kreise.

**Satz 4.3.2** *Sei $X$ ein schlichter Graph mit $n$ Knoten und $m$ Kanten. Dann sind äquivalent*

1. *$X$ ist ein Baum.*
2. *Je zwei Knoten sind in $X$ durch genau einen einfachen Weg verbunden.*
3. *$X$ ist zusammenhängend und für jede Kante $k \in E$ gilt, daß $X \setminus \{k\} = (V, E \setminus \{k\})$ nicht zusammenhängend ist.*
4. *$X$ ist zusammenhängend, und es gilt $m = n - 1$.*
5. *$X$ ist ein Graph ohne Kreise, und für jede Kante $k$ im Komplement von $X$ ist $X \cup \{k\} = (V, E \cup \{k\})$ ein Graph mit genau einem Kreis.*

Ohne Beweis.

**Definition 4.3.3** Ein Baum zusammen mit einem ausgezeichneten Knoten $w$ (= Wurzel) heißt ein *Wurzelbaum*. Ein Endknoten eines Wurzelbaumes heißt *Blatt*. Beachte: Die Bäume der Informatik bzw. Mathematik wachsen vom Himmel herab, d.h. die Wurzel wird immer zuoberst gezeichnet. Sind $a$ und $b$ benachbarte Knoten in einem Wurzelbaum und ist $d(a, w) < d(b, w)$, so heißt $a$ der *Vater* von $b$ und $b$ ein *Sohn* von $a$. Wenn jeder Knoten höchstens $n$ Söhne hat, so sprechen wir von einem $n$–ären *Wurzelbaum*. Wenn jeder Knoten, außer den Blättern, genau $n$ Söhne hat, so nennen wir den Baum einen *regulären* $n$–ären Wurzelbaum.

**Bemerkung 4.3.4** Ein regulärer binärer Wurzelbaum hat genau einen Knoten von Grad 2, nämlich die Wurzel. Alle anderen Knoten haben den Grad 1 oder 3. Folglich hat er eine ungerade Anzahl von Knoten, denn wegen $\sum_{a \in V} d(a) = 2|E|$ gerade und weil alle Summanden $d(a)$ außer $d(w)$ ungerade sind, muß eine ungerade Anzahl von Summanden vorliegen. Wenn der reguläre binäre Baum $n$ Knoten hat, dann hat er $(n + 1)/2$ Blätter. Denn hat er $t$ Blätter, so hat er $n - t - 1$ Knoten vom Grad 3, also ist $|E| = \frac{1}{2} \cdot (t + 3 \cdot (n - t - 1) + 2) = n - 1$. Daraus bestimmt sich $t = (n+1)/2$. Die Knoten in einem Baum, deren Grad größer als eins ist, heißen *innere Knoten*. Ein regulärer binärer Baum besitzt also $(n - 1)/2$ innere Knoten, also genau einen inneren Knoten weniger, als er Blätter hat.

**Beispiele 4.3.5**   1.             ist ein Baum.

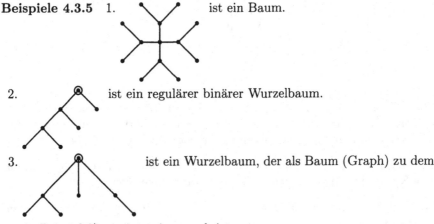

2.             ist ein regulärer binärer Wurzelbaum.

3.             ist ein Wurzelbaum, der als Baum (Graph) zu dem

in Beispiel 2) gezeigten isomorph ist.

4. Die Veranstaltung eines Sportwettkampfes nach dem k.o. System (der Sieger eines Matches kommt eine Runde weiter, Freilose sind möglich) induziert einen regulären binären Wurzelbaum. Die Teilnehmer sind die Blätter, die inneren Knoten sind die einzelnen Turnierkämpfe. Es werden genau $n-1$ Turnierkämpfe stattfinden, wenn $n$ Teilnehmer gemeldet sind.

5. Ein algebraischer Ausdruck $((a + b) \cdot c + d \cdot (e + f \cdot g)) \cdot h$ definiert einen regulären binären Baum mit den Blättern $a, \ldots, h$ und den Knoten $+, \cdot, +, \cdot, +, \cdot, \cdot$.
Der Baum ist

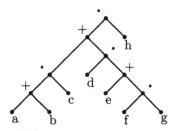

Beim Auftreten von nichtkommutativen Operationen ist die Reihenfolge in der Schicht der Söhne eines Knotens zu beachten.

**Übungen 4.3.6**    1. Geben Sie alle nichtisomorphen Bäume mit 5 Kanten an.

2. Geben Sie ein Beispiel für einen schlichten endlichen Graphen $X = (V, E, \pi)$ mit $|V| = |E| + 1$, der kein Baum ist.

3. Ein Baum $B$ hat 3 Knoten vom Grad 2, 2 Knoten vom Grad 3 und einen Knoten vom Grad 5. Wieviele Endknoten (Blätter) hat $B$?

4. Ein zusammenhängender Graph $X$ hat 25 Kanten. Wieviele Knoten kann er höchstens haben?

5. Ein gesättigtes (= ringfreies = ohne Schlingen und Kreise) Kohlenwasserstoffmolekül kann dargestellt werden als ein Baum mit Knoten vom Grad 4 (Kohlenstoffatomen der Valenz 4) und Knoten vom Grad 1 (Wasserstoffatomen der Valenz 1). Zeigen Sie, daß ein gesättigtes Kohlenwasserstoffmolekül mit $c$ Kohlenstoffatomen genau $h = 2c + 2$ Wasserstoffatome besitzt.

# Teil II

# Lineare Algebra

# 5. Vektorräume

Die lineare Algebra ist die Theorie der Vektorräume. Vektoren und Vektorräume treten in vielfacher Gestalt und in vielen Anwendungen auf. Sowohl die Technik, als auch die theoretische Physik kommen ohne den Begriff des Vektorraumes nicht aus. In Anwendungen werden häufig Vektoren verwendet, um die Lage von Punkten in der Ebene, im Raum oder sogar im höher dimensionalen Räumen durch ihre Koordinaten zu beschreiben. Es gibt jedoch auch viele andere Beispiele für Vektorräume, die in den praktischen Anwendungen sehr wichtig sind. Wir nennen hier nur einige Gebiete, in denen die Vektorräume als zentrales Hilfsmittel verwendet werden: lineare Gleichungssysteme, Approximationstheorie, Kryptographie, Stochastik, Ökonomie, Spieltheorie, Computer Graphik, Statik, Genetik, Computer Tomographie, elektrische Netzwerke. Der Begriff des Vektorraumes greift also weit über die Mathematik hinaus, ist aber auch grundlegend für den Aufbau der gesamten weiteren Mathematik.

## 5.1 Grundbegriffe, Untervektorräume

Wir definieren in diesem Abschnitt den für uns zentralen Begriff eines Vektorraumes. Wir werden daher eine sehr allgemeine Definition geben. Die Definition bezieht sich dabei auf einen fest vorausgesetzten Körper $K$.

**Definition 5.1.1** Sei $K$ im folgenden ein fest gewählter Körper. Seine Elemente werden auch *Skalare* genannt. Eine Menge $V$ zusammen mit einer Addition

$$V \times V \ni (v, w) \mapsto v + w \in V$$

und einer Multiplikation mit Skalaren aus $K$

$$K \times V \ni (\alpha, v) \mapsto \alpha \cdot v \in V$$

heißt ein *Vektorraum* (über dem Körper $K$, auch $K$-Vektorraum), wenn die folgenden Gesetze erfüllt sind:

1. $(V, +)$ ist eine abelsche Gruppe,
2. $\forall \alpha, \beta \in K, v \in V[\alpha \cdot (\beta \cdot v) = (\alpha \cdot \beta) \cdot v]$ (Assoziativgesetz der Multiplikation),

3. $\forall \alpha \in K, v, w \in V [\alpha \cdot (v + w) = \alpha \cdot v + \alpha \cdot w]$ (1. Distributivgesetz),
4. $\forall \alpha, \beta \in K, v \in V [(\alpha + \beta) \cdot v = \alpha \cdot v + \beta \cdot v$ (2. Distributivgesetz),
5. für 1 in $K$ gilt $\forall v \in V [1 \cdot v = v]$ (Gesetz von der Eins).

Die Elemente eines Vektorraumes $V$ werden *Vektoren* genannt. Das neutrale Element der Gruppe $(V, +)$ wird mit $0 \in V$ bezeichnet und heißt *Nullvektor*. Wir werden in Zukunft grundsätzlich den Multiplikationspunkt fortlassen und schreiben $\alpha v := \alpha \cdot v$.

**Beispiele 5.1.2**  1. Offenbar ist der Körper $K$ selbst mit seiner Addition und Multiplikation ein Vektorraum.

2. Der Vektorraum 0, genannt der *Nullraum*, der nur aus einem Element besteht, ist ein Vektorraum, denn die Addition und Multiplikation sind vollständig festgelegt und erfüllen trivialerweise die Vektorraumgesetze.

3. Als nächstes Beispiel betrachten wir die „reelle Ebene". Die Menge $V$ sei dabei die Menge der Paare $(x, y)$ von reellen Zahlen, also $\mathbb{R} \times \mathbb{R}$ oder $\mathbb{R}^2$. Jeden Punkt der Ebene kann man eindeutig festlegen durch die Angabe seiner $x$-Koordinate und seiner $y$-Koordinate. Die Addition in $V = \mathbb{R}^2$ sei definiert durch die komponentenweise Addition der Paare, also durch

$$(\alpha, \beta) + (\gamma, \delta) := (\alpha + \gamma, \beta + \delta).$$

Die Multiplikation mit Skalaren aus dem Körper $\mathbb{R}$ der reellen Zahlen sei die komponentenweise Multiplikation eines Paares mit einer reellen Zahl, also

$$\alpha(\beta, \gamma) := (\alpha\beta, \alpha\gamma).$$

Weil wir dann in jeder Komponente einzeln rechnen, ergeben sich die Vektorraumgesetze unmittelbar aus den Körpergesetzen von $\mathbb{R}$.

4. Ein weiteres Beispiel ist die Menge $V := \mathbb{R}^n$ der $n$-Tupel reeller Zahlen. Die Addition auf $V$ definieren wir wie bei den Paaren komponentenweise

$$(\xi_1, \ldots, \xi_n) + (\eta_1, \ldots, \eta_n) := (\xi_1 + \eta_1, \ldots, \xi_n + \eta_n).$$

Ebenso definieren wir die Multiplikation mit Skalaren komponentenweise

$$\alpha(\xi_1, \ldots, \xi_n) := (\alpha\xi_1, \ldots, \alpha\xi_n).$$

Damit lassen sich die Axiome für einen Vektorraum leicht nachrechnen. Wir wollen hier auf die Rechnung verzichten.

5. Ein fünftes Beispiel für einen Vektorraum ist die Menge der Quadrupel $(\xi_1, \ldots, \xi_4)$ mit $\xi_1 + \xi_2 + \xi_3 + \xi_4 = 0$, also

$$V := \{(\xi_1, \xi_2, \xi_3, \xi_4) | \xi_1, \xi_2, \xi_3, \xi_4 \in \mathbb{R}, \xi_1 + \xi_2 + \xi_3 + \xi_4 = 0\}.$$

Auch diese Menge bildet einen Vektorraum mit komponentenweiser Addition und Multiplikation. Diesen Vektorraum, obwohl er „dreidimensional" ist, können wir uns schlecht vorstellen. Er ist jedoch typisch für viele auf diese Weise konstruierte Vektorräume.

6. Wenn $L$ ein Körper ist und den Körper $K \subset L$ als Unterkörper enthält, dann ist $L$ mit der Addition eine abelsche Gruppe. Die Multiplikation von Elementen aus $L$ mit Elementen aus $K$ erfüllt offenbar alle Vektorraumgesetze. Also ist $L$ ein Vektorraum über dem Körper $K$. Insbesondere ist $\mathbb{R}$ ein Vektorraum über $\mathbb{Q}$, weiter ist $\mathbb{C}$ ein Vektorraum über $\mathbb{R}$ und schließlich ist auch $\mathbb{C}$ ein Vektorraum über $\mathbb{Q}$.

Wir kommen zu einer allgemeinen Methode, neue Vektorräume aus schon vorhandenen zu konstruieren.

**Lemma 5.1.3** *Sei $V$ ein Vektorraum und $I$ eine Menge. Dann ist die Menge der Abbildungen $\mathrm{Abb}(I, V) = \prod_I V = V^I$ mit komponentenweisen Operationen ein Vektorraum.*

*Beweis.* Wie bei den Gruppen in Kapitel 3 definieren wir die Addition von Familien durch $(v_i) + (w_i) := (v_i + w_i)$. Die Multiplikation mit Skalaren wird durch $\alpha(v_i) := (\alpha v_i)$ definiert. Da die Vektorraumgesetze in jeder Komponente einzeln erfüllt sind, sind sie auch für die Familien erfüllt.

**Beispiele 5.1.4** 1. (Hauptbeispiel für Vektorräume): Da $K$ ein Vektorraum ist, ist auch $K^I$ nach Lemma 5.1.3 ein Vektorraum für jede Menge $I$.

2. Wir definieren den Vektorraum $K^n$ als $K^I$ mit $I = \{1, \dots, n\}$. Die Elemente sind n-Tupel $(\alpha_1, \dots, \alpha_n)$ mit Koeffizienten aus $K$. Sie werden auch *Zeilenvektoren* der Länge $n$ genannt. Die zuvor angegebenen Beispiele 2. und 3. fallen unter diese Konstruktion.

3. Der Vektorraum $K_n$ soll ebenfalls als $K^I$ definiert sein mit $I = \{1, \dots, n\}$. Seine Elemente sollen jedoch als *Spaltenvektoren*

$$\begin{pmatrix} \alpha_1 \\ \vdots \\ \alpha_n \end{pmatrix}$$

geschrieben werden.

4. Der Vektorraum $K_m^n = K^{m \times n}$ wird als $K^I$ mit $I = \{1, \dots, m\} \times \{1, \dots, n\}$ definiert. Wir schreiben jeden Vektor als rechteckiges Schema

$$\begin{pmatrix} \alpha_{11} & \cdots & \alpha_{1n} \\ \vdots & & \vdots \\ \alpha_{m1} & \cdots & \alpha_{mn} \end{pmatrix}$$

und nennen einen solchen Vektor eine $m \times n$-*Matrix* (Plural: Matrizen). Die Zeilenvektoren der Form $(\alpha_{i1}, \dots, \alpha_{in})$ heißen dabei die $i$-ten *Zeilen* der Matrix, die Spaltenvektoren der Form

$$\begin{pmatrix} \alpha_{1j} \\ \vdots \\ \alpha_{nj} \end{pmatrix}$$

heißen die $j$-ten *Spalten* der Matrix. $m$ heißt die *Zeilenzahl*, $n$ die *Spaltenzahl*. Insbesondere können Matrizen addiert werden und mit Skalaren multipliziert werden.

5. Die Folgen reeller Zahlen $\mathbb{R}^{\mathbb{N}}$ bilden bei komponentenweiser Operation einen Vektorraum über den reellen Zahlen (kurz einen reellen Vektorraum), den *Folgenraum*.

6. Die reellen Funktionen $\mathrm{Abb}(\mathbb{R}, \mathbb{R})$ bilden einen reellen Vektorraum, den *Funktionenraum*, wenn man Addition und Multiplikation mit Skalaren auf den Werten der Funktionen definiert: $(f + g)(\alpha) = f(\alpha) + g(\alpha)$ und $(\alpha f)(\beta) = \alpha f(\beta)$.

**Lemma 5.1.5** *(Rechengesetze in Vektorräumen) Sei $V$ ein $K$-Vektorraum. Dann gelten für Elemente $\alpha, \beta \in K, v, w, \in V$ und für die Elemente $0_K, 1_K \in K$ und $0_V \in V$:*

1. $0_K v = 0_V = \alpha 0_V$,
2. $(-\alpha)v = -(\alpha v) = \alpha(-v)$,
3. $\alpha v = 0_V \Longrightarrow \alpha = 0_K \lor v = 0_V$.

*Beweis.* 1. Wir bezeichnen die Null in $K$ und in $V$ mit demselben Symbol 0. Aus $0v = (0 + 0)v = 0v + 0v$ erhalten wir durch Kürzen $0 = 0v$. Analog gilt $\alpha 0 = \alpha(0 + 0) = \alpha 0 + \alpha 0$.

2. Wir weisen nach, daß $(-\alpha)v$ das inverse Element bei der Addition zu $\alpha v$ ist. Es ist nämlich $\alpha v + (-\alpha)v = (\alpha + (-\alpha))v = 0v = 0$. Ebenso ist $\alpha v + \alpha(-v) = \alpha(v + (-v)) = \alpha 0 = 0$.

3. Wenn $\alpha = 0$ gilt, brauchen wir nichts zu zeigen. Wenn $\alpha v = 0$ und $\alpha \neq 0$ ist, dann gibt es ein Inverses $\alpha^{-1}$, und es ist $v = 1v = (\alpha^{-1}\alpha)v = \alpha^{-1}(\alpha v) = \alpha^{-1}0 = 0$, was zu zeigen war.

In jedem Vektorraum ($\neq 0$) wird es Teilmengen geben, die wieder einen Vektorraum bilden. Ein Beispiel dafür kennen wir schon als Beispiel 5.1.2 5. Der dort definierte Vektorraum $V$ ist Teilmenge von $\mathbb{R}^4$. Das führt uns zu dem Begriff des Untervektorraumes.

**Definition 5.1.6** Sei $V$ ein Vektorraum über dem Körper $K$. Eine nichtleere Teilmenge $U \subseteq V$ von $V$ heißt *Untervektorraum*, wenn gelten
    1. für alle $u, u' \in U$ ist $u + u' \in U$, d.h. $U$ ist bezüglich der Addition von $V$ abgeschlossen,
    2. für alle $u \in U$ und alle $\alpha \in K$ ist $\alpha u \in U$, d.h. $U$ ist unter der Multiplikation mit Skalaren abgeschlossen.

Man sieht leicht, daß jeder Untervektorraum selbst wieder ein Vektorraum wird, mit der Addition und der Multiplikation mit Skalaren wie in $V$ definiert. Wir prüfen das hier nicht nach, bemerken aber, daß wir so eine Fülle von Beispielen für Vektorräume erhalten, ohne daß wir alle Axiome für einen Vektorraum in jedem Einzelfall nachrechnen müssen. Zur Definition von Untervektorräumen werden wir immer eine Teilmenge von Elementen mit einer gemeinsamen Eigenschaft bilden und untersuchen, ob diese Eigenschaft beim Bilden von Summen und Produkten mit Skalaren erhalten bleibt. Beispiel 5.1.2 5. ist so gewonnen worden.

**Beispiel 5.1.7** Sei $I$ eine Menge. Dann ist

$$K^{(I)} := \{(v_i) \in K^I | \text{für nur endlich viele } i \in I \text{ gilt } v_i \neq 0\}$$

ein Untervektorraum von $K^I$. Wenn man nämlich zwei Familien $(v_i)$ und $(w_i)$ in $K^{(I)}$ hat, so gilt auch für die Summe $(v_i) + (w_i) = (v_i + w_i)$, daß nur endlich viele Terme $v_i + w_i$ von Null verschieden sind. Ebenso sind auch in der Familie $\alpha(v_i) = (\alpha v_i)$ nur endlich viele Terme von Null verschieden. Dieser Vektorraum ist natürlich nur dann verschieden von $K^I$, wenn $I$ eine unendliche Menge ist.

Ein weiteres Beispiel ist der Durchschnitt von mehreren Untervektorräumen.

**Lemma 5.1.8** *Seien $U_i$ mit $i \in I \neq \emptyset$ Untervektorräume des Vektorraumes $V$. Dann ist auch $\bigcap_{i \in I} U_i$ ein Untervektorraum von $V$.*

*Beweis.* Seien $u, u' \in \bigcap_{i \in I} U_i$ und sei $\alpha \in K$. Dann gilt $u, u' \in U_i$ für alle $i \in I$. Da die $U_i$ Untervektorräume sind, gilt dann $u + u', \alpha u \in U_i$ für alle $i$, also auch $u + u', \alpha u \in \bigcap_{i \in I} U_i$. Damit sind die Bedingungen a) und b) für einen Untervektorraum erfüllt. Sicher ist auch $\bigcap_{i \in I} U_i$ nicht leer, weil der Vektor 0 in allen Untervektorräumen $U_i$ und damit im Durchschnitt enthalten ist.

Um auch den trivialen Durchschnitt mit $I = \emptyset$ zu erfassen, definieren wir $\bigcap_{i \in \emptyset} U_i := V$.

**Lemma 5.1.9** *Seien $U_1, ..., U_n$ Untervektorräume des Vektorraumes $V$. Dann ist auch*

$$U_1 + \ldots + U_n = \sum_{i=1}^{n} U_i$$

$:= \{u \in V | $ *es gibt Vektoren $u_i \in U_i$ für $i = 1, \ldots, n$ mit $u = u_1 + \ldots + u_n\}$ ein Untervektorraum von $V$.*

*Beweis.* Seien $u, u' \in \sum_{i=1}^{n} U_i$ und sei $\alpha \in K$. Dann gibt es Vektoren $u_i, u_i' \in U_i$ ($i = 1, \ldots, n$) mit $u = u_1 + \ldots + u_n$ und $u' = u_1' + \ldots u_n'$. Für $u + u'$ und $\alpha u$ erhält man dann $u + u' = (u_1 + u_1') + \ldots + (u_n + u_n')$ und $\alpha u = \alpha u_1 + \ldots \alpha u_n$. Damit haben wir wegen $u + u', \alpha u \in \sum_{i=1}^{n} U_i$ die Bedingungen für einen Untervektorraum erfüllt. Schließlich ist $\sum_{i=1}^{n} U_i$ trivialerweise nicht leer, weil $0 = 0 + \ldots + 0 \in \sum_{i=1}^{n} U_i$ gilt.

Wenn man eine unendliche Familie von Vektoren $(v_i | i \in I)$ mit einer beliebigen Indexmenge $I$ hat und nur endlich viele Vektoren $v_i$ von Null verschieden sind, dann möchte man genau diese Vektoren addieren. Wir bemerken zunächst, daß man zu dieser endlichen Summe $v_{i_1} + \ldots + v_{i_n}$, wobei die $v_{i_1}, \ldots, v_{i_n}$ genau diejenigen Vektoren sind, die von Null verschieden sind, auch noch beliebig endlich viele Exemplare des Nullvektors addieren kann, ohne diese Summe zu ändern. Es ist aber recht unbequem, immer darauf hinweisen zu müssen, daß man nun genau oder mindestens über alle diejenigen Vektoren $v_i$ einer Familie $(v_i | i \in I)$ summiert, die von Null verschieden sind. Man schreibt daher $\sum_{i \in I} v_i$ für diese Summe der endlich vielen von Null verschiedenen Vektoren. Es handelt sich also genau genommen nicht um eine unendliche Summe, sondern lediglich um die Summe von endlich vielen Vektoren. Man kann zwei solche Summen addieren: $\sum_{i \in I} u_i + \sum_{i \in I} v_i = \sum_{i \in I} (u_i + v_i)$ und mit einem Skalar multiplizieren: $\alpha \sum_{i \in I} u_i = \sum_{i \in I} (\alpha u_i)$, da jeweils insgesamt nur endlich viele Terme von Null verschieden sind. Diesen Begriff wollen wir jetzt zur Definition der unendlichen Summe von Untervektorräumen verwenden.

**Definition 5.1.10** Sei $I \neq \emptyset$ eine Menge und $(U_i | i \in I)$ eine unendliche Familie von Unterräumen des Vektorraumes $V$. Dann definieren wir

$$\sum_{i \in I} U_i := \{ \sum_{i \in I} u_i | \forall i \in I [u_i \in U_i] \text{ und nur endliche viele } u_i \neq 0 \}.$$

Man beweist wie zuvor

**Lemma 5.1.11** *Sei $(U_i | i \in I)$ eine Familie von Untervektorräumen des Vektorraumes $V$. Dann ist auch $\sum_{i \in I} U_i$ ein Untervektorraum von $V$.*

Es handelt sich hier tatsächlich um eine echte unendliche Summe, d.h. alle Unterräume der Summe können vom Nullraum verschieden sein. Es werden aber trotzdem nur endliche Summen von Vektoren verwendet.

Man kann leicht wieder Rechenregeln für das Rechnen mit Unterräumen $U_i$ von $V$ beweisen. Wir führen hier nur einige relevante Regeln ohne Beweis an:

$$U_1 + U_2 = U_2 + U_1,$$
$$(U_1 + U_2) + U_3 = U_1 + (U_2 + U_3),$$
$$(U_1 \cap U_2) + (U_1 \cap U_3) \subset U_1 \cap (U_2 + U_3),$$
$$U_1 + (U_2 \cap U_3) \subset (U_1 + U_2) \cap (U_1 + U_3),$$
$$0 + U = U,$$
$$0 \cap U = 0,$$
$$V + U = V,$$
$$V \cap U = U,$$

wenn $U_1 \subset U_3$ gilt, dann ist
$$(U_1 + U_2) \cap U_3 = U_1 + (U_2 \cap U_3), \text{(modulares Gesetz)}.$$

**Übungen 5.1.12**    1. Welche der folgenden Mengen sind Untervektorräume der angegebenen reellen Vektorräume?

a) $\{(\lambda,\ 2\lambda,\ 3\lambda)\,|\,\lambda \in \mathbb{R}\} \subset \mathbb{R}^3$,

b) $\{(\lambda,\ 2\lambda,\ 3\lambda)\,|\,\lambda \in \mathbb{Q}\} \subset \mathbb{R}^3$,

c) $\{(1+\lambda,\ 1-\lambda)\,|\,\lambda \in \mathbb{R}\} \subset \mathbb{R}^2$,

d) $\{(\xi,\ \eta,\ \zeta) \in \mathbb{R}^3\,|\,\xi^2 + \eta^2 + \zeta^2 = 1\} \subset \mathbb{R}^3$,

e) $\{(\xi,\ \eta,\ \zeta) \in \mathbb{R}^3\,|\,2\xi + 3\eta = \zeta\} \subset \mathbb{R}^3$,

f) $\{(\xi,\ \eta,\ \zeta) \in \mathbb{R}^3\,|\,\xi\eta = \zeta\} \subset \mathbb{R}^3$,

g) $\{(x,\ y,\ z)\,|\,x^2 + 3xy + y^2 = 0\} \subset \mathbb{R}^3$,

h) $\{(x,\ y,\ z)\,|\,x^2 - 2xy + y^2 = 0\} \subset \mathbb{R}^3$,

i) $\{(x,\ y,\ z)\,|\,x^2 + 3xy + y^2 = 0\} \subset \mathbb{C}^3$ (reeller oder komplexer Untervektorraum).

2. Stellen Sie fest, ob die folgenden Summen definiert sind, und bestimmen Sie ihre Werte, soweit möglich:

a) $2 \cdot (0,\ 1) + 5 \cdot (1,\ 1) - 4 \cdot (2,\ 1)$,

b) $2 \cdot \begin{pmatrix} 3 \\ 1 \\ 2 \end{pmatrix} + 5 \cdot (1,\ 0,\ 1)$,

c) $(1,\ 0,\ 1) + (0,\ 1,\ 0,\ 1)$.

3. Entscheiden Sie, welche der folgenden Aussagen richtig sind (ja/nein).

a) Sei $V$ ein Vektorraum über $K$. Dann gilt für alle $v \in V$: $0v = 0$.

b) Sei $V$ ein Vektorraum über $K$ und $v$ ein Vektor aus $V$, der nicht der Nullvektor ist. Dann folgt aus $\alpha v = 0$, daß $\alpha = 0$ ist.

4. Sei $V$ ein Vektorraum über dem Körper $K$, und sei $X$ eine Menge. Zeigen Sie, daß die Menge aller Abbildungen $\mathrm{Abb}(X, V)$ von $X$ nach $V$ in Bezug auf die Verknüpfungen

$$\mathrm{Abb}(X, V) \times \mathrm{Abb}(X, V) \to \mathrm{Abb}(X, V), (f, g) \mapsto f + g$$

mit $(f + g)(x) := f(x) + g(x)$ und

$$K \times \mathrm{Abb}(X, V) \to \mathrm{Abb}(X, V), (\alpha, f) \mapsto \alpha f$$

mit $(\alpha f)(x) := \alpha(f(x))$ ein Vektorraum ist. (Sie sollen also die Vektorraumaxiome detailliert überprüfen.)

5. Sei

$$G := \{f : \mathbb{R} \to \mathbb{R} \mid \forall x \in \mathbb{R}\,[f(-x) = f(x)]\}$$

der Raum der geraden Funktionen und

$$U := \{f : \mathbb{R} \to \mathbb{R} \mid \forall x \in \mathbb{R}\,[f(-x) = -f(x)]\}$$

der Raum der ungeraden Funktionen.

a) Zeigen Sie, daß $G$ und $U$ Untervektorräume des Vektorraumes $\mathrm{Abb}(\mathbb{R}, \mathbb{R})$ sind.

b) Zeigen Sie: $\mathrm{Abb}(\mathbb{R}, \mathbb{R}) = G + U$.

6. Zeigen Sie: Ein Vektorraum kann nicht Vereinigung von zwei echten Unterräumen sein.

7. Zeigen Sie: Enthält der Grundkörper unendlich viele Elemente, so kann ein Vektorraum über diesem Körper nicht Vereinigung von endlich vielen echten Unterräumen sein. (Hinweis: Man schließe durch Widerspruch und verwende das Dirichletsche Schubfachprinzip: Ist $V$ doch Vereinigung von endlichen vielen Unterräumen $U_1, \ldots, U_n$, so kann man $n$ so klein wie möglich wählen. In dieser Situation gibt es $u_1 \in U_1$ und $u_2 \in U_2$, die jeweils in keinem anderen Unterraum liegen. (Warum?) Für $n + 1$ verschiedene Zahlen $\lambda_1, \ldots, \lambda_{n+1} \in K$ betrachte man die Vektoren $u_1 + \lambda_1 u_2, \ldots, u_1 + \lambda_{n+1} u_2$.)

8. In 3.6.10 wurde die Menge der reellen Polynomfunktionen

$$P = \{f : \mathbb{R} \to \mathbb{R} | \exists n \in \mathbb{N}\, \exists \alpha_0, \ldots, \alpha_n \in \mathbb{R} \forall x \in \mathbb{R}[f(x) = \sum_{i=0}^{n} \alpha_i x^i]\}$$

eingeführt. Zeigen Sie, daß $P$ ein reeller Vektorraum ist.

9. In 3.6.7 wurde gezeigt, daß die Menge $\mathbb{Z}/(2)$ ein Körper (mit zwei Elementen) ist. Zeigen Sie:

a) Die Menge $\{0, a, b, c\}$ mit der durch die Gruppentafel

$$
\begin{array}{c|cccc}
+ & 0 & a & b & c \\
\hline
0 & 0 & a & b & c \\
a & a & 0 & c & b \\
b & b & c & 0 & a \\
c & c & b & a & 0
\end{array}
$$

beschriebenen abelschen Gruppenstruktur und einer geeigneten Multiplikation mit Skalaren ist ein Vektorraum über dem Körper $\mathbb{Z}/(2)$.

b) Für jeden $\mathbb{Z}/(2)$-Vektorraum $V$ gilt $\forall v \in V[v + v = 0]$.

c) Es gibt keine $\mathbb{Z}/(2)$-Vektorraumstruktur auf der Menge $\{0, a, b, c\}$, deren Addition durch die Gruppentafel

$$
\begin{array}{c|cccc}
+ & 0 & a & b & c \\
\hline
0 & 0 & a & b & c \\
a & a & b & c & 0 \\
b & b & c & 0 & a \\
c & c & 0 & a & b
\end{array}
$$

beschrieben wird.

10. Sei $V$ ein $\mathbb{R}$-Vektorraum. Zeigen Sie: Mit der durch

$$(v, w) + (x, y) = (v + x, w + y)$$
$$(\alpha + \beta i) \cdot (v, w) = (\alpha v - \beta w, \alpha w + \beta v)$$

für $v, w, x, y \in V$ und $\alpha, \beta \in \mathbb{R}$ beschriebenen Addition und Multiplikation mit Skalaren ist $V \times V$ ein $\mathbb{C}$-Vektorraum.

11. Beweisen Sie das modulare Gesetz: Sind $V$ ein $K$-Vektorraum und $U_1$, $U_2$, $U_3 \subset V$ Untervektorräume mit $U_1 \subset U_3$, dann ist $(U_1 + U_2) \cap U_3 = U_1 + (U_2 \cap U_3)$.

## 5.2 Linearkombinationen, Basen, Dimension

Nachdem wir bisher nur ganze Vektorräume studiert haben, soll jetzt das eigentliche Rechnen mit Vektoren betrachtet werden. Da wir in jedem Vektorraum Vektoren addieren können, auch mehr als zwei Vektoren, und diese Vektoren zudem mit Elementen aus dem Körper multipliziert werden können, können wir allgemeinere Ausdrücke der folgenden Form bilden:

$$\sum_{i=1}^{n} \alpha_i v_i = \alpha_1 v_1 + \ldots + \alpha_n v_n.$$

Im vorhergehenden Abschnitt haben wir solche Summen sogar für Familien mit unendlich vielen Vektoren gebildet, sofern nur endlich viele der Vektoren von Null verschieden sind. Das kann in einem Ausdruck der Form $\sum_{i \in I} \alpha_i v_i$ z.B. dadurch geschehen, daß nur endlich viele Skalare $\alpha_i$ von Null verschieden sind, oder auch dadurch, daß nur endlich viele Vektoren $v_i$ von Null verschieden sind. Daher setzen wir allgemein, wenn wir eine Summe der Form $\sum_{i \in I} \alpha_i v_i$ schreiben, immer stillschweigend voraus, daß nur endlich viele der Produkte $\alpha_i v_i \neq 0$ sind.

**Definition 5.2.1** Eine Summe $\sum_{i \in I} \alpha_i v_i$ mit $v_i \in V$ und $\alpha_i \in K$, wobei nur endlich viele $\alpha_i v_i \neq 0$ sind, wird *Linearkombination* der Vektoren $v_i$ mit den *Koeffizienten* $\alpha_i$ genannt. Für $n = 1$ definieren wir

$$\sum_{i=1}^{1} \alpha_i v_i := \alpha_1 v_1.$$

Für $n = 0$, also eine leere Summe (ohne Summanden), definieren wir

$$\sum_{i \in} \alpha_i v_i = \sum_{i=1}^{0} \alpha_i v_i := 0.$$

**Definition 5.2.2** 1. Seien $V$ ein Vektorraum, $X \subset V$ eine Teilmenge und $v \in V$ ein Vektor. Wir sagen, daß $v$ von $X$ *linear abhängig* ist, wenn es eine Darstellung $v = \sum_{v \in X} \alpha_v v$ gibt, oder genauer, wenn es Vektoren $v_1, \ldots, v_n \in X$ und Skalare $\alpha_1, \ldots, \alpha_n \in K$ so gibt, daß $v = \sum_{i=1}^{n} \alpha_i v_i$ gilt, d.h. daß $v$ eine Linearkombination der Vektoren $v_1, \ldots, v_n$ ist. Wir lassen dabei auch die Möglichkeiten $n = 0$ und $n = 1$ zu.

2. Die Menge der von einer Teilmenge $X \subset V$ linear abhängigen Vektoren heißt die von $X$ *erzeugte* oder *aufgespannte Menge* $\langle X \rangle$. Ist $X = \emptyset$, so gilt $\langle \emptyset \rangle = \{0\}$.

3. Eine Teilmenge $X \subset V$ eines Vektorraumes $V$ wird *Erzeugendenmenge* genannt, wenn jeder Vektor $v \in V$ linear abhängig von $X$ ist, d.h. wenn jeder Vektor aus $V$ eine Linearkombination von Vektoren aus $X$ ist. Mit anderen Worten gilt $V = \langle X \rangle$ genau dann, wenn $X$ eine Erzeugendenmenge von $V$ ist.

4. Der Vektorraum $V$ heißt *endlich erzeugt*, wenn es eine endliche Erzeugendenmenge für $V$ gibt.

5. Eine Teilmenge $X \subset V$ eines Vektorraumes $V$ heißt *linear unabhängig*, wenn keiner der Vektoren aus $X$ von den übrigen Vektoren aus $X$ linear abhängig ist. Gleichbedeutend damit ist die folgende Aussage: Sind $\alpha_v \in K$ für alle $v \in X$ so gegeben, daß $\sum_{v \in X} \alpha_v v = 0$ gilt, dann gilt $\alpha_v = 0$ für alle $v \in X$. Ist $X$ nicht linear unabhängig, so heißt $X$ *linear abhängig*.

Aus dieser Definition folgt unmittelbar, daß jede Teilmenge einer linear unabhängigen Menge wieder linear unabhängig ist, und daß jede Obermenge einer Erzeugendenmenge wieder eine Erzeugendenmenge ist. Außerdem ist jede Obermenge einer linear abhängigen Menge linear abhängig.

**Lemma 5.2.3** *Sei $X \subset V$ eine Teilmenge des Vektorraumes $V$. Dann ist die von $X$ erzeugte Menge $\langle X \rangle$ ein Untervektorraum von $V$.*

*Beweis.* Sicher ist $0 \in \langle X \rangle$ als Linearkombination ohne Summanden. Also ist $\langle X \rangle \neq \emptyset$. Seien $v_j = \sum_{x \in X} \alpha_{xj} x$ mit $j = 1, 2$ zwei beliebige Elemente aus $\langle X \rangle$. Sei weiter $\beta \in K$. Dann sind

$$v_1 + v_2 = \left( \sum_{x \in X} \alpha_{x1} x \right) + \left( \sum_{x \in X} \alpha_{x2} x \right) = \sum_{x \in X} (\alpha_{x1} + \alpha_{x2}) x$$

und

$$\beta v_1 = \beta \left( \sum_{x \in X} \alpha_{x1} x \right) = \sum_{x \in X} (\beta \alpha_{x1}) x$$

ebenfalls Elemente von $\langle X \rangle$. Also ist $\langle X \rangle$ ein Untervektorraum.

**Beispiele 5.2.4**   1. Im Vektorraum $\mathbb{R}^2$ gilt

$$(-7, 6) = 3(1, 2) - 5(2, 0).$$

Also ist $(-7, 6)$ von der Menge $\{(1, 2), (2, 0)\}$ linear abhängig. Ebenso ist $(5, 7)$ von der Menge $\{(1, 0), (1, 1), (0, 1)\}$ linear abhängig. Es gilt nämlich

$$(5, 7) = 2(1, 0) + 3(1, 1) + 4(0, 1).$$

Eine unserer Aufgaben wird es sein, die Koeffizienten (hier 2, 3 und 4) zu finden, die in einer Linearkombination zur Darstellung von $(5, 7)$ verwendet werden müssen. Sie werden im allgemeinen nicht eindeutig bestimmt sein, d. h. wir werden verschiedene Wahlmöglichkeiten haben.

2. Im Vektorraum $\mathbb{R}^3$ gilt

$$(-1, 2, 5) = 2(1, 2, 3) + (-1)(3, 2, 1).$$

Jedoch ist $(1, 0, 0)$ von der Menge $\{(1, 2, 3), (3, 2, 1)\}$ nicht linear abhängig. Gäbe es nämlich $\alpha$ und $\beta$ mit

$$(1, 0, 0) = \alpha(1, 2, 3) + \beta(3, 2, 1),$$

so wären $\alpha$ und $\beta$ Lösungen des linearen Gleichungssystems

$$1\alpha + 3\beta = 1,$$
$$2\alpha + 2\beta = 0,$$
$$3\alpha + 1\beta = 0.$$

Dieses Gleichungssystem hat aber offenbar keine Lösung. (Die letzten beiden Gleichungen lassen sich nur durch $\alpha = \beta = 0$ erfüllen. Damit kann aber die erste Gleichung nicht erfüllt werden.)

3. Wir bezeichnen mit $e_i = (0, \ldots, 1, \ldots, 0)$ die Vektoren in $K^n$ mit 1 an der $i$-ten Stelle und 0 an allen anderen Stellen. Die Menge der Vektoren $\{e_i | i = 1, 2, \ldots, n\}$ ist eine Erzeugendenmenge für den Vektorraum $K^n$, denn es gilt für alle Vektoren

$$(\xi_1, \ldots, \xi_n) = \sum_{i=1}^{n} \xi_i e_i.$$

Weiterhin bemerken wir, daß $\{e_i\}$ eine linear unabhängige Menge ist. Nehmen wir nämlich ein $e_i$ aus dieser Menge heraus, so kann man durch Linearkombinationen der übrigen $e_j$ nur solche Vektoren darstellen, die an der $i$-ten Stelle eine 0 haben, insbesondere also nicht $e_i$.

4. Sei $I$ eine beliebige Menge. Wir definieren eine Abbildung $\delta : I \times I \to \{0, 1\}$ durch

$$\delta(i, j) := \begin{cases} 1 & \text{für } i = j, \\ 0 & \text{für } i \neq j. \end{cases}$$

Diese Abbildung heißt auch *Kronecker*[1] *Funktion* oder *Kronecker Delta*. Man schreibt oft $\delta_{ij} := \delta(i, j)$. Die Vektoren

$$e_i := (\delta_{ij} | j \in I)$$

liegen in dem Vektorraum $K^{(I)}$, denn es ist nur eine Komponente von Null verschieden. Die Menge der Vektoren $\{e_i | i \in I\}$ ist eine Erzeugendenmenge für den Vektorraum $K^{(I)}$, denn es gilt für alle Vektoren

$$(\xi_i) = \sum_{j \in I} \xi_j e_j,$$

---

[1] Leopold Kronecker (1823–1891)

da in $(\xi_i)$ nur endlich viele Komponenten von Null verschieden sind. Weiterhin bemerken wir, daß $\{e_i | i \in I\}$ eine linear unabhängige Menge ist. Nehmen wir nämlich ein $e_i$ aus dieser Menge heraus, so kann man durch Linearkombinationen der übrigen $e_j$ nur solche Vektoren darstellen, die an der $i$-ten Stelle eine 0 haben, insbesondere also nicht $e_i$. Man beachte, daß die $e_i$ jedoch nicht den Vektorraum $K^I$ erzeugen, weil es Vektoren (Familien) mit unendlich vielen von Null verschiedenen Koeffizienten geben kann, jedoch jede (endliche!) Linearkombination $\sum_{i \in I} \alpha_i e_i$ nur endlich viele von Null verschiedene Koeffizienten haben kann. Die $e_i$ liegen aber auch in $K^{(I)}$ und sind offenbar sogar eine Erzeugendenmenge für diesen Untervektorraum.

5. Sei nun $V := \{(\xi_1, \xi_2, \xi_3, \xi_4) | \xi_1, \xi_2, \xi_3, \xi_4 \in \mathbb{R}, \xi_1 + \xi_2 + \xi_3 + \xi_4 = 0\}$. Dann liegen die Vektoren $(-1, 1, 0, 0)$, $(-1, 0, 1, 0)$ und $(-1, 0, 0, 1)$ in $V$ und bilden eine Erzeugendenmenge für $V$. Weiter ist diese Menge auch linear unabhängig. Den Beweis hierfür überlassen wir dem Leser zur Übung.

**Lemma 5.2.5** *Die Menge $B$ im Vektorraum $V$ ist genau dann linear abhängig, wenn (mindestens) ein Vektor $w \in B$ Linearkombination der übrigen Vektoren ist:*

$$w = \sum_{v \in B, v \neq w} \alpha_v v.$$

*Wenn die letzte Bedingung erfüllt ist, dann sind die von $B$ und von $B \setminus \{w\}$ erzeugten Mengen gleich:*

$$\langle B \rangle = \langle B \setminus \{w\} \rangle.$$

*Beweis.* Die erste Behauptung ist genau die Definition der linearen Abhängigkeit. In der zweiten Behauptung ist die Inklusion $\langle B \setminus \{w\} \rangle \subset \langle B \rangle$ trivialerweise wahr. Sei also $u = \sum_{v \in B} \beta_v v$ und $w = \sum_{v \in B, v \neq w} \alpha_v v$. Setzen wir $w$ in die erste Summe ein, so erhalten wir

$$u = \sum_{v \in B, v \neq w} (\beta_v + \beta_w \alpha_v) v,$$

also die geforderte Eigenschaft.

Wir beachten insbesondere, daß eine Menge $B$ linear abhängig ist, wenn sie den Nullvektor enthält. Andererseits ist die leere Menge linear unabhängig. Sie ist im Nullvektorraum auch eine Erzeugendenmenge.

**Definition 5.2.6** Sei $V$ ein Vektorraum. Eine Menge $B \subset V$ heißt eine *Basis* für $V$, wenn die Menge $B$ linear unabhängig und eine Erzeugendenmenge von $V$ ist.

**Satz 5.2.7** *Die Menge $\{e_i | i \in I\}$ ist eine Basis für den Vektorraum $K^{(I)}$, genannt die* kanonische Basis. *Insbesondere ist $\{e_i | i \in \{1, \ldots, n\}\}$ eine Basis für $K^n$.*

*Beweis.* Die Aussage wurde schon im Beispiel 5.2.4 4. gezeigt.

Da der Begriff der Basis für die lineare Algebra und analytische Geometrie von höchster Wichtigkeit ist, wollen wir weitere dazu äquivalente Eigenschaften studieren.

**Satz 5.2.8** *Sei $V$ ein Vektorraum und $B \subset V$ eine Teilmenge. $B$ ist genau dann eine Basis von $V$, wenn es zu jedem Vektor $w \in V$ eindeutig durch $w$ bestimmte Koeffizienten $\alpha_v \in K$ mit $v \in B$ gibt, so daß*

$$w = \sum_{v \in B} \alpha_v v.$$

*Beweis.* Sei $B$ eine Basis. Dann läßt sich jedes $w \in V$ als Linearkombination der $b \in B$ darstellen, weil $B$ eine Erzeugendenmenge bildet. Um die Eindeutigkeit der Darstellung im Satz, d.h. der Koeffizienten in der Darstellung, zu zeigen, nehmen wir an $w = \sum_{v \in B} \alpha_v v = \sum_{v \in B} \beta_v v$. Wir erhalten durch Umstellen der Gleichung

$$\sum_{v \in B} (\alpha_v - \beta_v) v = 0.$$

Da $B$ eine linear unabhängige Menge ist, folgt $\alpha_v - \beta_v = 0$ für alle $v \in B$ oder $\alpha_v = \beta_v$ für alle $v \in B$. Also ist die Darstellung von $w$ als Linearkombination der $v \in B$ eindeutig.

Sei umgekehrt jeder Vektor eindeutig als Linearkombination der $v \in B$ darstellbar, so ist $B$ eine Erzeugendenmenge. Weiter ist der Nullvektor $0$ eindeutig darstellbar als $0 = \sum_{v \in B} 0 v$, d.h. für eine Linearkombination $0 = \sum_{v \in B} \alpha_v v$ muß notwendig $\alpha_v = 0$ für alle $v \in B$ gelten. Damit ist $B$ aber linear unabhängig und eine Erzeugendenmenge, also eine Basis.

Wir werden unten für beliebige Vektorräume $V$ zeigen, daß sie immer eine Basis besitzen. Dieser Beweis ist jedoch nicht konstruktiv, führt also nicht zur Angabe einer konkreten Basis. Man hat jedoch häufig das Problem, daß eine konkrete Basis zum Rechnen benötigt wird. Deshalb beweisen wir diesen Satz gesondert in einem besonders einfachen Fall, in dem wir konstruktiv eine Basis angeben können. Diese Basis wird nur endlich viele Elemente haben. Im allgemeinen gibt es aber auch Vektorräume, die lediglich eine unendliche Basis besitzen, die man nicht konkret angeben kann.

**Satz 5.2.9** *Jeder endlich erzeugte Vektorraum besitzt eine endliche Basis.*

*Beweis.* Sei $\{b_1, \ldots, b_n\}$ eine endliche Erzeugendenmenge von $V$. Wenn die Erzeugendenmenge linear unabhängig ist, dann ist sie eine Basis. Ist sie jedoch linear abhängig, so können wir nach Lemma 5.2.5 ein $w$ aus dieser Menge entfernen, so daß die verbleibende Menge wieder eine Erzeugendenmenge ist. Sie hat dann aber nur noch $n - 1$ Elemente. Nach endlich vielen Schritten muß dieser Prozeß abbrechen mit einer linear unabhängigen Erzeugendenmenge (bei geeigneter Numerierung) $\{b_1, \ldots, b_m\}$. Diese ist dann eine Basis für $V$.

Wir haben in dem Beweis sogar mehr bewiesen, nämlich die Aussage, daß jede endliche Erzeugendenmenge eine Basis enthält. Man kann nun mit nichtkonstruktiven Mitteln der Mengenlehre einen wesentlich allgemeineren Satz beweisen. Im Beweis wird das Zornsche Lemma (2.3.7) verwendet. Wir zeigen zunächst

**Satz 5.2.10** *(Steinitzscher[2] Austauschsatz) Seien $V$ ein Vektorraum, $E \subset V$ eine Erzeugendenmenge und $X \subset V$ eine linear unabhängige Menge. Dann gibt es eine Teilmenge $F \subset E$ mit $F \cap X = \emptyset$, so daß $X \cup F$ eine Basis von $V$ ist.*

*Beweis.* Wir bilden die folgende Menge

$$\mathcal{Z} := \{ D \subset E \mid D \cap X = \emptyset \text{ und } D \cup X \text{ linear unabhängig}\}.$$

Diese Menge ist unter der Inklusion eine geordnete Menge. (Sie ist Teilmenge der Potenzmenge von $E$.)

Wir zeigen, daß jede total geordnete Teilmenge von $\mathcal{Z}$ eine obere Schranke besitzt. Ist die total geordnete Teilmenge leer, so ist eine obere Schranke durch $\emptyset \subset E$, also $\emptyset \in \mathcal{Z}$ gegeben.

Sei $\mathcal{Y} \subset \mathcal{Z}$ nicht leer und total geordnet. Wir bilden $F' := \bigcup\{D \in \mathcal{Y}\}$. Offenbar gilt $D \subset F'$ für alle $D \in \mathcal{Y}$.

Um zu zeigen, daß $F'$ in $\mathcal{Z}$ liegt, weisen wir zunächst $F' \cap X = \emptyset$ nach. Ist $x \in F' \cap X$, so ist $x$ insbesondere in $F'$, also in einer der Teilmengen $D$, deren Vereinigung $F'$ ist. Also gibt es ein $D \in \mathcal{Y}$ mit $x \in D \cap X$ im Widerspruch zu $D \in \mathcal{Z}$.

Weiter müssen wir zeigen, daß $F' \cup X$ linear unabhängig ist. Seien also $\alpha_v \in K$ mit $v \in F' \cup X$ gegeben, so daß $\sum_{v \in F' \cup X} \alpha_v v = 0$ gilt. Wenn überhaupt Koeffizienten $\alpha_v \neq 0$ in dieser Darstellung auftreten, dann auch solche mit $v \in F'$, weil ja $X$ allein linear unabhängig ist. Andererseits sind nur endlich viele $\alpha_v \neq 0$ möglich. Jedes zugehörige $v$ liegt schon in einem $D \in \mathcal{Y}$, es spielen also endlich viele solche $D$'s eine Rolle. Da die Teilmenge $\mathcal{Y} \subset \mathcal{Z}$ totalgeordnet war, gibt unter diesen endlich vielen $D$'s ein größtes $D'$, in dem dann alle in der Linearkombination verwendeten $v$'s mit von Null verschiedenen Koeffizienten liegen. Da aber $D' \cup X$ linear unabhängig ist, müssen die Koeffizienten alle Null sein. Also ist $F' \cup X$ wiederum linear unabhängig. Damit ist mit $F'$ eine obere Schranke für $\mathcal{Y}$ gefunden.

Nach dem Zornschen Lemma 2 enthält also $\mathcal{Z}$ ein maximales Element $F$. Nach Definition von $\mathcal{Z}$ gilt schon $F \cap X = \emptyset$ und $F \cup X$ linear unabhängig. Wir zeigen nun noch, daß $F \cup X$ eine Basis bildet. Dazu bleibt nur zu zeigen, daß $F \cup X$ eine Erzeugendenmenge ist. Zunächst bemerken wir, daß es genügt, alle Elemente aus $E$ als Linearkombination von Elemente aus $F \cup X$ darzustellen. Denn kann man jeden Vektor aus $E$ als Linearkombination von Vektoren

---
[2] Ernst Steinitz (1871–1928)

aus $F \cup X$ erhalten, so kann man auch jeden anderen Vektor aus $V$ als Linearkombination von Vektoren aus $F \cup X$ erhalten. Ist nun $u \in E$ nicht als Linearkombination von Vektoren aus $F \cup X$ darstellbar, dann hat jede Linearkombination der Form $\alpha_u u + \sum_{v \in F \cup X} \alpha_v v = 0$ notwendigerweise die Koeffizienten $\alpha_u = \alpha_v = 0$, denn $\alpha_u \neq 0$ würde nach Division durch $\alpha_u$ eine Darstellung $u = -\sum_{v \in F \cup X} \alpha_u^{-1} \alpha_v v$ ergeben, und die $\alpha_v$ müssen auch alle Null sein, weil $F \cup X$ linear unabhängig ist. Also ist $\{u\} \cup F \cup X$ linear unabhängig. Außerdem ist sicherlich $(\{u\} \cup F) \cap X = \emptyset$ und damit ist $\{u\} \cup F \in \mathcal{Z}$. Da $u \notin F$ und $F$ maximal in $\mathcal{Z}$ ist, haben wir einen Widerspruch erhalten. Somit kann jeder Vektor aus $E$ als Linearkombination von Elementen aus $F \cup X$ geschrieben werden, $F \cup X$ ist also eine Basis von $V$. (Uff!)

Aus diesem mächtigen Satz mit sehr abstraktem Beweis gehen nun unmittelbar eine Reihe von Folgerungen hervor.

**Folgerung 5.2.11**  *1. Jeder Vektorraum besitzt eine Basis.*
*2. In jeder Erzeugendenmenge eines Vektorraumes ist eine Basis enthalten.*
*3. Jede linear unabhängige Menge läßt sich zu einer Basis ergänzen.*

*Beweis.* Alle drei Aussagen folgen unmittelbar, wenn wir feststellen, daß jeder Vektorraum eine Erzeugendenmenge und eine linear unabhängige Menge enthält. Der gesamte Vektorraum ist aber eine Erzeugendenmenge und die leere Menge ist eine linear unabhängige Menge. Die leere Menge enthält nämlich keinen Vektor, der als Linearkombination der „übrigen Vektoren" darstellbar wäre.

**Folgerung 5.2.12**  *Die folgenden Aussagen für eine Teilmenge $B$ eines Vektorraumes $V$ sind äquivalent:*

*1. $B$ ist eine Basis von $V$.*
*2. $B$ ist eine minimale Erzeugendenmenge.*
*3. $B$ ist eine maximal linear unabhängige Menge.*

*Beweis.* Wir stellen zunächst fest, daß keine echte Teilmenge $E$ von $B$ Erzeugendenmenge von $V$ ist, denn ein Vektor $b \in B \setminus E$ läßt sich nicht als Linearkombination von Elementen aus $E$ darstellen, da $B$ linear unabhängig ist. Weiter ist jede echte Obermenge $X$ von $B$ linear abhängig, denn die hinzukommenden Elemente sind Linearkombinationen von Elementen aus $B$. Damit ist 1. $\Longrightarrow$ 2. und 1. $\Longrightarrow$ 3. gezeigt.

Wenn $B$ eine minimale Erzeugendenmenge ist, so enthält sie eine Basis $C$. Diese ist auch Erzeugendenmenge, muß also wegen der Minimalität mit $B$ übereinstimmen. Damit gilt 2. $\Longrightarrow$ 1.

Wenn $B$ eine maximal linear unabhängige Menge ist, dann läßt sie sich zu einer Basis $C$ ergänzen. Da $C$ auch linear unabhängig ist, muß $B = C$ und damit 3. $\Longrightarrow$ 1. gelten.

Wir beschäftigen uns jetzt mit dem Abzählen von Elementen in linear unabhängigen Mengen und Basen. Dazu wollen wir im Rest dieses Abschnitts voraussetzen, daß die betrachteten Vektorräume endlich erzeugt sind. Einige der Aussagen würden auch aus dem Steinitzschen Austauschsatz folgen. Für sie ist jedoch auch eine explizite Konstruktion von Interesse.

**Lemma 5.2.13** *Wenn der Vektorraum $V$ von der Menge $\{b_1, \ldots, b_n\} \subset V$ erzeugt wird und die Menge $\{c_1, \ldots, c_m\}$ in $V$ linear unabhängig ist, dann gilt $m \leq n$. Weiterhin gibt es Vektoren $b_{m+1}, \ldots, b_n$ aus der Menge der $b_i$ (nach geeigneter Umnumerierung), so daß $V$ von der Menge $\{c_1, \ldots, c_m, b_{m+1}, \ldots, b_n\}$ erzeugt wird.*

*Beweis.* Wir beweisen das Lemma durch vollständige Induktion nach $m$. Für $m = 0$ ist nichts zu zeigen. Gelte das Lemma für alle linear unabhängigen Mengen von $m$ Vektoren. Sei die Menge $\{c_1, \ldots, c_{m+1}\}$ linear unabhängig. Dann ist auch $\{c_1, \ldots, c_m\}$ linear unabhängig. Nach Induktionsannahme gibt es Vektoren $b_{m+1}, \ldots, b_n$, so daß $V$ durch $\{c_1, \ldots, c_m, b_{m+1}, \ldots, b_n\}$ erzeugt wird. Insbesondere gilt

$$c_{m+1} = \alpha_1 c_1 + \ldots + \alpha_m c_m + \alpha_{m+1} b_{m+1} + \ldots + \alpha_n b_n.$$

Wir zeigen $m + 1 \leq n$. Wenn das nicht der Fall ist, dann ist nach Induktionsvoraussetzung $m = n$, also treten in der Summe keine Summanden der Form $\alpha_i b_i$ auf. Damit würde aber die Gleichung für $c_{m+1}$ zeigen, daß die Menge $\{c_1, \ldots, c_{m+1}\}$ linear abhängig ist. Das ist ein Widerspruch zur Voraussetzung. Fügen wir jetzt den Vektor $c_{m+1}$ zu der Liste hinzu, so erhalten wir eine Erzeugendenmenge $\{c_1, \ldots, c_{m+1}, b_{m+1}, \ldots, b_n\}$. Wegen obiger Darstellung von $c_{m+1}$ ist die Menge linear abhängig. Wir können einen Vektor aus der Liste fortlassen, nämlich den ersten Vektor, der eine Linearkombination der vorhergehenden Vektoren ist. Da nun $\{c_1, \ldots, c_{m+1}\}$ linear unabhängig ist, ist dieser Vektor aus den $b_{m+1}, \ldots, b_n$ zu wählen. Wir erhalten schließlich eine Erzeugendenmenge von $n$ Vektoren, die die Vektoren $c_1, \ldots, c_{m+1}$ enthält.

Man beachte, daß das vorhergehende Lemma im Gegensatz zum Steinitzschen Austauschsatz konstruktiv ist. In der Tat kann man die Beweisschritte als Algorithmus für die Berechnung einer Basis verwenden, wenn eine endliche Erzeugendenmenge gegeben ist.

**Folgerung 5.2.14** *1. Sei $V$ ein endlich erzeugter Vektorraum. Dann haben je zwei Basen von $V$ gleich viele Elemente.*

*2. Wenn $V$ eine Basis mit unendlich vielen Elementen besitzt, dann hat auch jede andere Basis von $V$ unendlich viele Elemente.*

*Beweis.* Seien $\{b_1, \ldots, b_n\}$ und $\{c_i | i \in I\}$ zwei Basen des Vektorraumes $V$. Die Indexmenge $I$ darf hier zunächst sogar unendlich sein. Dann ist jede endliche Teilmenge von $\{c_i\}$ linear unabhängig, besitzt also nach dem vorhergehenden Lemma höchstens $n$ Elemente. Folglich ist auch $\{c_i | i \in I\}$ eine endliche Menge mit höchstens $n$ Elementen. Damit ist 2. bewiesen. Vertauschen wir jetzt die Rollen der $b_i$ und der $c_i$, so muß nochmals nach dem vorstehenden Lemma die Menge der $c_i$ mindestens $n$ Elemente besitzen. Damit ist auch 1. bewiesen.

Wenn $\{b_1, \ldots, b_n\}$ eine Basis für den Vektorraum $V$ ist, so ist die Zahl $n$ nur durch den Vektorraum selbst bestimmt. $V$ kann zwar viele verschiedene Basen haben, jedoch haben alle Basen dieselbe Anzahl von Elementen. Damit ist $n$ eine interessante Invariante für den Vektorraum $V$, die unabhängig von der gewählten Basis ist. Das führt uns zu der

**Definition 5.2.15** Wenn der Vektorraum $V$ eine endliche Basis besitzt, so wird die Anzahl $n$ der Vektoren der Basis *Dimension* genannt: $\dim V = n$. Sonst sagen wir, daß die Dimension unendlich ist: $\dim V = \infty$.

**Folgerung 5.2.16** *Sei $V$ ein $n$-dimensionaler Vektorraum. Dann gelten:*

*1. je $n + 1$ Vektoren sind linear abhängig,*

*2. $V$ kann nicht durch eine Menge von $n - 1$ Vektoren erzeugt werden.*

*Beweis* folgt unmittelbar aus 5.2.13.

**Folgerung 5.2.17** *Sei $V$ ein $n$-dimensionaler Vektorraum. Dann gelten:*

*1. jede linear unabhängige Menge von $n$ Vektoren ist ein Basis,*

*2. jede Erzeugendenmenge für $V$ von $n$ Vektoren ist eine Basis.*

*Beweis.* 1. Jede linear unabhängige Menge läßt sich zu einer Basis vervollständigen, die jedoch nach 5.2.16 1. nicht mehr als $n$ Elemente haben kann. Also ist die gegebene Menge selbst schon eine Basis.

2. Jede Erzeugendenmenge für $V$ enthält nach 5.2.16 2. eine Basis, die jedoch nach nicht weniger als $n$ Elemente haben kann. Also ist die gegebene Menge selbst schon eine Basis.

**Satz 5.2.18** *Sei $V$ ein $n$-dimensionaler Vektorraum und $U$ ein Untervektorraum von $V$. Dann ist $U$ ein endlichdimensionaler Vektorraum, und es gilt $\dim U \leq n$. Ist $\dim U = \dim V$, so ist $U = V$.*

*Beweis.* Eine Basis von $U$ besteht aus höchstens $n$ linear unabhängigen Vektoren wegen 5.2.16 1. Besitzt $U$ eine Basis aus $n = \dim V$ Vektoren, so ist diese nach 5.2.17 1. schon eine Basis von $V$, also erzeugt sie ganz $V$. Daher folgt $U = V$.

**Übungen 5.2.19** 1. Im Vektorraum $\mathbb{R}^3$ betrachten wir die Vektoren $v = (1, 2, 1)$ und $w = (1, 2, -1)$.

    a) Zeigen Sie, daß der Vektor $(1, 2, 5)$ eine Linearkombination von $v$ und $w$ ist.

b) Zeigen Sie, daß der Vektor $(3, 4, 0)$ keine Linearkombination von $v$ und $w$ ist.

2. a) Entscheiden Sie, ob die Vektoren $(1, 0, 2)$, $(2, 1, 4)$ und $(1, -1, 0)$ eine Basis des $\mathbb{R}^3$ bilden.

   b) Entscheiden Sie, ob die Vektoren $(1, 0, 2)$, $(3, 1, -1)$ und $(-2, -1, 3)$ eine Basis des $\mathbb{R}^3$ bilden.

3. Sei $V = \mathbb{R}^4$ und $U = \{(\, 2x, \quad x, 7y, 7z \,) \,|\, x + 2y + 3z = 0\} \subset \mathbb{R}^4$. Bestimmen Sie eine Basis von $V$, die eine Basis von $U$ enthält.

4. Sei $V$ ein $n$-dimensionaler Vektorraum. Dann gibt es eine Teilmenge $T \subset V$, so daß für jedes $v \in T$ die Menge $T \setminus \{v\}$ eine Basis von $V$ ist.

5. Sei $V$ ein endlichdimensionaler Vektorraum. $U_1$ und $U_2$ seien zwei Untervektorräume mit $U_1 \cap U_2 = \{0\}$. Zeigen Sie: $\dim V \geq \dim U_1 + \dim U_2$.

6. Sei $U$ ein Unterraum des endlichdimensionalen Vektorraums $V$ mit $\dim U = \dim V$. Zeigen Sie $U = V$.

7. $U_1$ und $U_2$ seien Unterräume von $\mathbb{R}^3$ mit $\dim U_1 = 1$ und $\dim U_2 = 2$. Zeigen Sie
$$U_1 + U_2 = \mathbb{R}^3 \Leftrightarrow U_1 \cap U_2 = \{0\}.$$

8. Zeigen Sie, daß die Polynomfunktionen $1, x, x^2, x^3$ in $\mathbb{R}^{\mathbb{R}}$ linear unabhängig sind. (Hinweis: Betrachten Sie die Ableitungen von Linearkombinationen der Polynomfunktionen.)

9. Bestimmen Sie eine linear unabhängige Erzeugendenmenge für den Unterraum $\langle 1, x^2 + 2x, x^2 - 2x, 2x - 1 \rangle \subseteq \mathbb{R}^{\mathbb{R}}$.

10. Bestimmen Sie eine Basis für den Unterraum $P_3$ der Polynomfunktionen vom Grad kleiner oder gleich 3 im Vektorraum aller Funktionen von $\mathbb{R}$ nach $\mathbb{R}$.

11. Sei $K = \mathbb{F}_3 = \mathbb{Z}/(3)$ der Körper mit drei Elementen. Bestimmen Sie eine Basis für den Unterraum aller Polynomfunktionen vom Grad kleiner oder gleich 3 im $K$-Vektorraum $\mathbb{F}_3^{\mathbb{F}_3}$ aller Abbildungen von $\mathbb{F}_3$ nach $\mathbb{F}_3$.

12. Wieviele Basen hat ein dreidimensionaler $\mathbb{Z}/(2)$-Vektorraum?

13. Zeigen Sie, daß $\{\sin(x), \cos(x)\}$ eine linear unabhängige Menge in $\mathbb{R}^{\mathbb{R}}$ bildet. (Verwenden Sie dazu Ihre Schulkenntnisse über die Funktionen $\sin(x)$ und $\cos(x)$.)

14. Sei $U$ der Untervektorraum von $\mathbb{R}^{\mathbb{R}}$, der von $\sin(x)$ und $\cos(x)$ erzeugt wird. Zeigen Sie, daß für jeden Winkel $\varphi$ gilt $\sin(\varphi + x) \in U$ und $\cos(\varphi + x) \in U$. Zeigen Sie außerdem, daß $\{\sin(\varphi + x), \cos(\varphi + x)\}$ eine Basis für $U$ bildet.

15. Zeigen Sie, daß $\{\sin(x), \cos(x), \tan(x)\}$ eine linear unabhängige Menge in $\mathbb{R}^{\mathbb{R}}$ bildet.

16. Sei $V$ ein endlichdimensionaler Vektorraum und $U$ ein Untervektorraum von $V$. $v_1, \ldots, v_n$ seien linear unabhängige Vektoren von $V$. Zeigen Sie daß folgende Aussagen äquivalent sind:

    a) Ergänzt man $v_1, \ldots, v_n$ durch eine Basis von $U$, so ist die entstehende Menge linear unabhängig.

b) Der Nullvektor ist der einzige Vektor, der gleichzeitig Linearkombination von $v_1, \ldots, v_n$ ist und in $U$ liegt.

17. Entscheiden Sie, welche der folgenden Aussagen richtig sind (ja/nein).

a) Sei $X$ eine Menge von linear unabhängigen Vektoren in einem Vektorraum. Dann ist auch jede Teilmenge von $X$ linear unabhängig.

b) Sei $X$ ein Erzeugendensystem des Vektorraumes $V$. Dann ist auch jede Teilmenge von $X$ ein Erzeugendensystem von $V$.

c) Jede Menge von Vektoren in einem Vektorraum läßt sich zu einer Basis ergänzen.

18. Wir betrachten die reellen Zahlen als Vektorraum über den rationalen Zahlen (vgl. Beispiel 5.1.2 6.). Zeigen Sie:

a) die Vektoren $1$, $\sqrt{2}$ und $\sqrt{3}$ sind linear unabhängig (Hinweis: Binomische Formel, Primfaktorzerlegung: Kann die Quadratwurzel einer Primzahl rational sein? Man sollte u.a. zeigen, daß $\sqrt{6}$ irrational ist.)

b) $\sqrt{7}$ ist keine Linearkombination von $\sqrt{3}$ und $\sqrt{5}$.

19. Seien $v_1, \ldots, v_n$ linear abhängige Vektoren in dem Vektorraum $V$ über dem Körper $K$ mit der Eigenschaft, daß je $n - 1$ von diesen Vektoren linear unabhängig sind. Seien

$$\lambda_1 v_1 + \ldots + \lambda_n v_n = 0$$

und

$$\mu_1 v_1 + \ldots + \mu_n v_n = 0$$

zwei Linearkombinationen, bei denen jeweils nicht alle Koeffizienten Null sind. Zeigen Sie, daß es eine Zahl $\lambda \in K$ mit der Eigenschaft

$$\mu_j = \lambda \lambda_j$$

für alle $j = 1, \ldots, n$ gibt.

## 5.3 Direkte Summen

In Abschnitt 1 haben wir schon Summen von Untervektorräumen diskutiert. Hier wollen wir einen besonders schönen Spezialfall davon betrachten.

**Definition 5.3.1** Seien $U_1$ und $U_2$ Untervektorräume des Vektorraumes $V$. Wenn $U_1 \cap U_2 = 0$ und $U_1 + U_2 = V$ gelten, dann heißt $V$ eine *direkte Summe* der beiden Untervektorräume. Wir schreiben $V = U_1 \oplus U_2$. Weiter heißen $U_1$ und $U_2$ *direkte Summanden* von $V$. $U_2$ heißt *direktes Komplement* zu $U_1$ in $V$.

Der folgende Satz verhilft uns zu einer Vielzahl von Beispielen. Er zeigt in der Tat, daß jeder Untervektorraum als direkter Summand in einer direkten Summe auftritt. Das ist eine ganz besondere Eigenschaft von Vektorräumen, die aus der Existenz einer Basis für jeden Vektorraum folgt.

**Satz 5.3.2** *Sei $U$ ein Untervektorraum des Vektorraumes $V$. Dann gibt es ein direktes Komplement zu $U$.*

*Beweis.* Sei $\{u_i | i \in I\}$ eine Basis für $U$. Da diese Menge linear unabhängig ist, kann sie nach 5.2.11 3. zu einer Basis $\{u_i | i \in I\} \dot\cup \{v_j | j \in J\}$ fortgesetzt werden. Sei $U'$ der von $\{v_j | j \in J\}$ (als Basis) erzeugte Untervektorraum. Wir zeigen, daß $U'$ ein direktes Komplement zu $U$ ist. Sei $v \in V$ gegeben. $v$ hat eine Basisdarstellung

$$v = (\sum_{i \in I} \alpha_i u_i) + (\sum_{j \in J} \beta_j v_j).$$

Die beiden Klammerausdrücke liegen jedoch in $U$ bzw. in $U'$. Damit ist $V = U + U'$. Um $U \cap U' = 0$ zu zeigen, wählen ein $v \in U \cap U'$. Dann hat $v$ zwei Basisdarstellungen

$$v = (\sum_{i \in I} \alpha_i u_i) + 0 = 0 + (\sum_{j \in J} \beta_j v_j),$$

weil $v$ sowohl in $U$ als auch in $U'$ liegt. Wir haben bei den Darstellungen die Basen von $U$ bzw. $U'$ verwendet und noch eine Linearkombination der restlichen Basiselemente, die Null ergibt, hinzugefügt. Wegen 5.2.8 stimmen die Koeffizienten überein: $\alpha_i = 0$ für alle $i \in I$ und $\beta_j = 0$ für alle $j \in J$. Damit ist aber $v = 0$ und $U \cap U' = 0$.

Es ist nicht nur die direkte Summe von zwei Untervektorräumen interessant, sondern auch die direkte Summe beliebig vieler Untervektorräume. Die Definition hierfür ist komplizierter, als die Definition einer direkten Summe von zwei Vektorräumen. Deswegen haben wir den einfachen Fall zunächst gesondert betrachtet.

**Definition 5.3.3** Sei $(U_i | i \in I)$ eine Familie von Untervektorräumen des Vektorraumes $V$. Wenn

$$\sum_{i \in I} U_i = V$$

und

$$\forall j \in I[U_j \cap \sum_{i \in I, i \neq j} U_i = 0]$$

gelten, dann heißt $V$ eine *(innere) direkte Summe* der Untervektorräume $U_i$. Wir schreiben $V = \bigoplus_{i \in I} U_i$. Weiter heißen die Untervektorräume $U_i$ *direkte Summanden* von $V$. Wenn für die Indexmenge $I = \{1, \dots, n\}$ gilt, so schreiben wir auch $V = U_1 \oplus \dots \oplus U_n$.

Weil der Begriff der direkten Summe beinahe genauso stark ist, wie der einer Basis, wollen wir eine Reihe von Eigenschaften finden, die dazu äquivalent sind.

**Satz 5.3.4** *Sei* $(U_i|i \in I)$ *eine Familie von Untervektorräumen des Vektorraumes* $V$. $V$ *ist genau dann direkte Summe der* $U_i$, *wenn sich jeder Vektor* $v \in V$ *auf genau eine Weise als Summe einer Familie von Vektoren* $(u_i \in U_i|i \in I)$ *schreiben läßt:* $v = \sum_{i \in I} u_i$.

*Beweis.* Sei $V = \bigoplus_{i \in I} U_i$ und habe $v \in V$ zwei Summendarstellungen

$$v = \sum_{i \in I} u_i = \sum_{i \in I} u_i'.$$

Dann ist $u_j - u_j' = \sum_{i \in I, i \neq j} u_i' - u_i = 0$, also $u_j = u_j'$ für alle $j \in I$. Sei umgekehrt jeder Vektor $v \in V$ eindeutig als Summe darstellbar. Zunächst ist dann sicher jeder Vektor $v \in V$ als Summe darstellbar, also gilt $V = \sum_{i \in I} U_i$. Ist aber $v \in U_j \cap \sum_{i \in I, i \neq j} U_i$, so gilt $v = u_j + 0 = 0 + \sum_{i \in I, i \neq j} u_i$ für geeignete Vektoren $u_j (= v) \in U_j$ und $u_i \in U_i$. Wegen der Eindeutigkeit folgt daraus $u_j = 0 = v$, also gilt $U_j \cap \sum_{i \in I, i \neq j} U_i = 0$.

**Folgerung 5.3.5** *Sei* $B$ *eine Basis für den Vektorraum* $V$. *Dann ist* $V$ *eine direkte Summe der eindimensionalen Untervektorräume* $(Kb|b \in B)$:

$$V = \bigoplus_{b \in B} Kb.$$

*Beweis* folgt mit dem vorhergehenden Satz unmittelbar aus der Eigenschaft, daß jeder Vektor eine eindeutige Basisdarstellung hat.

**Satz 5.3.6** *Sei* $(U_i|i = 1, \ldots, n)$ *eine Familie von Untervektorräumen des endlichdimensionalen Vektorraumes* $V$. $V$ *ist genau dann direkte Summe der* $U_i$, *wenn* $\sum_{i=1}^{n} U_i = V$ *und* $\sum_{i=1}^{n} \dim U_i = \dim V$ *gelten.*

*Beweis.* Seien $B_i = \{b_{i1}, \ldots, b_{ik_i}\}$ Basen für die Untervektorräume $U_i$ (für $i = 1, \ldots, n$). Dann gilt $\dim U_i = k_i$. Sei $B := \bigcup_{i=1}^{n} B_i$. Da $V$ Summe der $U_i$ ist und die $U_i$ von den Mengen $B_i$ erzeugt werden, ist $B$ offenbar eine Erzeugendenmenge für $V$.

„$\Longrightarrow$": Sei $V$ eine direkte Summe der $U_i$. Dann ist die Vereinigung $B := \bigcup_{i=1}^{n} B_i$ eine disjunkte Vereinigung. Ist nämlich $i \neq j$ und $b \in B_i \cap B_j \subset U_i \cap U_j \subset \sum_{i=1, i \neq j}^{n} U_i \cap U_j = 0$, so ist $b = 0$, kann also kein Basiselement sein.

Wir zeigen, daß $B$ eine Basis für $V$ ist. Wenn wir das gezeigt haben, ist nämlich $\sum_{i=1}^{n} \dim U_i = \sum_{i=1}^{n} k_i = |B| = \dim V$. Sei $\sum_{i=1}^{n} \sum_{k=1}^{k_i} \alpha_{ik} b_{ik} = 0$, dann ist wegen der eindeutigen Darstellbarkeit 5.3.4 $\sum_{k=1}^{k_i} \alpha_{ik} b_{ik} = 0$ für alle $i = 1, \ldots, n$. Da $B_i$ Basis ist, folgt also $\alpha_{ik} = 0$ für alle $i$ und $k$. Damit ist $B$ linear unabhängig und folglich eine Basis.

„$\Longleftarrow$": Gelte nun $\sum_{i=1}^{n} U_i = V$ und $\sum_{i=1}^{n} \dim U_i = \dim V$. Da $B$ eine Erzeugendenmenge ist, gilt $|B| \geq \dim V = \sum_{i=1}^{n} \dim U_i \geq |B|$, also ist $|B| = \dim V$ und $B$ eine disjunkte Vereinigung der $B_i$. Insbesondere ist $B$ eine Basis von $V$ nach 5.2.17 2. Sei nun $u_j = \sum_{i=1, i\neq j}^n u_i \in U_j \cap \sum_{i=1, i\neq j}^n U_i$, so erhalten wir als Basisdarstellung

$$u_j = \sum_{k=1}^{k_j} \alpha_{jk} b_{jk} + 0 = 0 + \sum_{i=1, i\neq j}^n \sum_{l=1}^{k_i} \alpha_{il} b_{il}.$$

Da $B$ eine Basis ist und wir zwei Basisdarstellungen haben, verschwinden alle Koeffizienten. Also ist $u_j = 0$. Das gilt für alle $j = 1, \ldots, n$. Daher ist $U_j \cap \sum_{i=1, i\neq j}^n U_i = 0$. Es gilt somit $V = U_1 \oplus \ldots \oplus U_n$.

**Folgerung 5.3.7** *Seien $U_1, U_2$ Untervektorräume des endlichdimensionalen Vektorraumes $V$. Äquivalent sind*

1. $V = U_1 \oplus U_2$.
2. $V = U_1 + U_2$ und $\dim V = \dim U_1 + \dim U_2$.
3. $0 = U_1 \cap U_2$ und $\dim V = \dim U_1 + \dim U_2$.

*Beweis.* Es ist nur zu zeigen, daß aus 3. folgt $V = U_1 + U_2$. Basen $B_1$ von $U_1$ und $B_2$ von $U_2$ sind wegen $0 = U_1 \cap U_2$ sicher disjunkt. Es folgt sogar, daß $B := B_1 \dot\cup B_2$ linear unabhängig ist. Wegen der Bedingung $\dim V = \dim U_1 + \dim U_2$ ist $B$ dann aber eine Basis und damit $V = U_1 + U_2$.

**Satz 5.3.8** *(Dimensionssatz für Untervektorräume) Seien $U_1$ und $U_2$ endlichdimensionale Untervektorräume des Vektorraumes $V$. Dann gilt*

$$\dim U_1 + \dim U_2 = \dim(U_1 + U_2) + \dim(U_1 \cap U_2).$$

*Beweis.* Sei $C = \{c_1, \ldots, c_k\}$ eine Basis von $U_1 \cap U_2$. Wir setzen $C$ zu Basen von $U_1$ bzw. $U_2$ fort: $B_1 = \{c_1, \ldots, c_k, a_{k+1}, \ldots, a_i\}$ und $B_2 = \{c_1, \ldots, c_k, b_{k+1}, \ldots, b_j\}$. Wir zeigen, daß dann $B := \{c_1, \ldots, c_k, a_{k+1}, \ldots, a_i, b_{k+1}, \ldots, b_j\}$ eine Basis für $U_1 + U_2$ ist. Zunächst ist $B$ eine Erzeugendenmenge, denn alle Vektoren aus $U_1$ bzw. $U_2$ lassen sich als Linearkombinationen darstellen, also auch alle Vektoren aus $U_1 + U_2$. Außerdem ist $B$ linear unabhängig, denn wenn $\sum_{r=1}^k \gamma_r c_r + \sum_{s=1}^i \alpha_s a_s + \sum_{t=1}^j \beta_t b_t = 0$ ist, dann ist $v := \sum_{r=1}^k \gamma_r c_r + \sum_{s=1}^i \alpha_s a_s = -\sum_{t=1}^j \beta_t b_t \in U_1 \cap U_2$, also sind alle $\alpha_s = 0$, weil $C$ Basis von $U_1 \cap U_2$ ist. Ebenso sieht man, daß alle $\beta_t = 0$. Dann ist aber in der ursprünglichen Summe $\sum_{r=1}^k \gamma_r c_r = 0$. Damit sind auch die $\gamma_r = 0$. Das zeigt, daß $B$ eine Basis von $U_1 + U_2$ ist. Jetzt gilt $\dim(U_1 + U_2) = k + (i - k) + (j - k) = \dim(U_1 \cap U_2) + \dim U_1 - \dim(U_1 \cap U_2) + \dim U_2 - \dim(U_1 \cap U_2)$. Daraus folgt die behauptete Dimensionsformel.

**Beispiele 5.3.9** 1. Sei $I$ eine Menge mit mindestens zwei Elementen. Die $U_i := \langle e_i \rangle = K e_i$ sind Unterräume von $K^{(I)}$. Da die Menge $\{e_i\}$ eine Basis von $K^{(I)}$ bildet, sieht man sofort, daß gilt $K^{(I)} = \bigoplus_{i \in I} K e_i$.

2. Wir schließen diesen Abschnitt mit dem uns schon bekannten Beispiel 5.1.2 5. des Vektorraumes

$$U := \{(\xi_1, \xi_2, \xi_3, \xi_4) | \xi_1, \xi_2, \xi_3, \xi_4 \in \mathbb{R}, \xi_1 + \xi_2 + \xi_3 + \xi_4 = 0\}.$$

Er ist ein Untervektorraum des Vektorraumes

$$V := \{(\xi_1, \xi_2, \xi_3, \xi_4) | \xi_1, \xi_2, \xi_3, \xi_4 \in \mathbb{R}\},$$

denn wenn zwei Vektoren $(\xi_1, \xi_2, \xi_3, \xi_4), (\eta_1, \eta_2, \eta_3, \eta_4) \in U$ gegeben sind, wenn also $\xi_1 + \xi_2 + \xi_3 + \xi_4 = 0$ und $\eta_1 + \eta_2 + \eta_3 + \eta_4 = 0$ gelten und wenn $\alpha \in K$ gegeben ist, so gelten auch $(\xi_1 + \eta_1) + (\xi_2 + \eta_2) + (\xi_3 + \eta_3) + (\xi_4 + \eta_4) = 0$ und $\alpha\xi_1 + \alpha\xi_2 + \alpha\xi_3 + \alpha\xi_4 = 0$, d.h. $(\xi_1, \xi_2, \xi_3, \xi_4) + (\eta_1, \eta_2, \eta_3, \eta_4) \in U$ und $\alpha(\xi_1, \xi_2, \xi_3, \xi_4) \in U$. $U$ hat nach 5.2.4 5. eine Basis $(-1, 1, 0, 0)$, $(-1, 0, 1, 0)$, $(-1, 0, 0, 1)$, hat also die Dimension 3. Jeder Vektor $v \in U$ läßt sich eindeutig in der Form

$$v = \alpha_1(-1, 1, 0, 0) + \alpha_2(-1, 0, 1, 0) + \alpha_3(-1, 0, 0, 1)$$

darstellen, kann also allein durch die Angabe des Tripels $(\alpha_1, \alpha_2, \alpha_3)$ eindeutig beschrieben werden. Bei festgehaltener Basis des Vektorraumes $U$ können damit dessen Elemente allein durch die Angabe ihrer Koeffiziententripel mit $n = \dim(V)$ angegeben werden. Die Summe zweier Vektoren und das Produkt mit einem Skalar ergibt für die Koeffiziententripel komponentenweise Addition bzw. Multiplikation. So gilt z.B. für die Vektoren bzw. deren Summe:

$$(-6, 1, 2, 3) = 1(-1, 1, 0, 0) + 2(-1, 0, 1, 0) + 3(-1, 0, 0, 1)$$

mit dem Koeffiziententripel $(1, 2, 3)$ und

$$(-4, 2, 0, 2) = 2(-1, 1, 0, 0) + 0(-1, 0, 1, 0) + 2(-1, 0, 0, 1)$$

mit dem Koeffiziententripel $(2, 0, 2)$ ergibt

$$(-6, 1, 2, 3) + (-4, 2, 0, 2) = (-10, 3, 2, 5) =$$
$$= 3(-1, 1, 0, 0) + 2(-1, 0, 1, 0) + 5(-1, 0, 0, 1)$$

mit $(1, 2, 3) + (2, 0, 2) = (3, 2, 5)$.

Ein direktes Komplement zu $U$ in $\mathbb{R}^4$ können wir finden, wenn wir die Basis von $U$ zu einer Basis von $\mathbb{R}^4$ vervollständigen. Das kann auf sehr vielfältige Weise geschehen. Insbesondere sind die Vektoren

$$(-1, 1, 0, 0), (-1, 0, 1, 0), (-1, 0, 0, 1), e_i$$

für jede Wahl von $i = 1, 2, 3, 4$ eine Basis von $\mathbb{R}^4$, also ist jeder der Untervektorräume $\mathbb{R}e_i$ ein direktes Komplement von $U$. Wir empfehlen dem Leser, noch weitere direkte Komplemente von $U$ zu suchen.

**Übungen 5.3.10**  1. Seien $V$ und $W$ zwei Vektorräume über dem Körper $K$.

a) Zeigen Sie, daß das (kartesische) Produkt $V \times W$ mit der Addition

$$(v, w) + (v', w') := (v + v', w + w')$$

und der Multiplikation mit Skalaren

$$\lambda(v, w) := (\lambda v, \lambda w)$$

ein Vektorraum ist.

b) Zeigen Sie: Hat $V$ eine Basis aus $n$ Vektoren und $W$ eine Basis aus $m$ Vektoren, so hat $V \times W$ eine Basis aus $n + m$ Vektoren.

2. Zeigen Sie

a) $\mathrm{Span}(1 + x, 1 - x) + \mathrm{Span}(x^2 - x, x^2 - 1) = \mathrm{Span}(1, x, x^2)$.

b) Ist die Summe eine direkte Summe?

c) Berechnen Sie die Dimension des Durchschnitts.

3. Sei $P$ der Untervektorraum von $\mathbb{R}^{\mathbb{R}}$, der von den Funktionen $\{1, x, x^2, \ldots\}$ aufgespannt wird. Wir nennen $P$ den Raum der Polynomfunktionen. Zeigen Sie, daß $P$ die direkte Summe der Räume $P_g := \langle 1, x^2, x^4, x^6, \ldots \rangle$ und $P_u := \langle x, x^3, x^5, \ldots \rangle$ der Polynome mit geraden bzw. ungeraden Exponenten ist.

4. Zeigen Sie, daß $\mathbb{R}_5 = U \oplus V$, wobei

$$U := \{x \in \mathbb{R}_5 \mid \begin{pmatrix} 1 & 2 & 1 & 0 & 1 \\ 2 & 3 & 1 & 1 & 1 \end{pmatrix} x = 0\}$$

und

$$V := \{x \in \mathbb{R}_5 \mid x_1 = 2t, x_2 = s + t, x_3 = 3s + t, x_4 = s, x_5 = 2t, s, t \in \mathbb{R}\}.$$

5. Seien $V = \{(\lambda, \ 2\lambda, \ 2\mu, \ \mu) \mid \lambda, \mu \in \mathbb{R}\}$ und $W = \{(\lambda, \ \lambda, \ \lambda, \ \lambda) \mid \lambda \in \mathbb{R}\}$. Bestimmen Sie Unterräume $U_1, U_2, U_3 \subset \mathbb{R}^4$, so daß $U_i \oplus V = \mathbb{R}^4$ für $i = 1, 2, 3$ gilt, $U_1 \cap U_2 = 0$ und $U_1 \cap U_3 = W$.

## 5.4 Lineare Abbildungen

Wie bei der Diskussion der algebraischen Grundstrukturen Halbgruppe, Monoid und Gruppe wollen wir jetzt auch für Vektorräume den Begriff eines Homomorphismus einführen.

Wenn wir irgendwelche Punkte, Geraden oder beliebige Punktmengen in einem Vektorraum haben, so wollen wir diese sinnvoll in dem vorgegebenen Vektorraum bewegen können oder sie sogar in einen anderen Vektorraum „hinüberbringen" können, z.B. durch eine Projektion oder durch eine

Streckung. Der dafür geeignete mathematische Begriff ist der des Homomorphismus von Vektorräumen oder der linearen Abbildung. Lineare Abbildungen zwischen endlichdimensionalen Vektorräumen können in sehr einfacher Weise mit Matrizen beschrieben werden. Wir werden diese Technik ausführlich in Abschnitt 5 darstellen.

**Definition 5.4.1** Sei $K$ ein beliebiger Körper. Seien $V$ und $W$ zwei Vektorräume über $K$. Sei schließlich $f : V \to W$ eine Abbildung von $V$ in $W$. $f$ heißt eine *lineare Abbildung* oder ein *Homomorphismus*, wenn die folgenden Gesetze erfüllt sind:

$$f(v_1 + v_2) = f(v_1) + f(v_2) \text{ für alle } v_1, v_2 \text{ in } V,$$
$$f(\lambda v) = \lambda f(v) \text{ für alle } \lambda \in K \text{ und } v \in V.$$

Wie bei anderen algebraischen Strukturen (vgl. 3.2.4 und 3.2.5) sprechen wir auch bei Homomorphismen $f : V \to W$ von Vektorräumen von einem *Isomorphismus*, wenn $f$ bijektiv ist (und damit einen Umkehrhomomorphismus besitzt). Zwei Vektorräume heißen *isomorph*, wenn es einen Isomorphismus zwischen ihnen gibt.

Ein injektiver Homomorphismus von Vektorräumen $f : V \to W$ heißt *Monomorphismus*.

Ein surjektiver Homomorphismus von Vektorräumen $f : V \to W$ heißt *Epimorphismus*.

Ein Homomorphismus von Vektorräumen $f : V \to V$ mit $V = \mathrm{Qu}(f) = \mathrm{Zi}(f)$ heißt *Endomorphismus*.

Ein Isomorphismus von Vektorräumen $f : V \to V$ mit $V = \mathrm{Qu}(f) = \mathrm{Zi}(f)$ heißt *Automorphismus*.

Wegen der ersten Bedingung ist $f$ auch ein Homomorphismus von abelschen Gruppen. Insbesondere erhält man $f(0) = 0$. Offensichtlich läßt sich diese Definition auch verwenden, um allgemein zu zeigen

$$f\left(\sum_{i=1}^{n} \lambda_i v_i\right) = \sum_{i=1}^{n} \lambda_i f(v_i).$$

Damit werden alle wesentlichen Operationen in einem Vektorraum von linearen Abbildungen respektiert. Es gelten im übrigen sinngemäß wieder die Ausführungen von Kapitel 3, insbesondere

**Lemma 5.4.2** *Seien* $f : V \to W$ *und* $g : W \to Z$ *zwei lineare Abbildungen. Dann ist auch* $gf : V \to Z$ *eine lineare Abbildung. Weiterhin ist die identische Abbildung* $\mathrm{id}_V : V \to V$ *eine lineare Abbildung.*

*Beweis.* Wir brauchen die beiden Bedingungen nur auszuschreiben:

$$gf(v_1 + v_2) = g(f(v_1) + f(v_2)) = gf(v_1) + gf(v_2)$$

und

$$gf(\lambda v) = g(\lambda f(v)) = \lambda gf(v).$$

Für die identische Abbildung ist die Aussage noch trivialer.

Lineare Abbildungen oder Homomorphismen haben oft eine weitreichende geometrische Bedeutung, wie die folgenden Beispiele zeigen.

**Beispiele 5.4.3**    1. Wir wollen ein erstes Beispiel für eine lineare Abbildung angeben. Dazu verwenden wir die Vektorräume $V = \mathbb{R}^3$ und $W = \mathbb{R}^2$. Die Abbildung $f : V \to W$ sei definiert durch

$$f(\xi, \eta, \zeta) := (\xi, \zeta),$$

also die Projektion des dreidimensionalen Raumes auf die $x$-$z$-Ebene (entlang der $y$-Achse). Wir rechnen schnell nach, daß

$$\begin{aligned}
f((\xi_1, \eta_1, \zeta_1) + (\xi_2, \eta_2, \zeta_2)) &= f(\xi_1 + \xi_2, \eta_1 + \eta_2, \zeta_1 + \zeta_2) \\
&= (\xi_1 + \xi_2, \zeta_1 + \zeta_2) = (\xi_1, \zeta_1) + (\xi_2, \zeta_2) \\
&= f(\xi_1, \eta_1, \zeta_1) + f(\xi_2, \eta_2, \zeta_2)
\end{aligned}$$

und auch

$$\begin{aligned}
f(\lambda(\xi, \eta, \zeta)) &= f(\lambda\xi, \lambda\eta, \lambda\zeta) = \\
&= (\lambda\xi, \lambda\zeta) = \lambda(\xi, \zeta) = \lambda f(\xi, \eta, \zeta)
\end{aligned}$$

gelten. Damit ist $f$ eine lineare Abbildung. Entsprechend können wir die Projektionen auf die $x$-$y$-Ebene bzw. auf die $y$-$z$-Ebene als lineare Abbildungen auffassen. Ja sogar die Projektionen auf die einzelnen Achsen, die $x$-Achse, die $y$-Achse und die $z$-Achse, sind lineare Abbildungen.

2. Die Abbildung

$$f : \mathbb{R}^2 \ni (\xi, \eta) \mapsto (\tfrac{1}{2}\sqrt{2}\,\xi + \tfrac{1}{2}\sqrt{2}\,\eta, -\tfrac{1}{2}\sqrt{2}\,\xi + \tfrac{1}{2}\sqrt{2}\,\eta) \in \mathbb{R}^2$$

stellt die Drehung der reellen Ebene um den Nullpunkt und den Winkel von $45°$ dar (im mathematischen Drehsinn – der technische Drehsinn wird rechtsdrehend oder im Uhrzeigersinn gerechnet). Zur Abkürzung sei $a := \tfrac{1}{2}\sqrt{2}$. Dann gilt

$$\begin{aligned}
f((\xi_1, \eta_1) + (\xi_2, \eta_2)) &= f(\xi_1 + \xi_2, \eta_1 + \eta_2) \\
&= (a(\xi_1 + \xi_2) + a(\eta_1 + \eta_2), -a(\xi_1 + \xi_2) + a(\eta_1 + \eta_2)) \\
&= (a\xi_1 + a\eta_1, -a\xi_1 + a\eta_1) + (a\xi_2 + a\eta_2, -a\xi_2 + a\eta_2) \\
&= f(\xi_1, \eta_1) + f(\xi_2, \eta_2),
\end{aligned}$$

$$\begin{aligned}
f(\lambda(\xi, \eta)) &= f(\lambda\xi, \lambda\eta) = (a\lambda\xi + a\lambda\eta, -a\lambda\xi + a\lambda\eta) = \\
&= \lambda(a\xi + a\eta, -a\xi + a\eta) = \lambda f(\xi, \eta).
\end{aligned}$$

Damit ist $f$ ein Homomorphismus von Vektorräumen.

Man kann eine lineare Abbildung $f : V \to W$ auf einen Untervektorraum $U \subset V$ einschränken und erhält so eine lineare Abbildung $f|_U : U \to W$, denn die Verträglichkeit mit der Addition von Vektoren und der Multiplikation mit Skalaren bleibt natürlich erhalten. Die Frage, ob auch eine Einschränkung in der Bildmenge $W$ möglich ist, beantwortet das folgende Lemma.

**Lemma 5.4.4** *Sei $f : V \to W$ eine lineare Abbildung und $U \subset V$ ein Untervektorraum. Dann ist das Bild $f(U) \subset W$ von $U$ ein Untervektorraum von $W$. Den Vektorraum $f(V)$ nennt man allgemein das Bild von $f$, oder einfach $\mathrm{Bi}(f)$.*

*Beweis.* Seien $f(u), f(u') \in f(U)$ mit $u, u' \in U$ gegeben, und sei $\lambda \in K$. Dann gelten $f(u) + f(u') = f(u + u') \in f(U)$ und $\lambda f(u) = f(\lambda u) \in f(U)$, weil $U$ ein Untervektorraum ist, also $u + u' \in U$ und $\lambda u \in U$ gelten. Damit ist $f(U)$ ein Untervektorraum.

Wir können also auch den Zielvektorraum $W$ einer linearen Abbildung $f : V \to W$ einschränken, jedoch nicht beliebig wie das beim Quellvektorraum $V$ der Fall war, sondern nur auf einen Untervektorraum, der den Untervektorraum $f(V)$ enthält. Schränken wir $V$ weiter ein, so ist auch eine weitere Einschränkung von $W$ möglich.

Andere wichtige Eigenschaften von Vektorräumen werden bei linearen Abbildungen nicht erhalten, wie etwa die Dimension oder die Eigenschaft einer Menge von Vektoren, Basis zu sein. Hier gelten kompliziertere Zusammenhänge. Besonders die Basiseigenschaft spielt eine ausgezeichnete Rolle für lineare Abbildungen. Sie hängt nämlich eng mit dem Begriff des freien Vektorraumes zusammen, wie er in 3.3.1 für die algebraischen Strukturen Halbgruppe, Monoid bzw. Gruppe schon definiert worden ist. Wir bemerken zunächst, daß 3.3.3 auch im Falle von Vektorräumen gilt:

**Satz 5.4.5** *1. Ist $V$ mit $\iota : B \to V$ ein freier Vektorraum über der Menge $B$, so ist $\iota$ injektiv.*

*2. Sind $V$ und $V'$ mit $\iota : B \to V$ und $\iota' : B \to V'$ freie Vektorräume, so gibt genau einen Homomorphismus $f : V \to V'$ mit*

*kommutativ (d.h. $f\iota = \iota'$), und $f$ ist ein Isomorphismus.*

*Beweis.* Der Beweis von 3.3.3 kann wörtlich übernommen werden, wenn man die Gruppe $\{1, -1\}$ durch den eindimensionalen Vektorraum $K$ ersetzt.

Der Zusammenhang des Begriffes der Basis und eines freien Vektorraumes wird durch den folgenden Satz hergestellt.

**Satz 5.4.6** *1. Seien $V$ ein Vektorraum und $B$ eine Basis von $V$. Dann ist $V$ zusammen mit der Inklusionsabbildung $\iota : B \to V$ ein (äußerer) freier Vektorraum über der Menge $B$ (im Sinne von 3.3.1).*

2. *Seien B eine Menge, V ein Vektorraum und $\iota : B \to V$ eine Abbildung, so daß $(V, \iota)$ ein freier Vektorraum über B ist. Dann ist das Bild $\iota(B) \subset V$ eine Basis von V.*

3. *Sei B eine Menge. Dann gibt es einen freien Vektorraum $(V, \iota)$ über B.*

*Beweis.* 1. Gegeben seien ein Vektorraum $W$ und eine Abbildung $\alpha : B \to W$. Zu zeigen ist, daß es genau einen Homomorphismus $f : V \to W$ gibt mit $f\iota = \alpha$:

Wir zeigen zunächst die Eindeutigkeit, weil dann schon ersichtlich wird, wie die Existenz zu zeigen ist. Seien $f$ und $g$ lineare Abbildungen von $V$ nach $W$ mit $\alpha(b_i) = f(b_i) = g(b_i)$ für alle $i$. Sei $v \in V$ beliebig gewählt. Dann läßt sich $v$ darstellen als $v = \sum_{i=1}^{n} \lambda_i b_i$. Da $f$ und $g$ linear sind, gilt

$$f(v) = f(\sum_{i=1}^{n} \lambda_i b_i) = \sum_{i=1}^{n} \lambda_i f(b_i)$$
$$= \sum_{i=1}^{n} \lambda_i g(b_i) = g(\sum_{i=1}^{n} \lambda_i b_i) = g(v).$$

Also gilt $f = g$.

Ist nur $\alpha$ gegeben und $v = \sum_{i=1}^{n} \lambda_i b_i \in V$, so konstruieren wir eine lineare Abbildung $f$ durch

$$f(v) := \sum_{i=1}^{n} \lambda_i \alpha(b_i).$$

Da die Basisdarstellung von $v$ eindeutig ist, d.h. die Koeffizienten $\lambda_i$ durch $v$ eindeutig bestimmt sind, ist mit dieser Definition eine Abbildung $f : V \to W$ gegeben. Durch eine leichte Rechnung zeigt man jetzt $f(v+v') = f(v)+f(v')$ und $f(\lambda v) = \lambda f(v)$. Damit ist $f$ eine lineare Abbildung und erfüllt offenbar $\alpha(b_i) = f(b_i) = f\iota(b_i)$ für alle $i$, also $\alpha = f\iota$.

2. Wir bezeichnen die Elemente von $B$ mit $b_i \in B$, $i \in I$ und die Bildelemente mit $b'_i = \iota(b_i) \in \iota(B) = B'$. Die Menge $B'$ ist linear unabhängig. Sei nämlich $\sum_i \lambda_i b'_i = 0$. Wir definieren für $i \in I$ eine Abbildung $\alpha_i : B \to K$ mit $\alpha_i(b_j) := \delta_{ij}$, das Kronecker Symbol. Der induzierte Homomorphismus $f_i : V \to K$, der existiert, weil $(V, \iota)$ frei ist, hat also die Eigenschaft $f_i(b'_j) = f_i\iota(b_j) = \alpha_i(b_j) := \delta_{ij}$. Damit folgt $0 = f_i(0) = f_i(\sum_j \lambda_j b'_j) = \sum_j \lambda_j f_i(b'_j) = \lambda_i$, alle Koeffizienten sind also Null, die Menge $B'$ ist linear unabhängig. Wir ergänzen nun $B'$ durch eine Menge $C \subset V$ zu einer Basis von $V$. Sei $U$ der von $C$ erzeugte Untervektorraum. Wir definieren einen Homomorphismus $p : V \to U$ durch $p(b'_i) := 0$ und $p(c) = c$ für alle $c \in C$. Der Homomorphismus $p$ ist nach Teil 1. wohldefiniert und eindeutig bestimmt. Er macht das Diagramm

mit $\alpha(b_i) = 0$ für alle $i \in I$ kommutativ. Dann muß aber $p$ die Nullabbildung sein (wiederum nach Teil 1.), und es gilt $p(c) = 0$ für alle $c \in C$. Da $C$ Teil einer Basis ist, kann das für keinen Vektor aus $C$ gelten. Also ist $C = \emptyset$ und damit $B'$ eine Basis von $V$.

3. Wir definieren $V := K^{(B)}$ und $\iota : B \to V$ durch $\iota(b) := e_b$ (vgl. 5.2.4 4.). Sei $W$ ein Vektorraum und $\alpha : B \to W$ eine Abbildung. Dann definieren wir $f : V \to W$ durch $f(\xi_b) := \sum_{b \in B} \xi_b \alpha(b)$. Man rechnet sofort nach, daß $f$ ein Homomorphismus ist. Weiter gilt $f\iota(b) = f(e_b) = \sum_{b'} \delta_{bb'} \alpha(b') = \alpha(b)$, also $f\iota = \alpha$. Gilt auch $g\iota = \alpha$ für einen Homomorphismus $g : V \to W$, so ist $g(\xi_b) = g(\sum_{b \in B} \xi_b e_b) = \sum_{b \in B} \xi_b g(e_b) = \sum_{b \in B} \xi_b g\iota(b) = \sum_{b \in B} \xi_b \alpha(b) = f(\xi_b)$, also ist $f = g$.

Die in 1. bewiesene Eigenschaft einer Basis in bezug auf lineare Abbildungen ist äußerst wichtig. Sie besagt zunächst, daß eine lineare Abbildung nur auf einer Basis vorgeschrieben werden muß. Darauf kann sie zudem noch beliebig gewählt werden. Dann gibt es eine eindeutig bestimmte lineare Fortsetzung.

Andrerseits bedeutet der Satz aber auch, daß zwei lineare Abbildungen schon gleich sind, wenn sie nur auf einer Basis übereinstimmen. Wir haben damit eine leichte Methode, um für beliebige lineare Abbildungen feststellen zu können, ob sie gleich sind.

Teil 1. dieses Satzes zusammen mit der Tatsache, daß jeder Vektorraum eine Basis besitzt (5.2.11 1.), sind der eigentliche Grund dafür, daß die Theorie der Vektorräume einfacher ist als andere algebraische Theorien. Damit ist jeder Vektorraum frei. Im allgemeinen ist es aber nicht wahr, daß jedes Modell für eine algebraische Struktur (also jede Gruppe, jede Halbgruppe oder jedes Monoid) frei ist.

Im Zusammenhang mit einer linearen Abbildung kommt einem bestimmten Untervektorraum eine besondere Bedeutung zu. Er wird im folgenden Lemma eingeführt.

**Lemma 5.4.7** *Sei $f : V \to W$ eine lineare Abbildung. Dann ist die Menge*

$$\mathrm{Ke}(f) := \{v \in V | f(v) = 0\}$$

*ein Untervektorraum von $V$, der sogenannte* Kern *von $f$.*

*Beweis.* Da offensichtlich $0 \in \text{Ke}(f)$ wegen $f(0) = 0$, genügt es zu zeigen, daß mit $v, v' \in \text{Ke}(f)$ und $\lambda \in K$ auch $v + v', \lambda v \in \text{Ke}(f)$ gilt. Aus $f(v) = f(v') = 0$ folgt aber $f(v + v') = 0$ und $f(\lambda v) = \lambda f(v) = 0$.

**Lemma 5.4.8** *Sei $f : V \rightarrow W$ eine lineare Abbildung. $f$ ist genau dann injektiv, wenn $\text{Ke}(f) = 0$ gilt.*

*Beweis.* Ist $f$ injektiv, so ist $0 \in V$ offenbar der einzige Vektor, der auf $0 \in W$ abgebildet wird, also ist $\text{Ke}(f) = 0$. Ist umgekehrt $\text{Ke}(f) = 0$ und $f(v) = f(v')$, so folgt $0 = f(v) - f(v') = f(v - v')$, also $v - v' \in \text{Ke}(f) = 0$. Damit ist aber $v = v'$ und $f$ injektiv.

Der Kern der linearen Abbildung $f : V \rightarrow W$ ist ein Spezialfall des schon bekannten Begriffes des Urbilds eines Vektors $w \in W$ oder sogar des Urbilds einer Menge $M \subset W$ von Vektoren.

$$f^{-1}(w) := \{v \in V | f(v) = w\},$$

$$f^{-1}(M) := \{v \in V | f(v) \in M\}.$$

**Lemma 5.4.9** *Ist $f : V \rightarrow W$ eine lineare Abbildung und ist $v \in f^{-1}(w)$, insbesondere also $f^{-1}(w)$ nicht leer, so gilt*

$$f^{-1}(w) = v + \text{Ke}(f) = \{v + v' | v' \in \text{Ke}(f)\}.$$

*Beweis.* Sei $v' \in \text{Ke}(f)$. Dann gilt $f(v + v') = f(v) + f(v') = w + 0 = w$, also ist $v + v' \in f^{-1}(w)$. Ist nun umgekehrt $v'' \in f^{-1}(w)$, so gilt $f(v'' - v) = f(v'') - f(v) = w - w = 0$, also ist $v' := v'' - v \in \text{Ke}(f)$. Damit erhält man aber $v'' = v + (v'' - v) = v + v' \in v + \text{Ke}(f)$. Das war zu zeigen.

Wir haben also insbesondere gesehen, daß $\text{Ke}(f) = f^{-1}(0)$ gilt. Weiterhin sieht man, daß der Vektor 0 nur in $f^{-1}(0)$ liegt und in keiner der anderen Mengen $f^{-1}(w)$, mit $w \neq 0$, denn es gilt immer $f(0) = 0$.

Über die Berechnung des Kerns einer linearen Abbildung werden wir in Kapitel 6 mehr erfahren. Hier können wir jedoch schon eine fundierte Aussage über die Größe des Kerns oder genauer über seine Dimension machen. Es gilt nämlich

**Satz 5.4.10** *(Dimensionssatz für Homomorphismen) Seien $V$ ein $n$-dimensionaler Vektorraum und $f : V \rightarrow W$ eine lineare Abbildung. Dann gilt*

$$\dim(\text{Ke}(f)) + \dim(\text{Bi}(f)) = \dim(V).$$

*Beweis.* Wir wählen für $\text{Ke}(f)$ zunächst eine Basis $b_1, \ldots, b_k$. Diese ist eine linear unabhängige Menge in $V$ und kann daher zu einer Basis $b_1, \ldots, b_k$, $b_{k+1}, \ldots, b_n$ fortgesetzt werden. Wir behaupten nun, daß die Vektoren $f(b_{k+1}), \ldots, f(b_n)$ alle paarweise verschieden sind und eine Basis von $\text{Bi}(f)$

bilden. Ist nämlich $f(b_i) = f(b_j)$ mit $k \leq i, j$, so ist $f(b_i - b_j) = 0$, also $b_i - b_j \in \text{Ke}(f)$. Damit gibt es eine Linearkombination $b_i - b_j = \sum_{r=1}^{k} \alpha_r b_r$. Wegen der linearen Unabhängigkeit der $b_1, \ldots, b_n$ sind damit die $\alpha_r = 0$, und es gilt $b_i = b_j$. Ist weiter $\sum_{r=k+1}^{n} \beta_r f(b_r) = 0$, also $f(\sum_{r=k+1}^{n} \beta_r b_r) = 0$, so gilt $\sum_{r=k+1}^{n} \beta_r b_r \in \text{Ke}(f)$ und $\sum_{r=k+1}^{n} \beta_r b_r = \sum_{r=1}^{k} \alpha_r b_r$. Wegen der linearen Unabhängigkeit der $b_1, \ldots, b_n$ ergibt sich wieder $\beta_r = 0$, also sind die $f(b_{k+1}), \ldots, f(b_n)$ linear unabhängig. Um zu zeigen, daß sie eine Basis für $\text{Bi}(f)$ bilden, sei $f(v)$ mit $v = \sum_{r=1}^{n} \beta_r b_r$ ein beliebiger Vektor in $\text{Bi}(f)$. Dann gilt

$$f(v) = f(\sum_{r=1}^{n} \beta_r b_r) = \sum_{r=1}^{n} \beta_r f(b_r) = \sum_{r=k+1}^{n} \beta_r f(b_r),$$

weil die Vektoren $f(b_1) = \ldots = f(b_k) = 0$ sind. Damit ist gezeigt, daß die Vektoren $f(b_{k+1}), \ldots, f(b_n)$ eine Basis des Bildes $\text{Bi}(f)$ ist. Die Dimension des Bildes ist also $\dim(\text{Bi}(f)) = n - k = \dim(V) - \dim(\text{Ke}(f))$, wie die Formel im Satz behauptet.

**Definition 5.4.11** Die Dimension $\dim(\text{Bi}(f))$ einer linearen Abbildung $f$ heißt auch *Rang* der linearen Abbildung und wird mit $\text{rg}(f)$ bezeichnet.

**Folgerung 5.4.12** *Sei $f : V \to W$ eine lineare Abbildung und seien $V, W$ endlichdimensional. $f$ ist genau dann bijektiv oder ein Isomorphismus, wenn $\text{Ke}(f) = 0$ und $\dim(V) = \dim(W)$ gelten. In diesem Falle stimmen der Rang von $f$ und die Dimension von $V$ überein.*

*Beweis.* Sei zunächst $f$ bijektiv. Dann ist nach Lemma 5.4.8 $\text{Ke}(f) = 0$. Wegen 5.4.10 gilt dann $\dim(V) = \dim(\text{Bi}(f))$. Da $f$ surjektiv ist, ist $\text{Bi}(f) = W$, also gilt auch $\dim(V) = \dim(W)$.

Um die Umkehrung zu zeigen, beachten wir zunächst, daß nach 5.4.8 $f$ schon injektiv ist. Dann folgt aber $\dim(\text{Bi}(f)) = \dim(V) = \dim(W)$. Es gibt also in $\text{Bi}(f)$ eine Basis von $n = \dim(W)$ Vektoren. Nach 5.4.10 ist diese auch eine Basis für $W$, also $\text{Bi}(f) = W$. Damit ist $f$ auch surjektiv, also bijektiv.

Die Aussage über den Rang folgt unmittelbar aus der Gleichung $\dim(V) = \dim(W)$.

**Folgerung 5.4.13** *Sei $f : V \to W$ eine lineare Abbildung und sei $V$ endlichdimensional. Dann gilt*

$$\dim \text{Ke}(f) + \text{rg}(f) = \dim V.$$

*Beweis.* folgt unmittelbar aus dem Dimensionssatz 5.4.10.

**Folgerung 5.4.14** *Sei $f : V \to W$ eine lineare Abbildung und sei $\dim V = \dim W$ endlich. Dann sind äquivalent*

*1. f ist ein Isomorphismus.*

*2. f ist ein Epimorphismus.*

*3. f ist ein Monomorphismus.*

*Beweis.* Die Äquivalenz von 1. und 3. folgt unmittelbar aus 5.4.12. Außerdem folgt 2. aus 1. Ist 2. gegeben, so folgt nach dem Dimensionssatz, daß $\dim \mathrm{Ke}(f) = 0$, also auch $\mathrm{Ke}(f) = 0$, gilt und daher mit 5.4.8 die Behauptung 3.

Wir betrachten jetzt noch den Zusammenhang zwischen Homomorphismen und direkten Summen.

**Satz 5.4.15**    *1. Sei $V = \bigoplus_{i \in I} U_i$ eine (innere) direkte Summe von Untervektorräumen. Seien $W$ ein Vektorraum und $(f_i : U_i \to W | i \in I)$ eine Familie von Homomorphismen. Dann gibt es genau einen Homomorphismus $f : V \to W$, so daß die Diagramme*

*für alle $i \in I$ kommutieren.*

*2. Seien $U_i$, $i \in I$, Vektorräume. Dann gibt es einen Vektorraum $V$ und eine Familie von Homomorphismen $(j_i : U_i \to V)$, so daß für jeden Vektorraum $W$ und jede Familie von Homomorphismen $(f_i : U_i \to W)$ genau ein Homomorphismus $f : V \to W$ existiert, so daß die Diagramme*

*für alle $i \in I$ kommutieren.*

*In diesem Falle sind die Homomorphismen $j_i : U_i \to V$ injektiv. Weiter ist $V$ (innere) direkte Summe der Bilder $j_i(U_i)$. $V$ zusammen mit der Familie $(j_i : U_i \to V | i \in I)$ heißt auch (äußere) direkte Summe der Vektorräume $U_i$.*

*Beweis.* 1. Wie schon bei früheren Beweisen zeigen wir zunächst die Eindeutigkeit und dann die Existenz des Homomorphismus $f$. Seien $f$ und $g$ mit $f j_i = g j_i = f_i$ (für alle $i$) gegeben. Für einen Vektor $v = \sum_{i \in I} u_i \in V = \bigoplus_{i \in I} U_i$ ist dann $f(v) = f(\sum_i u_i) = \sum_i f(u_i) = \sum_i f j_i(u_i) = \sum_i f_i(u_i) = \sum_i g j_i(u_i) = \sum_i g(u_i) = g(\sum_i u_i) = g(v)$. Also gilt $f = g$. Die Rechnung ist mit unserer Definition der Summe (vgl. Bemerkung vor 5.1.10) $\sum_i u_i$ durchführbar, weil nur endlich viele Terme von Null verschieden sind.

Um jetzt die Existenz von $f$ zu zeigen, definieren wir $f(v) := \sum_i f_i(u_i)$. Damit ist eine wohldefinierte Abbildung $f : V \to W$ gegeben, weil die Darstellung $v = \sum_i u_i$ nach 5.3.4 eindeutig ist. Man rechnet sofort nach, daß $f$ ein Homomorphismus ist und die Bedingung $f j_i = f_i$ für alle $i \in I$ erfüllt.

2. Die Konstruktion von $V$ ist analog zur Konstruktion des $n$-fachen Produkts eines Vektorraumes $V$ mit sich selbst (5.1.3 und 5.1.7). Wir definieren

$$V := \{(u_i | i \in I) | \forall i \in I [u_i \in U_i],$$
$$u_i \neq 0 \text{ für nur endlich viele } i \in I \}.$$

Man rechnet sofort nach, daß $V$ mit komponentenweiser Addition und Multiplikation mit Skalaren ein Vektorraum ist. Für $i \in I$ seien $j_i : U_i \to V$ definiert durch $j_i(u_i) := (u'_j | j \in I)$ mit $u'_i = u_i$ und $u'_j = 0$ für $j \neq i$, also die Familie, die an der $i$-ten Stelle den Eintrag $u_i$ hat und an allen anderen Stellen Null ist. Es ist auch unmittelbar klar, daß die $j_i$ Homomorphismen sind.

Sei nun ein Vektorraum $W$ und eine Familie von Homomorphismen $(f_i : U_i \to W)$ gegeben. Wir müssen die Existenz und Eindeutigkeit eines Homomorphismus $f : V \to W$ mit $f j_i = f_i$ für alle $i \in I$ zeigen. Wieder zeigen wir zunächst die Eindeutigkeit. Seien $f$ und $g$ Homomorphismen von $V$ in $W$ mit $f j_i = f_i = g j_i$. Dann ist $g((u_i)) = g(\sum_{i \in I} j_i(u_i)) = \sum_{i \in I} g j_i(u_i) = \sum_{i \in I} f_i(u_i) = \sum_{i \in I} f j_i(u_i) = f(\sum_{i \in I} j_i(u_i)) = f((u_i))$, also $f = g$. Um die Existenz zu zeigen, definieren wir $f((u_i)) := \sum_{i \in I} f_i(u_i)$. Man rechnet sofort nach, daß $f : V \to W$ ein Homomorphismus ist. Weiter ist $f j_i(u_i) = f((u'_j)) = \sum_{j \in I} f_j(u'_j) = f_i(u_i)$, weil alle anderen Terme Null sind, also ist $f j_i = f_i$.

Wir zeigen nun die beiden letzten Aussagen von 2. Erfülle $V$ und $(j_i : U_i \to V)$ die Bedingungen von Teil 2. des Satzes. (Sie müssen nicht genauso konstruiert sein, wie wir das oben angegeben haben.) Sei $i \in I$ fest gewählt. Wähle Homomorphismen $f_j : U_j \to U_i$ für alle $j \in I$ mit $f_i = \mathrm{id}_{U_i}$ und $f_j = 0$ für alle $j \neq i$. Dann können wir nach 2. den Homomorphismus $f : V \to U_i$ bestimmen und erhalten $f j_i = \mathrm{id}_{U_i}$. Daher ist $j_i$ injektiv.

Wir zeigen jetzt $V = \bigoplus_{i \in I} j_i(U_i)$. Sei $W := \sum_{i \in I} j_i(U_i)$ und seien $(f_i : U_i \to W) = (j_i : U_i \to W)$ für alle $i \in I$. Dann gibt es genau einen Homomorphismus $f : V \to W$ mit $f j_i = j_i$. Sei $\iota : W \to V$ die Einbettungsabbildung. Dann ist $\iota j_i = j_i$ und $\iota f j_i = j_i$. Wegen der Eindeutigkeit folgt $\iota f = \mathrm{id}_V$. Damit ist $\iota$ surjektiv (und nach Konstruktion injektiv), also ist $W = V$.

Sei $x \in U_i$ mit $j_i(x) = x' \in j_i(U_i) \cap \sum_{j \in I, j \neq i} j_j(U_j)$. Wir definieren wie oben $W := U_i$ und $f_j := \mathrm{id}_{U_i}$ für $j = i$ und $f_j = 0$ sonst. Wieder erhalten wir einen eindeutig bestimmten Homomorphismus $f : V \to U_i$ mit $f j_j = f_j$. Wegen $x' = \sum_{j \neq i} j_j(u_j)$ ist $x = f j_i(x) = f(x') = \sum_{j \neq i} f j_j(u_j) = 0$, also $x' = 0$ und damit $j_i(U_i) \cap \sum_{j \in I, j \neq i} j_j(U_j) = 0$.

**Beispiel 5.4.16** Der Begriff des Homomorphismus (von Vektorräumen) führt uns zu einem neuen Vektorraum. Wenn $V$ und $W$ Vektorräume sind, so sei

$$\mathrm{Hom}_K(V, W) := \{f : V \to W | f \text{ Homomorphismus}\}$$

die Menge aller Homomorphismen von $V$ nach $W$. Dann ist $\mathrm{Hom}_K(V, W)$ ein Untervektorraum von $\mathrm{Abb}(V, W)$. Es ist nämlich $0 \in \mathrm{Hom}_K(V, W)$. Wenn $f, g \in \mathrm{Hom}_K(V, W)$, dann gelten $(f+g)(v+v') = f(v+v')+g(v+v') = f(v)+ f(v')+g(v)+g(v') = f(v)+g(v)+f(v')+g(v') = (f+g)(v)+(f+g)(v')$ und $(f+g)(\lambda v) = f(\lambda v)+g(\lambda v) = \lambda f(v)+\lambda g(v) = \lambda(f(v)+g(v)) = \lambda(f+g)(v)$, also ist $f + g$ wieder ein Homomorphismus. In gleicher Weise zeigt man, daß mit $f$ auch $\mu f$ wieder ein Homomorphismus ist.

Der Vektorraum $V^* := \mathrm{Hom}_K(V, K)$ heißt *dualer Vektorraum*. Die Elemente von $V^*$ heißen *lineare Funktionale*.

Wenn $V$ ein endlichdimensionaler Vektorraum ist, dann haben $V$ und $V^*$ dieselbe Dimension und sind daher isomorph zueinander. Wenn nämlich $b_1, \ldots, b_n$ eine Basis von $V$ ist, dann ist $f_1, \ldots, f_n$ mit $f_i(b_j) := \delta_{ij}$ eine Basis von $V^*$, wie man leicht nachrechnet.

Ist $V$ ein Vektorraum mit einer Basis $B$, so ist die Abbildung

$$h_B : V \ni v = \sum_{b \in B} \alpha_b b \mapsto (\alpha_b | b \in B) \in K^{(B)}$$

ein bijektiver Homomorphismus, also ein Isomorphismus, wegen der eindeutigen Basisdarstellung jedes Vektors $v \in V$.

**Definition 5.4.17** Sei $B$ eine Basis des Vektorraumes $V$. Der Isomorphismus $h_B : V \to K^{(B)}$ heißt *Koordinatensystem* für $V$ zur Basis $B$.

**Folgerung 5.4.18** *Für jeden Vektorraum $V$ gibt es einen Isomorphismus $V \cong K^{(I)}$ für eine geeignet gewählte Menge $I$. Ist $V$ endlichdimensional, so ist $V \cong K^n$, wobei $n = \dim V$.*

*Beweis.* Man rechnet sofort nach, daß $h_B$ ein Homomorphismus ist. Es ist auch klar, daß $h_B$ bijektiv ist. Ist $B = \{b_1, \ldots, b_n\}$ eine endliche Menge, so schreiben wir $h_B$ auch in der Form

$$h_B : V \ni v = \sum_{i=1}^{n} \alpha_i b_i \mapsto (\alpha_i | i = 1, \ldots, n) \in K_n.$$

**Definition 5.4.19** Eine lineare Abbildung $p : V \to V$ mit $p^2 = p$ wird eine *Projektion* oder *idempotent* genannt.

**Satz 5.4.20** *Sei $p : V \to V$ eine Projektion. Dann gilt*

$$V = \mathrm{Ke}(p) \oplus \mathrm{Bi}(p).$$

*Beweis.* $\mathrm{Ke}(p)$ und $\mathrm{Bi}(p)$ sind Untervektorräume von $V$. Für $v \in V$ gilt $v = (v-p(v))+p(v)$ und es ist $p(v-p(v)) = p(v)-p^2(v) = 0$, also $v-p(v) \in \mathrm{Ke}(p)$, und $p(v) \in \mathrm{Bi}(p)$. Damit ist $V = \mathrm{Ke}(p) + \mathrm{Bi}(p)$. Wenn $v \in \mathrm{Ke}(p) \cap \mathrm{Bi}(p)$, dann ist $v = p(w) = p^2(w) = p(v) = 0$, also ist $\mathrm{Ke}(p) \cap \mathrm{Bi}(p) = 0$.

**Satz 5.4.21** *Sei* $V = V' \oplus V''$. *Dann gibt es genau eine Projektion* $p : V \to V$ *mit* $V' = \mathrm{Ke}(p)$ *und* $V'' = \mathrm{Bi}(p)$.

*Beweis.* Sei $v \in V$ mit der eindeutigen Darstellung $v = v' + v''$ gegeben. Wir definieren $p(v) := v''$. Man sieht leicht, daß $p$ eine lineare Abbildung und eine Projektion ist und daß $V' = \mathrm{Ke}(p)$ und $V'' = \mathrm{Bi}(p)$ gilt. Wenn $p' : V \to V$ eine Projektion mit $V' = \mathrm{Ke}(p')$ und $V'' = \mathrm{Bi}(p')$ ist, dann ist $p'(v') = 0$ für alle $v' \in V'$. Für $v'' \in V''$ gilt $v'' = p(w'') = p^2(w'') = p(v'')$ für ein $w'' \in V$, also ist $p(v' + v'') = v'' = p(v' + v'')$.

**Übungen 5.4.22**   1. Sei $K$ ein Körper. Definieren Sie

$$f : K^2 \to K^2, (x, y) \mapsto (ax + by, cx + dy)$$

für $a, b, c, d \in K$.
 a) Zeigen Sie, daß $f$ eine lineare Abbildung ist.
 b) Definieren Sie

$$g : K^2 \to K^2, (x, y) \mapsto (dx - by, -cx + ay)$$

Zeigen Sie:

$$(f \circ g)(x, y) = (ad - bc)(x, y) = (g \circ f)(x, y)$$

 c) Schließen Sie: $f$ ist genau dann bijektiv, wenn $ad - bc \neq 0$ ist.
2. Definieren Sie für $\varphi \in \mathbb{R}$:

$$f : \mathbb{R}^2 \to \mathbb{R}^2, (x, y) \mapsto (x \cos \varphi - y \sin \varphi, x \sin \varphi + y \cos \varphi)$$

Zeichnen Sie die Bilder der kanonischen Basisvektoren in ein Koordinatensystem ein. Erklären Sie anhand dieses Bildes, daß die Abbildung $f$ eine Drehung beschreibt. Bestimmen Sie den Drehsinn und den Drehwinkel. Bestimmen Sie mit Hilfe der vorhergehenden Aufgabe die Umkehrabbildung und erläutern Sie, daß auch die Umkehrabbildung eine Drehung ist. Bestimmen Sie Drehsinn und Drehwinkel der Umkehrabbildung.
3. Sei $f : V \to W$ eine lineare Abbildung zwischen zwei Vektorräumen. Zeigen Sie: Ist $U \subset W$ ein Untervektorraum von $W$, so ist $f^{-1}(U)$ ein Untervektorraum von $V$.
4. Sei $f : V \to W$ eine bijektive lineare Abbildung. Zeigen Sie, daß auch die Umkehrabbildung linear ist.
5. Seien $V$ und $W$ zwei Vektorräume und $v_1, \ldots, v_n$ Vektoren aus $V$, $w_1, \ldots, w_n$ Vektoren aus $W$.
 a) Zeigen Sie: Sind $v_1, \ldots, v_n$ linear unabhängig, so gibt es mindestens eine lineare Abbildung $f : V \to W$ mit $f(v_j) = w_j$ für alle $j = 1, \ldots, n$.
 b) Zeigen Sie: Erzeugen $v_1, \ldots, v_n$ den Vektorraum $V$, so gibt es höchstens eine lineare Abbildung $f : V \to W$ mit $f(v_j) = w_j$ für alle $j = 1, \ldots, n$.

6. Sei $f : V \to W$ eine lineare Abbildung zwischen zwei Vektorräumen. Sei $v_1, \ldots, v_n$ eine Basis von $V$.
   a) Zeigen Sie, daß $f$ genau dann injektiv ist, wenn $f(v_1), \ldots, f(v_n)$ linear unabhängig sind.
   b) Zeigen Sie, daß $f$ genau dann surjektiv ist, wenn $f(v_1), \ldots, f(v_n)$ ein Erzeugendensystem von $W$ ist.

7. Seien $V$ und $W$ Vektorräume und $f : V \to W$ ein Homomorphismus. Zeigen Sie:
   a) Äquivalent sind:
      i. $f$ ist injektiv.
      ii. Für jeden Vektorraum $U$ und alle Homomorphismen $s, t : U \to V$ mit $fs = ft$ gilt $s = t$.
      iii. Es gibt einen Homomorphismus $g : W \to V$ mit $gf = \mathrm{id}_V$.
   b) Äquivalent sind:
      i. $f$ ist surjektiv.
      ii. Für jeden Vektorraum $X$ und alle Homomorphismen $s, t : W \to X$ mit $sf = tf$ gilt $s = t$.
      iii. Es gibt einen Homomorphismus $g : W \to V$ mit $fg = \mathrm{id}_W$.

8. Sei $V$ ein Vektorraum über $K$. $U_1$ und $U_2$ seien Untervektorräume von $V$ mit $V = U_1 \oplus U_2$. Zeigen Sie, daß die Abbildung

$$f : U_1 \times U_2 \to V, (u_1, u_2) \mapsto u_1 + u_2$$

ein Isomorphismus ist, wobei $U_1 \times U_2$ die in der Aufgabe 1 erklärte Vektorraumstruktur trägt.

9. Definieren Sie

$$f : \mathbb{R}^2 \to \mathbb{R}^2, (x, y) \mapsto (x/3 + 2y/3, x/3 + 2y/3)$$

   a) Zeigen Sie, daß $f \circ f = f$ ist.
   b) Bestimmen Sie Kern und Bild von $f$. Zeigen Sie:

$$\mathbb{R}^2 = \mathrm{Ke}(f) \oplus \mathrm{Bi}(f)$$

   c) Zeichnen Sie $\mathrm{Ke}(f)$ und $\mathrm{Bi}(f)$ in ein Koordinatenkreuz ein. Beschreiben Sie anhand dieses Bildes die Abbildung $f$.
   d) Entscheiden Sie, ob $f$ bijektiv ist.

10. Sei $V$ ein endlichdimensionaler Vektorraum und $f : V \to V$ eine lineare Abbildung. Zeigen Sie:
    a) Es gelten
$$0 \subset \mathrm{Ke}(f) \subset \mathrm{Ke}(f^2) \subset \mathrm{Ke}(f^3) \subset \ldots$$
$$V \supset \mathrm{Bi}(f) \supset \mathrm{Bi}(f^2) \supset \mathrm{Bi}(f^3) \supset \ldots$$
    b) Wenn $\mathrm{Ke}(f^r) = \mathrm{Ke}(f^{r+1})$ gilt, dann auch $\mathrm{Ke}(f^r) = \mathrm{Ke}(f^{r+i})$ und $\mathrm{Bi}(f^r) = \mathrm{Bi}(f^{r+i})$ für alle $i > 0$.

c) Es gibt ein $n > 0$, so daß $V = \mathrm{Ke}(f^n) \oplus \mathrm{Bi}(f^n)$. (Hinweis: Man zeige, daß es ein $n = r$ wie in Teil b) gibt. Dann kann man $\mathrm{Ke}(f^n) \cap \mathrm{Bi}(f^n) = 0$ beweisen und mit Dimensionsargumenten die Aussage zeigen.)

11. Sei $f : \mathbb{R}^4 \to \mathbb{R}^3$ die (eindeutig bestimmte) $\mathbb{R}$-lineare Abbildung mit

$$f(0,\ 1,\ 2,\ 3) = (3,\ 5,\ 2)$$
$$f(1,\ 2,\ 3,\ 0) = (0,\ 3,\ 3)$$
$$f(2,\ 3,\ 0,\ 1) = (1,\ 1,\ 0)$$
$$f(3,\ 0,\ 1,\ 2) = (2,\ 3,\ 1).$$

Bestimmen Sie eine Basis von $\mathrm{Ke}(f)$.

12. Sei $V$ ein Vektorraum und $p : V \to V$ eine Projektion. Zeigen Sie, daß es genau eine Projektion $q : V \to V$ gibt, so daß gilt:

$$pq = qp = 0 \qquad p + q = \mathrm{id}_V$$

Drücken Sie Kern und Bild von $q$ durch Kern und Bild von $p$ aus.

13. Sei $V$ ein endlichdimensionaler Vektorraum. Es gibt genau dann einen Homomorphismus $f : V \to V$ mit $\mathrm{Ke}(f) = \mathrm{Bi}(f)$, wenn die Dimension von $V$ gerade ist.

14. Sei $V$ ein Vektorraum und $v_1, \ldots, v_n$ eine Basis von $V$. Für $i = 1, \ldots, n$ sei $f_i : V \to K$ diejenige lineare Abbildung, die auf der gegebenen Basis durch

$$f_i(v_j) = \delta_{ij}$$

bestimmt ist (vgl. Beispiel 5.4.16). Zeigen Sie:
   a) Für alle $v \in V$ gilt: $v = \sum_{i=1}^{n} f_i(v) v_i$
   b) Für alle $f \in V^* := \mathrm{Hom}(V, K)$ gilt: $f = \sum_{i=1}^{n} f(v_i) f_i$

15. Sei $V$ ein endlichdimensionaler Vektorraum. Zeigen Sie, daß $V^*$ ebenfalls endlichdimensional ist und dieselbe Dimension wie $V$ hat.

16. Sei $K$ ein Körper und $V = K^{(\mathbb{N})}$. Zeigen Sie, daß es Untervektorräume $U_1, U_2 \subset V$ gibt mit $V \cong U_1 \cong U_2$ und $V = U_1 \oplus U_2$.

## 5.5 Die darstellende Matrix

Besonders einfach lassen sich Homomorphismen $f : V \to W$ darstellen, wenn die Vektorräume $V$ und $W$ in der Form $K_n$ gegeben sind. Dazu definieren wir zunächst eine Multiplikation von Matrizen (zur Definition vgl. Abschnitt 1).

**Definition 5.5.1** Seien $M$ eine $m \times n$-Matrix und $N$ eine $n \times r$-Matrix. Wir definieren das Produkt der beiden Matrizen $M$ und $N$, genannt *Matrizenprodukt*, als eine $m \times r$-Matrix durch

$$M \cdot N = \left( \sum_{j=1}^{n} \alpha_{ij} \cdot \beta_{jk} | i = 1, \ldots, m; k = 1, \ldots, r \right)$$
$$= \begin{pmatrix} \sum_{j=1}^{n} \alpha_{1j} \cdot \beta_{j1} & \cdots & \sum_{j=1}^{n} \alpha_{1j} \cdot \beta_{jr} \\ \vdots & & \vdots \\ \sum_{j=1}^{n} \alpha_{mj} \cdot \beta_{j1} & \cdots & \sum_{j=1}^{n} \alpha_{mj} \cdot \beta_{jr} \end{pmatrix}.$$

Man kann also zwei Matrizen genau dann miteinander multiplizieren, wenn die Anzahl der Spalten der ersten Matrix mit der Anzahl der Zeilen der zweiten Matrix übereinstimmt.

Die Kronecker Funktion (vgl. 5.2.4 4.) gibt Anlaß zur Definition der *Einheitsmatrix* $E_n = (\delta_{ij} | i, j \in \{1, \ldots, n\}) \in K_n^n$. Es ist also

$$E_n = \begin{pmatrix} 1 & 0 & 0 & \cdots & 0 \\ 0 & 1 & 0 & \cdots & 0 \\ 0 & 0 & 1 & \cdots & 0 \\ \vdots & \vdots & \vdots & & \vdots \\ 0 & 0 & 0 & \cdots & 1 \end{pmatrix}.$$

Einige Rechenregeln lassen sich leicht nachrechnen und werden hier nur angegeben. Bei Matrizenprodukten nehmen wir immer an, daß sich die Matrizen nach der vorherigen Bemerkung miteinander multiplizieren lassen. Es gelten im einzelnen:

$$M \cdot (N \cdot P) = (M \cdot N) \cdot P, \qquad \text{(M1)}$$
$$M \cdot (N + P) = M \cdot N + M \cdot P, \qquad \text{(M2)}$$
$$(M + N) \cdot P = M \cdot P + N \cdot P, \qquad \text{(M3)}$$
$$M \cdot (\lambda \cdot N) = (\lambda \cdot M) \cdot N = \lambda \cdot (M \cdot N), \text{(M4)}$$
$$E_m \cdot M = M = M \cdot E_n \text{ für } M \in K_m^n. \qquad \text{(M5)}$$

**Beispiel 5.5.2** Mit diesen Hilfsmitteln können wir jetzt das bekannte Beispiel der linearen Abbildung $f : V \to W$ mit $f \begin{pmatrix} \xi \\ \eta \\ \zeta \end{pmatrix} := \begin{pmatrix} \xi \\ \zeta \end{pmatrix}$ auch anders beschreiben. Für $\begin{pmatrix} \xi \\ \eta \\ \zeta \end{pmatrix} \in \mathbb{R}_3$ gilt nämlich

$$f \begin{pmatrix} \xi \\ \eta \\ \zeta \end{pmatrix} = \begin{pmatrix} \xi \\ \zeta \end{pmatrix} = \begin{pmatrix} 1 & 0 & 0 \\ 0 & 0 & 1 \end{pmatrix} \cdot \begin{pmatrix} \xi \\ \eta \\ \zeta \end{pmatrix}.$$

Wegen der oben angegebenen Rechenregeln (M3) und (M4) folgt direkt, daß die Multiplikation der Spaltenvektoren $\begin{pmatrix} \xi \\ \eta \\ \zeta \end{pmatrix}$ von links mit der angegebenen Matrix eine lineare Abbildung ist. Allgemein halten wir den folgenden Satz fest.

**Satz 5.5.3** *Sei $M$ eine $m \times n$-Matrix. Die Multiplikation auf Spaltenvektoren aus $K_n$ von links mit $M$ ist eine lineare Abbildung $f : K_n \to K_m$ mit*

$$f \begin{pmatrix} \xi_1 \\ \vdots \\ \xi_n \end{pmatrix} = M \cdot \begin{pmatrix} \xi_1 \\ \vdots \\ \xi_n \end{pmatrix} = \begin{pmatrix} \eta_1 \\ \vdots \\ \eta_m \end{pmatrix}, \text{ wobei}$$

$$\eta_i = (\sum_{j=1}^{n} \alpha_{ij} \xi_j) \qquad (D1)$$

*gilt. Wir bezeichnen diese lineare Abbildung mit $\widehat{M} : K_n \to K_m$. Zu jeder linearen Abbildung $f : K_n \to K_m$ gibt es genau eine Matrix $M$ mit $f = \widehat{M}$, genannt* darstellende Matrix.

*Beweis.* Die erste Aussage ist wie schon gesagt eine Folge der Rechenregeln (M3) und (M4). Ist umgekehrt $f : K_n \to K_m$ eine lineare Abbildung, so erhalten wir $n$ Vektoren $f(e_j), j = 1, \ldots, n$ in $K_m$, die eine eindeutig bestimmte Basisdarstellung

$$f(e_j) = \sum_{i=1}^{m} \alpha_{ij} \cdot e_i \qquad (D2)$$

haben. Wir erhalten also eine Matrix $M = (\alpha_{ij})$ und behaupten $f = \widehat{M}$. Da sowohl $f$ als auch $\widehat{M}$ lineare Abbildungen sind, genügt es nach 5.4.6, ihre Operation auf den Basisvektoren zu vergleichen. Es ist

$$f(e_j) = \sum_{i=1}^{m} \alpha_{ij} e_i = \begin{pmatrix} \alpha_{1j} \\ \vdots \\ \alpha_{mj} \end{pmatrix} = M \cdot e_j,$$

also ist $f = \widehat{M}$. Insbesondere ergibt $\widehat{M}(e_j) = M \cdot e_j$ die $j$-te Spalte der Matrix $M$. Deshalb ist $M$ durch $\widehat{M} = f$ eindeutig bestimmt. Außerdem wird das Bild von $f$ von den Vektoren $f(e_j)$, also von den Spaltenvektoren von $M$ aufgespannt.

**Folgerung 5.5.4** *Sei $f : K_m \to K_n$ eine lineare Abbildung. Dann ist der $i$-te Spaltenvektor der darstellenden Matrix $M$ mit $\widehat{M} = f$ gegeben durch $f(e_i)$. Weiter ist das Bild von $\widehat{M}$ der von den Spaltenvektoren von $M$ aufgespannte Untervektorraum von $K_n$.*

Dieses Ergebnis werden wir später viel verwenden. Man beachte jedoch, daß das Ergebnis nur für Vektorräume der Form $K_n$ gilt, nicht aber für andere Vektorräume, z.B. Untervektorräume von $K_n$. Aus der Folgerung ergibt sich weiter, daß der Rang von $\widehat{M}$ mit der Dimension des von den Spaltenvektoren von $M$ aufgespannten Unterraumes übereinstimmt. Wir definieren daher

**Definition 5.5.5** Der *Spaltenrang* rg($M$) einer Matrix $M$ ist die Dimension des von den Spaltenvektoren von $M$ aufgespannten Unterraumes.

Der *Zeilenrang* einer Matrix $M$ ist die Dimension des von den Zeilenvektoren von $M$ aufgespannten Unterraumes.

In Lemma 5.4.2 haben wir gezeigt, daß die Verknüpfung zweier linearer Abbildungen wieder eine lineare Abbildung ergibt. Für Vektorräume der Form $K_n$ erhalten wir den folgenden Zusammenhang.

**Folgerung 5.5.6** *Seien* $f : K_r \to K_m$ *und* $g : K_m \to K_n$ *zwei lineare Abbildungen mit den darstellenden Matrizen* $M$ *bzw.* $N$. *Dann ist* $N \cdot M$ *die darstellende Matrix der linearen Abbildung* $gf : K_r \to K_n$, *d.h. es gilt*

$$\widehat{NM} = \widehat{N \cdot M}.$$

*Weiterhin hat die identische Abbildung* id $: K_n \to K_n$ *die darstellende Matrix* $E_n$.

*Beweis.* Wenn $f = \widehat{M}$ und $g = \widehat{N}$ gelten, so gilt für jeden Vektor $\begin{pmatrix} \xi_1 \\ \vdots \\ \xi_m \end{pmatrix} \in$

$K_m$ die Gleichung $gf \begin{pmatrix} \xi_1 \\ \vdots \\ \xi_m \end{pmatrix} = N \cdot (M \cdot \begin{pmatrix} \xi_1 \\ \vdots \\ \xi_m \end{pmatrix}) = (N \cdot M) \cdot \begin{pmatrix} \xi_1 \\ \vdots \\ \xi_m \end{pmatrix}$ wegen

(M1). Das ist die erste Behauptung. Die zweite Behauptung folgt durch (M5).

**Definition 5.5.7** Wir nennen eine Matrix $M$ *invertierbar* oder *regulär*, wenn es Matrizen $N$ und $N'$ gibt mit $M \cdot N = E_m$ und $N' \cdot M = E_n$. $N$ (bzw. $N'$) heißt dann auch *inverse* Matrix zu $M$. Ist eine Matrix nicht regulär, so heißt sie auch *singulär*.

Es ist leicht zu sehen, daß die inverse Matrix zu $M$ eindeutig bestimmt ist, denn gilt $N' \cdot M = E_n$ und $M \cdot N = E_m$, so folgt $N' = N' \cdot E_m = N' \cdot M \cdot N = E_n \cdot N = N$. Wir werden daher diese eindeutig bestimmte inverse Matrix zu $M$ auch mit $M^{-1}$ bezeichnen. Auf Methoden der Berechnung von inversen Matrizen werden wir im nächsten Kapitel eingehen. Wegen der oben dargestellten Zusammenhänge zwischen linearen Abbildungen und Matrizen folgt nun unmittelbar

**Folgerung 5.5.8** *Für eine invertierbare Matrix* $M$ *gilt* $(\widehat{M^{-1}}) = (\widehat{M})^{-1}$.

**Beispiele 5.5.9** 1. Die neu eingeführten Begriffe sollen nun an einigen Beispielen erläutert werden. Zunächst betrachten wir die lineare Abbildung

$$f = \widehat{M} : \mathbb{R}_2 \to \mathbb{R}_3 \text{ mit } M = \begin{pmatrix} 1 & 0 \\ 0 & 1 \\ 0 & 0 \end{pmatrix}. \text{ Dann gilt } f\begin{pmatrix} \xi_1 \\ \xi_2 \end{pmatrix} = \begin{pmatrix} \xi_1 \\ \xi_2 \\ 0 \end{pmatrix}.$$

Diese lineare Abbildung ist injektiv, aber nicht surjektiv. Sie bettet die $(\xi_1, \xi_2)$-Ebene in den $\mathbb{R}_3$ ein.

2. Die lineare Abbildung $f = \widehat{M}$ mit $M = \begin{pmatrix} 1 \\ 1 \\ 1 \end{pmatrix}$ bildet die reelle Gerade $\mathbb{R}$ auf die Raumdiagonale des $\mathbb{R}_3$ ab. Sie ist ebenfalls injektiv und nicht surjektiv.

3. Die lineare Abbildung $f = \widehat{M}$ mit $M = \begin{pmatrix} 1 & 0 & 0 \\ 0 & 1 & 0 \end{pmatrix}$ projiziert den $\mathbb{R}_3$ auf die $(\xi_1, \xi_2)$-Ebene („die wir uns wohl in den $\mathbb{R}_3$ eingebettet vorstellen können, die aber genau genommen der $\mathbb{R}_2$ ist). Sie ist surjektiv, aber nicht injektiv.

4. Verwenden wir $M = (1/3, 1/3, 1/3)$, so erhalten wir eine Projektion des $\mathbb{R}_3$ auf die Gerade $\mathbb{R}$. Sie ist surjektiv, aber nicht injektiv. Diese lineare Abbildung ergibt eine Projektion auf die Raumdiagonale, wenn wir noch die oben besprochene Abbildung mit $N = \begin{pmatrix} 1 \\ 1 \\ 1 \end{pmatrix}$ nachschalten. Die komponierte lineare Abbildung $\widehat{N \cdot M}$ läßt die Elemente der Raumdiagonalen fest. Die darstellende Matrix ist

$$N \cdot M = \begin{pmatrix} 1/3 & 1/3 & 1/3 \\ 1/3 & 1/3 & 1/3 \\ 1/3 & 1/3 & 1/3 \end{pmatrix}.$$

Damit haben wir eine lineare Abbildung, die weder injektiv noch surjektiv ist.

5. Ein Beispiel für eine bijektive lineare Abbildung ist die Drehung der Ebene $\mathbb{R}_2$ um $30°$ mit der Matrix

$$M = \begin{pmatrix} 1/2 \cdot \sqrt{3} & -1/2 \\ 1/2 & 1/2 \cdot \sqrt{3} \end{pmatrix}.$$

Durch sie wird der Basisvektor $\begin{pmatrix} 1 \\ 0 \end{pmatrix}$ in der $x_1$-Richtung auf den Vektor $\begin{pmatrix} 1/2 \cdot \sqrt{3} \\ 1/2 \end{pmatrix}$ abgebildet, d.h. um $30°$ nach links gedreht, und der Basisvektor $\begin{pmatrix} 0 \\ 1 \end{pmatrix}$ in der $x_2$-Richtung auf den Vektor $\begin{pmatrix} -1/2 \\ 1/2 \cdot \sqrt{3} \end{pmatrix}$. Die Drehung ist also eine Linksdrehung. Im mathematischen Sinn wird eine Drehung immer nach links gerechnet, während im technischen Sinn eine Drehung immer nach rechts gerechnet wird.

Wir hatten oben schon bemerkt, daß lineare Abbildungen sich nur dann durch Multiplikation mit Matrizen darstellen lassen, wenn der Vektorraum von der Form $K_n$ ist. Für Vektorräume von anderer Form, z.B. Unterräume von $K_n$, Vektorräume der Form $\mathrm{Hom}(V, W)$ oder $K_m^n$ haben wir jedoch in Satz 5.4.6 ein gutes Hilfsmittel zur Beschreibung von linearen Abbildungen, das sogar auch zu einer Beschreibung mit Hilfe von Matrizen führt. Wir werden in den folgenden Betrachtungen Basen immer mit Indexmengen der Form $\{1, \ldots, n\}$ indizieren, damit eine gewisse Reihenfolge bei den Basisvektoren, den Matrixeinträgen und der Summation festgelegt ist. Wir nennen eine Familie $(b_i | i = 1, \ldots, n)$ von Vektoren in einem Vektorraum $V$ eine *Basisfamilie*, wenn die Menge $\{b_i | i = 1, \ldots, n\}$ eine Basis von $V$ ist und die Vektoren mit verschiedenen Indizes paarweise verschieden sind.

**Definition und Lemma 5.5.10** *Seien $V$ und $W$ zwei Vektorräume mit den Basisfamilien $(b_1, \ldots, b_m)$ von $V$ und $(c_1, \ldots, c_n)$ von $W$. Sei $g : V \rightarrow W$ eine lineare Abbildung. Dann ist $g$ durch die Vorgabe der Werte $g(b_i) \in W, i = 1, \ldots, m$ schon eindeutig bestimmt. Die Bildvektoren haben eine eindeutige Basisdarstellung*

$$g(b_j) = \sum_{i=1}^{n} \alpha_{ij} \cdot c_i. \qquad (D2)$$

*Also ist durch $g$ eine $n \times m$-Matrix $M = (\alpha_{ij})$ bestimmt. Die Matrix $M$ heißt darstellende Matrix der linearen Abbildung $g$ bezüglich der Basisfamilien $(b_1, \ldots, b_m)$ von $V$ und $(c_1, \ldots, c_n)$ von $W$. Die Kenntnis von $M$ allein (und die Kenntnis der Basisfamilien von $V$ und $W$) bestimmt nach Satz 5.4.6 den Homomorphismus $g$ schon vollständig.*

*Ist eine beliebige $m \times n$-Matrix $M$ gegeben, so wird durch die oben angegebene Formel genau eine lineare Abbildung $g$ bestimmt, da die Bildvektoren der Basisvektoren $b_j$ beliebig gewählt werden dürfen.*

*Ist $V = K_m$, $W = K_n$, $f : V \rightarrow W$ eine lineare Abbildung, so stimmt die darstellende Matrix $M$ von $f = \widehat{M}$ mit der soeben definierten Matrix überein, wenn wir als Basisfamilien in den beiden Vektorräumen die kanonischen Basisfamilien $(e_i)$ verwenden. Der Leser kann das leicht nachrechnen.*

**Lemma 5.5.11** *Seien drei Vektorräume $U$, $V$ und $W$ gegeben zusammen mit Basisfamilien $(b_i)$, $(c_i)$ beziehungsweise $(d_i)$, seien weiter lineare Abbildungen $f : U \rightarrow V$ und $g : V \rightarrow W$ mit darstellenden Matrizen $M$ bzw. $N$ gegeben, so ist $N \cdot M$ die darstellende Matrix von $gf : U \rightarrow W$.*

*Beweis.* Seien $f(b_k) = \sum_j \alpha_{jk} \cdot c_j$ und $g(c_j) = \sum_i \beta_{ij} \cdot d_i$. Dann ist

$$gf(b_k) = g(\sum_{j=1}^{m} \alpha_{jk} \cdot c_j) = \sum_{j=1}^{m} \alpha_{jk} \cdot g(c_j)$$

$$= \sum_{j=1}^{m} \alpha_{jk} \cdot \sum_{i=1}^{r} \beta_{ij} \cdot d_i = \sum_{i=1}^{r} \left( \sum_{j=1}^{m} \beta_{ij} \alpha_{jk} \right) \cdot d_i.$$

Wir betrachten einen Spezialfall des vorhergehenden Lemmas. Sei $f : U \rightarrow V$ eine bijektive lineare Abbildung. Sei $U = W$. Wir wählen dieselben Basisfamilien $(b_i)$ und $(d_i)$. Sei $g = f^{-1}$. Dann ergibt die Zusammensetzung

$gf$ der beiden Abbildungen die identische Abbildung id:$U \rightarrow U$. Für diese gilt aber id$(b_i) = \sum \delta_{ij} \cdot b_j$ mit dem Kronecker Symbol $(\delta_{ij})$. Die darstellende Matrix ist also die Einheitsmatrix $E_n$. Wir erhalten daher für das Matrizenprodukt $(\alpha_{ij}) \cdot (\beta_{jk}) = E_n$ und symmetrisch $(\beta_{jk}) \cdot (\alpha_{ij}) = E_n$. Die Matrix $(\alpha_{ij})$ ist damit invertierbar. Offenbar lassen sich diese Schlüsse auch umkehren. Wir haben gezeigt

**Folgerung 5.5.12** *Wird die lineare Abbildung $f : V \rightarrow W$ durch die Matrix $(\alpha_{ij})$ (bezüglich zweier beliebiger Basisfamilien von $V$ beziehungsweise $W$) dargestellt, so ist $f$ genau dann bijektiv, wenn die Matrix $(\alpha_{ij})$ invertierbar ist.*

**Folgerung 5.5.13** *Eine reguläre Matrix $M \in K_m^n$ ist quadratisch, d.h. es gilt $m = n$.*

*Beweis.* Nach 5.4.12 ist $\widehat{M}$ eine lineare Abbildung zwischen den Räumen $K_m$ und $K_n$ gleicher Dimension, also $m = n$.

**Folgerung 5.5.14** *Eine Matrix ist genau dann regulär oder invertierbar, wenn sie quadratisch ist und ihr Rang mit ihrer Zeilenzahl übereinstimmt.*

*Beweis.* Ist eine Matrix $M$ regulär, so folgt die Behauptung nach 5.4.12. Ist die Matrix $M$ quadratisch und stimmen Rang und Zeilenzahl überein, so verschwindet der Kern der linearen Abbildung $\widehat{M}$ nach 5.4.13. Weiter stimmen die Dimensionen von Quelle und Ziel der Abbildung $\widehat{M}$ überein. Nach 5.4.12 ist dann $\widehat{M}$ invertierbar, also auch $M$.

Ist eine lineare Abbildung $f : K_m \rightarrow K_n$ durch Multiplikation mit einer Matrix $M$ gegeben, also $f = \widehat{M}$, so kann man den Rang von $f$ leicht aus der Matrix berechnen. Es ist nämlich die Menge der Spaltenvektoren von $M$ eine Erzeugendenmenge des Bildes von $f$, da $f(e_i) = M \cdot e_i$ der $i$-te Spaltenvektor der Matrix $M$ ist, und das Bild der Basisfamilie $(e_1, \ldots, e_m)$ unter $f$ eine Erzeugendenmenge von $f(K_m)$ ist. Um also den Rang von $f$ zu berechnen, genügt es, die maximale Anzahl, genannt *(Spalten-) Rang der Matrix $M$*, von linear unabhängigen Spaltenvektoren von $M$ zu bestimmen. Diese bilden gerade eine Basisfamilie von $f(K_m)$. Die Dimension des Kernes dieser linearen Abbildung ergibt sich dann aus dem Satz 5.4.13.

**Lemma 5.5.15** *Der Rang der linearen Abbildung $\widehat{M}$ ist die maximale Anzahl der linear unabhängigen Spaltenvektoren von $M$.*

Wir werden später zeigen, daß die maximale Anzahl von linear unabhängigen Spaltenvektoren mit der maximalen Anzahl von linear unabhängigen Zeilenvektoren von $M$ übereinstimmt, so daß man gelegentlich eine vereinfachte Berechnung des Ranges von $M$ durchführen kann.

Wir betrachten jetzt einen Vektorraum $V$ mit zwei Basisfamilien $(b_1, \ldots, b_n)$ und $(c_1, \ldots, c_n)$. Da sich jeder Vektor eindeutig als Linearkombination der Basiselemente schreiben läßt, gibt es eindeutig bestimmte Koeffizienten $\alpha_{ij}$ mit $b_i = \sum_{j=1}^{n} \alpha_{ij} c_j$.

**Definition 5.5.16** Für den Vektorraum $V$ seien zwei Basisfamilien $(b_1, \ldots, b_n)$ und $(c_1, \ldots, c_n)$ gegeben mit

$$b_j = \sum_{i=1}^{n} \alpha_{ij} c_i \tag{D3}$$

Die Matrix $T = (\alpha_{ij})$ heißt *Transformationsmatrix für die Basistransformation von $(b_i)$ nach $(c_i)$*.

Sei $\mathrm{id}(b_j) = b_j = \sum_{i=1}^{n} \alpha_{ij} \cdot c_i$. Dabei seien die Koeffizienten dieselben wie oben bestimmt. Nach Folgerung 5.5.12 ist diese Matrix invertierbar, da die identische Abbildung invertierbar ist. Daraus folgt

**Lemma 5.5.17** *Jede Transformationsmatrix für eine Basistransformation ist invertierbar.*

Offenbar ist auch jede Familie $(b_j | j = 1, \ldots, n)$ von Vektoren mit $b_j = \sum_{i=1}^{n} \alpha_{ij} \cdot c_i$ eine Basis, wenn die Matrix $(\alpha_{ij})$ invertierbar ist.

Wir leiten jetzt noch die Transformationsformel für die Transformation der Koeffizienten eines Vektors bei einer Basistransformation her. Seien wie oben $V$ ein Vektorraum mit zwei Basisfamilien $(b_1, \ldots, b_n)$ und $(c_1, \ldots, c_n)$. Sei $(\alpha_{ij})$ die Transformationsmatrix. Sei schließlich $v = \sum_{j=1}^{n} \beta_j \cdot b_j = \sum_{i=1}^{n} \gamma_i \cdot c_i$ ein beliebiger Vektor in $V$. Dann gilt $v = \sum_{j=1}^{n} \beta_j \cdot b_j = \sum_{j=1}^{n} \beta_j \cdot \sum_{i=1}^{n} \alpha_{ij} \cdot c_i = \sum_{i=1}^{n} \left( \sum_{j=1}^{n} \alpha_{ij} \cdot \beta_j \right) \cdot c_i$. Wegen der Eindeutigkeit der Basisdarstellung erhalten wir also

$$\gamma_i = \sum_{j=1}^{n} \alpha_{ij} \cdot \beta_j. \tag{D4}$$

Es besteht ein enger Zusammenhang zwischen den darstellenden Matrizen von Homomorphismen und Koordinatensystemen.

**Satz 5.5.18** *Seien $V$ und $W$ Vektorräume mit den Basisfamilien $B = (b_j | j = 1, \ldots, m)$ bzw. $C = (c_i | i = 1, \ldots, n)$. Sei $f : V \to W$ eine lineare Abbildung. Die Matrix $M = (\alpha_{ij})$ ist genau dann darstellende Matrix von $f$ bezüglich der Basisfamilien $B$ und $C$, wenn das Diagramm*

$$
\begin{array}{ccc}
V & \xrightarrow{\ f\ } & W \\
\Big\downarrow{\scriptstyle h_B} & & \Big\downarrow{\scriptstyle h_C} \\
K_m & \xrightarrow{\ \widehat{M}\ } & K_n
\end{array}
$$

*kommutiert.*

*Beweis.* Sei $N = (\beta_{ij})$ die darstellende Matrix von $f$. Es ist $h_C f = \widehat{M} h_B$ genau dann, wenn für jeden Basisvektor $b_j$ gilt

$$(\beta_{ij} | i = 1, \ldots, n) = h_C(\sum_{i=1}^{n} \beta_{ij} c_i) = h_C f(b_j)$$

$$= \widehat{M} h_B(b_j) = \sum_{k=1}^{m} \alpha_{ik} \delta_{kj} = (\alpha_{ij} | i = 1, \ldots, n),$$

genau dann, wenn $M = N$.

**Satz 5.5.19** *Seien $B = (b_i)$ und $C = (c_i)$ Basisfamilien des Vektorraumes $V$. Die Matrix $T$ ist genau dann die Transformationsmatrix für die Basistransformation von $(b_i)$ nach $(c_i)$, wenn das Diagramm der Koordinatensysteme*

*kommutiert.*

*Beweis.* Ist $T$ die Transformationsmatrix, so gilt $b_j = \mathrm{id}(b_j) = \sum_{i=1}^{n} \alpha_{ij} c_i$. Damit kommutiert das Diagramm

und damit auch das Diagramm im Satz. Es ist klar, daß auch die Umkehrung gilt.

Hieraus ergibt nun die wichtige Formel über die Änderung der darstellenden Matrix bei Koordinatentransformationen.

**Satz 5.5.20** *Seien $V$ ein Vektorraum mit den Basisfamilien $B = (b_j | j = 1, \ldots, m))$ und $B' = (b'_j | j = 1, \ldots, m))$ und $W$ ein Vektorraum mit den Basisfamilien $C = (c_i | i = 1, \ldots, n))$ und $C' = (c'_i | i = 1, \ldots, n))$. Seien $S$ die Transformationsmatrix für die Basistransformation von $B$ nach $B'$ und $T$ die Transformationsmatrix für die Basistransformation von $C$ nach $C'$. Sei $f : V \to W$ eine lineare Abbildung mit der darstellenden Matrix $M$ bezüglich der Basisfamilien $B$ und $C$. Dann ist $TMS^{-1}$ die darstellende Matrix bezüglich der Basisfamilien $B'$ und $C'$.*

*Beweis.* Das Diagramm

$$
\begin{array}{ccccccc}
V & \xrightarrow{\ \text{id}\ } & V & \xrightarrow{\ f\ } & W & \xrightarrow{\ \text{id}\ } & W \\
{\scriptstyle h_{B'}}\downarrow & & {\scriptstyle h_B}\downarrow & & {\scriptstyle h_C}\downarrow & & \downarrow{\scriptstyle h_{C'}} \\
K_m & \xrightarrow{\ \widehat{S^{-1}}\ } & K_m & \xrightarrow{\ \widehat{M}\ } & K_n & \xrightarrow{\ \widehat{T}\ } & K_n
\end{array}
$$

kommutiert. Die untere Gesamtabbildung ist dabei $(\widehat{TMS^{-1}})$. Nach 5.5.18 ist dann $TMS^{-1}$ die darstellende Matrix für $f$.

Eine weitere Operation, die auf Matrizen ausgeübt werden kann, ist die *Transposition.* Ist $M = (\alpha_{ij})$ eine $m \times n$-Matrix, so ist $M^t := (\beta_{kl})$ mit $\beta_{kl} := \alpha_{lk}$ mit $k = 1, \ldots, n$ und $l = 1, \ldots, m$ eine $n \times m$-Matrix, die *Transponierte* oder *transponierte Matrix* von $M$ genannt wird.

Man stelle sich diese Operation so vor, daß das Koeffizientenschema an der Diagonalen $\alpha_{11}, \ldots, \alpha_{ii}, \ldots$ gespiegelt wird, d.h. daß die Terme links unterhalb dieser Diagonalen rechts oberhalb der Diagonalen zu stehen kommen und umgekehrt, insbesondere, daß die Diagonale fest bleibt. Die Transponierte zur Matrix

$$
M = \begin{pmatrix} 1 & 2 \\ 3 & 4 \\ 5 & 6 \end{pmatrix}
$$

wird also

$$
M^t = \begin{pmatrix} 1 & 3 & 5 \\ 2 & 4 & 6 \end{pmatrix}.
$$

Diese Operation kann daher auch auf nichtquadratische Matrizen angewendet werden. Damit werden aus Zeilenvektoren Spaltenvektoren und umgekehrt.

Man sieht nun leicht ein, daß die Transposition ein Homomorphismus zwischen Vektorräumen von Matrizen ist, allgemeiner daß

$$
\begin{aligned}
(\alpha M + \beta N)^t &= \alpha M^t + \beta N^t, \\
(M^t)^t &= M, \\
(M \cdot N)^t &= N^t \cdot M^t
\end{aligned}
$$

gelten.

**Übungen 5.5.21**  1. Zeigen Sie die folgenden Rechenregeln für die Matrizenmultiplikation:
   a) Für $M \in K_m^n$, $N \in K_n^k$ und $P \in K_k^p$ gilt: $(M \cdot N) \cdot P = M \cdot (N \cdot P)$
   b) Für $M \in K_m^n$, $N \in K_m^n$ und $P \in K_n^k$ gilt: $(M + N) \cdot P = (M \cdot P) + (N \cdot P)$
   c) Für $M \in K_m^n$, $N \in K_n^k$ und $P \in K_n^k$ gilt: $M \cdot (N + P) = (M \cdot N) + (M \cdot P)$

d) Für $M \in K_m^n$, $N \in K_n^k$ und $\lambda \in K$ gilt: $(\lambda M) \cdot N = M \cdot (\lambda N) = \lambda(M \cdot N)$

e) Für $M \in K_m^n$ gilt: $E_m \cdot M = M \cdot E_n = M$

2. Sei $V$ der von den Funktionen $\sin(x)$ und $\cos(x)$ erzeugte Unterraum des Vektorraumes $\mathbb{R}^{\mathbb{R}} = \mathrm{Abb}(\mathbb{R}, \mathbb{R})$. Bestimmen Sie eine darstellende Matrix der linearen Abbildung

$$\frac{d}{dx} : V \to V.$$

3. Sei $V$ ein endlichdimensionaler Vektorraum und $f : V \to V$ eine lineare Abbildung mit $f \circ f = \mathrm{id}_V$. Im Grundkörper $K$ sei $1 + 1 \neq 0$.

   a) Sei $V_+ := \{v \in V \mid f(v) = v\}$ und $V_- := \{v \in V \mid f(v) = -v\}$. Zeigen Sie: $V = V_+ \oplus V_-$. (Hinweis: Erklären Sie, wo die Voraussetzung über den Grundkörper eingeht.)

   b) Zeigen Sie, daß es eine Basis von $V$ gibt, für die die darstellende Matrix von $f$ auf der Diagonalen nur die Einträge 1 und $-1$ und außerhalb der Diagonalen nur den Eintrag 0 hat.

4. Sei

$$M = \begin{pmatrix} 0 & 2 & -1 \\ 1 & -1 & 0 \\ -1 & 0 & 1 \end{pmatrix}$$

Berechnen Sie mit Hilfe der Transformationsformel aus Satz 5.5.20 die darstellende Matrix von $\widehat{M}$ bezüglich der Basis

$$v_1 = \begin{pmatrix} 1 \\ -1 \\ 0 \end{pmatrix} \quad v_2 = \begin{pmatrix} 0 \\ 1 \\ -1 \end{pmatrix} \quad v_2 = \begin{pmatrix} 1 \\ 1 \\ 1 \end{pmatrix}$$

von $\mathbb{Q}_3$.

5. Betrachten Sie die Basis $(1, -1, 0), (1, 0, -1), (1, 1, 1)$ des Vektorraumes $\mathbb{Q}^3$. Bestimmen Sie die Transformationsmatrix des Basiswechsels von dieser Basis auf die kanonische Basis und die Transformationsmatrix des Basiswechsels von der kanonischen Basis auf diese Basis. Zeigen Sie, daß beide Transformationsmatrizen zueinander invers sind.

6. Seien $v_1, \ldots, v_n$ und $w_1, \ldots, w_n$ Basen des Vektorraumes $V$. $T$ sei die Transformationsmatrix des Basiswechsels von $(v_i)$ nach $(w_i)$. Zeigen Sie, daß $T^{-1}$ die Transformationsmatrix des Basiswechsels von $(w_i)$ nach $(v_i)$ ist.

7. Seien $b_1 = (0, 1, 1)$, $b_2 = (1, 0, 1)$, $b_3 = (1, 1, 0)$, $c_1 = (2, 1, 1)$, $c_2 = (1, 2, 1)$ und $c_3 = (1, 1, 2)$. Bestimmen Sie die Transformationsmatrix $S$ von der Basis $(b_i)$ auf die Basis $(c_i)$ von $\mathbb{R}^3$ und die Transformationsmatrix von der Basis $(c_i)$ auf die Basis $(b_i)$.

8. Sei $v_1, \ldots, v_n$ eine Basis des Vektorraumes $V$. Sei $T = (\alpha_{ij}) \in K_n^n$ eine invertierbare Matrix. Für $j = 1, \ldots, n$ setze

$$w_j := \sum_{i=1}^{n} \alpha_{ij} v_i$$

Zeigen Sie, daß $w_1, \ldots, w_n$ ebenfalls eine Basis von $V$ ist.

9. Entscheiden Sie, ob die folgende Aussage richtig ist (ja/nein).
   Sei $A \in K_m^n$ und $B \in K_n^m$. Es gelte $AB = E_m$. Dann gilt auch $BA = E_n$.

10. Sei

$$V = \left\{ \begin{pmatrix} w \\ x \\ y \\ z \end{pmatrix} \in \mathbb{R}_4 \,\middle|\, w + x + y + z = 0 \right\}$$

und sei $f : V \to V$ der durch

$$f \begin{pmatrix} w \\ x \\ y \\ z \end{pmatrix} = \begin{pmatrix} -1 & 1 & 1 & 0 \\ 1 & -1 & 1 & 0 \\ 1 & 1 & -1 & 0 \\ 0 & 0 & 0 & 1 \end{pmatrix} \cdot \begin{pmatrix} w \\ x \\ y \\ z \end{pmatrix}$$

definierte Homomorphismus. Bestimmen Sie die darstellende Matrix von $f$ bezüglich der Basis von $V$

$$\begin{pmatrix} 1 \\ -1 \\ 0 \\ 0 \end{pmatrix}, \begin{pmatrix} 0 \\ 1 \\ -1 \\ 0 \end{pmatrix}, \begin{pmatrix} 0 \\ 0 \\ 1 \\ -1 \end{pmatrix}.$$

## 5.6 Restklassenräume, affine Räume

Da die Vektorraumstruktur eine algebraische Grundstruktur ist, kann man wie in Kapitel 3 Abschnitt 4 Kongruenzrelationen und Restklassen studieren. Wie in 3.4 nennen wir eine Äquivalenzrelation $R \subset V \times V$ eine Kongruenzrelation für den Vektorraum $V$, wenn $R$ ein Untervektorraum von $V \times V$ ist. Wenn $R$ eine Kongruenzrelation für $V$ ist, dann gilt wieder die Aussage von 3.4.5, daß $V/R$ genau eine Struktur eines Vektorraumes trägt, so daß die Restklassenabbildung $\nu : V \to V/R$ eine lineare Abbildung ist.

**Satz 5.6.1** *Die Zuordnung, die jedem Unterraum $U \subset V$ die Kongruenzrelation $R_U \subset V \times V$ mit*

$$R_U := \{(v, w) \in V \times V \,|\, v - w \in U\}$$

*zuordnet, ist bijektiv. Die Umkehrabbildung ordnet jeder Kongruenzrelation $R \subset V \times V$ den Unterraum*

$$U_R := \{v - w \,|\, (v, w) \in R\}$$

*zu.*

*Beweis.* Da jeder Vektorraum auch eine (abelsche) Gruppe ist, ist $R_U \subset V \times V$ Untergruppe. Für $\lambda \in K$ und $(v, w) \in R_U$ ist $\lambda(v, w) = (\lambda v, \lambda w) \in R_U$, denn $\lambda v - \lambda w = \lambda(v - w) \in U$. Damit ist $R_U$ tatsächlich eine Kongruenzrelation. Ist $R$ gegeben, so ist wiederum $U$ wie in 3.5.3 eine Untergruppe. Für $\lambda \in K$ und $v - w \in U_R$ mit $(v, w) \in R$ gilt $\lambda(v, w) \in R$, also $\lambda(v - w) = \lambda v - \lambda w \in U_R$. Damit ist $U_R$ ein Untervektorraum.

Wir schreiben $V/U := V/R_U$. Nach 3.5.4 ist $v + U = \{v + u | u \in U\}$ dann das allgemeine Element des Restklassenraumes $V/U$.

**Definition 5.6.2** Eine Teilmenge $v + U$ in einem Vektorraum $V$ bezüglich eines Unterraumes $U$ heißt auch *affiner Unterraum von $V$ mit Translationsraum $U$.*

**Satz 5.6.3** *(Faktorisierungssatz für Vektorräume) Sei $f : V \to W$ eine lineare Abbildung und $U \subset V$ ein Untervektorraum. Wenn $f(U) = 0$, dann gibt es genau eine lineare Abbildung $\bar{f} : V/U \to W$, so daß*

*kommutiert.*

*Beweis.* verläuft analog zum Beweis von 3.5.5. Einzig neu ist die Behauptung, daß $\bar{f}$ auch mit der Multiplikation mit Skalaren verträglich ist: $\bar{f}(\lambda \bar{v}) = \bar{f}(\overline{\lambda v}) = \bar{f}\nu(\lambda v) = f(\lambda v) = \lambda f(v) = \lambda \bar{f}(\bar{v})$.

**Satz 5.6.4** *Sei $U \subset V$ ein Unterraum und $U'$ ein direktes Komplement zu $U$. Dann ist $f : U' \xrightarrow{\iota} V \xrightarrow{\nu} V/U$ ein Isomorphismus.*

*Beweis.* Es ist $V = U \oplus U'$. Wir definieren die Umkehrabbildung $\bar{g} : V/U \to U'$ zu $f$ durch die Teilabbildungen auf den direkten Summanden $(g_1 : U \to U') = 0$ und $(g_2 : U' \to U') = \mathrm{id}_{U'}$. Nach 5.4.15 ist die lineare Abbildung $g : V \to U'$ dadurch eindeutig bestimmt. Da $g(U) = g_1(U) = 0$, folgt nach 5.6.3, daß $g$ durch eine eindeutig bestimmte lineare Abbildung $\bar{g} : V/U \to U'$ faktorisiert werden kann, daß also insbesondere $\bar{g}\nu = g$ gilt. Dann ist $f\bar{g}(\bar{v}) = fg(v) = f(g_1(u) + g_2(u')) = fg(u') = f(u') = \nu(u') = \nu(v) = \bar{v} = \mathrm{id}(\bar{v})$, wenn $v \in V$ die Zerlegung $v = u + u'$ bezüglich $V = U \oplus U'$ hat. Weiter ist $\bar{g}f(u') = \bar{g}\nu(u') = g(u') = u' = \mathrm{id}(u')$. Also gelten $f\bar{g} = \mathrm{id}$ und $\bar{g}f = \mathrm{id}$.

Die im vorhergehenden Satz gezeigte Eigenschaft, daß man der Restklassenraum $V/U$ auch zu einem Unterraum $U'$ von $V$ isomorph ist, ist eine sehr seltene Eigenschaft von algebraischen Strukturen. Der Unterraum $U'$ ist ja auch durch $V/U$ oder durch $U$ keineswegs eindeutig bestimmt, wie wir schon bei der Diskussion von direkten Komplementen gesehen haben. Bei Ringen ist diese Aussage z.B. falsch. Keiner der Ringe $\mathbb{Z}/n\mathbb{Z}$ mit $n > 1$ ist zu einem Unterring von $\mathbb{Z}$ isomorph, weil in $\mathbb{Z}$ kein Element der additiven Ordnung $n$ existiert, d.h. es gibt kein Element $x \in \mathbb{Z}$, $x \neq 0$, mit $nx = 0$, was aber in $\mathbb{Z}/n\mathbb{Z}$ z.B. für die Eins gilt. Man sollte daher vermeiden, $V/U$ mit irgendeinem Unterraum von $V$ zu identifizieren oder sich auch nur eine solche Identifizierung vorzustellen.

Mit den Elementen von $V/U$ kann man jedoch in sehr natürlicher Weise eine andere Vorstellung verbinden. Ein solches Element, ein affiner Raum, hat die Form $\bar{v} = v + U = \{v + u | u \in U\}$. Er entsteht also durch „Verschiebung" des Unterraumes $U$ um den Vektor $v \in V$. Da die Elemente von $V/U$ eine Partition bilden, werden sich zwei solche affinen Unterräume mit demselben $U$ nicht schneiden (es sei denn, sie stimmen überein). Man betrachtet sie dann auch als parallele affine Unterräume. Weiter überdecken sie den gesamten Vektorraum $V$, wegen $V = \bigcup\{v + U | v \in V\}$. Damit ist $V/U$ ein interessantes weiteres Beispiel für einen Vektorraum, nämlich die Menge der zu $U$ in $V$ parallelen affinen Unterräume mit Translationsraum $U$. Das ist daher auch ein Grund für die folgende Definition.

**Definition 5.6.5** Sei $A = v + U$ ein affiner Unterraum von $V$ mit dem Translationsraum $U$. Dann ist die Dimension $\dim(A)$ von $A$ definiert als die Dimension von $U$.

Eigentlich müßte man hier zunächst zeigen, daß $U$ durch $A$ eindeutig bestimmt ist. Man sieht aber leicht $U = \{v - w | v, w \in A\}$.

Wenn man einen Vektor in einem affinen Unterraum $v' \in v + U =: A$ hat, so kann man zu diesem Vektor beliebige Vektoren $u \in U$ addieren, ohne den gegebenen affinen Unterraum $A$ zu verlassen, denn zu $v'$ existiert ein $u' \in U$ mit $v' = v + u'$. Für $u \in U$ gilt dann $v' + u = v + (u' + u) \in v + U = A$. Damit hat eine Operation, die *Translationsoperation*

$$A \times U \ni (v', u) \mapsto v' + u \in A.$$

Die Vektoren aus $U$ verschieben also $A$ „in sich".

**Satz 5.6.6** *Sei $f : V \longrightarrow W$ eine lineare Abbildung und sei $U := \mathrm{Ke}(f)$. Wenn $f^{-1}(w) \neq \emptyset$, dann ist $A := f^{-1}(w)$ ein affiner Unterraum von $V$ mit Translationsraum $U$.*

*Beweis.* folgt unmittelbar aus 5.4.9.

**Übungen 5.6.7**  1. Sei $V = \mathbb{R}^4$ und

$$U = \langle (1 \quad 1 \quad 0 \quad 0), (1 \quad -1 \quad 1 \quad 1) \rangle.$$

a) Bestimmen Sie eine Basis für $V/U$.

b) Bestimmen Sie ein direktes Komplement $U'$ zu $U$.

c) Bestimmen Sie eine darstellende Matrix für den Isomorphismus $U'$ $\to V \to V/U$.

2. Sei $U := \mathrm{Span}((1,1,0,0),(0,0,1,1)) \subset \mathbb{Q}^4$. Bestimmen Sie eine Basis von $\mathbb{Q}^4/U$.

3. Sei $V$ ein Vektorraum. $U_1$ und $U_2$ seien zwei Untervektorräume von $V$. Zeigen Sie, daß die Abbildung

$$U_1/(U_1 \cap U_2) \to (U_1 + U_2)/U_2, \bar{v} \mapsto \bar{v}$$

ein Isomorphismus ist. (1. Isomorphiesatz)

4. Seien $x, y, z \in \mathbb{R}^5$ linear unabhängig. Zeigen Sie, daß

$$A := \{\alpha x + \beta y + \gamma z \,|\, \alpha + \beta + \gamma = 1\}$$

ein affiner Unterraum von $\mathbb{R}^5$ ist und bestimmen Sie den Translationsraum $U$ zu $A$. Welche Dimension hat $A$?

# 6. Matrizen und lineare Gleichungssysteme

Eine der schönsten Anwendungen der Theorie der linearen Abbildungen ist die Theorie der linearen Gleichungssysteme. Ist eine $m \times n$-Matrix $M$ und ein Vektor $b \in K_m$ gegeben, so möchte man gern alle Vektoren $x \in K_n$ bestimmen, die die Gleichung

$$M \cdot x = b$$

oder in Komponentenschreibweise die linearen Gleichungen

$$
\begin{aligned}
\alpha_{11} \cdot \xi_1 + \ldots + \alpha_{1n} \cdot \xi_n &= \beta_1 \\
\vdots \qquad\qquad \vdots \qquad &\quad \vdots \\
\alpha_{m1} \cdot \xi_1 + \ldots + \alpha_{mn} \cdot \xi_n &= \beta_m
\end{aligned}
\tag{6.1}
$$

erfüllen. Wir werden sehen, daß ein enger Zusammenhang mit der Matrizenrechnung besteht. Außerdem liefert uns die bisher entwickelte Theorie schöne Methoden zum Auffinden der Lösungen linearer Gleichungssysteme.

## 6.1 Lineare Gleichungssysteme

Wir befassen uns in diesem ersten Abschnitt mit den theoretischen Grundlagen der linearen Gleichungssysteme. Insbesondere machen wir weitreichende abstrakte Aussagen über mögliche Lösungen. Erst im nächsten Abschnitt geben wir Methoden zur Berechnung von Lösungen an. Wir wissen dann schon, was wir an Lösungen zu erwarten haben und welche Eigenschaften sie haben werden.

**Definition 6.1.1** Eine Gleichung (6.1) mit bekannten Größen $\alpha_{ij}$ und $\beta_k$ und Unbekannten $\xi_i$ nennt man ein *lineares Gleichungssystem* für die $\xi_i$. Die Menge

$$\{x \in K_n | M \cdot x = b\}$$

heißt *Lösungsmenge* des linearen Gleichungssystems.

Wir wissen, daß die Multiplikation von links mit einer Matrix $M$ eine lineare Abbildung von $K_n$ nach $K_m$ ist. Daher können wir alle im vorhergehenden Kapitel erworbenen Kenntnisse auf lineare Gleichungssysteme anwenden. Bezeichnen wir wie im vorhergehenden Kapitel $f = \widehat{M}$, so ist

$$f^{-1}(b) = \{x \in K^m | M \cdot x = b\}$$

die Lösungsmenge des linearen Gleichungssystems.

**Definition 6.1.2** Das lineare Gleichungssystem $M \cdot x = b$ heißt *homogen*, wenn $b = 0$ gilt, sonst heißt es *inhomogen*.

Ein erster wichtiger Satz über Lösungen von linearen Gleichungssystemen ergibt sich unmittelbar aus einigen schon bewiesenen Behauptungen.

**Satz 6.1.3** *Die Lösungsmenge $L$ eines linearen Gleichungssystems $M \cdot x = b$ ist ein affiner Unterraum von $K_n$. Ist $b = 0$, so ist die Lösungsmenge $U$ des homogenen Gleichungssystems ein Untervektorraum von $K_n$. Ist $x_0$ eine Lösung des inhomogenen Gleichungssystems $M \cdot x = b$ und $U$ der Lösungsraum des homogenen Gleichungssystems $M \cdot x = 0$, so gilt für die Lösungsmenge des inhomogenen Gleichungssystems $L = x_0 + U$.*

*Beweis.* Nach Satz 5.6.6 ist $L = f^{-1}(b) = x_0 + \mathrm{Ke}(f)$ ein affiner Unterraum von $K_n$, denn $U = \{x \in K_n | M \cdot x = 0\} = \mathrm{Ke}(f)$.

Es gilt auch die Umkehrung des vorstehenden Satzes. Man kann sogar allgemein affine Unterräume mit Hilfe von linearen Gleichungssystemen beschreiben.

**Satz 6.1.4** *Sei $B = x_0 + U$ ein affiner Unterraum des $K_n$. Dann gibt es ein lineares Gleichungssystem, dessen Lösungsmenge $B$ ist.*

*Beweis.* Man wähle eine lineare Abbildung $f : K_n \to K_m$ mit $\mathrm{Ke}(f) = U$ und $f = \widehat{M}$. Das ist immer möglich, wenn $m + \dim(U) \geq n$ ist. Denn dann kann man eine Basis von $U$ zu einer Basis von $K_n$ verlängern, die $\dim(U)$ Basisvektoren von $U$ auf Null in $K_m$ abbilden und die restlichen $n - \dim(U)$ Basisvektoren auf eine entsprechende Anzahl verschiedener Basisvektoren von $K_m$ abbilden. Damit wird nach 5.4.6 1. eine lineare Abbildung $f : K_n \to K_m$ mit $\mathrm{Ke}(f) \supset U$ und einem $(n - \dim(U))$-dimensionalen Bildraum definiert. Wegen des Dimensionssatzes 5.4.10 muß dann sogar $\mathrm{Ke}(f) = U$ gelten. Weiter setze man $b := f(x_0)$. Dann ist $B$ die Lösungsmenge von $M \cdot x = b$.

Die Einsicht, nach der ein lineares Gleichungssystem als lineare Abbildung aufgefaßt werden kann, läßt auch Aussagen über die Dimension des Lösungsraumes zu.

**Satz 6.1.5** *Sei $M$ eine $m \times n$-Matrix und $M \cdot x = b$ ein lineares Gleichungssystem, das mindestens eine Lösung besitzt. Dann ist die Dimension des Lösungsraumes $n - \mathrm{rg}(M)$.*

*Beweis.* folgt aus dem Dimensionssatz 5.4.10: $\mathrm{Ke}(\widehat{M}) + \mathrm{rg}(M) = n$.

Mit Hilfe des Ranges von Matrizen können wir nun genau angeben, unter welchen Bedingungen ein lineares Gleichungssystem Lösungen besitzt und wann Lösungen eindeutig bestimmt sind.

**Satz 6.1.6** *Sei $M \cdot x = b$ ein lineares Gleichungssystem mit einer $m \times n$-Matrix. Dann gelten:*

1. *Das Gleichungssystem ist genau dann lösbar, wenn gilt $\operatorname{rg}(M,b) = \operatorname{rg}(M)$.*
2. *Das Gleichungssystem ist genau dann für alle $b \in K_m$ lösbar, wenn gilt $\operatorname{rg}(M) = m$.*
3. *Ist das Gleichungssystem lösbar, so ist die Lösung genau dann eindeutig, wenn gilt $\operatorname{rg}(M) = n$.*

*Beweis.* 1. Die Matrix $(M,b)$ entsteht aus der Matrix $M$ dadurch, daß der Vektor $b$ als Spaltenvektor zur Matrix $M$ rechts hinzugefügt wird. Der Rang von $(M,b)$ ist die Dimension des durch $b$ und alle Spaltenvektoren von $M$ aufgespannten Untervektorraumes von $K_m$. Dieser Untervektorraum enthält den lediglich von den Spaltenvektoren von $M$ aufgespannten Untervektorraum. Diese beiden Untervektorräume haben gleiche Dimension genau dann, wenn $b$ linear abhängig von den Spaltenvektoren von $M$ ist. Genau dann ist aber das Gleichungssystem lösbar, denn die gesuchten Werte für $\xi_1, \ldots, \xi_m$ sind die Koeffizienten der erforderlichen Linearkombination der Zeilenvektoren von $M$ zur Darstellung von $b$, also $\sum_{i=1}^{m} \xi_i a_i = b$ mit Spaltenvektoren $a_i$ von $M$, was nur eine andere Schreibweise des linearen Gleichungssystems ist.

2. Das Gleichungssystem ist genau dann für alle $b$ lösbar, wenn die Abbildung $\widehat{M}$ surjektiv ist, genau dann, wenn die Spaltenvektoren von $M$ den ganzen Raum $K_m$ aufspannen, genau dann, wenn $\operatorname{rg}(M) = m$ gilt.

3. Es ist wegen 5.4.10 $\operatorname{rg}(M) = n$ genau dann, wenn der Kern von $\widehat{M}$ Null ist. Das bedeutet aber die Eindeutigkeit der Lösungen aller lösbaren Gleichungen $M \cdot x = b$.

**Folgerung 6.1.7** *Sei $M$ eine quadratische $(n \times n)$-Matrix. Dann sind die folgenden Aussagen äquivalent:*

1. *$M$ ist regulär oder invertierbar.*
2. *Für alle $b \in K_m$ ist $M \cdot x = b$ lösbar.*
3. *Das lineare Gleichungssystem $M \cdot x = 0$ hat nur die triviale Lösung.*

*Beweis.* Wir betrachten die durch $M$ dargestellte lineare Abbildung $\widehat{M} : K_n \to K_n$. Sie ist nach 5.4.14 genau dann bijektiv, wenn sie injektiv ist und dieses genau dann, wenn sie surjektiv ist. Die Bedingung 2. ist äquivalent zur Surjektivität der linearen Abbildung $\widehat{M}$, die Bedingung 3. zur Injektivität.

**Bemerkung 6.1.8** Wenn die Matrix $M$ regulär ist, dann erhält man durch $x_0 := M^{-1} \cdot b$ die (eindeutig bestimmte) Lösung des linearen Gleichungssystems $M \cdot x = b$. Es ist nämlich $M \cdot x_0 = M \cdot M^{-1} \cdot b = E_n \cdot b = b$.

**Übungen 6.1.9**    1. Entscheiden Sie, ob das lineare Gleichungssystem

$$\begin{pmatrix} 1 & 1 & 0 \\ 1 & 0 & 1 \\ 0 & 1 & 1 \end{pmatrix} \begin{pmatrix} x \\ y \\ z \end{pmatrix} = \begin{pmatrix} 1 \\ 0 \\ 0 \end{pmatrix}$$

lösbar ist. Bestimmen Sie gegebenenfalls die Lösungen.

2. Entscheiden Sie, ob das lineare Gleichungssystem

$$\begin{pmatrix} 1 & -1 & 0 \\ 1 & 0 & 1 \\ 0 & 1 & 1 \end{pmatrix} \begin{pmatrix} x \\ y \\ z \end{pmatrix} = \begin{pmatrix} 1 \\ 0 \\ 0 \end{pmatrix}$$

lösbar ist. Bestimmen Sie gegebenenfalls die Lösungen.

3. Entscheiden Sie, ob das lineare Gleichungssystem

$$\begin{pmatrix} 1 & -1 & 0 \\ 1 & 0 & 1 \\ 0 & 1 & 1 \end{pmatrix} \begin{pmatrix} x \\ y \\ z \end{pmatrix} = \begin{pmatrix} 1 \\ 0 \\ -1 \end{pmatrix}$$

lösbar ist. Bestimmen Sie gegebenenfalls die Lösungen.

4. Geben Sie notwendige und hinreichende Bedingungen für $\{\alpha_1, \alpha_2, \beta_1, \beta_2\}$ an, so daß gilt

$$\{(x_1, x_2) | \alpha_1 x_1 + \alpha_2 x_2 = 0\} \cap \{(x_1, x_2) | \beta_1 x_1 + \beta_2 x_2 = 0\}$$
$$= \{(0, 0)\}.$$

5. Zeigen Sie: Das lineare Gleichungssystem $M \cdot x = b$ ist genau dann lösbar, wenn der Vektor $b$ eine Linearkombination der Spaltenvektoren von $A$ ist.

6. Entscheiden Sie, ob die folgende Aussage richtig ist (ja/nein).
   Betrachten Sie ein inhomogenes lineares Gleichungssystem $M \cdot x = b$, das genauso viele Gleichungen wie Unbestimmte umfaßt. Wenn das Gleichungssystem eine eindeutige Lösung besitzt, so ist es auch für jede andere rechte Seite $b'$ lösbar.

7. Bestimmen Sie ein $\alpha \in \mathbb{R}$, so daß gilt

$$5 \cdot \begin{pmatrix} 1 \\ 2 \\ 3 \end{pmatrix} + 4 \cdot \begin{pmatrix} 2 \\ 3 \\ 1 \end{pmatrix} - \alpha \cdot \begin{pmatrix} 1 \\ 1 \\ 1 \end{pmatrix} = \begin{pmatrix} 16 \\ 25 \\ 19 \end{pmatrix}.$$

8. Finden Sie $\alpha$ und $\beta$ mit

$$\alpha \cdot \begin{pmatrix} 1 \\ 0 \\ 3 \end{pmatrix} + \beta \cdot \begin{pmatrix} 1 \\ 1 \\ 1 \end{pmatrix} = \begin{pmatrix} 5 \\ 2 \\ 11 \end{pmatrix}$$

## 6.2 Das Gaußsche Eliminationsverfahren

Die bisher gefundenen Aussagen über lineare Gleichungssysteme sind vorwiegend theoretischer Art. Wir wenden uns jetzt praktischen Lösungswegen zu. Eines der bekanntesten und wirkungsvollsten Verfahren ist das Gaußsche Eliminationsverfahren. Dazu wandelt man die *erweiterte Koeffizientenmatrix* $(M, b)$ nach einem genau vorgeschriebenen Algorithmus in eine Matrix besonders einfacher Gestalt, in eine sogenannte Stufenmatrix, um. Aus dieser läßt sich die Lösungsmenge einfach ablesen. Gleichzeitig läßt sich auch der Rang des Gleichungssystems direkt ablesen und die Tatsache, ob das Gleichungssystem überhaupt Lösungen besitzt.

Es gibt zwei im wesentlichen äquivalente Wege, die einzelnen Schritte des Gaußschen Eliminationsverfahrens durchzuführen, die Multiplikation der erweiterten Koeffizientenmatrix mit geeigneten Elementarmatrizen von links oder die Durchführung elementarer Zeilenumformungen der erweiterten Koeffizientenmatrix. Beide Verfahren sind leicht als Algorithmen auf dem Computer zu implementieren. Wir beschreiben hier (zunächst) das Verfahren mit Hilfe der elementaren Zeilenumformungen.

**Bemerkung 6.2.1** Sei ein lineares Gleichungssystem $M \cdot x = b$ gegeben. Offenbar ändern wir an der Lösungsmenge nichts, wenn wir eine der Gleichungen mit einem Skalarfaktor $\lambda \neq 0$ multiplizieren. Das läuft auf die Multiplikation der entsprechenden Zeile von $(M, b)$ mit $\lambda \neq 0$ hinaus. Insbesondere können wir einen solchen Prozeß rückgängig machen, indem wir dieselbe Gleichung mit dem inversen Faktor $\lambda^{-1}$ multiplizieren. Ebenso ändern wir an der Lösungsmenge nichts, wenn wir ein Vielfaches einer Gleichung zu einer anderen Gleichung addieren. Auch diesen Prozeß können wir nämlich rückgängig machen, indem wir das gleiche Vielfache abziehen. Er läuft auf die Addition eines Vielfachen einer Zeile zu einer anderen Zeile der erweiterten Matrix $(M, b)$ hinaus. Schließlich können wir in demselben Sinne auch zwei Gleichungen bzw. zwei Zeilen miteinander vertauschen. Das führt uns zu der folgenden Definition.

**Definition 6.2.2** Sei $N$ eine Matrix. Eine *elementare Zeilenumformung erster Art* $Z_1$ ist die Multiplikation einer Zeile von $N$ mit einem Faktor $\lambda \neq 0$. Eine *elementare Zeilenumformung zweiter Art* $Z_2$ ist die Addition eines Vielfachen einer Zeile zu einer anderen Zeile. Eine *elementare Zeilenumformung dritter Art* $Z_3$ ist die Vertauschung zweier Zeilen.

Ist $N$ die erweiterte Matrix eines linearen Gleichungssystems, so ändern elementare Zeilenumformungen die Lösungsmenge des linearen Gleichungssystems nicht, d.h. die Gleichungssysteme $M \cdot x = b$ und $M' \cdot x = b'$ haben dieselben Lösungsmengen, wenn $(M', b')$ aus $(M, b)$ durch Anwendung von endlich vielen elementaren Zeilenumformungen hervorgeht.

Elementare Zeilenumformungen an der Matrix $M$ und an der Matrix $(M, 0)$ bewirken eingeschränkt auf $M$ sicherlich dasselbe, weil sie auf der Nullspalte gar keine Änderung hervorrufen. Der (Spalten-)Rang der Matrix $M$ ist aber nach 6.1.5 gleich der Zeilenzahl von $M$ minus Dimension des Lösungsraumes. Da der Lösungsraum von $M \cdot x = 0$ sich bei elementaren Zeilenumformungen von $(M, 0)$ nicht ändert und die Zeilenzahl von $(M, 0)$ ebenfalls konstant bleibt, ändert sich insbesondere auch der Rang der Matrix $M$ nicht. Wir haben also erhalten:

**Folgerung 6.2.3** *Elementare Zeilenumformungen einer Matrix lassen deren (Spalten-)Rang invariant.*

Durch Anwendung geeigneter elementarer Zeilenumformungen läßt sich nun eine Matrix wesentlich vereinfachen, nämlich auf die Form einer Stufenmatrix.

**Definition 6.2.4** Eine Matrix $S$ ist eine *Stufenmatrix*, wenn für je zwei aufeinanderfolgende Zeilen $a_i$ und $a_{i+1}$ von $S$ folgendes gilt: wenn die linken $k$ Koeffizienten von $a_i$ Null sind, so sind die linken $k + 1$ Koeffizienten von $a_{i+1}$ Null oder $a_{i+1}$ ist der Nullvektor:

$$\forall i = 1, \ldots, m, \ k = 1, \ldots, n$$
$$[(\forall j = 1, \ldots, k[\alpha_{ij} = 0]) \Rightarrow (\forall j = 1, \ldots, k + 1[\alpha_{(i+1)j} = 0])].$$

Damit hat eine Stufenmatrix die folgende Form

$$\begin{pmatrix} 0, \ldots, 0, \alpha_{1j_1} & \cdots & & \cdots & \alpha_{1n} \\ & \alpha_{2j_2} & \cdots & & \cdots & \alpha_{2n} \\ & & & \vdots & & \vdots \\ & & \alpha_{kj_k} & & \cdots & \alpha_{kn} \\ & & & & & 0 \\ & & & & & \vdots \\ & & & & & 0 \end{pmatrix} \qquad (6.2)$$

Ein lineares Gleichungssystem $M \cdot x = b$ hat genau dann eine Stufenmatrix als erweiterte Koeffizientenmatrix, wenn es die folgende Form hat:

$$\begin{aligned} \alpha_{1j_1} \cdot \xi_{j_1} + \cdots & \qquad \cdots + \alpha_{1n} \cdot \xi_n = \beta_1 \\ \alpha_{2j_2} \cdot \xi_{j_2} + \cdots & \qquad \cdots + \alpha_{2n} \cdot \xi_n = \beta_2 \\ & \vdots \qquad\qquad\qquad \vdots \\ \alpha_{kj_k} \cdot \xi_{j_k} + \cdots + \alpha_{kn} \cdot \xi_n &= \beta_k \\ 0 &= \beta_{k+1} \\ 0 &= 0 \\ & \vdots \qquad \vdots \\ 0 &= 0 \end{aligned} \qquad (6.3)$$

mit $j_1 < j_2 < \ldots < j_k \leq n$ .

**Satz 6.2.5** *Jede Matrix M läßt sich durch Anwendung geeigneter elementarer Zeilenumformungen in eine Stufenmatrix S umformen.*

*Beweis.* Wir wollen den Beweis durch vollständige Induktion nach der Anzahl der Spalten von $M$ durchführen. Dazu beschreiben wir einen Algorithmus $\mathcal{E}$ bestehend aus mehreren elementaren Zeilenumformungen. Dieser wird auf eine Matrix angewendet und ergibt eine Matrix mit kleinerer Spaltenzahl, wodurch eine rekursive Anwendung möglich wird.

**Algorithmus 6.2.6 (Algorithmus $\mathcal{E}$ der Umformungen von $M$, Eliminationsalgorithmus)**

$\mathcal{E}_1$: Wenn die erste Spalte von $M$ nur mit Nullen besetzt ist, so führen wir gar keine Umformungen durch und gehen unmittelbar zu Schritt $\mathcal{E}_5$ weiter.

$\mathcal{E}_2$: Wenn der Koeffizient in der ersten Zeile und der ersten Spalte von Null verschieden ist, so gehen wir unmittelbar zu Schritt $\mathcal{E}_4$ weiter.

$\mathcal{E}_3$: Wenn der Koeffizient in der ersten Zeile und der ersten Spalte Null ist und ein von Null verschiedener Koeffizient in der ersten Spalte und der $i$-ten Zeile von $M$ steht, so vertauschen wir die $i$-te Zeile mit der ersten Zeile, führen also eine elementare Zeilenumformung dritter Art durch.

Wir bemerken an dieser Stelle, daß hier offenbar mehrere Wahlmöglichkeiten bestehen. Wir werden darauf zurückkommen, wenn wir später das Pivot-(Drehpunkt-)Verfahren besprechen.

Wir können also nach dieser Umformung davon ausgehen, daß in der ersten Zeile und ersten Spalte ein von Null verschiedener Koeffizient $\alpha_{11}$ steht. Seien jetzt die Koeffizienten der ersten Spalte

$$(\alpha_{11}, \alpha_{21}, \ldots, \alpha_{m1})^t = \begin{pmatrix} \alpha_{11} \\ \alpha_{21} \\ \vdots \\ \alpha_{m1} \end{pmatrix}.$$

$\mathcal{E}_4$: In der so erhaltenen Matrix addieren wir das $(-\alpha_{11}^{-1}) \cdot \alpha_{i1}$-fache der ersten Zeile zur $i$-ten Zeile für alle $i = 2, \ldots, n$. Das sind elementare Zeilenumformungen zweiter Art. Dadurch erreichen wir, daß in der ersten Spalte der Vektor $(\alpha_{11}, 0, \ldots, 0)^t$ mit $\alpha_{11} \neq 0$ steht.

Damit ist ein Schritt des Algorithmus $\mathcal{E}$ vollständig beschrieben. Am Schluß haben wir durch Anwendung von $\mathcal{E}$ auf $M$ eine Matrix

$$N = \begin{pmatrix} \alpha_{11} & \beta_{12} & \ldots & \beta_{1n} \\ 0 & \beta_{22} & \ldots & \beta_{2n} \\ \vdots & \vdots & \ldots & \vdots \\ 0 & \beta_{m2} & \ldots & \beta_{mn} \end{pmatrix}$$

erhalten, deren erste Spalte entweder der Nullvektor oder der Vektor $(\alpha_{11}, 0, \ldots, 0)^t \neq 0$ ist.

$\mathcal{E}_5$: Ist der erste Spaltenvektor von $N$ der Nullvektor, so betrachten wir jetzt eine Teilmatrix der Matrix $N = (\beta_{ij}|i = 1,\ldots,m, j = 1,\ldots,n)$, nämlich die Matrix

$$N' := \begin{pmatrix} \beta_{12} & \beta_{13} & \cdots & \beta_{1n} \\ \beta_{22} & \beta_{23} & \cdots & \beta_{2n} \\ \vdots & \vdots & & \vdots \\ \beta_{m2} & \beta_{m3} & \cdots & \beta_{mn} \end{pmatrix}.$$

Im anderen Fall mit $(\alpha_{11}, 0, \ldots, 0)^t \neq 0$ als erster Spalte betrachten wir

$$N' := \begin{pmatrix} \beta_{22} & \beta_{23} & \cdots & \beta_{2n} \\ \beta_{32} & \beta_{33} & \cdots & \beta_{3n} \\ \vdots & \vdots & & \vdots \\ \beta_{m2} & \beta_{m3} & \cdots & \beta_{mn} \end{pmatrix}.$$

Wenn wir eine elementare Zeilenumformung an der Matrix $N'$ vornehmen, so können wir dieselbe elementare Zeilenumformung auch an der größeren Matrix $N$ vornehmen, ohne in $N$ die erste Spalte $(0, 0, \ldots, 0)^t$ bzw. $(\alpha_{11}, 0, \ldots, 0)^t$ zu verändern. Das sieht man sofort für jede einzelne der möglichen elementaren Zeilenumformungen, weil durch sie in der ersten Spalte nur die Nullen betroffen sind. In Falle des ersten Spaltenvektors $(\alpha_{11}, 0, \ldots, 0)^t$ wird auch die erste Zeile der Matrix $N$ nicht geändert, weil für diese Zeile keine Umformungen von $N'$ induziert werden.

Da die Matrix $N'$ kleiner als die Matrix $M$ ist (gemessen an der Anzahl der Spalten), kann man sie per Induktionsannahme durch endlich viele elementare Zeilenumformungen in eine Stufenmatrix umformen. Dieselben Umformungen machen dann aber auch die Matrizen $M$ bzw. $N$ zu Stufenmatrizen. Der Prozeß bricht natürlich ab, wenn die Matrix $N'$ null Spalten oder null Zeilen hat.

Insgesamt haben wir damit einen Algorithmus $\mathcal{E}$ beschrieben, der mit Hilfe von elementaren Zeilenumformungen aus einer beliebigen Matrix $M$ eine Stufenmatrix $S$ macht.

Mit den angegebenen Umformungsverfahren kann man jetzt lineare Gleichungssysteme auf eine wesentlich einfachere Form bringen, nämlich die Form (6.3). Das führt zu dem folgenden

**Satz 6.2.7** *(Das Gaußsche Eliminationsverfahren) Sei $M \cdot x = a$ ein lineares Gleichungssystem. Man löst dieses Gleichungssystem, indem man $(M, a)$ zunächst mit elementaren Zeilenumformungen auf Stufenform $(S, b)$ bringt. Ist in der Darstellung (6.3) des Gleichungssystems in Stufenform dann $\beta_{k+1} = 0$ (oder keine $k + 1$-te Gleichung vorhanden), so ist das Gleichungssystem lösbar, sonst nicht. Man erhält alle Lösungen, indem man für alle $j \notin \{i_1, \ldots, i_k\}$ beliebige Werte für die $\xi_j$ wählt und dann mit Hilfe von (6.3) die restlichen Werte der $\xi_{i_1}, \ldots, \xi_{i_k}$ mit Hilfe der Formeln*

$$\xi_{i_k} = \alpha_{ki_k}^{-1}(\beta_k - \sum_{j=i_k+1}^{n} \alpha_{kj}\xi_j)$$

$$\vdots$$

$$\xi_{i_2} = \alpha_{2i_2}^{-1}(\beta_2 - \sum_{j=i_2+1}^{n} \alpha_{2j}\xi_j)$$

$$\xi_{i_1} = \alpha_{1i_1}^{-1}(\beta_1 - \sum_{j=i_1+1}^{n} \alpha_{1j}\xi_j)$$

$$(6.4)$$

*(Rückwärtssubstitution) ausrechnet.*

**Beweis.** Die Lösungsmengen der linearen Gleichungssysteme $M \cdot x = a$ und $S \cdot x = b$ stimmen überein, wenn die Matrix $(S, b)$ aus der Matrix $(M, a)$ durch elementare Zeilenumformungen hervorgeht, da sich nach der Bemerkung 6.2.1 die Lösungsmengen eines linearen Gleichungssystems bei elementaren Zeilenumformungen der erweiterten Gleichungsmatrix nicht ändern. Das im Satz behauptete Verhalten der Lösungen ist dann aber direkt aus der Form (6.3) durch Auflösung nach den verbleibenden $\xi_i$ abzulesen.

Mit diesem Satz können wir sowohl eine partikuläre Lösung eines linearen inhomogenen Gleichungssystems bestimmen als auch den Lösungsraum eines linearen homogenen Gleichungssystems. Damit kann man dann nach Satz 6.1.2 die gesamte Lösungsmenge eines inhomogenen Gleichungssystems bilden.

Da sich der (Spalten-)Rang einer Matrix bei Anwendung des Gaußschen Eliminationsverfahrens nicht ändern, können wir ihn an der zugehörigen Stufenmatrix ablesen. Der Rang einer Stufenmatrix ist aber offenbar die Anzahl der Stufen.Durch Addition geeigneter Vielfacher der ersten Spalte zu den anderen Spalten können wir in den anderen Spalten an erster Stelle Nullen erhalten. Ebenso erhalten wir durch Addition geeigneter Vielfacher der Spalte der zweiten Stufe auch an der zweiten Stellen lauten Nullen. So wird jede Spalte entweder der Nullvektor oder ein Einheitsvektor. Durch Umkehren dieses Verfahrens sieht man, daß alle Spalten Linearkombinationen der Stufen sind, die selbst linear unabhängig sind. Wir erhalten also

**Satz 6.2.8** *Der (Spalten-)Rang einer Matrix $M$ ist die Anzahl der Stufen einer aus $M$ durch das Gaußsche Eliminationsverfahren erhaltenen Stufenmatrix.*

**Folgerung 6.2.9** *Eine quadratische $(n \times n)$-Matrix ist genau dann invertierbar, wenn ein zugehörige Stufenmatrix $n$ Stufen hat.*

**Beweis.** Dann hat nämlich die Stufenmatrix den Rang $n$.

**Satz 6.2.10** *Jede elementare Zeilenumformung (und damit jede Folge von elementaren Zeilenumformungen) an einer Matrix M ist Ergebnis einer Multiplikation von links mit einer regulären Matrix U, genannt Umformungsmatrix.*

*Beweis.* Jede elementare Zeilenumformung an einer Matrix $M$ kann beschrieben werden durch Multiplikation mit einer Matrix $U_i$ auf $M$ von links. Das geht aus den folgenden Matrizenprodukten hervor.

$$
\begin{pmatrix}
1 & \cdots & 0 & \cdots & 0 \\
\vdots & & \vdots & & \vdots \\
0 & \cdots & \lambda & \cdots & 0 \\
\vdots & & \vdots & & \vdots \\
0 & \cdots & 0 & \cdots & 1
\end{pmatrix}
\cdot
\begin{pmatrix}
\alpha_{11} & \cdots & \alpha_{1n} \\
\vdots & & \vdots \\
\alpha_{i1} & \cdots & \alpha_{in} \\
\vdots & & \cdot \ \ \vdots \\
\alpha_{m1} & \cdots & \alpha_{mn}
\end{pmatrix}
= U_1 \cdot M
$$

$$
=
\begin{pmatrix}
\alpha_{11} & \cdots & \alpha_{1n} \\
\vdots & & \vdots \\
\lambda\alpha_{i1} & \cdots & \lambda\alpha_{in} \\
\vdots & & \vdots \\
\alpha_{m1} & \cdots & \alpha_{mn}
\end{pmatrix}
$$

Die zur Multiplikation von links verwendete Matrix $U_1$ hat Einsen in der Diagonalen bis auf den Koeffizienten $\beta_{ii} = \lambda$, ist also von der Form $E_n + (\lambda - 1)E_{ii}$, wobei allgemein $E_n$ die Einheitsmatrix und $E_{ij}$ eine mit Nullen und einem Koeffizienten 1 an der Stelle $(i,j)$ besetzte Matrix bezeichnen. Die zur Multiplikation verwendete Matrix hat $E_n + (\lambda^{-1} - 1)E_{ii}$ als inverse Matrix. Sie ist daher invertierbar und heißt *Elementarmatrix erster Art.*

Weiter ist

$$
\begin{pmatrix}
1 & \cdots & & \cdots & & \cdots & 0 \\
\vdots & & & & & & \vdots \\
 & & 1 & \cdots & \lambda & & \\
\vdots & & & & \vdots & & \vdots \\
 & & & & 1 & & \\
\vdots & & & & & & \vdots \\
0 & \cdots & & \cdots & & \cdots & 1
\end{pmatrix}
\cdot
\begin{pmatrix}
\alpha_{11} & \cdots & \alpha_{1n} \\
\vdots & & \vdots \\
\alpha_{i1} & \cdots & \alpha_{in} \\
\vdots & & \vdots \\
\alpha_{j1} & \cdots & \alpha_{jn} \\
\vdots & & \vdots \\
\alpha_{m1} & \cdots & \alpha_{mn}
\end{pmatrix}
= U_2 \cdot M
$$

$$
=
\begin{pmatrix}
\alpha_{11} & \cdots & \alpha_{1n} \\
\vdots & & \vdots \\
\alpha_{i1} + \lambda\alpha_{j1} & \cdots & \alpha_{in} + \lambda\alpha_{jn} \\
\vdots & & \vdots \\
\alpha_{j1} & \cdots & \alpha_{jn} \\
\vdots & & \vdots \\
\alpha_{m1} & \cdots & \alpha_{mn}
\end{pmatrix} .
$$

Die zur Multiplikation von links verwendete Matrix $U_2$ hat Einsen in der Diagonalen und einen Koeffizienten $\beta_{ij} = \lambda$ mit $i \neq j$. Alle anderen Koeffizienten sind Null. Diese Matrix, die man als $E_n + \lambda E_{ij}$ schreiben kann, hat als Inverse $E_n - \lambda E_{ij}$ und ist damit invertierbar. Sie heißt *Elementarmatrix zweiter Art.*

Schließlich ist

$$
\begin{pmatrix} 1 & \cdots & & & \cdots & 0 \\ \vdots & & & & & \vdots \\ & & 0 & \cdots & 1 & \\ \vdots & & \vdots & \vdots & & \vdots \\ & & 1 & \cdots & 0 & \\ \vdots & & & & & \vdots \\ 0 & \cdots & & & \cdots & 1 \end{pmatrix} \cdot \begin{pmatrix} \alpha_{11} & \cdots & \alpha_{1n} \\ \vdots & & \vdots \\ \alpha_{i1} & \cdots & \alpha_{in} \\ \vdots & & \vdots \\ \alpha_{j1} & \cdots & \alpha_{jn} \\ \vdots & & \vdots \\ \alpha_{m1} & \cdots & \alpha_{mn} \end{pmatrix} = U_3 \cdot M
$$

$$
= \begin{pmatrix} \alpha_{11} & \cdots & \alpha_{1n} \\ \vdots & & \vdots \\ \alpha_{j1} & \cdots & \alpha_{jn} \\ \vdots & & \vdots \\ \alpha_{i1} & \cdots & \alpha_{in} \\ \vdots & & \vdots \\ \alpha_{m1} & \cdots & \alpha_{mn} \end{pmatrix}.
$$

Die zur Multiplikation von links verwendete Matrix $U_3$ hat Einsen in der Diagonalen und Nullen an allen anderen Stellen mit Ausnahme von $\beta_{ii} = \beta_{jj} = 0$ und $\beta_{ij} = \beta_{ji} = 1$ für ein Paar $i \neq j$. Diese Matrix ist zu sich selbst invers und heißt *Elementarmatrix dritter Art.*

Wir haben also gesehen, daß man elementare Zeilenumformungen durch Multiplikation von links mit gewissen (invertierbaren) Elementarmatrizen erzeugen kann. Damit kann auch jede Folge von elementaren Zeilenumformungen durch Multiplikation mit einer regulären Matrix, dem Produkt der Elementarmatrizen, beschrieben werden.

**Bemerkung 6.2.11** Wenn wir das Gleichungssystem $M \cdot x = b$ auf die oben beschriebene Weise gelöst haben und anschließend ein Gleichungssystem $M \cdot x = c$ lösen müssen, so müssen wir das gesamte Eliminationsverfahren neu durchrechnen. Es lohnt sich in diesen Fällen von vornherein eine etwas umfangreichere Umformung vorzunehmen. Wir ersetzen bei der Umformung in Stufenform die Matrix $(M, b)$ durch die Matrix $(M, E_m)$, wobei $E_m$ die Einheitsmatrix ist. Dann formen wir diese Matrix auf Stufenform nach dem bekannten Verfahren und erhalten eine Matrix der Form $(S, A)$. Insbesondere hat die Matrix $S$ Stufenform. Dabei steuert der Übergang von $M$ auf $S$ die Wahl der elementaren Zeilenumformungen, und diese wiederum schaffen eine entsprechende Umformung von $E_m$ auf $A$. Da $A$ aus $E_m$ durch elementare Spaltenumformungen hervorgeht und $E_m$ regulär ist (also vom Rang $m$), ist auch $A$ regulär.

Die so gewonnene Matrix $A$ ist die im vorhergehenden Satz beschriebene Umformungsmatrix. Die elementaren Zeilenumformungen von $(M, E_m)$ lassen sich nämlich wie folgt beschreiben:

$$U \cdot (M, E_m) = (U \cdot M, U \cdot E_m) = (S, A),$$

woraus $U = A$ folgt. Insbesondere ist $S = A \cdot M$.

Für ein beliebiges lineares Gleichungssystem der Form $M \cdot x = b$ erhält man dann die Zeilenstufenform als $S \cdot x = (A \cdot M) \cdot x = A \cdot b$. Wenn man also jetzt die Matrizen $S$ und $A$ berechnet hat, genügt es, für jede Wahl von $b$ nur $A \cdot b$ zu berechnen und $S \cdot x = A \cdot b$ durch Rückwärtssubstitution zu lösen.

**Übungen 6.2.12**  1. Seien $M \in K_m^n, N \in K_n^m$ Matrizen mit der Eigenschaft $M \cdot N = E_m$. Zeigen Sie, das $M$ Spaltenrang $m$ und $N$ Zeilenrang $m$ hat.

2. Verwenden Sie daß Gaußsche Eliminationsverfahren, um die folgenden Gleichungssysteme zu lösen:

a)
$$\begin{aligned}
4x + 4y + 4z &= 24 \\
2x - y + z &= -9 \\
x - 2y + 3z &= 1
\end{aligned}$$

b)
$$\begin{aligned}
2x + 2y \quad\;\; &= -2 \\
y + z &= 4 \\
x \quad\;\; + z &= 1
\end{aligned}$$

c)
$$\begin{aligned}
x + 2y \quad\;\; - w &= 3 \\
2x \quad\;\; + 4z + 2w &= -6 \\
x + 2y - z \quad\;\; &= 6 \\
2x - y + z + w &= -3
\end{aligned}$$

d)
$$\begin{aligned}
x + 3y - 2z - w &= 9 \\
2x + 4y \quad\;\; + 2w &= 10 \\
-3x - 5y + 2z - w &= -15 \\
x - y - 3z + 2w &= 6
\end{aligned}$$

## 6.3 Inverse Matrizen, die LU-Zerlegung und die Pivot-Methode

In diesem Abschnitt sind wir an quadratischen $(n \times n)$-Matrizen $M$ und den durch sie beschriebenen Gleichungssystemen $M \cdot x = a$ interessiert. Nach 6.2.9

ist die Matrix $M$ genau dann regulär oder invertierbar, wenn die Stufenmatrix zu $M$ genau $n$ Stufen hat, d.h. wenn sie den Rang $n$ hat.

Wir wollen zunächst einen Algorithmus zur Berechnung der Inversen einer Matrix herleiten. Dazu verändern wir den in 6.2.6 eingeführten Algorithmus $\mathcal{E}$ zu einem Algorithmus $\mathcal{J}$, und zwar fügen wir vor dem Schritt $\mathcal{E}_4$ einen weiteren Schritt ein und ergänzen den Schritt $\mathcal{E}_4$, so daß unsere neuer Algorithmus $\mathcal{J}$ aus sechs Schritten besteht:

**Algorithmus 6.3.1 ($\mathcal{J}$ zum Gauß-Jordan-Verfahren)**
$$\mathcal{J}_1 = \mathcal{E}_1, \quad \mathcal{J}_2 = \mathcal{E}_2, \quad \mathcal{J}_3 = \mathcal{E}_3,$$

$\mathcal{J}_4$: Der Koeffizient $\alpha_{11}$ in der ersten Zeile und ersten Spalte ist von Null verschieden. Wir multiplizieren die erste Zeile der Matrix mit $\alpha_{11}^{-1}$, so daß nunmehr an der linken oberen Ecke der Matrix eine Eins steht.

$\mathcal{J}_5$: In der so erhaltenen Matrix addieren wir das $(-\alpha_{i1})$-fache der ersten Zeile zur $i$-ten Zeile für alle $i = 2, \ldots, n$. Das sind elementare Zeilenumformungen zweiter Art. Dadurch erreichen wir, daß in der ersten Spalte der Vektor $(1, 0, \ldots, 0)^t$ steht.

$\mathcal{J}_6$: Nach rekursiver Durchführung der Schritte $\mathcal{J}_1, \ldots, \mathcal{J}_5$ erhalten wir eine Stufenmatrix mit $k := \mathrm{rg}(M)$ Stufen, die auf den Stufen die Koeffizienten $\alpha_{ij_i} = 1$ haben. Nunmehr addieren wir für alle $i = k, \ldots, 1$ (also rückwärts) das $(-\alpha_{ij})$-fache der $i$-ten Zeile zur $j$-ten Zeile für alle $j = 1, \ldots, j_i - 1$ und erreichen dadurch, daß auch über den mit 1 besetzten Stufen jeweils Koeffizienten 0 stehen. Die Matrix hat also die Form

$$\begin{pmatrix} 0 \ldots 1\, \alpha_{1(j_1+1)} \cdots 0 & & \ldots 0 \ldots \alpha_{1n} \\ & 1\, \alpha_{2(j_2+1)} \cdots 0 \ldots \alpha_{2n} \\ & \vdots \qquad \vdots \\ & 1 \ldots \alpha_{kn} \\ & 0 \\ & \vdots \\ & 0 \end{pmatrix}$$

Der hierfür notwendige zusätzliche Rechenaufwand ist dabei geringfügig, insbesondere, da bei der Bestimmung der Lösung eines linearen Gleichungssystems die Rückwärtssubstitution vereinfacht wird zu einer einfachen Substitution

$$\xi_{j_1} = \beta_1 - \sum_{j > j_1, j \notin \{j_1, \ldots, j_k\}} \alpha_{1j} \xi_j$$
$$\xi_{j_2} = \beta_2 - \sum_{j > j_2, j \notin \{j_1, \ldots, j_k\}} \alpha_{2j} \xi_j$$
$$\vdots$$
$$\xi_{j_k} = \beta_k - \sum_{j > j_k, j \notin \{j_1, \ldots, j_k\}} \alpha_{kj} \xi_j$$

Nach Übergang zur Stufenform mit dem Algorithmus $\mathcal{J}$ beginnen die Stufen jeweils mit 1. Weiter sind die Spaltenvektoren an den Stufen jeweils kanonische Einheitsvektoren.

Wenn wir den Algorithmus $\mathcal{J}$ nun auf eine Matrix $(M, E_n)$ anwenden und $M$ dabei regulär ist, dann erhalten wir $(E_n, A)$, wobei die Stufenform $S$ von $M$ in besonders einfacher Form als Einheitsmatrix auftreten muß, da $M$ den Rang $n$ hat, also alle kanonischen Einheitsvektoren in der Stufenform auftreten. Weiter wissen wir aus 6.2.11, daß $E_n = A \cdot M$ gilt, so daß $A$ die inverse Matrix zu $M$ ist.

**Algorithmus 6.3.2 (Algorithmus zur Bestimmung der Inversen einer Matrix)** Wenn $M$ eine reguläre Matrix ist und der Algorithmus $\mathcal{J}$ auf $(M, E_n)$ angewendet wird, so erhält man als Ergebnis $(E_n, M^{-1})$.

Wir haben sogar allgemeiner den folgenden Satz bewiesen.

**Satz 6.3.3** *Sei $M$ eine (quadratische) $n \times n$-Matrix. Die Matrix $M$ ist genau dann invertierbar, wenn sie durch elementare Zeilenumformungen in eine Einheitsmatrix übergeführt werden kann. Ist das der Fall, so erhält man die inverse Matrix zu $M$, indem man dieselben Zeilenumformungen, mit denen man $M$ in die Einheitsmatrix überführt, auf die Einheitsmatrix in derselben Reihenfolge anwendet.*

*Beweis.* Die Umformung mit elementaren Zeilenumformungen geschieht nach 6.2.10 und 6.2.11 immer durch Multiplikation mit invertierbaren Matrizen $U$ von links. Es gilt also $U \cdot (M, E_n) = (U \cdot M, U \cdot E_n) = (E_n, A)$ genau dann, wenn $U \cdot M = E_n$, $U \cdot E_n = A$ ist, also wenn $A = U = M^{-1}$ ist.

Wir haben gesehen, daß man elementare Zeilenumformungen durch Multiplikation von links mit gewissen (invertierbaren) Elementarmatrizen erzeugen kann. Da sich für jede invertierbare Matrix $M$ die Einheitsmatrix $E_n$ durch geeignete elementare Zeilenumformungen in die inverse Matrix $M^{-1}$ überführen läßt, erhalten wir mit den entsprechenden Elementarmatrizen $F_1, ..., F_r$ die Gleichung $F_1 \cdot ... \cdot F_r \cdot E_n = M^{-1}$ oder $F_1 \cdot ... \cdot F_r = M^{-1}$. Da $M$ die inverse Matrix von $M^{-1}$ ist, können wir auch $M$ in dieser Weise schreiben und haben gezeigt:

**Folgerung 6.3.4** *Jede invertierbare Matrix läßt sich als Produkt von Elementarmatrizen darstellen.*

In 6.2.3 haben wir schon gesehen, daß sich der Spaltenrang einer Matrix bei elementaren Zeilenumformungen nicht ändert. Er ändert sich daher auch nicht bei Multiplikation mit einer invertierbaren Matrix $A$ von links. Da die linearen Abbildungen $\widehat{MA} = \widehat{M}\widehat{A} : K_m \to K_n$ und $\widehat{M} : K_m \to K_n$ dasselbe Bild haben, ändert sich der Spaltenrang von $M$ auch nicht bei Multiplikation mit einer invertierbaren Matrix $A$ von rechts bzw. bei elementaren Spaltenumformungen.

**Folgerung 6.3.5** *Elementare Zeilen- bzw. Spaltenumformungen einer Matrix lassen deren (Spalten-)Rang invariant. Insbesondere ist* $\mathrm{rg}(AMB) =$ $\mathrm{rg}(M)$ *für invertierbare Matrizen* $A, B$.

Man ist oft daran interessiert, eine Matrix in eine besonders einfache Form umzuwandeln. Dabei muß natürlich die Methode für die Umformung festgelegt werden. Ein solche besonders einfache Form nennt man häufig auch Normalform der Matrix.

**Satz 6.3.6** *(Normalformensatz)*

1. *Zu jeder Matrix* $M$ *gibt es invertierbare Matrizen* $A$ *und* $B$ *mit*

$$M = A \begin{pmatrix} E_i & 0 \\ 0 & 0 \end{pmatrix} B.$$

   *Dabei ist* $E_i$ *die Einheitsmatrix mit* $i$ *Zeilen und Spalten und* $i =$ $\mathrm{Rang}(M)$.
2. *Jede Matrix* $M$ *läßt sich durch elementare Zeilen- und Spaltenumformungen auf die Form* $\begin{pmatrix} E_i & 0 \\ 0 & 0 \end{pmatrix}$ *bringen.*

*Beweis.* 1. Wir fassen $M$ als darstellende Matrix einer linearen Abbildung $f : V \to W$ bezüglich fester Basen von $V$ bzw. $W$ auf. Wenn wir eine neue Basisfamilie für $V$ wählen, indem wir eine Basisfamilie durch ein Komplement $U$ von $\mathrm{Ke}(f)$ legen und mit einer Basisfamilie von $\mathrm{Ke}(f)$ zu einer Basisfamilie von $V$ vervollständigen, dann ist das Bild der Basisfamilie von $U$ unter $f$ aus Dimensionsgründen eine Basisfamilie von $\mathrm{Bi}(f)$. Wenn wir diese zu einer Basisfamilie von $W$ vervollständigen, dann hat die darstellende Matrix von $f$ bezüglich dieser neuen Basisfamilien die Form $\begin{pmatrix} E_i & 0 \\ 0 & 0 \end{pmatrix}$ mit $i = \mathrm{Rang}(M)$. Die Basistransformationen bewirken Multiplikation von links bzw. rechts mit invertierbaren Matrizen: $M = A \begin{pmatrix} E_i & 0 \\ 0 & 0 \end{pmatrix} B$.

2. Wegen Folgerung 6.3.4 lassen sich die invertierbaren Matrizen $A$ und $B$ bzw. ihre Inversen als Produkte von Elementarmatrizen schreiben, die dann entsprechende Zeilen- und Spaltenumformungen bewirken.

Man kann die Aussage aus Teil 1. des Satzes auch so ausdrücken: zu jeder Matrix $M$ gibt es eine eindeutig bestimmte Zahl $i$ und invertierbare Matrizen $A'$ und $B'$, so daß gilt

$$A'MB' = \begin{pmatrix} E_i & 0 \\ 0 & 0 \end{pmatrix}.$$

Insbesondere ist die Zahl $i = \mathrm{rg}(M)$ durch den Spaltenrang von $M$ festgelegt. Da die Aussage weder von Zeilen noch von Spalten abhängig ist, erhalten wir

**Folgerung 6.3.7** *Der Zeilenrang und der Spaltenrang einer Matrix* $M$ *stimmen überein.*

Schon in der Bemerkung 6.2.11 haben wir die Bedeutung und mögliche Anwendungen der Umformungsmatrix erkannt. Insbesondere haben wir gesehen, daß Umformungsmatrizen immer regulär und damit quadratisch sind. Wir wollen sie etwas systematischer einsetzen. Dazu definieren wir

**Definition 6.3.8** Eine quadratische Matrix $P$ heißt *Permutationsmatrix*, wenn sie sich als ein Produkt von Elementarmatrizen des Typs $U_3$ schreiben läßt. Eine quadratische Matrix $L$ (lower) heißt *untere Dreiecksmatrix*, wenn alle Koeffizienten $\alpha_{ij}$ mit $i < j$ oberhalb der Hauptdiagonalen der Matrix Null sind. Eine Matrix $U$ (upper) heißt *obere Dreiecksmatrix*, wenn alle Koeffizienten $\alpha_{ij}$ mit $i > j$ unterhalb der Hauptdiagonalen Null sind. Eine Matrix $D$ heißt *Diagonalmatrix*, wenn sie sowohl eine obere als auch eine untere Dreiecksmatrix ist, d.h. wenn die einzig von Null verschiedenen Koeffizienten auf der Hauptdiagonalen liegen.

Wir beachten, daß für eine reguläre obere Dreiecksmatrix alle Koeffizienten auf der Hauptdiagonalen von Null verschieden sein müssen, sonst könnte man sie auf Stufenform bringen, bei der mindestens eine Stufe mehr als einen Schritt „einrückt", was für eine reguläre Matrix nicht möglich ist, denn dann würde die letzte Zeile der Nullvektor. Damit ist eine reguläre obere Dreiecksmatrix auch schon in Stufenform gegeben.

**Lemma 6.3.9** *Das Produkt von zwei unteren Dreiecksmatrizen ist eine untere Dreiecksmatrix.*

*Beweis.* Wir betrachten einen Koeffizienten des Produkts $a := \sum_{j=1}^{n} \alpha_{ij}\beta_{jk}$ für $i < k$. Da $\alpha_{ij} = 0$ für $i < j$ gilt, ist $a = \sum_{j=1}^{i} \alpha_{ij}\beta_{jk}$. Da $\beta_{jk} = 0$ für $j < k$ gilt, ist $a = \sum_{j=k}^{i} \alpha_{ij}\beta_{jk}$. Wegen $j < k$ sind also keine Summanden zu addieren, und es folgt $a = 0$.

Für $\lambda \in K$ bezeichne $U_{ij}(\lambda)$ die Umformungsmatrix, die die Addition des $\lambda$-fachen der $j$-ten Zeile zur $i$-ten Zeile induziert. Nach den Überlegungen im Beweis von 6.2.10 ist $U_{ij}(\lambda)$ dann eine Einheitsmatrix mit einem zusätzlichen Eintrag $\lambda$ in der $i$-Zeile und $j$-ten Spalte. Weiter bezeichnen wir mit $P_{kl}$ die Umformungsmatrix, die die Vertauschung der $k$-ten und der $l$-ten Zeilen induziert.

**Lemma 6.3.10** *Seien $i < k < l$. Dann gelten*

$$P_{kl}U_{ij}(\lambda) = U_{ij}(\lambda)P_{kl} \qquad \text{für } j \notin \{i,k,l\},$$
$$P_{kl}U_{ik}(\lambda) = U_{il}(\lambda)P_{kl},$$
$$P_{kl}U_{il}(\lambda) = U_{ik}(\lambda)P_{kl}.$$

*Beweis.* Die letzte Gleichung folgt aus der vorletzten Gleichung, weil die Vertauschung der $k$-ten mit der $l$-ten Zeile zu sich selbst invers ist, also $P_{kl}P_{kl} = E_n$ gilt. Die erste Gleichung gilt, weil die Addition des $\lambda$-fachen der

$j$-ten Zeile zur $i$-ten Zeile nicht beeinflußt wird durch die vorherige oder anschließende Vertauschung zweier anderer Zeilen. Da die Umformungsmatrizen
durch die Zeilenoperationen eindeutig bestimmt sind - sie sind ja das Ergebnis der entsprechenden Umformungen der Einheitsmatrix -, gilt die Aussage
auch für die entsprechenden Umformungsmatrizen. Wenn man jedoch die $l$-te
Zeile mit der $k$-ten Zeile vertauscht und dann die jetzt $k$-te Zeile mit $\lambda$ multipliziert und zur $i$-ten Zeile addiert, dann ist das dasselbe, wie die Addition des
$\lambda$-fachen der $l$-ten Zeile zur $i$-ten Zeile und die anschließende Vertauschung
der $l$-ten Zeile mit der $k$-ten Zeile. Damit folgt auch die zweite Gleichung.

Wir werden den Algorithmus $\mathcal{E}$ zum Übergang zur Stufenmatrix nochmals
genauer studieren. Zu Beginn jedes Reduktionsschrittes führen wir mit $\mathcal{E}_3$ jeweils eine Vertauschung von Zeilen oder eine Multiplikation mit einer Matrix
$P_{kl}$, $k < l$ durch. Dann erfolgen mehrere Multiplikationen mit Matrizen der
Form $U_{kj}(\lambda)$ mit jeweils verschiedenen Faktoren $\lambda$. Beim nächsten Redukti-
onsschritt wird der Zeilenzähler $k$ um 1 erhöht. Die Folge der Umformungen
geschrieben mit den Umformungsmatrizen (und jeweils passenden Faktoren
$\lambda$) kann dann so geschrieben werden

$$U_{kk+1}(\lambda)\dots U_{km}(\lambda)P_{kl}U_{k-1,k}(\lambda)\dots P_{k-1,l'}\dots M = S.$$

Da die Matrix $P_{kl}$ an den Matrizen $U_{ij}(\lambda)$ mit $i < k$ gemäß Lemma 6.3.10
vorbeigezogen werden kann, ohne die Indizes $i$ zu ändern, kann man dieselben
Umformungen auch in der Form

$$U_{kk+1}(\lambda)\dots U_{1m}(\lambda)P_{kl}\dots P_{1l'}M = S$$

geschrieben werden. Das Produkt der Umformungsmatrizen $U_i(\lambda)$ ergibt eine
untere Dreiecksmatrix $L$, das Produkt der Matrizen $P_i$ eine Permutationsmatrix $P$. Also erhält man $LPM = S$. Durch Multiplikation von links mit
$L^{-1}$ ergibt sich die Gleichung $PM = L^{-1}S$. Da auch die Inversen von Umformungsmatrizen wieder Umformungsmatrizen desselben Typs sind, erhält
man

**Satz 6.3.11** *Zu jeder Matrix $M$ gibt eine Stufenmatrix $S$, eine untere reguläre Dreiecksmatrix $L$ und eine Permutationsmatrix $P$, so daß gilt*

$$PM = LS.$$

**Satz 6.3.12** *(über die LU-Zerlegung von regulären Matrizen) Ist $M$ eine
reguläre Matrix, so gibt es eine reguläre obere Dreiecksmatrix $U$, eine reguläre
untere Dreiecksmatrix $L$ und eine Permutationsmatrix $P$, so daß*

$$PM = LU.$$

*Beweis.* Für eine reguläre Matrix ergibt sich die Stufenform als reguläre obere
Dreiecksmatrix. Daher ergibt sich die Folgerung aus dem Satz.

**Algorithmus 6.3.13 (Algorithmus zur $LU$-Zerlegung)** Wir wollen einen Algorithmus zur $LU$-Zerlegung angeben. Dazu betrachten wir die Matrix $(M, E_n, E_n, E_n)$, auf die wir aus dem Gaußschen Algorithmus gewonnene elementare Zeilenoperationen und zusätzliche Matrizenmultiplikationen anwenden. Bei der Durchführung dieses Algorithmus parallel zum Gaußalgorithmus sei in einem Zwischenschritt daraus die Matrix $(T, L, P, E_n)$ entstanden mit den zusätzlichen Eigenschaften $LPM = T$, $L$ eine untere Dreiecksmatrix und $P$ eine Permutationsmatrix.

- Wenn der Gaußsche Algorithmus nun eine Addition eines Vielfachen einer Zeile zu einer anderen Zeile erfordert, so ist dies durch eine Umformungsmatrix $U$ gegeben. Diese wenden wir lediglich auf die Teilmatrix $(T, L)$ an und erhalten $(UT, UL, P, E_n)$ mit $ULPM = UT$ und $UL$ untere Dreiecksmatrix, d.h. wir wenden die elementare Zeilenumformung nur auf $(T, L)$ an.

- Wenn der Gaußsche Algorithmus eine Vertauschung von zwei Zeilen erfordert, so ist dies durch eine weitere Umformungsmatrix $U$ gegeben. Die elementare Zeilenumformung wenden wir auf die ganze Matrix $(T, L, P, E_n)$ an und erhalten $(UT, UL, UP, U)$. Anschließend multiplizieren wir $UL$ von rechts mit $U$, da beide Matrizen explizit zur Verfügung stehen, und ersetzen $U$ wieder durch die Einheitsmatrix, haben danach also $(UT, ULU, UP, E_n)$ mit $ULUUPM = ULPM = UT$, wegen $UU = E_n$. Da wie in den oben durchgeführten Überlegungen $ULU$ nur für untere Dreiecksmatrizen durchgeführt wird, deren Einträge außerhalb der Diagonalen durch die Vertauschung zwar umgestellt werden, aber nicht aus dem unteren Dreieck heraus getauscht werden (6.3.10), bleibt $ULU$ eine reguläre untere Dreiecksmatrix.

Das Verfahren bricht ab, sobald wir eine Stufenmatrix $S$ anstelle von $T$ erhalten haben, also $(S, L, P, E_n)$ mit $LPM = S$, wobei $L$ eine reguläre untere Dreiecksmatrix, $P$ eine Permutationsmatrix und $S$ eine Stufenmatrix sind. Da auch $L^{-1}$ eine reguläre untere Dreiecksmatrix ist, ist mit $PM = L^{-1}S$ das Ziel erreicht.

Wir wollen die Anwendung der $LU$-Zerlegung diskutieren. Wenn das lineare Gleichungssystem $M \cdot x = b$ zu lösen ist und $PM = LS$ gilt, so folgt $LSx = PMx = Pb$. Das Gleichungssystem kann gelöst werden, indem man $c := Pb$ berechnet, das Gleichungssystem $Ly = c$ durch Vorwärtssubstitution wie in 6.2.7 mit

$$\eta_1 = \gamma_1,$$
$$\eta_2 = \gamma_2 - \lambda_{21}\eta_1$$
$$\vdots$$
$$\eta_n = \gamma_n - \sum_{j=1}^{n-1} \lambda_{nj}\eta_j$$

wobei $L = (\lambda_{ij})$, und schließlich die Lösung $y$ in das Gleichungssystem $Sx = y$ einsetzt und dieses durch Rückwärtssubstitution löst.

**Beispiel 6.3.14** Wir schließen diesen Abschnitt mit einem Beispiel für das angegebene Verfahren. Wir wollen das lineare Gleichungssystem

$$
\begin{aligned}
2y + 3z &= 2 \\
2u + x \quad\quad + 3z &= 1 \\
3u + 3x + y + 6z &= 4
\end{aligned}
$$

mit Hilfe des $LU$-Verfahrens lösen. Dazu betrachten wir die folgenden Matrizen und Matrixumformungen:

$$
\begin{pmatrix}
0 & 0 & 2 & 3 & 1 & 0 & 0 & 1 & 0 & 0 & 1 & 0 & 0 \\
2 & 1 & 0 & 3 & 0 & 1 & 0 & 0 & 1 & 0 & 0 & 1 & 0 \\
3 & 3 & 1 & 6 & 0 & 0 & 1 & 0 & 0 & 1 & 0 & 0 & 1
\end{pmatrix}
$$

wird durch Vertauschen der ersten und zweiten Zeile umgewandelt in

$$
\begin{pmatrix}
2 & 1 & 0 & 3 & 0 & 1 & 0 & 0 & 1 & 0 & 0 & 1 & 0 \\
0 & 0 & 2 & 3 & 1 & 0 & 0 & 1 & 0 & 0 & 1 & 0 & 0 \\
3 & 3 & 1 & 6 & 0 & 0 & 1 & 0 & 0 & 1 & 0 & 0 & 1
\end{pmatrix}.
$$

Wir multiplizieren die Teilmatrix $UL$ mit $U$ von rechts und ersetzen $U$ durch $E_n$:

$$
\begin{pmatrix}
2 & 1 & 0 & 3 & 1 & 0 & 0 & 0 & 1 & 0 & 1 & 0 & 0 \\
0 & 0 & 2 & 3 & 0 & 1 & 0 & 1 & 0 & 0 & 0 & 1 & 0 \\
3 & 3 & 1 & 6 & 0 & 0 & 1 & 0 & 0 & 1 & 0 & 0 & 1
\end{pmatrix}.
$$

Die nächste Umformung erfolgt durch Addition des $(-\frac{3}{2})$-fachen der ersten Zeile zur dritten Zeile in der Teilmatrix $(T, L)$:

$$
\begin{pmatrix}
2 & 1 & 0 & 3 & 1 & 0 & 0 & 0 & 1 & 0 & 1 & 0 & 0 \\
0 & 0 & 2 & 3 & 0 & 1 & 0 & 1 & 0 & 0 & 0 & 1 & 0 \\
0 & 1.5 & 1 & 1.5 & -1.5 & 0 & 1 & 0 & 0 & 1 & 0 & 0 & 1
\end{pmatrix}.
$$

Schließlich erfolgt ein Vertauschen der zweiten mit der dritten Zeile

$$
\begin{pmatrix}
2 & 1 & 0 & 3 & 1 & 0 & 0 & 0 & 1 & 0 & 1 & 0 & 0 \\
0 & 1.5 & 1 & 1.5 & -1.5 & 0 & 1 & 0 & 0 & 1 & 0 & 0 & 1 \\
0 & 0 & 2 & 3 & 0 & 1 & 0 & 1 & 0 & 0 & 0 & 1 & 0
\end{pmatrix}
$$

und eine Multiplikation der Teilmatrix $UL$ mit $U$ von rechts (und Ersetzen von $U$ durch $E_n$):

$$
\begin{pmatrix}
2 & 1 & 0 & 3 & 1 & 0 & 0 & 0 & 1 & 0 & 1 & 0 & 0 \\
0 & 1.5 & 1 & 1.5 & -1.5 & 1 & 0 & 0 & 0 & 1 & 0 & 1 & 0 \\
0 & 0 & 2 & 3 & 0 & 0 & 1 & 1 & 0 & 0 & 0 & 0 & 1
\end{pmatrix}.
$$

Wir invertieren nun die untere Dreiecksmatrix und erhalten in der obigen Notation

$$S = \begin{pmatrix} 2 & 1 & 0 & 3 \\ 0 & 1.5 & 1 & 1.5 \\ 0 & 0 & 2 & 3 \end{pmatrix}; \quad L = \begin{pmatrix} 1 & 0 & 0 \\ 1.5 & 1 & 0 \\ 0 & 0 & 1 \end{pmatrix}; \quad P = \begin{pmatrix} 0 & 1 & 0 \\ 0 & 0 & 1 \\ 1 & 0 & 0 \end{pmatrix}.$$

Wir berechnen $c = Pb$ als

$$\begin{pmatrix} 1 \\ 4 \\ 2 \end{pmatrix} = \begin{pmatrix} 0 & 1 & 0 \\ 0 & 0 & 1 \\ 1 & 0 & 0 \end{pmatrix} \begin{pmatrix} 2 \\ 1 \\ 4 \end{pmatrix},$$

lösen das Gleichungssystem $Ly = c$ und erhalten

$$y = \begin{pmatrix} 1 \\ 2.5 \\ 2 \end{pmatrix},$$

schließlich hat das Gleichungssystem $Sx = y$ die partikuläre Lösung

$$x_0 = \begin{pmatrix} 0 \\ 1 \\ 1 \\ 0 \end{pmatrix}$$

und eine Basis des Lösungsraumes des homogenen Gleichungssystems ist

$$a_1 = \begin{pmatrix} 1.5 \\ 0 \\ 1.5 \\ -1 \end{pmatrix}.$$

Damit ist auch die komplette Lösung des ursprünglichen Gleichungssystems gefunden.

Bisher hatten wir bei allen Algorithmen in der Wahl der Zeile, die durch Vertauschen an die oberste Stelle kommen soll, keine Festlegung getroffen. Da der Computer beim Rechnen mit Gleitkommazahlen jedoch ungenaue Resultate erzielt, hat sich die folgende Festlegung der zu wählenden Zeile als besonders günstig erwiesen. In jedem Schritt $\mathcal{E}_3$, den man im Gauß- oder Gauß-Jordan-Verfahren durchführt:

$\mathcal{E}_3'$ vertausche man die erste Zeile mit einer Zeile, die in der ersten Spalte einen dem Betrag nach möglichst großen Koeffizienten hat, also mit der $i$-ten Zeile, wenn $|\alpha_{i1}| \geq |\alpha_{j1}|$ für alle $j \neq i$. Einen solchen Koeffizienten $\alpha_{i1}$ nennt man ein *Pivot- oder Drehpunktelement*.

**Übungen 6.3.15** 1. Sei $f : \mathbb{R}^2 \to \mathbb{R}^2$ die Abbildung

$$\begin{pmatrix} x \\ y \end{pmatrix} \mapsto \begin{pmatrix} xy \\ x^2 + y^2 \end{pmatrix}$$

Die Matrix der partiellen Ableitungen ist

$$Df := \begin{pmatrix} y & x \\ 2x & 2y \end{pmatrix}.$$

Entscheiden Sie, wann $Df$ invertierbar ist.

2. Entscheiden Sie, wann

$$\begin{pmatrix} -x & 1 & 0 \\ 1 & -x & 1 \\ 0 & 1 & -x \end{pmatrix}$$

invertierbar ist.

3. Finden Sie Inverse für die folgenden Matrizen

$$\begin{pmatrix} 2 & 4 & 6 \\ -1 & -4 & -3 \\ 0 & 1 & -1 \end{pmatrix}, \begin{pmatrix} 2 & 2 & -4 \\ 2 & 6 & 0 \\ -3 & -3 & 5 \end{pmatrix},$$

$$\begin{pmatrix} 1 & -2 & 3 & 0 \\ 0 & 1 & -1 & 1 \\ -2 & 2 & -2 & 4 \\ 0 & 2 & -3 & 1 \end{pmatrix}, \begin{pmatrix} 1 & 1 & 0 & 2 \\ 2 & -1 & 1 & -1 \\ 3 & 3 & 2 & -2 \\ 1 & 2 & 1 & 0 \end{pmatrix}.$$

4. Lösen Sie die folgenden Gleichungssysteme unter Verwendung der inversen Koeffizientenmatrizen

   a)

$$\begin{aligned}
x - 2y + 3z & & = 4 \\
y - z + w & = -8 \\
-2x + 2y - 2z + 4w & = 12 \\
2y - 3z + w & = -4
\end{aligned}$$

   b)

$$\begin{aligned}
x + y + 2w & = 3 \\
2x - y + z - w & = 3 \\
3x + 3y + 2z - 2w & = 5 \\
x + 2y + z & = 3
\end{aligned}$$

5. Ein Bankkunde möchte Geld in festverzinslichen Papieren der Kategorien AAA, A und B anlegen. Die Papiere der Kategorie AAA erbringen 6% Zinsen, die der Kategorie A 7% Zinsen und die der Kategorie B 10% Zinsen. Der Kunde möchte doppelt soviel Geld in der Kategorie AAA anlegen, als in der Kategorie B. Wieviel Geld muß der Kunde in den einzelnen Kategorien anlegen, wenn
   a) seine Gesamtanlage DM 50000.- beträgt und die jährliche Zinseinnahme DM 3620.- betragen soll,
   b) seine Gesamtanlage DM 60000.- beträgt und die jährliche Zinseinnahme DM 4300.- betragen soll,

c) seine Gesamtanlage DM 80000.- beträgt und die jährliche Zinseinnahme DM 5800.- betragen soll?

6. Finden Sie $LU$-Zerlegungen von den Matrizen

$$M_1 = \begin{pmatrix} 2 & 6 & 2 \\ -3 & -8 & 0 \\ 4 & 9 & 2 \end{pmatrix}$$

$$M_2 = \begin{pmatrix} 6 & -2 & 0 \\ 9 & -1 & 1 \\ 3 & 7 & 5 \end{pmatrix}.$$

7. Lösen Sie mittels des Verfahrens der $LU$-Zerlegung die linearen Gleichungssysteme

$$\begin{pmatrix} 0 & 1 & 0 & 2 \\ -2 & -1 & -1 & 4 \\ 2 & 3 & 1 & 0 \\ 2 & 2 & 2 & -1 \end{pmatrix} \cdot x = b_i$$

für

$$b_1 = \begin{pmatrix} 2 \\ 3 \\ 1 \\ 0 \end{pmatrix}, b_1 = \begin{pmatrix} 1 \\ 0 \\ 2 \\ 2 \end{pmatrix} \quad \text{und} \quad b_1 = \begin{pmatrix} 0 \\ 0 \\ 1 \\ 2 \end{pmatrix}.$$

## 6.4 Ein Kapitel Codierungstheorie

Wir wollen die Erkenntnisse über lineare Abbildungen und Matrizen verwenden, um Probleme der linearen Codierung zu formulieren und zu lösen. Dazu
legen wir uns ein Wörterbuch an, das die Bedeutung gewisser Objekte aus
der linearen Algebra in Ausdrücke der Codierungstheorie übersetzt.

Wir werden in diesem Abschnitt als Grundkörper durchgehend den endlichen Körper $K := GF(q)$ mit $q$ Elementen verwenden. $GF$ ist dabei eine
Abkürzung für das Wort Galois-Feld. Man kann zeigen, daß es genau dann
einen Körper mit $q$ Elementen gibt, wenn $q$ ein Primzahlpotenz ist, d.h. wenn
es eine Primzahl $p$ und eine natürliche Zahl $n$ mit $q = p^n$ gibt. Dieser Körper
ist zudem durch die Angabe von $q$ eindeutig bestimmt.

Wir kennen bisher lediglich die endlichen Körper $GF(p) = \mathbb{Z}/p\mathbb{Z}$ für Primzahlen $p$. Da die meisten Anwendungen jedoch nur den Körper $\mathbb{Z}/2\mathbb{Z}$ mit zwei
Elementen (binäres System der Computer!) benutzen, wollen wir die Konstruktion der übrigen Körper $GF(q)$ hier nicht durchführen und verweisen
den interessierten Leser auf Lehrbücher der Algebra.

**Definition 6.4.1 (Wörterbuch der Codierung)** Ein *Code* ist eine Menge $C$ (von Zeichen, die geeignet sind, Informationen zu speichern und zu übermitteln). Eine *Chiffre* oder eine *Verschlüsselung* (*Codierung* oder *Chiffrierung*) ist eine Abbildung $f : C_1 \to C_2$ eines Codes in einen anderen. Eine *Dechiffrierung* einer Chiffre $f : C_1 \to C_2$ ist eine Abbildung $g : C_2 \to C_1$ mit $gf = $ id. Die Quelle einer Chiffre $f : C_1 \to C_2$ heißt *Klartext*, ein Element des Klartextes heißt *Nachrichtenwort*. Ein Element des Bildes einer Chiffre heißt *Codewort*. Eine Codierung heißt *lineare Codierung*, wenn $C_1$ und $C_2$ Vektorräume sind und $f : C_1 \to C_2$ eine lineare Abbildung ist. Sinnvoll sind nur Codierungen $f$, die injektiv sind.

**Beispiele 6.4.2** 1. Sprachen im Sinne von 3.1.6, d.h. beliebige Mengen von „strings" oder Wörtern über einem beliebigen Alphabet $A$.

2. Das Zahlensystem, d.h. die mit den Ziffern $0, \ldots, 9$ und den Zeichen . und $-$ dargestellten Zahlen.

3. Das Morsealphabet, das mit den Zeichen . (dit) und $-$ (dah) aufgebaut wird.

4. Die $q$- und die $z$-Gruppen in der Morsesprache, das sind Gruppen von drei Buchstaben des (Buchstaben-)Alphabets, die mit $q$ bzw. $z$ beginnen, z.B. qth = Standort.

5. Die Barcodes zur Bezeichnung von Waren im Supermarkt.

6. Der ISBN-Code (International Standard Book Number), wie z.B. 3-519-02211-7, wobei die einzelnen Gruppen folgendes bedeuten:

3 = Erscheinungsland

519 = Verlag

02211 = fortlaufende Buchnummer

7 = Prüfnummer.

Die Prüfung auf eine korrekte Übertragung (Fehlererkennung) geschieht im Beispiel durch Überprüfung von $10 \cdot 3 + 9 \cdot 5 + 8 \cdot 1 + 7 \cdot 9 + 6 \cdot 0 + 5 \cdot 2 + 4 \cdot 2 + 3 \cdot 1 + 2 \cdot 1 + 1 \cdot 7 \equiv 0 \pmod{11}$. Die Restklassenberechnung modulo 11 kann wie in Beispiel 3.6.4 5. durch Bildung der alternierenden Quersumme vorgenommen werden.

7. Beliebiger Text der Umgangssprache kann in einen linearen Code $K^n$ für $K = GF(q)$ übersetzt werden, indem man zunächst den Text jeweils in Gruppen von $l$ Buchstaben und Abstände (und evtl. sonstige Zeichen) zusammenfaßt. Bei der Verwendung von $a, \ldots, z, A, \ldots, Z, Zwischenraum$ sind also $53^l$ verschiedene solche Textgruppen möglich. Diesen weist man in einer beliebig festzulegenden Weise ebenso viele verschiedene Elemente in $K^n$ zu. Damit bestimmt sich $l$ aus $53^l \leq q^n$ als $l \leq n \cdot \frac{\ln(q)}{\ln(53)}$.

Wir werden im folgenden nur lineare Codes der Form $C = K^n$ mit $K = GF(q)$ verwenden mit der linearen Chiffrierung $f : K^k \to K^n$. Wegen der notwendigen Dechiffrierung wird $f$ immer als Monomorphismus vorausgesetzt.

**Definition 6.4.3** Sei $K^n$ ein linearer Code. Die *Hamming*[1]-*Metrik* auf $K^n$ ist die Abbildung $d : K^n \times K^n \to \mathbb{N}_0$ mit $d(x,y) :=$ Anzahl der $i \in \{1, \ldots, n\}$ mit $\xi_i \neq \eta_i$. Die Auffassung ist hierbei, daß $d(x,y)$ die Anzahl der Koeffizienten von $x$ angibt, die in $y$ anders (falsch) angegeben werden. Der Wert $d(x,y)$ heißt *Hamming-Abstand* von $x$ und $y$. Die *Hamming-Gewichtsfunktion* ist die Abbildung $\|.\| : K^n \to \mathbb{N}_0$ mit $\|x\| := d(x,0)$. Das ist die Anzahl der von Null verschiedenen Komponenten von $x$.

**Definition 6.4.4** Ein Paar $(M, d)$ heißt *metrischer Raum mit der Metrik d*, wenn $M$ eine Menge und $d : M \times M \to \mathbb{R}$ eine Abbildung sind mit

1. $\forall x, y \in M [d(x,y) = 0 \iff x = y]$,
2. $\forall x, y \in M [d(x,y) = d(y,x)]$,
3. $\forall x, y, z \in M [d(x,z) \leq d(x,y) + d(y,z)]$ (Dreiecksungleichung).

**Lemma 6.4.5** *Die Hamming-Metrik ist eine Metrik auf $K^n$.*

*Beweis.* folgt unmittelbar aus der Definition.

Wir vermerken noch eine leicht einzusehende zusätzliche Translationsinvarianz $d(x,y) = d(x+z, y+z)$, die zeigt, daß $d$ durch das Hamming-Gewicht $\|.\|$ schon vollständig bestimmt ist, denn $d(x,y) = \|x - y\|$.

Ein weiteres bekanntes Beispiel für eine Metrik ist der reelle Vektorraum $\mathbb{R}^n$ mit der sogenannten Euklidischen Metrik (vgl. Kapitel 8)

$$d(x,y) = \sqrt{\sum_{i=1}^{n} (\xi_i - \eta_i)^2}.$$

**Lemma 6.4.6** *Für das Hamming-Gewicht $\|.\| : K^n \to \mathbb{N}_0$ gelten*

1. $\|x\| = 0 \iff x = 0$,
2. $\forall \lambda \neq 0 [\|\lambda x\| = \|x\|]$,
3. $\|x + y\| \leq \|x\| + \|y\|$.

*Beweis.* leicht nachzurechnen, da $\|x\|$ die Anzahl der von Null verschiedenen Komponenten von $x$ ist.

**Definition 6.4.7** Ein Monomorphismus $f : K^k \to K^n$ wird eine $(k, n)$ - *lineare Codierung* genannt. Die darstellende Matrix von $f$ heißt *erzeugende Matrix*. Eine lineare Abbildung $h : K^n \to K^{n-k}$ heißt *Kontrollabbildung*, wenn $\mathrm{Ke}(h) = \mathrm{Bi}(f)$. Die darstellende Matrix von $h$ heißt *Kontrollmatrix*. Die *Hamming-Norm* oder der *Hamming-Abstand* einer $(k, n)$-linearen Codierung $f$ ist definiert als

$$\|f\| := \mathrm{Min} \left\{ \|f(x)\| \mid x \in K^k, x \neq 0 \right\}.$$

---

[1] Richard W. Hamming (1915–1998)

Wir bemerken, daß $x \in \mathrm{Bi}(f)$ genau dann, wenn $h(x) = 0$. Ein solche Kontrollabbildung existiert immer, wie wir z.B. in 6.1.4 gesehen haben. Weiter ist $\|f\| = \mathrm{Min}\{d(f(x), f(y)) | x, y \in K^k, x \neq y\}$, weil $d(f(x), f(y)) = d(f(x) - f(y), 0) = d(f(x - y), 0) = \|f(x - y)\|$.

Im folgenden Satz gehen wir von der allgemeinen Vorstellung aus:

$$\boxed{\text{Klartext}} \overset{\text{Codierung}}{\longrightarrow} \boxed{\text{Sender}} \overset{\text{Übertragung/Störung}}{\longrightarrow}$$

$$\boxed{\text{Empfänger}} \overset{\text{Decodierung}}{\longrightarrow} \boxed{\text{Klartext}}$$

Es wird also ein Klartext codiert, über eine Informationsleitung zum Empfänger übermittelt, (wobei der Text aufgrund der Codierung eventuell auch abhörsicher ist,) wird auf der Übertragungsstrecke mit Störungen verschiedener Art verändert und beim Empfänger wieder decodiert. Wir wollen Methoden finden, die Fehler bei der Übertragung zu erkennen und möglichst auch zu korrigieren. Wenn also $x$ ein codiertes ausgesandtes Wort ist und $y$ das empfangene Wort ist, dann soll festgestellt werden, ob es tatsächlich durch die Codierung entstanden ist oder verändert wurde und ob man daraus das Wort $x$ rekonstruieren kann. Wenn bei einer Codierung $f : K^k \to K^n$ Fehler an höchstens $r$ Stellen des übertragenen Wortes immer erkannt werden können, so sagen wir, daß die Codierung $r$-fehlerentdeckend ist. Wenn Fehler an höchstens $s$ Stellen durch die restliche Information im übertragenen Wort korrigiert werden können, so heißt die Codierung $s$-fehlerkorrigierend.

**Satz 6.4.8** *Sei $f : K^k \to K^n$ eine $(k, n)$-lineare Codierung, sei $C := \mathrm{Bi}(f)$ und sei $y \in K^n$.*

1. *(Fehlererkennung:) Wenn es ein $x \in C$ mit $x \neq y$ gibt, so daß $d(x, y) < \|f\|$, dann ist $y \notin C$, d.h. das Wort $y$ ist kein Codewort, also falsch.*
2. *(Fehlerkorrektur:) Wenn es ein $x \in C$ gibt mit $d(x, y) < \frac{1}{2}\|f\|$, dann gilt für alle $z \in C, z \neq x [d(x, y) < d(z, y)]$, d.h. $x$ ist das einzige Element von $C$ mit dem gegebenen Abstand $d(x, y)$ und somit eindeutig durch $y$ bestimmt.*

*Beweis.* 1. Wenn $y \in C$ wäre, so wäre $d(x, y) \geq \|f\|$ oder $x = y$ nach Definition von $\|f\|$.

2. Für $z \in C$ und $z \neq x$ gilt $2d(x, y) < \|f\| \leq d(x, z) \leq d(x, y) + d(y, z)$, also $d(x, y) < d(z, y)$.

Wenn bei der Übertragung von $f(a)$ weniger als $\frac{1}{2}\|f\|$ Fehler aufgetreten sind und $y \in K^n$ empfangen wurde, dann ist also $x \in C$ mit $d(x, y) < \frac{1}{2}\|f\|$ das übertragene Element $f(a)$. Somit ist eine lineare Codierung immer $\|f\| - 1$-fehlererkennend und $[\frac{1}{2}(\|f\| - 1)]$-fehlerkorrigierend. Es kommt also jetzt darauf an, Codierungen $f$ mit möglichst großer Norm $\|f\|$ zu finden. Wir betrachten einige

**Beispiele 6.4.9** 1. Paritäts-Prüfungs-Codes (Parity-Check-Codes): Sei $n \geq 2$ und $k = n - 1$ und $f : K^k \to K^n$ gegeben durch $f(\alpha_1, ..., \alpha_{n-1}) = (\alpha_1, ..., \alpha_n)$ mit $\alpha_n = -(\alpha_1 + ... + \alpha_{n-1})$. Offenbar ist $f$ ein Monomorphismus. Weiter ist $a \in \mathrm{Bi}(f)$ genau dann, wenn $\sum_{i=1}^{n} \alpha_i = 0$. Wenn $q = 2$ ist, dann wird jede ungerade Anzahl von Fehlern dadurch erkannt, daß $\sum_{i=1}^{n} \alpha_i = 1$ gilt. Ein gerade Anzahl von Fehlern wird nicht erkannt. Für $x \in \mathrm{Bi}(f)$ und $x \neq 0$ müssen mindestens zwei Koeffizienten von Null verschieden sein, also ist $\|f\| = 2$. Damit kann zwar ein Fehler (und sogar eine ungerade Anzahl von Fehlern) erkannt werden, jedoch ergibt sich keine Möglichkeit zur Korrektur von Fehlern. Diese Codierungen werden z.B. in PCs verwendet, wenn 8-Bit Worte in 9-Bit Speichern gespeichert werden und das 9. Bit durch die Abbildung $f$ bestimmt wird.

2. Wiederholungscode: Eine einfache Möglichkeit einer sichereren Übertragung auf einer gestörten Übertragungsstrecke ist die dreifache Übertragung jedes einzelnen Wortes. Dabei ist $n = 3m$ und $f : K^k \to K^n$ durch $f(x) = (x, x, x)$ gegeben. Das ist wieder eine lineare Codierung. Man sieht sofort, daß $\|f\| = 3$ ist, also ist nach 6.4.8 diese Codierung 2-fehlerentdeckend und 1-fehlerkorrigierend.

Wenn die beiden Vektorräume $K^k$ und $K^n$ dieselbe Dimension haben, dann muß die Codierung $f$ ein Isomorphismus sein. Dann ist $\|f\| = 1$ und eine Fehlerentdeckung oder -Korrektur offenbar nicht möglich. $\|f\|$ hängt also offenbar auch von den gegebenen Dimensionen ab.

**Satz 6.4.10** *Sei* $f : K^k \to K^n$ *eine* $(k, n)$-*lineare Codierung und* $h : K^n \to K^{n-k}$ *eine Kontrollabbildung. Sei* $B$ *die zugehörige Kontrollmatrix. Dann sind je* $\|f\| - 1$ *Spaltenvektoren von* $B$ *linear unabhängig, und es gibt* $\|f\|$ *linear abhängige Spaltenvektoren, d.h.* $\|f\|$ *ist die Minimalzahl von linear abhängigen Spaltenvektoren von* $B$.

*Beweis.* Sei $x = \sum \lambda_i e_i \in \mathrm{Bi}(f)$ ein von Null verschiedener Vektor mit $\|x\| = \|f\|$ minimal. Dann sind genau $\|f\|$ Faktoren $\lambda_i$ von Null verschieden. Wegen $0 = h(x) = B \cdot x = \sum \lambda_i b_i$ sind die $\|f\|$ Spaltenvektoren $b_i$ linear abhängig. Sei eine Teilmenge $I \subseteq \{1, ..., n\}$ mit $|I| = \|f\| - 1$ gegeben und sei $\sum_{i \in I} \lambda_i b_i = 0$ mit $\lambda_i \neq 0$ für alle $i \in I$. Dann ist $h(\sum_{i \in I} \lambda_i e_i) = \sum_{i \in I} \lambda_i b_i = 0$, also ist $x = \sum_{i \in I} \lambda_i e_i \in \mathrm{Bi}(f)$. Dann sind mindestens $\|f\|$ verschiedene Skalare $\lambda_i \neq 0$, was nach Voraussetzung ausgeschlossen ist, oder es ist $x = 0$, und damit sind alle $\lambda_i = 0$. Die Menge der $\{b_i | i \in I\}$ ist also linear unabhängig.

**Folgerung 6.4.11** *Für jede* $(k, n)$-*lineare Codierung* $f : K^k \to K^n$ *gilt*

$$\|f\| \leq n - k + 1.$$

*Beweis.* Der Rang jeder Kontrollmatrix zu $f$ ist $n - k$. Damit sind je $n - k + 1$ Vektoren der Kontrollmatrix linear abhängig. Nach dem vorhergehenden Satz ist also $\|f\| \leq n - k + 1$.

Die Kontrollmatrix kann herangezogen werden, um Fehler in der Übertragung zu erkennen und evtl. zu korrigieren. Insbesondere kann mit ihr die Anzahl der Fehler abgeschätzt werden. Wir bezeichnen die Spaltenvektoren von $B$ mit $b_i \in K^{n-k}$, also $B = (b_1, \ldots, b_n)$.

**Folgerung 6.4.12** *1. Sei $x \in \mathrm{Bi}(f)$, und seien bei der Übertragung genau $t$ Fehler aufgetreten. Wenn $y \in K^n$ der empfangene Wert ist, dann ist die minimale Anzahl der Koeffizienten $\lambda_i$ mit $By = \sum \lambda_i b_i$ höchstens $t$.*

*2. Sei $x \in \mathrm{Bi}(f)$, seien bei der Übertragung genau $t$ Fehler aufgetreten, und sei $t < \frac{1}{2}\|f\|$. Wenn $y \in K^n$ der empfangene Wert ist, dann gibt es $t$ eindeutig bestimmte Koeffizienten $\lambda_i$ mit $By = \sum \lambda_i b_i$. Der Übertragungsfehler ist dann $\sum \lambda_i e_i$, und es gilt $x = y - \sum \lambda_i e_i$.*

*Beweis.* Mit 1. kann die Anzahl der aufgetretenen Fehler nach unten abgeschätzt werden. Sei $\sum \mu_i e_i$ der Übertragungsfehler, d.h. $y = x + \sum \mu_i e_i$. Dann ist $By = Bx + \sum \mu_i B e_i = \sum \mu_i b_i$. Seien genau $t$ Fehler aufgetreten, so ist die Anzahl der Summanden $t$. Wenn in 2. weniger als $\frac{1}{2}\|f\|$ Fehler aufgetreten sind, dann ist die Anzahl der Summanden in der Darstellung $By = \sum \mu_i b_i$ kleiner als $\frac{1}{2}\|f\|$, also sind die verwendeten $b_i$ linear unabhängig. Wenn $By = \sum \lambda_j b_j$ eine weitere Darstellung ist und die Anzahl der Summanden minimal, insbesondere also kleiner als $\frac{1}{2}\|f\|$, ist, dann ist $\sum \mu_i b_i - \sum \lambda_j b_j = 0$ mit weniger als $\|f\|$ Summanden. Nach 6.4.10 sind die verwendeten $b_i$ linear unabhängig, also stimmen die $\lambda_i$ mit den $\mu_i$ überein, d.h. die Darstellung $By = \sum \mu_i b_i$ mit weniger als $\frac{1}{2}\|f\|$ Summanden ist eindeutig, und der Fehler ist $y - x = \sum \lambda_i e_i$. Man beachte hier jedoch, daß der Fehler nur unter der Annahme $t < \frac{1}{2}\|f\|$ korrigiert werden konnte.

Man kann die Minimalzahl von linear abhängigen Vektoren in $B$ und damit die Hamming-Norm von $f$ bestimmen, daher ist es sinnvoll eine beliebige Kontrollmatrix $B'$ zu konstruieren und dann aus ihr die Codierung $f : K^r \to K^n$ abzuleiten. Man kann dann $B$ unmittelbar mit einem möglichst großen Minimum an linear abhängigen Vektoren konstruieren. Dazu brauchen wir lediglich einen Monomorphismus $f : K^r \to K^n$ mit $\mathrm{Bi}(f) = \mathrm{Ke}(\widehat{B} : K^n \to K^{n-r})$ zu konstruieren, was wegen $r = \dim \mathrm{Ke}(\widehat{B})$ immer möglich ist.

**Beispiele 6.4.13** 1. Sei $K = \mathbb{Z}/11\mathbb{Z}$. Sei die Kontrollmatrix

$$B := \begin{pmatrix} 2 & 1 & 2 & 1 & 0 & 0 & 1 \\ 1 & 2 & 0 & 0 & 2 & 1 & 2 \\ 0 & 0 & 1 & 2 & 1 & 2 & 1 \end{pmatrix}.$$

Dann kann man nachrechnen, daß die Minimalzahl von linear abhängigen Spaltenvektoren 4 ist. Eine entsprechende Codierungsmatrix für die Codierung $f : K^4 \to K^7$ gewinnt man aus der Basis des Kerns von $\widehat{B}$. Sie ist

$$A := \begin{pmatrix} 9 & 9 & 8 & 7 \\ 1 & 2 & 2 & 5 \\ 2 & 1 & 2 & 3 \\ 10 & 0 & 0 & 0 \\ 0 & 10 & 0 & 0 \\ 0 & 0 & 10 & 0 \\ 0 & 0 & 0 & 8 \end{pmatrix}.$$

Diese Codierung hat die Hamming-Norm 4, kann also 3 Fehler erkennen und einen Fehler korrigieren.

2. Sei $K = \mathbb{Z}/2\mathbb{Z}$. Sei die Kontrollmatrix

$$B := \begin{pmatrix} 1 & 0 & 0 & 1 & 1 & 0 & 1 \\ 0 & 1 & 0 & 1 & 0 & 1 & 1 \\ 0 & 0 & 1 & 0 & 1 & 1 & 1 \end{pmatrix}.$$

Dann kann man nachrechnen, daß die Minimalzahl von linear abhängigen Spaltenvektoren 3 ist. Eine entsprechende Codierungsmatrix für die Codierung $f : K^4 \to K^7$ ist

$$A := \begin{pmatrix} 1 & 0 & 1 & 1 \\ 1 & 1 & 0 & 1 \\ 0 & 1 & 1 & 1 \\ 1 & 0 & 0 & 0 \\ 0 & 1 & 0 & 0 \\ 0 & 0 & 1 & 0 \\ 0 & 0 & 0 & 1 \end{pmatrix}.$$

Diese Codierung hat die Hamming-Norm 3, kann also 2 Fehler erkennen und einen Fehler korrigieren.

**Definition 6.4.14** Sei $K$ ein beliebiger Körper. Die Menge der Folgen $K[[x]] := \{\varphi : \mathbb{N}_0 \to K\} = \{(\alpha_0, \alpha_1, \ldots) | \alpha_i \in K\} = K^{\mathbb{N}_0}$ heißt (formaler) *Potenzreihenring* über $K$.

**Lemma 6.4.15** *$K[[x]]$ ist ein Ring unter den folgenden Operationen:*

$$(\varphi + \psi)(n) = \varphi(n) + \psi(n),$$
$$(\varphi \cdot \psi)(n) = \sum_{i=0}^{n} \varphi(i)\psi(n - i).$$

*Das Einselement ist die Folge $(1, 0, 0, \ldots)$.*

*Beweis.* Unter der Addition liegt sogar ein Vektorraum vor nach dem Hauptbeispiel für Vektorräume 5.1.4. Die Assoziativität und Distributivität der Multiplikation ist eine einfache Rechenübung. Die Eigenschaft des Einselements folgt aus der Tatsache, daß bei der Multiplikation die Summe jeweils auf einen einzigen Summanden zusammenfällt.

**Definition 6.4.16** Sei $K$ ein beliebiger Körper. Die Menge der endlichwertigen Folgen

$K[x] = K^{(\mathbb{N}_0)} := \{(\alpha_i) \in K^{\mathbb{N}_0} |$ für nur endlich viele $i \in \mathbb{N}_0$ gilt $\alpha_i \neq 0\}$

heißt (formaler) *Polynomring* über $K$. Die Elemente von $K[x]$ heißen *Polynome*.

**Lemma 6.4.17** $K[x]$ *ist ein Unterring von* $K[[x]]$.

*Beweis.* Nach Beispiel 5.1.7 ist $K[x] \subseteq K[[x]]$ ein Untervektorraum. Es bleibt nur die Abgeschlossenheit bezüglich der Multiplikation zu zeigen. Wenn also $(\alpha_i)$ und $(\beta_i)$ in $K[x]$ gegeben sind, die beide nur noch Koeffizienten Null für Indizes $> n$ haben, dann sind in $(\alpha_i) \cdot (\beta_i) = (\sum_{j=0}^{i} \alpha_j \beta_{i-j})$ alle Koeffizienten mit Index $i > 2n$ Null, denn in der Summe sind alle Summanden Null.

**Bemerkung 6.4.18** In $K[x]$ bezeichnen wir $x := (0, 1, 0, 0, 0, ...)$. Dann ist $x^2 = (0, 0, 1, 0, 0, ...)$. Allgemein ist $x^n = e_n$ die Folge mit einer Eins an der $n + 1$-sten Stelle und Null sonst. In 5.2.4 (4) haben wir gezeigt, daß die Menge der $e_i$ bzw. hier die Menge der $x^i$ eine Basis für $K[x]$ bilden. Jeder Vektor aus $K[x]$ läßt sich daher in eindeutiger Weise (mit eindeutig bestimmten Koeffizienten) als $\sum_{i=0}^{n} \alpha_i x^i = \alpha_0 + \alpha_1 x + \ldots + \alpha_n x^n$ schreiben. Die oben angegebene Multiplikation ist dann die bekannte Multiplikation von Polynomen. Die eindeutig bestimmte Zahl $n$ mit $\alpha_n \neq 0$ für $(\alpha_i) \in K[x] \setminus \{0\}$ heißt der *Grad* des Polynoms. $\alpha_n$ heißt der höchste Koeffizient des Polynoms. Man sieht durch Betrachtung der höchsten Koeffizienten sofort ein, daß $K[x]$ ein nullteilerfreier Ring ist.

**Lemma 6.4.19** *Die Polynome in* $K[x]$ *vom Grade höchstens* $n$ *bilden einen Vektorraum* $P_n$ *der Dimension* $n + 1$.

*Beweis.* Diese Polynome werden von den linear unabhängigen Polynomen $1 = x^0, x, x^2, x^3, \ldots, x^n$ erzeugt.

**Satz 6.4.20** *Im Polynomring* $K[x]$ *gilt der Euklidische Divisionsalgorithmus: zu jedem Paar* $f, g \in K[x]$ *von Polynomen mit* $g \neq 0$ *gibt es ein eindeutig bestimmtes Paar von Polynomen* $q, r \in K[x]$ *(Quotient und Rest), so daß gilt*

$$f = q \cdot g + r \qquad und \qquad \mathrm{Grad}(r) < \mathrm{Grad}(g).$$

*Beweis.* Wir zeigen zunächst die Eindeutigkeit der Zerlegung. Sei $f = qg + r = q'g + r'$ mit $\mathrm{Grad}(r) < \mathrm{Grad}(g)$ und $\mathrm{Grad}(r') < \mathrm{Grad}(g)$. Dann ist $(q - q')g + (r - r') = 0$. Da auch $\mathrm{Grad}(r - r') < \mathrm{Grad}(g)$ gilt, ist $(q - q')g = 0$. Insbesondere muß der höchste Koeffizient von $(q - q')g$ Null sein, was nur geht, wenn $q - q' = 0$ gilt. Dann ist aber auch $r - r' = 0$ und damit die Eindeutigkeit gezeigt.

Wenn der Grad von $f$ kleiner ist, als der Grad von $g$, dann setzen wir $q = 0$ und $r = f$. Wenn $\mathrm{Grad}(f) = n + 1$ ist und der Satz für Polynome vom Grad $n$ schon bewiesen ist, dann sei $\gamma := \alpha_{n+1}/\beta_k$ der Quotient der höchsten Koeffizienten $\alpha_{n+1}$ von $f$ und $\beta_k$ von $g$. Dann ist $f' := f - \gamma g$ ein Polynom vom Grad kleiner oder gleich $n$. Wir können also schreiben $f' = q'g + r$ mit $\mathrm{Grad}(r) < \mathrm{Grad}(g)$. Also ist $f = (\alpha + q')g + r$ mit $\mathrm{Grad}(r) < \mathrm{Grad}(g)$.

**Bemerkung 6.4.21** 1. Ein Polynom $f(x)$ in $K[x]$ vom Grad $n$ hat höchstens $n$ Nullstellen in $K$. Seien nämlich $\alpha_1, \ldots, \alpha_k$ Nullstellen von $f(x)$, dann ist $f(x) = (x - \alpha_1) \cdot (x - \alpha_2) \cdot \ldots \cdot (x - \alpha_k) \cdot g(x)$, also $k \leq n$. Nach dem Divisionsalgorithmus ist nämlich $f(x) = (x - \alpha_1) \cdot g_1(x) + \beta_1$. Wenn man für $x$ den Wert $\alpha_1$ einsetzt, dann erhält man $0 = \beta_1$. Für jede weitere Nullstelle $\alpha_i$ von $f(x)$ ist dann aber $0 = f(\alpha_i) = (\alpha_i - \alpha_1)g(\alpha_i)$, also sind die $\alpha_2, \ldots, \alpha_k$ Nullstellen von $g_1(x)$. Durch Induktion nach dem Grad erhält man die behauptete Aussage.

2. Von Polynomen in $K[x]$ können wir wie im reellen Fall Ableitungen bilden, hier *formale Ableitungen* genannt. Wir bilden nämlich die eindeutig bestimmte lineare Abbildung $d/dx : K[x] \to K[x]$, indem wir auf der Basis $(x^i)$ vorschreiben $d/dx(x^i) := ix^{i-1}$ (für $i = 0$ soll $d/dx(x^0) = 0$ gelten). Die Produktregel gilt auch hierfür, denn es ist $d/dx(x^i x^j) = (i + j)x^{i+j-1} = ix^{i-1}x^j + jx^i x^{j-1} = d/dx(x^i)x^j + x^i d/dx(x^j)$. Daraus leitet sich wegen der Linearität die Produktregel ab:

$$d/dx(fg) = d/dx(f)g + f d/dx(g).$$

Seien $k$ und $n$ mit $k < n$ gegeben und sei $g$ ein Polynom vom Grad $n - k$. Dann definiert $g$ die folgende lineare Abbildung $g : P_{k-1} \ni f \mapsto gf \in P_{n-1}$. Wir betrachten die entsprechende lineare Abbildung auf den Koordinatensystemen $\hat{g} : K^r \to K^n$. Wenn $g = \sum_{i=0}^{n-k} \gamma_i x^i$ ist, dann ist die darstellende Matrix von $g$ bezüglich der Basen $1, x, x^2, \ldots, x^k$ bzw. $1, x, x^2, \ldots, x^n$ gegeben durch

$$M = \begin{pmatrix} \gamma_0 & 0 & & \cdots & & 0 \\ \gamma_1 & \gamma_0 & 0 & \cdots & & 0 \\ \vdots & & \ddots & \ddots & & \vdots \\ \vdots & & & \ddots & \ddots & \vdots \\ \vdots & & & & \gamma_1 & \gamma_0 \\ \vdots & & & & & \gamma_1 \\ \gamma_{n-k} & & & & & \vdots \\ 0 & \gamma_{n-k} & & & & \vdots \\ \vdots & & \ddots & & & \vdots \\ \vdots & & & \ddots & & \vdots \\ 0 & \cdots & & 0 & & \gamma_{n-k} \end{pmatrix},$$

wie man sofort aus dem Polynomprodukt

$$gf = \sum_{i=0}^{n-k} \gamma_i x^i \sum_{j=0}^{k-1} \beta_j x^j = \sum_{t=0}^{n-1} (\sum_{j=0}^{k-1} \gamma_{t-j}\beta_j)x^t$$

abliest.

**Definition 6.4.22** Eine Codierung der Form $\hat{g} : K^k \to K^n$ mit $\mathrm{Grad}(g) \leq n - k$ heißt *Polynomcode*.

**Definition 6.4.23** Ein Codierung $f : K^k \to K^n$ heißt *zyklisch*, wenn für alle $x = (\xi_1, \ldots, \xi_n) \in \mathrm{Bi}(f)$ gilt $(\xi_n, \xi_1, \ldots, \xi_{n-1}) \in \mathrm{Bi}(f)$. Also ist jede zyklische Vertauschung eines Codewortes wieder ein Codewort.

**Satz 6.4.24** *Seien $k$ und $n$ mit $k < n$ gegeben. Sei $g \in P_{n-k}$ vom Grad $n-k$ ein Teiler von $x^n - 1 \in K[x]$. Dann ist der durch $g$ erzeugte Polynomcode ein zyklischer Code. $g$ heißt dann ein* Generatorpolynom *für den zyklischen Code.*

*Beweis.* Sei $gg' = x^n - 1$. Dann ist $x^n = gg' + 1$. Sei $gf = \alpha_0 + \alpha_1 x + \ldots + \alpha_{n-1}x^{n-1}$ Darstellung eines Codewortes $(\alpha_0, \ldots, \alpha_{n-1})$. Wir multiplizieren diese Gleichung mit $x$ und erhalten $xgf = \alpha_0 x + \alpha_1 x^2 + \ldots + \alpha_{n-1}x^n = \alpha_0 x + \alpha_1 x^2 + \ldots + \alpha_{n-1}(gg' + 1) = \alpha_{n-1} + \alpha_0 x + \alpha_1 x^2 + \ldots + \alpha_{n-1}gg'$ und daraus $\alpha_{n-1} + \alpha_0 x + \alpha_1 x^2 + \ldots + \alpha_{n-2}x^{n-1} = xgf - \alpha_{n-1}gg' = g(xf - \alpha_{n-1}g')$. Da $\mathrm{Grad}(xf - \alpha_{n-1}g') \leq n - 1 - \mathrm{Grad}(g) = k - 1$ gilt, ist also auch $(\alpha_{n-1}, \alpha_0, \ldots, \alpha_{n-2})$ ein Codewort und der Polynomcode zyklisch.

**Bemerkung 6.4.25** Es gilt auch die Umkehrung des Satzes. Sei $f : K^r \to K^n$ ein zyklischer Code. Dann gibt es ein Polynom $g \in P_{n-k}$ mit $g$ teilt $x^n - 1$, das diesen zyklischen Code erzeugt. Wir benötigen den Beweis hier nicht.

Sei $K = GF(q)$ mit $q = p^t$ und $p$ einer Primzahl. In $K$ gilt $p = 1 + \ldots + 1 \equiv 0 \pmod{p}$. Dann ist $(x - 1)^p = x^p - 1$ in $K[x]$, denn nach der binomischen Formel ist $(x-1)^p = \sum_{i=0}^{p} \binom{p}{i} (-1)^{p-i}x^i = x^p - 1$ und $\binom{p}{i} = \frac{p \cdots (p-i+1)}{1 \cdots i} \equiv 0 \pmod{p}$, weil $p$ als Primzahl in diesem Bruch nicht gekürzt werden kann. Damit ist $(x - 1)^{p-k}(x - 1)^k = x^p - 1$.

Mit diesen Hilfsmitteln können wir jetzt Polynome angeben, die einen zyklischen Code größtmöglicher Hamming-Norm erzeugen.

**Satz 6.4.26** *Der durch $g_k := (x - 1)^{p-k}$ über $K = GF(q)$ generierte zyklische Code hat die Hamming-Norm $p - k + 1$.*

*Beweis.* Für $k = 1$ ist $\hat{g}_1 : K^1 \to K^p$ gegeben durch $\hat{g}_1(\alpha) = \alpha \cdot (x - 1)^{p-1}$. Nun ist $(x-1)(x-1)^{p-1} = (x-1)^p = x^p - 1 = (x-1)(x^{p-1} + x^{p-2} + \ldots + x + 1)$. Da $K[x]$ nullteilerfrei ist, ist $(x - 1)^{p-1} = x^{p-1} + x^{p-2} + \ldots + x + 1$. Damit erhalten wir $g_1 \cdot \alpha = \alpha \cdot (x^{p-1} + x^{p-2} + \ldots + x + 1)$, also $\hat{g}_1(\alpha) = (\alpha, \ldots, \alpha)$. Offenbar hat diese Codierung nach Definition die Hamming-Norm $p$.

Für $k = p$ ist $g_p = 1$, also $\hat{g}_p : K^p \to K^p$ die identische Abbildung mit der Hamming-Norm 1.

Wir zeigen jetzt $\|\hat{g}_{k+1}\| < \|\hat{g}_k\|$ für alle $0 \leq k < p$. Sei $(\alpha_0, \ldots, \alpha_{p-1}) \in \mathrm{Bi}(\hat{g}_k)$ ein Codewort minimaler Norm. Weil wir einen zyklischen Code haben, können wir $\alpha_0 \neq 0$ annehmen. Für $f \neq 0$ gilt $\mathrm{Grad}(g_k f) = \mathrm{Grad}(g_k) + \mathrm{Grad}(f) = (p - k) + \mathrm{Grad}(f) \geq p - k$, also ist auch $\alpha_i \neq 0$ für ein $i > 0$. Dann ist das zugehörige Polynom $\alpha_0 + \alpha_1 x + \ldots + \alpha_{p-1} x^{p-1} = g_k f = (x - 1)^{p-k} f$. Wir bilden die formale Ableitung und erhalten $\alpha_1 + 2\alpha_2 x + \ldots + (p - 1)\alpha_{p-1} x^{p-2} = (g_k f)' = (p - k)(x - 1)^{p-k-1} f + (x - 1)^{p-k} f' = (x - 1)^{p-(k+1)}((p - k)f + (x - 1)f')$. Daher ist $(\alpha_1, 2\alpha_2, \ldots, (p - 1)\alpha_{p-1}, 0) \in \mathrm{Bi}(\widehat{g}_{k+1})$ ein Element kleinerer Norm. Damit ist $\|\widehat{g}_{k+1}\| < \|\widehat{g}_k\|$ und

$$1 = \|\widehat{g}_p\| < \|\widehat{g}_{p-1}\| < \ldots < \|\widehat{g}_1\| = p,$$

woraus $\|\widehat{g}_k\| = p - k + 1$ folgt.

**Übungen 6.4.27**   1. Die folgende Codierung sei gegeben

$$f(00) = 000000, \quad f(10) = 101101,$$
$$f(01) = 010011, \quad f(11) = 111110.$$

a) Zeigen Sie, daß $f$ eine lineare Codierung ist.

b) Bestimmen Sie die erzeugende Matrix.

c) Finden Sie eine Kontrollabbildung und die zugehörige Kontrollmatrix.

d) Bestimmen Sie den Hamming-Abstand von $f$.

e) Entziffern Sie folgende Worte

$$100000, 101111, 010010, 010101, 011110.$$

2. Finden Sie je eine (3,6)-Codierung $f$ mit $\|f\| = n$ für $n = 1, 2, 3, 4$.

3. Sei $K = \mathbb{Z}/(2)$. Zeigen Sie:

a) $A := \begin{pmatrix} 1 & 0 & 0 & 0 \\ 1 & 1 & 0 & 0 \\ 0 & 1 & 1 & 0 \\ 1 & 0 & 1 & 1 \\ 0 & 1 & 0 & 1 \\ 0 & 0 & 1 & 0 \\ 0 & 0 & 0 & 1 \end{pmatrix}$ ist eine Codierungsmatrix.

b) Finden Sie eine geeignete Kontrollmatrix dazu.

c) Bestimmen Sie den Hamming-Abstand des Codes.

d) Es werden die Nachrichten

$$\begin{pmatrix} 1 \\ 0 \\ 1 \\ 1 \\ 1 \\ 0 \\ 0 \end{pmatrix}, \begin{pmatrix} 1 \\ 1 \\ 1 \\ 1 \\ 0 \\ 1 \\ 0 \end{pmatrix} \quad \text{und} \quad \begin{pmatrix} 0 \\ 0 \\ 0 \\ 0 \\ 1 \\ 0 \\ 1 \end{pmatrix}$$

empfangen. Analysieren Sie!

# 7. Eigenwerttheorie

Die Determinante einer quadratischen Matrix oder eines Endomorphismus ist eine der wichtigsten Invarianten. Mit ihr kann man feststellen, ob eine Matrix invertierbar ist. Sie gestattet es aber auch, geometrische Eigenschaften eines Endomorphismus genauer zu studieren. Dies wird im Abschnitt über Eigenwerte geschehen.

## 7.1 Determinanten

Wir führen den Begriff der Determinante auf eine wenig übliche Weise ein. Die verwendete Methode führt besonders schnell zu den wichtigsten Eigenschaften.

**Definition 7.1.1** Eine Abbildung $\Delta : K_n^n \to K$ heißt eine *Determinantenfunktion*, wenn gelten

($\Delta 1$)   $\Delta(B) = \Delta(A)$,

falls $B$ aus $A$ durch Addition einer Zeile zu einer anderen Zeile entsteht, und

($\Delta 2$)   $\Delta(B) = \alpha \cdot \Delta(A)$,

falls $B$ aus $A$ durch Multiplikation einer Zeile mit einem Faktor $\alpha$ entsteht.

**Satz 7.1.2** *Sei $\Delta : K_n^n \to K$ eine Determinantenfunktion. Dann gilt*

1. $\Delta(A) = 0$ *für alle $A \in K_n^n$ mit $Rang(A) < n$,*
2. $\Delta = 0$, *falls $\Delta(E_n) = 0$.*

*Beweis.* 1. Für Elementarmatrizen zweiter Art von der Form $F_{ij} = E_n + E_{ij}$ gilt nach 6.2.10

$$\Delta(F_{ij}A) = \Delta(A). \tag{7.1}$$

Für Elementarmatrizen erster Art von der Form $F_i(\alpha) = E_n + (\alpha - 1)E_{ii}$ gilt

$$\Delta(F_i(\alpha)A) = \alpha \Delta(A). \tag{7.2}$$

Daraus folgt für Elementarmatrizen der Form $F_{ij}(\alpha) = E_n + \alpha E_{ij} = F_j(\alpha^{-1})F_{ij}F_j(\alpha)$

$$\Delta(F_{ij}(\alpha)A) = \Delta(A) \tag{7.1a}$$

wobei

$$F_{ij}(\alpha) \cdot \begin{pmatrix} a_1 \\ \vdots \\ a_n \end{pmatrix} = \begin{pmatrix} a_1 \\ \vdots \\ a_i + \alpha \cdot a_j \\ \vdots \\ a_j \\ \vdots \\ a_n \end{pmatrix}.$$

Elementarmatrizen dritter Art der Form $P_{ij}$ können geschrieben werden als $P_{ij} = F_i(-1)F_{ij}F_j(-1)F_{ji}F_i(-1)F_{ij}$, d.h. die Vertauschung zweier Zeilen kann mit elementaren Zeilenoperationen erster und zweiter Art dargestellt werden, insbesondere gilt

$$\Delta(P_{ij}A) = -\Delta(A). \tag{7.3}$$

Also gibt es zu jeder invertierbaren Matrix $B$ einen von Null verschiedenen Faktor $b$ mit

$$\Delta(B \cdot A) = b\Delta(A)$$

für alle Matrizen $A$, denn die Faktoren, die man bei einer Zerlegung von $B$ in Elementarmatrizen erhält, hängen nur von $B$ und nicht von $A$ ab. Ist $\text{Rang}(A) < n$, dann hat die Stufenform $B \cdot A = S$ von $A$ als letzte Zeile den Nullvektor. Daher gilt $\Delta(A) = b^{-1}\Delta(S) = 0$ wegen $(\Delta 2)$.

2. Ist $\text{Rang}(A) = n$ und $\Delta(E_n) = 0$, so ist $\Delta(A) = \Delta(A \cdot E_n) = a \cdot \Delta(E_n) = 0$, also $\Delta = 0$.

Wir vergleichen Determinantenfunktionen und erhalten dabei den Begriff der Determinante.

**Folgerung 7.1.3** *Seien $\Delta_1, \Delta_2 : K_n^n \to K$ Determinantenfunktionen. Dann gilt*

$$\Delta_1(E_n)\Delta_2(A) = \Delta_1(A)\Delta_2(E_n).$$

*Beweis.* $\Delta(A) := \Delta_1(E_n)\Delta_2(A) - \Delta_1(A)\Delta_2(E_n)$ ist ebenfalls eine Determinantenfunktion, da sie $(\Delta 1)$ und $(\Delta 2)$ erfüllt. Weiter ist $\Delta(E_n) = 0$. Also ist $\Delta = 0$ und damit die Behauptung bewiesen.

**Folgerung 7.1.4** *Sei $\Delta : K_n^n \to K$ eine Determinantenfunktion mit $\Delta(E_n) = 1$. Dann gilt $\Delta(A \cdot B) = \Delta(A)\Delta(B)$ für alle $A, B \in K_n^n$.*

*Beweis.* $\Delta_1(A) := \Delta(A \cdot B)$ ist eine Determinantenfunktion wegen (7.1) und (7.2). Also folgt mit $\Delta_2 = \Delta$ aus 7.1.3
$\Delta(A \cdot B) = \Delta_1(A) \cdot \Delta_2(E_n) = \Delta_1(E_n) \cdot \Delta_2(A) = \Delta(B) \cdot \Delta(A)$.

**Definition 7.1.5** Eine Abbildung $\Delta : K_n^n \to K$ heißt *(zeilen-) multilinear*, wenn $\Delta$ aufgefaßt als Abbildung auf dem $n$-Tupel der Zeilenvektoren in jedem Argument (in jeder Zeile) linear ist, d.h. wenn

$$\lambda \cdot \Delta \begin{pmatrix} a_1 \\ \vdots \\ x \\ \vdots \\ a_n \end{pmatrix} + \mu \cdot \Delta \begin{pmatrix} a_1 \\ \vdots \\ y \\ \vdots \\ a_n \end{pmatrix} = \Delta \begin{pmatrix} a_1 \\ \vdots \\ \lambda x + \mu y \\ \vdots \\ a_n \end{pmatrix} \text{ gilt.}$$

**Satz 7.1.6** *Zu jedem $n$ gilt es eine eindeutig bestimmte Determinantenfunktion* det $: K_n^n \to K$ *mit* $\det(E_n) = 1$. *Diese Determinantenfunktion ist multilinear. Ist $\Delta : K_n^n \to K$ eine Determinantenfunktion, so gilt für alle $A \in K_n^n$*

$$\Delta(A) = \det(A) \cdot \Delta(E_n).$$

*Beweis.* Die Eindeutigkeit: Seien $\Delta_1$ und $\Delta_2$ Determinantenfunktion mit $\Delta_1(E_n) = 1 = \Delta_2(E_n)$. Nach 7.1.3 folgt dann $\Delta_1(A) = \Delta_1(A)\Delta_2(E_n) = \Delta_1(E_n)\Delta_2(A) = \Delta_2(A)$. Für den Existenzbeweis verwenden wir vollständige Induktion nach $n$. Für $n = 1$ ist det $: K_1^1 \ni (\alpha) \mapsto \alpha \in K$ offenbar eine Determinantenfunktion mit $\det(E_1) = 1$. Sie ist außerdem (multi-)linear. Sei die Existenz für $n - 1$ bewiesen, und sei

$$A = \begin{pmatrix} \alpha_{11} & b_1 \\ \vdots & \vdots \\ \alpha_{n1} & b_n \end{pmatrix} \in K_n^n. \text{ Sei } B_k = \begin{pmatrix} b_1 \\ \vdots \\ \widehat{b_k} \\ \vdots \\ b_n \end{pmatrix} \in K_{n-1}^{n-1},$$

wobei die Zeile $b_k$ fortzulassen ist. Das soll mit $\widehat{b_k}$ angedeutet werden. Nach Induktionsannahme ist $\det(B_k)$ definiert und multilinear in den Zeilen $b_i$. Wir definieren

$$\det(A) := \sum_{k=1}^{n} (-1)^{k+1} \alpha_{k1} \det(B_k). \tag{7.4}$$

Die Abbildung det ist multilinear in den Zeilen. Wir zeigen dieses für die erste Zeile:

$$\det \begin{pmatrix} \lambda\alpha_{11} + \mu\alpha_{11}' & \lambda b_1 + \mu b_1' \\ \vdots & \vdots \\ \alpha_{n1} & b_n \end{pmatrix}$$

$$= (-1)^{1+1}(\lambda\alpha_{11} + \mu\alpha_{11}')\det(B_1) =$$

$$+\sum_{k=2}^{n}(-1)^{k+1}\alpha_{k1}(\lambda\det(B_k)+\mu\det(B_k'))$$

$$=\lambda\sum_{k=1}^{n}(-1)^{k+1}\alpha_{k1}\det(B_k)+\mu\sum_{k=1}^{n}(-1)^{k+1}\alpha_{k1}\det(B_k')$$

$$=\lambda\cdot\det\begin{pmatrix}\alpha_{11}&b_1\\\vdots&\vdots\\\alpha_{n1}&b_n\end{pmatrix}+\mu\det\begin{pmatrix}\alpha_{11}'&b_1'\\\vdots&\vdots\\\alpha_{n1}&b_n\end{pmatrix}.$$

Insbesondere ist ($\Delta 2$) erfüllt.

Wir betrachten wieder nur den Spezialfall $\lambda=\mu=1$ und $(\alpha_{11}'b_1')=(\alpha_{21}b_2)$, so ist

$$\det\begin{pmatrix}\alpha_{11}+\alpha_{21}&b_1+b_2\\\vdots&\vdots\\\alpha_{n1}&b_n\end{pmatrix}=\det\begin{pmatrix}\alpha_{11}&b_1\\\vdots&\vdots\\\alpha_{n1}&b_n\end{pmatrix}+\det\begin{pmatrix}\alpha_{21}&b_2\\\vdots&\vdots\\\alpha_{n1}&b_1\end{pmatrix}$$

wobei in der letzten Matrix die erste und zweite Zeile gleich sind. In (7.4) fallen damit der erste und zweite Summand fort und bei $B_3,\dots,B_n$ sind jeweils erste und zweite Zeile gleich. Da $\det(B_k)$ eine Determinantenfunktion ist, ist $\det(B_k)=0$ für $k=3,\dots,n$. Man kann nämlich eine Nullzeile erhalten.

Schließlich ist $\det(E_n)=1$, weil $\det(E_{n-1})=1$. Endlich ist $\Delta(A)=\Delta(A)\det(E_n)=\Delta(E_n)\det(A)$ nach 7.1.3.

**Definition 7.1.7** Die Determinantenfunktion $\det:K_n^n\to K$ heißt *Determinante*.

Die Rechenregeln für Determinantenfunktionen ergeben jetzt die wichtigsten Eigenschaften der Determinante.

**Folgerung 7.1.8** 1. *Die Determinante einer Matrix ist genau dann Null, wenn die Zeilen bzw. Spalten der Matrix linear abhängig sind.*

2. *Die Determinante einer Matrix ändert sich nicht, wenn man zu einer Zeile eine Linearkombination der anderen Zeilen addiert.*

3. *Die Determinante einer Matrix ändert ihr Vorzeichen, wenn man zwei Spalten vertauscht.*

4. $\det(A\cdot B)=\det(A)\cdot\det(B)$.

5. $\det(\lambda\cdot A)=\lambda^n\cdot\det(A)$.

6. $\det(A^t)=\det(A)$.

7. *Es gilt* $\det\begin{pmatrix}\alpha_{11}&\dots&\alpha_{1n}\\\vdots&\ddots&\vdots\\0&\dots&\alpha_{nn}\end{pmatrix}=\alpha_{11}\cdot\dots\cdot\alpha_{nn}$,

d.h. *die Determinante einer oberen Dreiecksmatrix ist das Produkt aller Elemente auf der Diagonalen.*

*Beweis.* 2. Zunächst ist wegen ($\Delta$1) die Addition einer Zeile zu einer anderen möglich. Ein Vielfaches der $j$-ten Zeile kann ebenfalls aus $i$-ten Zeile addiert werden, indem man zunächst die $j$-te Zeile mit $\alpha \neq 0$ multipliziert, dann addiert, dann die $j$-te Zeile mit $\alpha^{-1}$ multipliziert. Wegen ($\Delta$2) ändert sich die Determinante nicht. Der Prozeß kann für mehrere Zeilen wiederholt werden.

1. Wenn die Zeilen linear abhängig sind, ist der Rang $< n$ und nach 7.1.2 1. die Determinante Null. Ist Rang $A = n$, also $A$ regulär, so ist nach 7.1.4 $\det(A) \cdot \det(A^{-1}) = \det(A \cdot A^{-1}) = \det(E_n) = 1$, also $\det(A) \neq 0$.

3. folgt aus (7.3)

4. ist 7.1.4

5. folgt aus ($\Delta$2), für jede Zeile einmal angewendet.

6. Wegen $(A^t)^{-1} = (A^{-1})^t$ ist $A$ genau dann invertierbar, wenn $A^t$ invertierbar ist. Nur in diesem Fall ist die Behauptung zu zeigen. $A$ ist Produkt von Elementarmatrizen $A = F_1 \cdot \ldots \cdot F_k$. Dann ist $A^t = F_k^t \cdot \ldots \cdot F_1^t$. Da für Elementarmatrizen $F_i$ gilt $\det(F_i^t) = \det(F_i)$, genauer für Elementarmatrizen

$$F_i \text{ erster Art } \det(F_i) = \alpha,$$
$$F_i \text{ zweiter Art } \det(F_i) = 1,$$
$$F_i \text{ dritter Art } \det(F_i) = -1$$

(wie in (7.1), (7.2), (7.3) mit $A = E_n$), ist also $\det(A^t) = \det(A)$ nach Teil 4.

7. Wenn eines der $\alpha_{ii} = 0$, dann ist Rang $A < n$, also $\det(A) = 0 = \alpha_{11} \cdot \ldots \cdot \alpha_{nn}$. Wenn alle $\alpha_{ii} \neq 0$ sind, dann können Vielfache der unteren Zeilen zu den oberen Zeilen so addiert werden, daß eine Diagonalmatrix mit $\alpha_{11}, \ldots, \alpha_{nn}$ in der Diagonalen entsteht. Die Determinante ändert sich nicht. Nach ($\Delta$2) auf jede Zeile angewendet folgt $\det(A) = \alpha_{11} \cdot \ldots \cdot \alpha_{nn} \cdot \det(E_n) = \alpha_{11} \cdot \ldots \cdot \alpha_{nn}$.

**Beispiele 7.1.9** 1. $\det(\alpha) = \alpha$

2. $\det \begin{pmatrix} \alpha & \beta \\ \gamma & \delta \end{pmatrix} = \alpha\delta - \gamma\beta$

3.

$$\det \begin{pmatrix} \alpha_1 & \beta_1 & \gamma_1 \\ \alpha_2 & \beta_2 & \gamma_2 \\ \alpha_3 & \beta_3 & \gamma_3 \end{pmatrix} = \alpha_1 \det \begin{pmatrix} \beta_2 & \gamma_2 \\ \beta_3 & \gamma_3 \end{pmatrix}$$

$$-\alpha_2 \det \begin{pmatrix} \beta_1 & \gamma_1 \\ \beta_3 & \gamma_3 \end{pmatrix} + \alpha_3 \det \begin{pmatrix} \beta_1 & \gamma_1 \\ \beta_2 & \gamma_2 \end{pmatrix}$$

$$= \alpha_1\beta_2\gamma_3 - \alpha_1\beta_3 v\gamma_2 - \alpha_2\beta_1 v\gamma_3 + \alpha_2\beta_3\gamma_1 + \alpha_3\beta_1\gamma_2 - \alpha_3\beta_2\gamma_1$$

(Regel von Sarrus)

Die Berechnung von Determinanten ist kompliziert. Wir geben nur eine Methode dazu an. Eine algorithmisch schnellere Methode erhält man, wenn man bei elementaren Zeilenumformungen in geschickter Weise die Determinanten der verwendeten Elementarmatrizen sammelt, bis durch Zeilenumformungen die Einheitsmatrix erreicht ist.

**Definition 7.1.10** Sei $A \in K_n^n$. Mit $A_{ij}$ werde die aus $A$ durch Streichung der $i$-ten Zeile und $j$-ten Spalte entstehende Matrix in $K_{n-1}^{n-1}$ bezeichnet. $A_{ij}$ heißt dann auch *Streichungsmatrix*, $\det(A_{ij})$ *Streichungsdeterminante*.

**Satz 7.1.11** *(Entwicklungssatz nach der $j$-ten Spalte) Sei $A \in K_n^n$ gegeben. Dann ist*

$$\det(A) = \sum_{i=1}^{n} (-1)^{i+j} \alpha_{ij} \det(A_{ij}).$$

*Beweis.* Wir vertauschen in $A$ die $j$-te Spalte schrittweise mit den vorhergehenden Spalten, bis sie an erster Stellte steht. Diese neue Matrix $A'$ hat $\det(A') = (-1)^{j-i} \det(A)$ und damit $\det(A') = \sum_{i=1}^{n} (-1)^{i+1} \alpha_{ij} \det(A_{ij})$ als Determinante. Daraus folgt die Behauptung.

**Bemerkung 7.1.12** 1. Wegen $\det(A^t) = \det(A)$ folgt auch ein entsprechender Entwicklungssatz nach der $i$-ten Zeile:

$$\det(A) = \sum_{j=1}^{n} (-1)^{i+j} \alpha_{ij} \det(A_{ij}).$$

2. Zur praktischen Berechnung kann man also jeweils eine Entwicklung nach einer besonders geeigneten (mit möglichst vielen Nullen besetzten) Zeile oder Spalte durchführen, z.B.

$$\det \begin{pmatrix} 0 & 1 & 2 \\ 3 & 7 & 1 \\ 0 & 1 & 0 \end{pmatrix} = (-1)^4 \cdot 0 \cdot \det \begin{pmatrix} 1 & 2 \\ 7 & 1 \end{pmatrix} + (-1)^5 \cdot 1 \cdot \det \begin{pmatrix} 0 & 2 \\ 3 & 1 \end{pmatrix}$$

$$+ (-1)^6 \cdot 0 \cdot \det \begin{pmatrix} 0 & 1 \\ 3 & 7 \end{pmatrix} = 6$$

durch Entwicklung nach der dritten Zeile.

3. Für $A \in K_n^n$ ist $\det(A) = \sum_{\sigma} (\pm 1) \alpha_{1\sigma(1)} \cdot \alpha_{2\sigma(2)} \cdot \ldots \cdot \alpha_{n\sigma(n)}$ mit geeigneten Vorzeichen, wobei $\sigma$ durch alle Permutationen der Zahlen $\{1, \ldots, n\}$ läuft, also $n!$ Summanden definiert. Aus jeder Zeile und jeder Spalte kommt in jedem der Produkte genau ein Koeffizient vor. Das sieht man durch vollständige Induktion und Auswertung der Entwicklung nach einer Zeile. Denn in (7.4) kommen in $\det(A_{ij})$ aus jeder Zeile von $A$ außer der $i$-ten und jeder Spalte von $A$ außer der $j$-ten in den Summanden jeweils genau ein Faktor vor, und man erhält $(n-1)!$ Summanden. Also ergibt (7.4) insgesamt $n \cdot (n-1)! = n!$ Summanden.

Die Determinante einer Matrix kann zur Berechnung der inversen Matrix verwendet werden. Dazu definieren wir

**Definition und Folgerung 7.1.13** *Sei* $A \in K_n^n$ *und* $B = (\beta_{ij})$ *mit* $\beta_{ij} = (-1)^{i+j} \det(A_{ji})$ *definiert.* $B$ *heißt* Komplementärmatrix *zu* $A$. *Damit ist*

$$A \cdot B = \det(A)E_n.$$

*Ist* $A$ *regulär, so ist* $A^{-1} = \dfrac{1}{\det(A)} B$.

*Beweis.* Es ist $\sum_k \alpha_{ik}\beta_{kj} = \sum_k (-1)^{j+k}\alpha_{ik} \det(A_{jk}) = \det(A) \cdot \delta_{ij}$, denn für $i = j$ ist dies der Entwicklungssatz nach der $j$-ten Zeile. Ist jedoch $i \neq j$, so können wir diesen Ausdruck ebenfalls nach dem Entwicklungssatz nach der $j$-ten Zeile als Determinante einer Matrix $A'$ auffassen, die aus $A$ durch Ersetzen der $j$-ten Zeile durch die $i$-te Zeile entstanden ist. Diese Matrix ist singulär, also ist $\det(A') = 0$.

**Satz 7.1.14** *(Cramersche[1] Regel) Sei* $A = (a_1, \dots, a_n) \in K_n^n$ *eine reguläre Matrix mit den Spaltenvektoren* $a_i$. *Dann hat das lineare Gleichungssystem* $A \cdot x = b$ *die Lösung*

$$\xi_i = \frac{1}{\det(A)} \det(a_1, \dots, a_{i-1}, b, a_{i+1}, \dots, a_n).$$

*Beweis.* (Die eindeutig bestimmte) Lösung ist $x = A^{-1} \cdot b = \frac{1}{\det(A)} Bb$. Wenn $b = (\beta_i)$ ist und $B = (\beta_{ij})$ die Komplementärmatrix zu $A$ ist, dann ist $\det(A)\xi_i = \sum_{j=1}^m \beta_{ij}\beta_j = \sum_{j=1}^n (-1)^{i+j}\beta_j \det(A_{ji}) = \det(a_1, \dots, a_{i-1}, b, a_{i+1}, \dots, a_n)$, woraus die Behauptung folgt.

Bisher haben wir lediglich Determinanten von Matrizen betrachtet. Jetzt wenden wir uns Determinanten für Endomorphismen von endlichdimensionalen Vektorräumen zu.

**Satz 7.1.15** *Sei* $V$ *ein endlichdimensionaler Vektorraum und* $f : V \to V$ *ein Endomorphismus. Sei* $B$ *eine Basisfamilie von* $V$. *Dann ist die Determinante der darstellenden Matrix von* $f$ *bezüglich* $B$ *unabhängig von der Wahl von* $B$.

*Beweis.* Seien $B$ und $B'$ Basisfamilien von $V$. Sei $S$ die Basistransformation von $B$ nach $B'$ und $M$ die darstellende Matrix von $f$ bzgl. $B$. Nach 5.5.20 ist dann $SMS^{-1}$ die darstellende Matrix von $f$ bzgl. $B'$. Weiter ist

$$\det(SMS^{-1}) = \det(S)\det(M)\det(S^{-1}) = \det(SS^{-1})\det(M) = \det(M).$$

---

[1] Gabriel Cramer (1704–1752)

**Definition 7.1.16** Für einen Endomorphismus $f : V \to V$ mit darstellender Matrix $M$ definieren wir die Determinante $\det(f) := \det(M)$. Sie ist nach 7.1.15 unabhängig von der Wahl der Basisfamilie.

**Übungen 7.1.17**  1. Zeigen Sie, daß $\begin{pmatrix} a \\ b \end{pmatrix}$ und $\begin{pmatrix} c \\ d \end{pmatrix}$ genau dann linear unabhängig sind, wenn $ad - bc \neq 0$ ist.

2. Berechnen Sie elementargeometrisch (mit Schulkenntnissen) den Flächeninhalt des Parallelogramms mit den Eckpunkten

$$\begin{pmatrix} 0 \\ 0 \end{pmatrix}, \begin{pmatrix} a \\ b \end{pmatrix}, \begin{pmatrix} a+c \\ b+d \end{pmatrix}, \begin{pmatrix} c \\ d \end{pmatrix}.$$

Vergleichen Sie Ihr Ergebnis mit der Determinante von $\begin{pmatrix} a & c \\ b & d \end{pmatrix}$.

3. Seien $x_1, x_2, x_3 \in K$ Elemente eines Körpers $K$. Zeigen Sie:

$$\det \begin{pmatrix} 1 & 1 & 1 \\ x_1 & x_2 & x_3 \\ x_1^2 & x_2^2 & x_3^2 \end{pmatrix} = (x_3 - x_2)(x_3 - x_1)(x_2 - x_1).$$

4. Entscheiden Sie, ob die folgende Aussage richtig ist (ja/nein).
Sind alle Streichungsdeterminanten einer quadratischen Matrix Null, so ist auch die Determinante dieser Matrix Null.

## 7.2 Eigenwerte und Eigenvektoren

Eigenwerte und Eigenvektoren haben breite Anwendungsbereiche, u.a. bei Differentialgleichungen, in der Technik und der Physik. Wir beschränken uns hier auf endlichdimensionale Vektorräume und ihre Endomorphismen.

Sei im folgenden $V \neq 0$ ein Vektorraum und $f : V \to V$ ein Endomorphismus.

**Definition 7.2.1** Ein Skalar $\lambda \in K$ heißt ein *Eigenwert* von $f$, wenn es ein $v \in V, v \neq 0$ gibt mit

$$f(v) = \lambda v.$$

Ein Vektor $v \in V, v \neq 0$ mit $f(v) = \lambda v$ heißt ein *Eigenvektor* zum Eigenwert $\lambda$. Die Menge $V_\lambda := \{v \in V | f(v) = \lambda v\}$ heißt *Eigenraum* zum Eigenwert $\lambda$. Die Menge $\{\lambda \in K | \lambda \text{ Eigenwert von } f\}$ heißt *Spektrum* von $f$.

**Bemerkung 7.2.2** $V_\lambda$ ist ein Untervektorraum von $V$. Die Eigenvektoren zu $\lambda$ sind genau die von Null verschiedenen Vektoren in $V_\lambda$.

**Beispiele 7.2.3** 1. Sei $f : V \to V$ nicht injektiv. Dann ist 0 ein Eigenwert von $f$ und $\mathrm{Ke}(f) = V_0 \neq 0$. Es gibt nämlich ein $v \in V$ mit $v \neq 0$ und $f(v) = 0$, also $f(v) = 0 \cdot v$. Weiter ist $v \in \mathrm{Ke}(f) \Longleftrightarrow f(v) = 0 \cdot v \Longleftrightarrow v \in V_0$.

2. Für id $: V \to V$ ist 1 der einzige Eigenwert, und es ist $V = V_1$. Es ist nämlich $\mathrm{id}(v) = v = 1 \cdot v$ für alle $v \in V$.

3. Die lineare Abbildung $\widehat{M} : K_2 \to K_2$ mit $M = \begin{pmatrix} 1 & 0 \\ 0 & 2 \end{pmatrix}$ hat die Eigenwerte 1 und 2 und die Eigenräume $V_1 = \left\{ \begin{pmatrix} \alpha \\ 0 \end{pmatrix} \right\}$ und $V_2 = \left\{ \begin{pmatrix} 0 \\ \beta \end{pmatrix} \right\}$.

**Satz 7.2.4** *Seien $\{\lambda_i | i \in I\}$ paarweise verschiedene Eigenwerte von $f$. Dann gilt $\sum_{i \in I} V_{\lambda_i} = \oplus_{i \in I} V_{\lambda_i}$.*

*Beweis.* Wir müssen zeigen, daß aus $\sum v_i = 0$ mit $v_i \in V_{\lambda_i}$ folgt $v_i = 0$ für alle $i \in I$. Wenn das nicht der Fall ist, dann gibt es eine Summe $\sum_{i=1}^{n} v_i = 0$ kürzester Länge $n > 0$. Offenbar sind in einer solchen Summe alle $v_i \neq 0$. Daraus folgt $n \geq 2$. Es ist $\sum_{i=1}^{n} \lambda_i v_i = \sum_{i=1}^{n} f(v_i) = f(\sum_{i=1}^{n} v_i) = f(0) = 0$ ebenso wie $\sum_{i=1}^{n} \lambda_1 v_i = \lambda_1 \sum_{i=1}^{n} v_i = 0$. Die Differenz ist $\sum_{i=2}^{n} (\lambda_i - \lambda_1) v_i = 0$, eine Summe kürzerer Länge mit von Null verschiedenen Summanden $(\lambda_i - \lambda_1) v_i$, ein Widerspruch.

**Definition 7.2.5** Eigenwerte, Eigenvektoren, Eigenräume und Spektrum einer quadratischen(!) Matrix $M$ sind die der linearen Abbildung $\widehat{M} : K_n \to K_n$.

**Übungen 7.2.6** 1. Zeigen Sie: Eine nilpotente Matrix (eine Matrix $M$ mit $M^n = 0$) hat nur den Eigenwert 0.

2. Bestimmen Sie die Eigenwerte und die Eigenvektoren der folgenden Matrix:

$$\begin{pmatrix} 1 & 1 & 1 \\ 1 & -1 & 1 \\ 1 & 0 & 0 \end{pmatrix}$$

3. Entscheiden Sie, ob die folgende Aussage richtig ist (ja/nein).
   Die Summe der geometrischen Vielfachheiten eines Endomorphismus eines endlichdimensionalen Vektorraumes ist gerade die Dimension dieses Vektorraumes.

4. Habe $f : V \to V$ einen Eigenwert $\lambda$. Zeigen Sie:
   a) $f^n$ hat einen Eigenwert $\lambda^n$.
   b) Es gilt $V_\lambda(f) \subseteq V_\lambda(f^n)$.
   c) Finden Sie ein $f : V \to V$ und einen Eigenwert $\lambda$ von $f$, so daß gilt $V_\lambda(f) \subsetneqq V_\lambda(f^n)$.

## 7.3 Das charakteristische Polynom

Zur Bestimmung von Eigenwerten und damit auch von Eigenräumen verwendet man häufig das charakteristische Polynom. Damit wird der Zusammenhang zwischen Eigenwerten und Determinanten hergestellt.

**Definition 7.3.1** Sei $V$ endlichdimensional mit Basisfamilie $B$, und sei $f : V \to V$ ein Endomorphismus mit der darstellenden Matrix $M$.
Für $\lambda \in K$ heißt

$$\det(f - \lambda \cdot \mathrm{id}) = 0$$

die *charakteristische Gleichung* von $f$.

$$\chi_M(x) := \det(M - x \cdot E_n)$$

heißt das *charakteristische Polynom* von $M$.

**Lemma 7.3.2** $\chi_M(x)$ *ist ein Polynom von Grad $n$. Es gilt für $M = (\alpha_{ij})$*

$$\chi_M(x) = (-1)^n \cdot \left( x^n - \sum_{i=1}^{n} \alpha_{ii} x^{n-1} + \ldots \pm \det(M) \right)$$

*Beweis.* Nach Bemerkung 7.1.12 3. ist

$$\det(M) = \sum_{\sigma} (\pm 1) \alpha_{1\sigma(1)} \cdot \ldots \cdot \alpha_{n\sigma(n)}.$$

Für $\det(M - xE_n)$ sind die Faktoren in der Diagonalen von der Form $\alpha_{ii} - x$. Die höchste Potenz von $x$ ergibt sich, wenn alle Faktoren im Produkt auf der Diagonalen liegen, also für $\sigma = \mathrm{id}$, mit $(\alpha_{11} - x) \cdot \ldots \cdot (\alpha_{nn} - x) = (-1)^n \cdot x^n + (-1)^{n-1} \sum \alpha_{ii} x^{n-1} +$ Terme vom Grad $\leq n - 2$. Wenn im Produkt ein Faktor nicht auf der Diagonalen liegt, so muß auch noch ein zweiter Faktor außerhalb der Diagonalen auftreten. Der Polynomgrad des Produkts ist dann $\leq n - 2$. Um den konstanten Koeffizienten des Polynoms zu erhalten, setze man $x = 0$ ein. Dann ist der konstante Koeffizient gleich $\det(M - 0 \cdot E_n) = \det(M)$.

**Satz 7.3.3** *Sei $\dim V = n < \infty$, $f \in \mathrm{Hom}_K(V, V)$. Dann gilt für $\lambda \in K$ $\lambda$ ist Eigenwert von $f \iff \det(f - \lambda\mathrm{id}) = 0$.*

*Beweis.* $\lambda$ Eigenwert von $f \iff \exists v \neq 0[f(v) = \lambda v] \iff \exists v \neq 0[(f - \lambda\mathrm{id})(v) = 0] \iff f - \lambda\mathrm{id}$ nicht bijektiv $\iff \det(f - \lambda\mathrm{id}) = 0$.

**Bemerkung 7.3.4** 1. $V_\lambda = \mathrm{Ke}(f - \lambda\mathrm{id})$.

2. Es gibt höchstens $n$ Werte $\lambda$ mit $\det(f - \lambda\mathrm{id}) = 0$, weil das charakteristische Polynom $\det(M - xE_n)$ höchstens $n$ Nullstellen hat und weil $\det(f - \lambda\mathrm{id}) = \det(M - \lambda E_n)$, wobei $M - \lambda E_n$ die darstellende Matrix für $f - \lambda\mathrm{id}$ ist.

3. $f : V \to V$ hat höchstens $n$ verschiedene Eigenwerte.

**Definition 7.3.5** 1. Eine Nullstelle $\lambda$ eines Polynoms $f(x)$ hat die *Vielfachheit* $k$, wenn $f(x)$ durch $(x - \lambda)^k$ (ohne Rest) teilbar ist, aber nicht durch $(x - \lambda)^{k+1}$.

2. Ein Eigenwert $\lambda$ der Matrix $M$ bzw. des Endomorphismus $f$ hat die *algebraische Vielfachheit* $k = \mu(\chi_f, \lambda)$, wenn er als Nullstelle des charakteristischen Polynoms die Vielfachheit $k$ hat.

3. Ein Eigenwert $\lambda$ der Matrix $M$ bzw. des Endomorphismus $f$ hat die *geometrische Vielfachheit* $k$, wenn $k = \dim V_\lambda$.

**Satz 7.3.6** *Sei* $\dim V = n < \infty$ *und* $f \in \mathrm{Hom}_K(V, V)$. *Sei* $\lambda \in K$ *ein Eigenwert von* $f$. *Dann ist* $\mu(\chi_f, \lambda) \geq \dim V_\lambda$.

*Beweis.* Sei $(v_1, \ldots, v_k)$ eine Basisfamilie von $V_\lambda$ und $(v_1, \ldots, v_n)$ eine Fortsetzung zu einer Basisfamilie von $V$. Dann ist bezüglich dieser Basisfamilie die darstellende Matrix von $f$ von der Form

$$
M = \begin{pmatrix} \lambda & & 0 & & \\ & \ddots & & & * \\ 0 & & \lambda & & \\ \hline & 0 & & M^1 \end{pmatrix} \quad \text{und}
$$

$\det(M - xE_n) = \chi_f = (\lambda - x)^k \cdot \det(M^1 - xE_{n-k})$ durch Entwicklungen nach der 1. bis r. Spalte.

**Übungen 7.3.7** 1. Bestimmen Sie die reellen Eigenwerte von

$$
\begin{pmatrix} \cos\varphi & -\sin\varphi \\ \sin\varphi & \cos\varphi \end{pmatrix}.
$$

2. Bestimmen Sie die Eigenwerte und Eigenräume von

$$
\begin{pmatrix} 2 & 3 & -1 \\ 0 & 1 & 0 \\ 0 & 2 & 1 \end{pmatrix} \quad \text{und von} \quad \begin{pmatrix} 2 & 1 & 1 \\ 0 & 1 & 0 \\ 0 & 0 & 3 \end{pmatrix}
$$

3. Sei

$$
A = \begin{pmatrix} a & b \\ c & d \end{pmatrix}
$$

Zeigen Sie $\chi_A = x^2 - \mathrm{Spur}(A) + \det A$, wobei für eine $n \times n$-Matrix $M = (\alpha_{ij})$ die Spur definiert ist als $\mathrm{Spur}(M) := \sum_{i=1}^n \alpha_{ii}$.

4. Zeigen Sie für den in der vorangehenden Aufgabe definierten Begriff der Spur:

a) Die Abbildung $\mathrm{Spur} : K_n^n \to K$ ist linear.

b) Es gilt $\mathrm{Spur}(AB) = \mathrm{Spur}(BA)$ für alle $A, B \in K_n^n$.

c) Es gilt im allgemeinen nicht $\mathrm{Spur}(ABC) = \mathrm{Spur}(BAC)$ für $A, B, C \in K_n^n$.

d) Sei $V$ ein endlichdimensionaler Vektorraum und $f : V \to V$ eine lineare Abbildung. Sei $B$ eine Basisfamilie von $V$ und $M$ die darstellende Matrix von $f$ bezüglich $B$. Zeigen Sie, daß $\mathrm{Spur}(M)$ nicht von der Wahl von $B$ abhängt (so daß also $\mathrm{Spur}(f) := \mathrm{Spur}(M)$ wohldefiniert ist).

## 7.4 Diagonalisierbare Matrizen und Endomorphismen

Gewisse quadratische Matrizen bzw. Endomorphismen kann man durch geschickte Wahl einer Basis auf eine besonders einfache Form, die Diagonalform, bringen. Wir wollen diese Endomorphismen charakterisieren und ihre Eigenschaften studieren.

**Definition 7.4.1** 1. $f \in \mathrm{Hom}_K(V, V)$ heißt *diagonalisierbar*, wenn es eine Basisfamilie $B$ von $V$ so gibt, daß die darstellende Matrix von $f$ bzgl. $B$ eine Diagonalmatrix ist.

2. Eine Matrix $M \in K_n^n$ heißt *diagonalisierbar*, wenn es eine reguläre Matrix $S$ so gibt, daß $SMS^{-1}$ eine Diagonalmatrix ist.

**Satz 7.4.2** *Für $f \in \mathrm{Hom}_k(V, V)$ sind äquivalent*

1. *$f$ ist diagonalisierbar,*
2. *es gibt in $V$ eine Basis aus Eigenvektoren von $f$,*
3. *a) $\chi_f(x)$ ist ein Produkt von Linearfaktoren $(\lambda_i - x)$,*
   *b) für alle Eigenwerte $\lambda_i$ von $f$ gilt $\mu(\chi_f, \lambda_i) = \dim V_{\lambda_i}$,*
4. *ist $\{\lambda_1, \ldots, \lambda_k\}$ das Spektrum von $f$, so ist*

$$V = V_{\lambda_1} \oplus \ldots \oplus V_{\lambda_k}.$$

*Beweis.* 1. $\Longleftrightarrow$ 2. : weil die Basisfamilie, bezüglich der $f$ eine darstellende Matrix in Diagonalform hat, eine Basisfamilie aus Eigenvektoren ist: $f(v_i) = \lambda_i v_i$.

1. $\Longrightarrow$ 4. : $\oplus V_{\lambda_i} \subseteq V$ gilt immer. Da $\oplus V_{\lambda_i}$ eine Basis von $V$ enthält, ist $V = \oplus V_{\lambda_i}$.

4. $\Longrightarrow$ 3. : Wegen $\chi_f(x) = (x - \lambda_1)^{i_1} \cdot \ldots \cdot (x - \lambda_k)^{i_k} \cdot g(x)$ ist $n = \sum_{i=1}^k \dim V_{\lambda_i} \le \sum_{i=1}^k \mu(\chi_f, \lambda_i) \le n$, also gilt Gleichheit, insbesondere $\mu(\chi_f, \lambda_i) = \dim V_{\lambda_i}$ und $g(x) = \alpha \in K$.

3. $\Longrightarrow$ 2. : $n = \sum_{i=1}^k \mu(\chi_f, \lambda_i) = \sum_{i=1}^k \dim V_{\lambda_i}$ impliziert wegen 7.3.6 die Gleichung $V = \oplus_{i=1}^k V_{\lambda_i}$. Insbesondere hat $V$ eine Basis(-familie) von Eigenvektoren.

**Beispiele 7.4.3** 1. $\begin{pmatrix} 0 & 2 & 4 \\ 1 & 1 & 0 \\ -2 & 2 & 5 \end{pmatrix}$ ist diagonalisierbar wegen

$$\begin{pmatrix} 1 & 0 & 2 \\ 1 & 2 & 1 \\ 0 & -1 & 1 \end{pmatrix} \begin{pmatrix} 2 & 0 & 0 \\ 0 & 1 & 0 \\ 0 & 0 & 3 \end{pmatrix} \begin{pmatrix} 3 & -2 & -4 \\ -1 & 1 & 1 \\ -1 & 1 & 2 \end{pmatrix} = \begin{pmatrix} 0 & 2 & 4 \\ 1 & 1 & 0 \\ -2 & 2 & 5 \end{pmatrix}.$$

Es ist $\chi_M(x) = \det \begin{pmatrix} -x & 2 & 4 \\ 1 & 1-x & 0 \\ -2 & 2 & 5-x \end{pmatrix} = (-x)(1-x)(5-x) + 8 - 2(5 -$

$x) + 8(1-x) = -x^3 + 6x^2 - 11x + 6 = -(x-1)(x-2)(x-3)$. Da $\mu(\chi_M(x), 1) =$
$\mu(\chi_M(x), 2) = \mu(\chi_M(x), 3) = 1$, ist nach 7.3.6 $\dim V_1 = \dim V_2 = \dim V_3 = 1$,

also $M$ diagonalisierbar mit $SMS^{-1} = \begin{pmatrix} 2 & 0 & 0 \\ 0 & 1 & 0 \\ 0 & 0 & 3 \end{pmatrix}$. Die Matrizen $S$ bzw.

$S^{-1}$ sind Transformationsmatrizen. Wenn $b_1, b_2, b_3$ eine Basis von $K^3$ aus
Eigenvektoren ist, dann transformiert $S^{-1}$ die Basis $e_1, e_2, e_3$ in $b_1, b_2, b_3$,
und es gilt

$$S^{-1} = (b_1, b_2, b_3).$$

Die Eigenvektoren erhält man aus dem linearen Gleichungssystem $(M - \lambda_i E_n) \cdot x = 0$.

2. $M = \begin{pmatrix} 1 & 1 \\ 0 & 1 \end{pmatrix}$ ist nicht diagonalisierbar, weil

$$\chi_M(x) = \det \begin{pmatrix} 1-x & 1 \\ 0 & 1-x \end{pmatrix} = (1-x)^2,$$

also 1 einziger Eigenwert der algebraischen Vielfachheit 2 ist, und weil $(M - \lambda E_2)x = \begin{pmatrix} 0 & 1 \\ 0 & 0 \end{pmatrix} x = 0$ einen 1-dimensionalen Lösungsraum $E_1 = K \cdot \begin{pmatrix} 1 \\ 0 \end{pmatrix}$
hat.

3. $M = \begin{pmatrix} 0 & -1 \\ 1 & 0 \end{pmatrix}$ ist über $\mathbb{R}$ nicht diagonalisierbar, weil $\chi_M(x) =$

$\det \begin{pmatrix} -x & -1 \\ 1 & -x \end{pmatrix} = x^2 + 1$ keine Nullstellen hat, $M$ also keine Eigenwerte
bzw. Eigenvektoren hat. $M$ ist eine Drehung um 90°!

**Übungen 7.4.4**   1. Ist

$$\begin{pmatrix} 1 & 1 \\ 0 & 1 \end{pmatrix}$$

diagonalisierbar?

2. Finden Sie eine diagonalisierbare Matrix, die dasselbe charakteristische Polynom wie $\begin{pmatrix} 1 & 1 \\ 0 & 1 \end{pmatrix}$ hat.

3. Zeigen Sie: $\begin{pmatrix} 2 & 0 & 0 \\ 0 & 3 & 2 \\ 0 & 0 & 1 \end{pmatrix}$ ist diagonalisierbar.

4. Zeigen Sie: $\begin{pmatrix} 2 & 0 & 0 \\ 0 & 1 & 2 \\ 0 & 0 & 1 \end{pmatrix}$ ist nicht diagonalisierbar.

5. Entscheiden Sie, ob die folgende Aussage richtig ist (ja/nein).
   Eine Matrix ist genau dann diagonalisierbar, wenn ihr charakteristisches Polynom in Linearfaktoren zerfällt.

6. a) Sei $M$ diagonalisierbar als $D = SMS^{-1}$. Zeigen Sie: $D^n = SM^nS^{-1}$.

   b) Berechnen Sie mit Hilfe des Teils 1. $M^{10}$ für $M = \begin{pmatrix} 1 & 2 \\ 0 & 2 \end{pmatrix}$.

## 7.5 Potenzmethode zur Bestimmung dominanter Eigenwerte  (R. v. Mises)

Wir haben gesehen, daß Eigenwerte eine besondere Bedeutung haben und haben auch schon Methoden kennengelernt, sie zu berechnen. Es gibt ein numerisches Verfahren, gewisse Eigenwerte näherungsweise zu bestimmen, daß wir zum Abschluß dieses Kapitels besprechen wollen.

**Definition 7.5.1** Sei $f : K_n \to K_n$ ein diagonalisierbarer Endomorphismus mit den Eigenwerten $\lambda_1, \ldots \lambda_n$, wobei Eigenwerte entsprechend ihrer Vielfachheit gezählt werden. Sei $K = \mathbb{R}$ oder $\mathbb{C}$ und sei $|\lambda_1| > |\lambda_2| \geq \ldots \geq |\lambda_n|$. Dann heißt $\lambda_1$ ein *dominanter Eigenwert*.

**Satz 7.5.2** *Sei $\lambda_1$ ein dominanter Eigenwert von $f : K_n \to K_n$. Sei $y \in K_n \setminus \{0\}$ und sei $y^{(m)} := f(y^{(n-1)}) = f^m(y)$, $y^{(0)} := y$ und sei $y^{(m)} = (y_1^{(m)}, \ldots, y_n^{(m)})^t \in K_n$. Dann konvergieren die Folgen $\left(\frac{1}{\lambda_1^m} \cdot y_i^{(m)} \mid m \in \mathbb{N}_0\right)$.*

*Insbesondere ist $\lim_{m \to \infty} \dfrac{y_i^{(m)}}{y_i^{(m-1)}} = \lambda_1$ für alle $i$, für die $\lim_{m \to \infty} \frac{1}{\lambda_1^m} y_i^{(m)} \neq 0$ gilt.*

**Beweis.** Seien $x_1, \ldots, x_n$ eine Basis aus Eigenvektoren von $f$ zu den Eigenwerten $\lambda_1, \ldots, \lambda_n$. Sei $y = \sum \eta_i x_i$, und sei $x_i = (\xi_{ik}|k)$. Dann folgt $(|\lambda_1| > |\lambda_2| \ldots \Longrightarrow \lambda_1 \neq 0)$

$$f(y) = y^{(1)} = \sum \eta_i f(x_i) = \sum \eta_i \lambda_i x_i = \lambda_1 \cdot \sum \eta_i \left(\frac{\lambda_i}{\lambda_1}\right) x_i \text{ und}$$

$$\frac{1}{\lambda_1^m} \cdot y^{(m)} = \frac{1}{\lambda_1^m} f^m(y) = \sum \eta_i \left(\frac{\lambda_i}{\lambda_1}\right)^m x_i.$$

Für genügend große $m$ wird

$$\left| \frac{1}{\lambda_1^{m+r}} y_k^{(m+r)} - \frac{1}{\lambda_1^m} y_k^{(m)} \right| = \left| \sum_{i=2}^{n} \eta_i \left(\frac{\lambda_i}{\lambda_1}\right)^m \left(\left(\frac{\lambda_i}{\lambda_1}\right)^r - 1\right) \xi_{ik} \right| \leq$$

$$\sum_{i=2}^{n} |\eta_i| \cdot |(\frac{\lambda_i}{\lambda_1})^r - 1| \cdot |\xi_{ik}| \cdot |\frac{\lambda_i}{\lambda_1}|^m < \epsilon$$

da aus $|\lambda_1| > |\lambda_i|$ folgt $|\frac{\lambda_i}{\lambda_1}| < 1$.

Wenn $\lim_{m \to \infty} \frac{1}{\lambda_1^m} y_i^{(m)} \neq 0$, dann ist für genügend große $m$

$$\epsilon > |\frac{\frac{1}{\lambda_1^{m+1}} y_i^{(m+1)}}{\frac{1}{\lambda_1^m} y_i^{(m)}} - 1| = |\frac{1}{\lambda_1} \cdot \frac{y_i^{(m+1)}}{y_i^{(m)}} - 1| = |\frac{1}{\lambda_1}||\frac{y_i^{(m+1)}}{y_i^{(m)}} - \lambda_1|$$

also $\lim_{m \to \infty} \left( \frac{y_i^{(m+1)}}{y_i^{(m)}} \right) = \lambda_1$.

**Beispiel 7.5.3** Für $f : K_n \to K_n$ verwenden wir $\widehat{M} : \mathbb{R}_3 \to \mathbb{R}_3$ mit $M = \begin{pmatrix} 1 & 2 & -1 \\ 7 & 6 & -1 \\ -4 & -4 & 1 \end{pmatrix}$ und $y = \begin{pmatrix} 1 \\ 1 \\ 1 \end{pmatrix}$. Dann ist

| $M$ | | | $y^{(0)}$ | $y^{(1)}$ | $y^{(2)}$ | $y^{(3)}$ | $y^{(4)}$ | $\approx \lambda_1^{12}$ | $\approx \lambda_1^{23}$ | $\approx \lambda_1^{34}$ |
|---|---|---|---|---|---|---|---|---|---|---|
| 1 | 2 | −1 | 1 | 2 | 33 | 282 | 2553 | 16.5 | 8.54 | 9.05 |
| 7 | 6 | −1 | 1 | 12 | 93 | 852 | 7653 | 7.75 | 9.16 | 8.98 |
| −4 | −4 | 1 | 1 | −7 | −63 | −567 | −5103 | 9 | 9 | 9 |

**Folgerung 7.5.4** *Wenn* $\lim_{m \to \infty} \frac{1}{\lambda_1^m} y^{(m)} = z \neq 0$, *dann ist* $z$ *Eigenvektor zu* $\lambda_1$.

*Beweis.* $f(z) = f\left(\lim_{m \to \infty} \frac{1}{\lambda_1^m} y^{(m)}\right) = \lim_{m \to \infty} \frac{1}{\lambda_1^m} f(y^{(m)}) =$
$\lim_{m \to \infty} \lambda_1 \cdot \frac{1}{\lambda_1^{(m+1)}} y^{(m+1)} = \lambda_1 \cdot z$. (Dabei ist $f$ als lineare Abbildung stetig.)

**Übungen 7.5.5** 1. Stellen Sie fest, ob die folgenden Matrizen dominante Eigenwerte besitzen und bestimmen Sie diese.

$$\begin{pmatrix} 3 & -1 \\ 2 & 0 \end{pmatrix}, \quad \begin{pmatrix} -1 & 4 \\ 1 & -1 \end{pmatrix}, \quad \begin{pmatrix} 4 & 0 & 0 \\ 2 & -5 & 0 \\ 1 & 3 & 6 \end{pmatrix}, \quad \begin{pmatrix} 2 & 1 & 0 \\ 1 & 2 & 0 \\ 0 & 0 & 4 \end{pmatrix}.$$

2. Verwenden Sie die Potenzmethode, um einen dominanten Eigenwert und einen zugehörigen Eigenvektor der folgenden Matrix zu bestimmen:

$$\begin{pmatrix} 4 & 3 & 6 \\ 4 & 13 & 20 \\ -2 & -6 & -9 \end{pmatrix}.$$

# 8. Euklidische Vektorräume

Wir führen in diesem Kapitel weitere geometrische Eigenschaften für einem Vektorraum ein, insbesondere Längen von Vektoren und Winkel zwischen Vektoren. Damit gelingt es nun, viele elementargeometrische Aussagen zu beweisen. Wesentliches Hilfsmittel hierfür wird das zusätzliches Strukturdatum des Skalarprodukts.

Wir setzen in diesem Kapitel voraus, daß alle Vektorräume über dem Körper $\mathbb{R}$ definiert sind, also reelle Vektorräume sind.

## 8.1 Skalarprodukte

Der zentrale neue Begriff ist der des Skalarprodukts, eines Produkts zwischen Vektoren, das reelle Werte annimmt.

**Definition 8.1.1** Sei $V$ ein $\mathbb{R}$-Vektorraum. Eine Abbildung $\sigma : V \times V \to \mathbb{R}$ heißt eine *Bilinearform* auf $V$, wenn $\forall y \in V[V \ni x \mapsto \sigma(x,y) \in \mathbb{R}]$ Homomorphismus und $\forall x \in V[V \ni y \mapsto \sigma(x,y) \in \mathbb{R}]$ Homomorphismus. Eine Bilinearform $\sigma$ heißt

*nichtausgeartet,* wenn $\forall x \in V, x \neq 0[\sigma(x,V) \neq 0$ und $\sigma(V,x) \neq 0]$;

*symmetrisch,* wenn $\forall x,y \in V[\sigma(x,y) = \sigma(y,x)]$;

*positiv definit,* wenn $\forall x \in V, x \neq 0[\sigma(x,x) > 0]$.

Eine positiv definite, symmetrische Bilinearform heißt ein *Skalarprodukt* auf $V$. Ein reeller Vektorraum $V$ zusammen mit einem Skalarprodukt $\sigma$ heißt *Euklidischer*[1] *Vektorraum.* Wir schreiben dann auch $\langle x,y \rangle := \sigma(x,y)$.

**Beispiele 8.1.2** 1. In $V = \mathbb{R}_n$ ist $\sigma(x,y) := x^t y = \sum_{i=1}^{n} \xi_i \eta_i$ ein Skalarprodukt. Sicher ist nämlich $\sigma(x,y) = x^t y$ bilinear, $\sigma(x,y) = \sum \xi_i \eta_i$ symmetrisch, und es ist $\sigma(x,x) = \sum \xi_i^2 > 0$ für $x \neq 0$. Dieses Skalarprodukt heißt *kanonisches Skalarprodukt* des $\mathbb{R}_n$.

2. Das nächste Beispiel sieht zunächst recht exotisch aus. Es ist aber Grundlage für große Teile der Analysis, insbesondere der Funktionalanalysis und der Theorie der Differentialgleichungen, auf die wir in diesem Buch nicht weiter eingehen können.

---

[1] Euklid ca. 300 v.Chr.

Sei $V = \{f : [0,1] \to \mathbb{R} | f \text{ stetig}\}$. Dann ist $\sigma(f,g) := \int_0^1 f(x)g(x)dx$ ein Skalarprodukt. Die Bilinearität und Symmetrie in $f$ und $g$ sind trivial. Ist $f \neq 0$, so ist aber $\int_0^1 f(x)f(x)dx > 0$. Es gibt nämlich ein $x_0 \in [0,1]$ mit $f(x_0) = a \neq 0$. Da $f$ stetig ist auch $f^2$ stetig und $f^2(x_0) = a^2 > 0$. Dann gibt es zu $\varepsilon := \frac{1}{2}a^2$ ein $\delta > 0$ mit $|f^2(x) - f^2(x_0)| < \varepsilon$ für alle $x$ mit $|x - x_0| < \delta$. Also ist $f^2(x) > \frac{1}{2}a^2$ für alle $x$ mit $|x - x_0| < \delta$. Daraus folgt $\int_0^1 f^2(x)dx \geq \frac{1}{2}a^2 \cdot \delta > 0$.

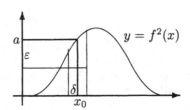

Für die Einführung der geometrischen Begriffe in Euklidischen Vektorräumen ist die folgende Cauchy-Schwarzsche Ungleichung von besonderer Bedeutung.

**Satz 8.1.3** *(Cauchy[2]-Schwarz[3]sche Ungleichung) Sei $(V, \sigma)$ ein Euklidischer Vektorraum. Dann gilt für alle $x, y \in V$*

$$\langle x, y \rangle^2 \leq \langle x, x \rangle \cdot \langle y, y \rangle. \qquad (8.1)$$

*Weiterhin gilt: $x, y$ linear abhängig $\iff \langle x, y \rangle^2 = \langle x, x \rangle \cdot \langle y, y \rangle$.*

*Beweis.* Für $y = 0$ ist die Aussage des Satzes klar. Sei also $y \neq 0$. Zunächst gilt

$$0 \leq \langle x - \alpha y, x - \alpha y \rangle = \langle x, x \rangle - 2\alpha\langle x, y \rangle + \alpha^2\langle y, y \rangle.$$

Wir setzen $\alpha := \langle x, y \rangle / \langle y, y \rangle$ und multiplizieren mit $\langle y, y \rangle$. Das ergibt

$$0 \leq \langle x, x \rangle\langle y, y \rangle - 2\langle x, y \rangle\langle x, y \rangle + \langle x, y \rangle\langle x, y \rangle$$

$$= \langle x, x \rangle\langle y, y \rangle - \langle x, y \rangle^2.$$

Sei nun $x = \beta y$. Dann ist $\langle x, y \rangle\langle x, y \rangle = \beta^2\langle y, y \rangle^2 = \langle x, x \rangle\langle y, y \rangle$, also gilt Gleichheit in (8.1). Gelte schließlich Gleichheit in (8.1). Wenn $x = 0$ oder $y = 0$, dann sind $x$ und $y$ linear abhängig. Sei also $x \neq 0$ und $y \neq 0$. Dann ist $0 < \langle x, x \rangle\langle y, y \rangle = \langle x, y \rangle^2$, also ist $\langle x, y \rangle \neq 0$. Wir zeigen jetzt, daß $x = \dfrac{\langle x, x \rangle}{\langle x, y \rangle}y$ gilt. Dann sind nämlich $x$ und $y$ linear abhängig. Es ist

---

[2] Baron August-Louis Cauchy (1789–1857)
[3] Hermann Amandus Schwarz (1843–1921)

$$\langle x - \frac{\langle x,x\rangle}{\langle x,y\rangle}y, x - \frac{\langle x,x\rangle}{\langle x,y\rangle}y\rangle = \langle x,x\rangle - 2\frac{\langle x,x\rangle}{\langle x,y\rangle}\langle x,y\rangle + \frac{\langle x,x\rangle\langle x,x\rangle}{\langle x,y\rangle\langle x,y\rangle}\langle y,y\rangle$$

$$= \langle x,x\rangle - 2\frac{\langle x,x\rangle\langle x,y\rangle}{\langle x,y\rangle} + \frac{\langle x,y\rangle\langle x,y\rangle}{\langle x,y\rangle\langle x,y\rangle}\langle x,x\rangle$$

$$= \langle x,x\rangle - 2\langle x,x\rangle + \langle x,x\rangle = 0.$$

Da $\sigma$ positiv definit ist, folgt $x - \frac{\langle x,x\rangle}{\langle x,y\rangle}y = 0$ und daraus die Behauptung.

Jetzt haben wir alle Hilfsmittel bereit, um Winkel und Längen einzuführen.

**Definition 8.1.4** 1. Sei $(V, \langle,\rangle)$ ein Euklidischer Vektorraum. Zwei Vektoren $x, y \in V$ heißen *orthogonal* oder *senkrecht* $(x \perp y)$, wenn $\langle x,y\rangle = 0$.
2. Wegen $\langle x,y\rangle^2 \le \langle x,x\rangle\langle y,y\rangle$ gilt

$$-1 \le \frac{\langle x,y\rangle}{\sqrt{\langle x,x\rangle}\sqrt{\langle y,y\rangle}} \le 1$$

(für $x, y \neq 0$) also existiert genau ein $\varphi \in [0,\pi]$ mit

$$\cos\varphi = \frac{\langle x,y\rangle}{\sqrt{\langle x,x\rangle}\sqrt{\langle y,y\rangle}}.$$

$\varphi$ heißt der *Winkel* zwischen $x$ und $y$. Wir schreiben $\Theta(x,y) := \varphi$.

**Bemerkung 8.1.5** 1. $x \perp y \Longleftrightarrow \Theta(x,y) = \frac{\pi}{2}$.
2. $x, y$ linear abhängig $\Longleftrightarrow \Theta(x,y) \in \{0,\pi\}$.

**Übungen 8.1.6** 1. Stellen Sie fest, welche der folgenden Bildungen ein Skalarprodukt definieren und welche nicht. Geben Sie ggf. an, welche Axiome verletzt sind. Für $x = (\xi_1, \xi_2, \xi_3), y = (\eta_1, \eta_2, \eta_3) \in \mathbb{R}^3$ seien definiert:
 a) $\langle x,y\rangle := \xi_1\eta_1 + \xi_3\eta_3$,
 b) $\langle x,y\rangle := \xi_1^2\eta_1^2 + \xi_2^2\eta_2^2 + \xi_3^2\eta_3^2$,
 c) $\langle x,y\rangle := 4\xi_1\eta_1 + \xi_2\eta_2 + 3\xi_3\eta_3$,
 d) $\langle x,y\rangle := \xi_1\eta_1 - \xi_2\eta_2 + \xi_3\eta_3$,
 e) $\langle x,y\rangle := \xi_1\eta_2 + \xi_2\eta_1 + \xi_3\eta_3$.
2. Sei $V = M_2$ der Vektorraum der reellen $2 \times 2$-Matrizen. Stellen Sie fest, ob durch

$$\langle \begin{pmatrix} a & b \\ c & d \end{pmatrix}, \begin{pmatrix} u & x \\ y & z \end{pmatrix} \rangle = au + bx + by - cx + cy + dz$$

ein Skalarprodukt definiert wird.
3. Benutzen Sie das Skalarprodukt

$$\langle f,g\rangle = \int_0^1 f(x)g(x)dx,$$

um den Wert von $\langle f,g\rangle$ auszurechnen für

a) $f = \cos(2\pi x)$, $g = \sin(2\pi x)$.
b) $f = x$, $g = e^x$.
c) $f = \tan\frac{\pi}{4}x$, $g = 1$.

4. Sei $P_2$ der Vektorraum der reellen Polynome vom Grad $\leq 2$.
   a) Zeigen Sie, daß $P_2$ mit

   $$\langle a_2x^2 + a_1x + a_0, b_2x^2 + b_1x + b_0 \rangle := a_0b_0 + a_1b_1 + a_2b_2$$

   ein Euklidischer Vektorraum ist.
   b) Bestimmen Sie $\|p\|$ für $p = -1 + 2x + x^2$.
   c) Bestimmen Sie den Winkel zwischen $p = -1 + 5x + 2x^2$ und $q = 2 + 4x - 9x^2$.
   d) Bestimmen Sie den Winkel zwischen $p = x - x^2$ und $q = 7 + 3x + 3x^2$.

5. Sei $P_2$ der Vektorraum der reellen Polynome vom Grad $\leq 2$ mit dem Skalarprodukt

   $$\langle p, q \rangle = \int_0^1 p(x)q(x)dx.$$

   a) Bestimmen Sie $\|p\|$ für $p = -1 + 2x + x^2$.
   b) Bestimmen Sie den Winkel zwischen $p = -1 + 5x + 2x^2$ und $q = 2 + 4x - 9x^2$.
   c) Bestimmen Sie den Winkel zwischen $p = x - x^2$ und $q = 7 + 3x + 3x^2$.

6. Zeigen Sie mit Hilfe der Cauchy-Schwarzschen Ungleichung, daß für alle $a, b \in \mathbb{R}$ und alle Winkel $\varphi$ gilt:

   $$(a\cos(\varphi) + b\sin(\varphi))^2 \leq a^2 + b^2.$$

7. Zeigen Sie mit Hilfe der Cauchy-Schwarzschen Ungleichung, daß für alle positive reellen Zahlen $a_1, \ldots, a_n$ gilt

   $$n^2 \leq (a_1 + \ldots + a_n)\left(\frac{1}{a_1} + \ldots + \frac{1}{a_n}\right).$$

8. Zeigen Sie mit Hilfe der Cauchy-Schwarzschen Ungleichung, daß für alle reellen Zahlen $a_1, \ldots, a_n$ gilt

   $$(a_1 + \ldots + a_n)^2 \leq n^2(a_1^2 + \ldots + a_n^2).$$

9. Die Vektoren $(1, 0, \ldots, 0), (0, 1, \ldots, 0), \ldots, (0, 0, \ldots, 1)$ werden als Kanten des Einheitswürfels im $\mathbb{R}^n$ aufgefaßt (jede Kante tritt mehrfach auf, wie oft?). Zeigen Sie, daß der Winkel $\varphi$ zwischen der Diagonalen $(1, 1, \ldots, 1)$ und den Kanten die Gleichung

   $$\cos(\varphi) = \frac{1}{\sqrt{n}}$$

   erfüllen.

## 8.2 Normierte Vektorräume

Die Bildung der Länge oder Norm eines Vektors in einem Euklidischen Vektorraum erfüllt die Gesetze einer Norm. Es gibt viele Beispiele von normierten Vektorräumen, auch von solchen, die nicht aus einem Euklidischen Vektorraum entstehen.

**Definition 8.2.1** Sei $V$ ein $\mathbb{R}$-Vektorraum. Eine Abbildung

$$\|.\| : V \ni x \mapsto \|x\| \in \mathbb{R}$$

heißt *Norm*, wenn

1. $\|\alpha x\| = |\alpha|\|x\|$,
2. $\|x + y\| \leq \|x\| + \|y\|$
3. $\|x\| = 0 \Longrightarrow x = 0$.

$(V, \|.\|)$ heißt *normierter Vektorraum*. $x \in V$ heißt *normiert*, wenn $\|x\| = 1$.

**Bemerkung 8.2.2** Ist $(V, \|.\|)$ ein normierter Vektorraum, so ist $\|x\| \geq 0$ für alle $x \in V$. Es ist nämlich $0 = |0|\|x\| = \|0 \cdot x\| = \|x + (-x)\| \leq \|x\| + \| - x\| = \|x\| + |-1|\|x\| = 2\|x\|$.

**Satz 8.2.3** *Sei* $(V, \langle, \rangle)$ *ein Euklidischer Vektorraum. Dann ist* $\|x\| := \sqrt{\langle x, x \rangle}$ *eine Norm auf* $V$. $\|x\|$ *heißt* Norm *oder* Länge von $x$.

*Beweis.* 1. $\|\alpha x\| = \sqrt{\langle \alpha x, \alpha x \rangle} = \sqrt{\alpha^2}\sqrt{\langle x, x \rangle} = |\alpha|\|x\|$.

2. $\|x + y\|^2 = \langle x + y, x + y \rangle = \langle x, x \rangle + 2\langle x, y \rangle + \langle y, y \rangle \leq \langle x, x \rangle + 2\sqrt{\langle x, y \rangle^2} + \langle y, y \rangle \leq \langle x, x \rangle + 2\sqrt{\langle x, x \rangle \langle y, y \rangle} + \langle y, y \rangle = (\|x\| + \|y\|)^2 \Longrightarrow \|x + y\| \leq \|x\| + \|y\|$.

3. $\|x\| = 0 \Longrightarrow \sqrt{\langle x, x \rangle} = 0 \Longrightarrow \langle x, x \rangle = 0 \Longrightarrow x = 0$.

Mit den Gesetzen der Norm und des Skalarprodukts können wir jetzt einige der wichtigsten geometrischen Sätze beweisen.

**Satz 8.2.4** *(Pythagoras[4])*

1. $\forall x, y \in V[x \perp y \Longrightarrow \|x + y\|^2 = \|x\|^2 + \|y\|^2]$.
2. $\forall x, y \in V[\|x + y\|^2 = \|x\|^2 + \|y\|^2 + 2\langle x, y \rangle]$.

*Beweis.* 1. $x \perp y \Longrightarrow 2\langle x, y \rangle = 0$.

2. $\|x + y\|^2 = \langle x + y, x + y \rangle = \|x\|^2 + 2\langle x, y \rangle + \|y\|^2$.

**Lemma 8.2.5** $\forall x, y \in V \setminus \{0\}[\langle x, y \rangle = \|x\|\|y\| \cos(\Theta(x, y))]$.

*Beweis.* $\|x\|\|y\| \cos(\Theta(x, y)) = \|x\|\|y\| \cdot \frac{\langle x, y \rangle}{\|x\|\|y\|} = \langle x, y \rangle$.

---

[4] Pythagoras (580–500)

**Satz 8.2.6** *(Cosinus Satz)*

$$\forall x, y \in V \setminus \{0\}[\|x - y\|^2 = \|x\|^2 + \|y\|^2 - 2\|x\|\|y\|\cos(\Theta(x,y)).$$

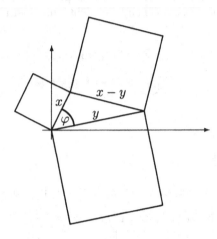

*Beweis.* $\|x-y\|^2 = \|x\|^2 + \|y\|^2 - 2\langle x, y \rangle = \|x\|^2 + \|y\|^2 - 2\|x\|\|y\|\cos(\Theta(x,y)).$

Wir haben gezeigt, daß Euklidische Vektorräume auch normierte Vektorräume sind. Jetzt zeigen wir, daß normierte Vektorräume auch metrische Räume sind. Schließlich sind dann metrische Räume auch topologische Räume. Jede dieser Folgerungen ist eine echte Folgerung, also nicht umkehrbar.

**Lemma 8.2.7** *Sei $(V, \|.\|)$ ein normierter Vektorraum. Dann ist durch $d$ : $V \times V \ni (x,y) \mapsto \|x - y\| \in \mathbb{R}$ eine Metrik auf $V$ gegeben. (vgl. 6.4.4)*

*Beweis.* 1. $d(x,y) = \|x - y\| = 0 \iff x - y = 0 \iff x = y.$
   2. $d(x,y) = \|x - y\| = |-1|\|y - x\| = d(y,x).$
   3. $d(x,z) = \|x - z\| = \|(x - y) + (y - z)\| \leq \|x - y\| + \|y - z\| = d(x,y) + d(y,z).$

**Bemerkung 8.2.8** Sei $(X, d)$ ein metrischer Raum (vgl. 4.2.4 und 6.4.4). Dann gilt $\forall x \neq y[d(x,y) > 0].$

*Beweis.* $2d(x,y) = d(x,y) + d(y,x) \geq d(x,x) = 0 \implies d(x,y) \geq 0.$ $x \neq y \implies d(x,y) > 0.$

Wir führen nur gewisse offene Mengen in einem metrischen Raum ein, definieren jedoch nicht, was genau ein topologischer Raum ist, da wir diesen Begriff später nicht weiter brauchen.

**Definition 8.2.9** Sei $(M, d)$ ein metrischer Raum. Sei $r \in \mathbb{R}^+ \setminus \{0\}$ und $a \in M$. Dann heißt $K(a; r) := \{b \in M | d(a, b) \le r\}$ *abgeschlossene Kugel* um $a$ mit dem *Radius* $r$. $K_o(a; r) := \{b \in M | d(a, b) < r\}$ heißt *offene Kugel.* $U \subseteq M$ heißt *offen,* wenn es zu jedem $a \in U$ ein $r \in \mathbb{R}^+ \setminus \{0\}$ gibt mit $K_o(a; r) \subseteq U$.

**Bemerkung 8.2.10** Jeder metrische Raum ist ein topologischer Raum.

**Definition 8.2.11** Sei $(V, \langle, \rangle)$ ein endlichdimensionaler Euklidischer Vektorraum. Eine Basis $b_1, \ldots, b_n$ von $V$ heißt *Orthonormalbasis* von $V$, wenn gilt $\langle b_i, b_j \rangle = \delta_{ij}$.

Alle Vektoren in einer Orthonormalbasis haben also die Länge 1 und je zwei verschiedene Basisvektoren sind senkrecht zueinander.

**Satz 8.2.12** *(Gram[5]- Schmidtsches[6] Orthonormalisierungsverfahren) Sei $(V, \langle., .\rangle)$ ein endlichdimensionaler Euklidischer Vektorraum. Dann existiert eine Orthonormalbasis von $V$.*

*Beweis.* Der Beweis zeigt ein Verfahren zur Konstruktion einer Orthonormalbasis auf. Das Verfahren selbst ist für viele Rechnungen sehr wichtig.

Sei $(c_1, \ldots, c_n)$ eine Basis von $V$. Wir bilden induktiv

$$b_1 := \tfrac{1}{\|c_1\|} c_1;$$
$$d_{r+1} := c_{r+1} - \sum_{i=1}^{r} \langle c_{r+1}, b_i \rangle b_i;$$
$$b_{r+1} := \tfrac{1}{\|d_{r+1}\|} d_{r+1}.$$

Der mittlere Ausdruck $d_{r+1} := c_{r+1} - \sum_{i=1}^{r} \langle c_{r+1}, b_i \rangle b_i$ stellt die Projektion des Basisvektors $d_{r+1}$ auf den von den $b_1, \ldots, b_r$ aufgespannten Unterraum dar, wie wir im folgenden sehen werden.

Mit der Konstruktion wird $(b_1, \ldots, b_n)$ eine Orthonormalbasis. Zunächst sind die $b_i$ normiert, denn für $x \ne 0$ ist $\|\tfrac{1}{\|x\|} x\| = \tfrac{1}{\|x\|} \|x\| = 1$. Weiter ist $\langle b_j, d_{r+1} \rangle = \langle b_j, c_{r+1} \rangle - \sum_{i=1}^{r} \langle b_i, c_{r+1} \rangle \langle b_j, b_i \rangle = \langle b_j, c_{r+1} \rangle - \langle b_j, c_{r+1} \rangle = 0$, also auch $\langle b_j, b_{r+1} \rangle = 0$ für $j < r+1$. Wegen $c_{r+1} \notin \langle b_1, \ldots, b_r \rangle = \langle c_1, \ldots, c_r \rangle$ (Ind. Ann.) ist $d_{r+1} \ne 0$. Außerdem ist $b_{r+1} \in \langle c_{r+1}, b_1, \ldots, b_r \rangle$ und $c_{r+1} \in \langle b_1, \ldots, b_{r+1} \rangle$, also ist $\langle b_1, \ldots, b_{r+1} \rangle = \langle c_1, \ldots, c_{r+1} \rangle$.

**Satz 8.2.13** *Sei $V$ ein Euklidischer Vektorraum der Dimension $n < \infty$. Sei $B = (b_1, \ldots, b_n)$ eine Orthonormalbasis von $V$ und $x \in V$. Dann gelten*

$$x = \sum_{i=1}^{n} \langle x, b_i \rangle b_i = \sum_{i=1}^{n} \|x\| \cos(\Theta(x, b_i)) b_i \qquad und$$

$$\|x\|^2 = \sum_{i=1}^{n} \langle x, b_i \rangle^2.$$

---

[5] Jörgen Amandus Gram (1850–1916)
[6] Erhardt Schmidt (1876-1959)

*Beweis.* $\langle \sum_i \langle x, b_i \rangle b_i, b_j \rangle = \sum \langle x, b_i \rangle \langle b_i, b_j \rangle = \langle x, b_j \rangle$ für alle $b_j$, also gilt $\langle \sum \langle x, b_i \rangle b_i, y \rangle = \langle x, y \rangle$ für alle $y \in V$ oder $\langle \sum_i \langle x, b_i \rangle b_i - x, y \rangle = 0$. Insbesondere ist $\langle \sum_i \langle x, b_i \rangle b_i - x, \sum_i \langle x, b_i \rangle b_i - x \rangle = 0$, also $\sum \langle x, b_i \rangle b_i = x$. Dann folgt
$$\|x\|^2 = \langle x, x \rangle = \langle \sum_i \langle x, b_i \rangle b_i, \sum_j \langle x, b_j \rangle b_j \rangle = \sum_i \langle x, b_i \rangle^2.$$

**Satz 8.2.14** *Sei $V$ ein Euklidischer Vektorraum und sei $U \subseteq V$ ein endlichdimensionaler Unterraum. Dann gilt $V = U \oplus U^\perp$, wobei $U^\perp := \{v \in V | \forall u \in U[\langle u, v \rangle = 0]\}$ das orthogonale Komplement von $U$ ist.*

*Beweis.* $U$ erbt das Skalarprodukt von $V$. Sei $b_1, \dots, b_n$ eine Orthonormalbasis von $U$. Sei $f : V \to U \subseteq V$ definiert durch $f(v) := \sum_{i=1}^n \langle v, b_i \rangle b_i$. Dann gilt für alle $u \in U$
$$f(u) = \sum \langle u, b_i \rangle b_i = u.$$

Insbesondere gilt $\mathrm{Bi}(f) = U$. Weiter ist $f(v) = 0 \iff \sum \langle v, b_i \rangle b_i = 0 \iff \forall i = 1, \dots, n[\langle v, b_i \rangle = 0] \iff \forall u \in U[\langle v, u \rangle = 0] \iff v \in U^\perp$. Also ist $U^\perp = \mathrm{Ke}(f)$ ein Untervektorraum. Weiter ist $f^2(v) = f(f(v)) = f(v)$, weil $f(v) \in U$, also $f^2 = f \implies V = \mathrm{Ke}(f) \oplus \mathrm{Bi}(f)$ und $\mathrm{Ke}(f) = U^\perp$ und $\mathrm{Bi}(f) = U \implies V = U \oplus U^\perp$ (vgl. 5.4.20).

**Bemerkung 8.2.15** Die oben konstruierte Abbildung $f : V \to V$ heißt *Projektion auf den Unterraum $U$*. Wir werden später (8.5.4) zeigen, daß $f$ nicht von der Wahl der Orthonormalbasis $b_1, \dots, b_n$ von $U$ abhängt.

**Folgerung 8.2.16** *Sei $V$ ein endlichdimensionaler Euklidischer Vektorraum. Ist $U \subseteq V$ ein Unterraum, so gelten*

1. *$V = U \oplus U^\perp$ und $\dim V = \dim U + \dim U^\perp$.*
2. *$U^{\perp\perp} = U$.*

*Beweis.* 1. ist trivial
    2. Wegen $\langle u, u' \rangle = 0$ für alle $u \in U$ und $u' \in U^\perp$ ist $U \subseteq U^{\perp\perp}$. Aus Dimensionsgründen folgt $U = U^{\perp\perp}$

**Definition 8.2.17** Sei $V$ ein Euklidischer Vektorraum und seien $U_1, \dots, U_n$ Untervektorräume von $V$. $V$ ist *orthogonale Summe* der $U_i$, wenn

1. $V = U_1 + \dots + U_n$,
2. $\forall i \neq j[U_i \perp U_j]$( d.h. $\forall x \in U_i, y \in U_j[\langle x, y \rangle = 0]$).

**Bemerkung 8.2.18** Eine orthogonale Summe ist eine direkte Summe.

*Beweis.* Sei $\sum_i u_i = 0$. Dann ist $\langle u_j, u_j \rangle \langle \sum_i u_i, u_j \rangle == 0$, also $u_j = 0$.

**Satz 8.2.19** *Jeder endlichdimensionale Euklidische Vektorraum ist eine orthogonale Summe von eindimensionalen Unterräumen.*

*Beweis.* Sei $b_1, \dots, b_n$ eine Orthonormalbasis. Dann ist $V = \mathbb{R}b_1 \perp \dots \perp \mathbb{R}b_n$.

**Übungen 8.2.20**  1. Zeigen Sie, daß in einem Euklidischen Vektorraum $V$ gilt

$$\langle x, y \rangle = \frac{1}{4} \left( ||x + y||^2 - ||x - y||^2 \right).$$

2. Zeigen Sie, daß in einem Euklidischen Vektorraum $V$ gilt

$$||x + y||^2 + ||x - y||^2 = 2||x||^2 + 2||y||^2.$$

3. Zeigen Sie: wenn in einem normierten Vektorraum $V$

$$||x + y||^2 - ||x - y||^2$$

linear in $x$ und in $y$ ist, dann ist $V$ ein Euklidischer Vektorraum und $||x||$ die durch ein Skalarprodukt definierte Norm.

4. Betrachten Sie $\mathbb{R}^4$ als Euklidischen Vektorraum mit dem kanonischen Skalarprodukt. Seien $u, x, y, z \in \mathbb{R}^4$ gegeben mit

$$u = (1, 0, 0, 1), \ x = (-1, 2, 0, 1),$$
$$y = (-1, -1, 2, 1), \ z = (2, 2, 3, -2).$$

   a) Zeigen Sie, daß je zwei der gegebenen Vektoren orthogonal zueinander sind und normieren Sie die gegebenen Vektoren zu einer Orthonormalbasis.

   b) Drücken Sie den Vektor $(1, 1, 1, 1)$ als Linearkombination den gefundenen Orthonormalbasis aus.

5. Betrachten Sie $\mathbb{R}^2$ als Euklidischen Vektorraum mit dem kanonischen Skalarprodukt. Benutzen Sie das Gram-Schmidtsche Orthonormalisierungsverfahren, um aus jeder der Mengen

$$\{(1, -3), (2, 2)\} \qquad \text{bzw.} \qquad \{(1, 0), (3, -5)\}$$

eine Orthonormalbasis zu machen.

6. Betrachten Sie $\mathbb{R}^4$ als Euklidischen Vektorraum mit dem kanonischen Skalarprodukt. Benutzen Sie das Gram-Schmidtsche Orthonormalisierungsverfahren, um aus der Menge

$$\{(0, 2, 1, 0), (1, -1, 0, 0), (1, 2, 0, -1), (1, 0, 0, 1)\}$$

eine Orthonormalbasis zu machen.

7. Betrachten Sie $\mathbb{R}^3$ als Euklidischen Vektorraum mit dem kanonischen Skalarprodukt. Sei $U \subseteq \mathbb{R}^3$ der Untervektorraum, der von den Vektoren $(0, 1, 2)$ und $(-1, 0, 1)$ erzeugt wird. Benutzen Sie das Gram-Schmidtsche Orthonormalisierungsverfahren, um eine Orthonormalbasis von $U$ zu finden.

8. Sei $P_2$ der Vektorraum der reellen Polynome vom Grad $\leq 2$ mit dem Skalarprodukt

$$\langle p, q \rangle = \int_{-1}^{1} p(x)q(x)dx.$$

a) Benutzen Sie das Gram-Schmidtsche Orthonormalisierungsverfahren, um aus der Menge $\{1, x, x^2\}$ eine Orthonormalbasis zu machen. (Sie erhalten die ersten drei normalisierten Legendre Polynome.)

b) Drücken Sie die folgenden Polynome als Linearkombinationen der gefundenen Legendre Polynome aus:

$$1 + x + 2x^2, 3 - 4x^2, 5 + 2x.$$

9. Zeigen Sie, daß in einem Euklidischen Vektorraum $\|x\| = \|y\|$ genau dann gilt, wenn $x + y$ und $x - y$ zueinander orthogonal sind.

## 8.3 Die Hessesche Normalform

Eine schöne Anwendung des Skalarprodukts in einem Euklidischen Vektorraum ist die Hessesche Normalform, mit der ein affiner Unterraum beschrieben werden kann.

**Definition und Lemma 8.3.1** *Sei $V$ ein endlichdimensionaler Euklidischer Vektorraum. Sei $a + U$ ein affiner Unterraum von $V$, und $b'_1, \ldots, b'_k$ eine Orthonormalbasis von $U^\perp$. Dann gilt*

$$a + U = \{x \in V | \forall z \in U^\perp : \langle z, x - a \rangle = 0\}$$
$$= \{x \in V | \forall i = 1, \ldots, k : \langle b'_i, x - a \rangle = 0\}.$$

*Die Gleichungen*

$$\langle u_i, x - a \rangle = 0$$

*heißen Hessesche Normalform von $a + U$.*

*Beweis.* $\langle z, x \rangle = \langle z, a \rangle \iff \langle z, x - a \rangle = 0 \iff x - a \in U^{\perp\perp} = U \iff x \in a + U$.

**Lemma 8.3.2** *Sei $b \in V$. Dann gibt es genau ein $x_0 \in a + U$ mit $b - x_0 \in U^\perp$.*

*Beweis.* $b - a \in U \oplus U^\perp \implies b - a = u + u^\perp \implies b - (a + u) = u^\perp$. Mit $x_0 := a + u$ gilt $b - x_0 = u^\perp \in U^\perp$. Sei $b - x \in U^\perp, b - x' \in U^\perp, x, x' \in a + U \implies x - x' \in U^\perp \cap U = 0 \implies x = x'$.

Aus der Beschreibung eines affinen Unterraumes erhalten wir jetzt leicht den Abstand von beliebigen Punkten zu ihm.

**Satz 8.3.3** *Sei $b - x_0 \in U^\perp, x_0 \in a + U$. Dann gilt*

$$\|b - x_0\| = Min\{\|b - x\| | x \in a + U\}$$

$\|b - x_0\|$ *heißt Abstand von $b$ nach $a + U$, $x_0$ heißt Fußpunkt des Lotes von $b$ auf $a + U$.*

*Beweis.* $\|b-x\|^2 = \|(b-x_0)+(x_0-x)\|^2 = \|b-x_0\|^2 + \|x_0-x\|^2 \geq \|b-x_0\|^2$
wegen $b-x_0 \in U^\perp, x_0-x \in U$.

**Folgerung 8.3.4** $\|b-x_0\| = \|\sum_{i=1}^{k}\langle b-a, u_i'\rangle u_i'\| = \sqrt{\sum\langle u_i', b-a\rangle^2}$ *ist der Abstand von* $b$ *nach* $a+U$.

*Beweis.* $8.3.1 \implies b-x_0 \in U^\perp$ und $b-a = u + (b-x_0) \implies \langle b-a, u_i'\rangle = \langle b-x_0, u_i'\rangle \implies \|b-x_0\| = \|\sum\langle b-x_0, u_i'\rangle u_i'\| = \|\sum\langle b-a, u_i'\rangle u_i'\|$.

Der Fall eines affinen Unterraumes der Kodimension 1 ist der bekannteste Fall der Hesseschen Normalform. Er ergibt sich leicht aus den bisherigen Überlegungen.

**Bemerkung 8.3.5** Ist $\dim U = n-1$, so ist $\dim U^\perp = 1$. Ist $u'$ eine Orthonormalalbasis von $U^\perp$, so liegen zwei Punkte $b, b'$ genau dann „auf derselben Seite" von $a+U$, wenn $\langle u', b-a\rangle$ und $\langle u', b'-a\rangle$ dasselbe Vorzeichen haben. $\langle x-a, u'\rangle = 0$ ist dann die Hessesche Normalform von $a+U$ und $|\langle b-a, u'\rangle|$ der Abstand von $b$ zu $a+U$.

**Übungen 8.3.6** 1. Betrachten Sie $\mathbb{R}^3$ als Euklidischen Vektorraum mit dem kanonischen Skalarprodukt. Sei $U \subseteq \mathbb{R}^3$ der Untervektorraum, der von den Vektoren $(\frac{3}{5}, 0, \frac{4}{5})$ und $(0,1,0)$ erzeugt wird. Drücken Sie den Vektor $x = (1,2,3)$ als Summe von zwei Vektoren $x = y + z$ mit $y \in U$ und $z \in U^\perp$ aus.

2. Zeigen Sie, daß die Lösungsmenge der Gleichung $5x-3y+z = 2$ eine affine Ebene $A = a + U$ im Euklidischen Vektorraum $\mathbb{R}^3$ ist und bestimmen Sie die Hessesche Normalform dafür. Finden Sie den Fußpunkt von $x = (1,-2,4)$ in $A$ und seinen Abstand zu $A$.

3. Im Euklidischen $\mathbb{R}^3$ sei die Gerade $G$ durch

$$x = 2t, y = -t, z = 4t \quad (t \in \mathbb{R})$$

gegeben. Finden Sie den Fußpunkt von $(2,1,1)$ in $G$ und seinen Abstand zu $G$.

4. Im $\mathbb{R}^3$ seien die Geraden $G_1 = a_1 + U_1$ und $G_2 = a_2 + U_2$ gegeben, wobei

$$a_1 = (1,0,1), \quad a_2 = (2,1,0),$$
$$U_1 = \langle(1,1,0)\rangle, U_2 = \langle(1,0,2)\rangle.$$

Finden Sie den Abstand zwischen $G_1$ und $G_2$ (d.h. das Minimum der Abstände $\|p-q\|$ für $p \in G_1$ und $q \in G_2$).

5. Sei $V$ der Euklidische Vektorraum der stetigen Funktionen $f : [a,b] \to \mathbb{R}$ mit dem Skalarprodukt

$$\langle f, g\rangle = \int_a^b f(x)g(x)dx.$$

Sei $U \subseteq V$ ein endlichdimensionaler Unterraum und $p : V \to U$ die orthogonale Projektion. Zeigen Sie, daß für $f \in V$ gilt

$$\text{Min}_{g \in U} \int_a^b (f(x) - g(x))^d x = \int_a^b (f(x) - p(f(x)))^d x,$$

d.h. $p(f)$ ist die beste quadratische Approximation von $f$ in $U$.

## 8.4 Isometrien

Wie bei allen bisher studierten Strukturen gibt es auch für die Struktur Euklidischer Vektorräume strukturerhaltende Abbildungen, die Isometrien genannt werden. Sie erhalten insbesondere Winkel und Längen.

**Definition 8.4.1** Seien $(V, \langle, \rangle), (W, \langle, \rangle)$ Vektorräume mit Skalarprodukt. Eine Abbildung $f : V \to W$ heißt *Isometrie (orthogonale Abbildung)*, wenn

$$\forall x, y \in V : \qquad \langle f(x), f(y) \rangle = \langle x, y \rangle.$$

$\mathcal{O}(V, \langle, \rangle) = \{ f \in \mathrm{GL}(V) | f \text{ Isometrie } \}$ ist eine Untergruppe von $\mathrm{GL}(V)$, genannt *orthogonale Gruppe*.

**Satz 8.4.2** *Eine Isometrie $f : V \to W$ ist ein Monomorphismus von Vektorräumen.*

*Beweis.* 1. Es ist $\langle f(\alpha x + \beta y) - \alpha f(x) - \beta f(y), f(\alpha x + \beta y) - \alpha f(x) - \beta f(y) \rangle = \langle f(\alpha x + \beta y), f(\alpha x + \beta y) \rangle + \alpha^2 \langle f(x), f(x) \rangle + \beta^2 \langle f(y), f(y) \rangle - 2\alpha \langle f(\alpha x + \beta y), f(x) \rangle - 2\beta \langle f(\alpha x + \beta y), f(y) \rangle - 2\alpha\beta \langle f(x), f(y) \rangle = \langle \alpha x + \beta y, \alpha x + \beta y \rangle + \alpha^2 \langle x, x \rangle + \beta^2 \langle y, y \rangle - 2\alpha \langle \alpha x + \beta y, x \rangle - 2\beta \langle \alpha x + \beta y, y \rangle - 2\alpha\beta \langle x, y \rangle = \langle \alpha x + \beta y - \alpha x - \beta y, \alpha x + \beta y - \alpha x - \beta y \rangle = 0$. Daraus folgt $f(\alpha x + \beta y) = \alpha f(x) + \beta f(y)$. Also ist $f$ ein Homomorphismus.

2. $f(x) = 0 \implies 0 = \langle f(x), f(x) \rangle = \langle x, x \rangle \implies x = 0$.

**Satz 8.4.3** *Sei $f \in \mathrm{End}(V)$ und $V$ ein Euklidischer Vektorraum. Gelte $\forall v \in V [\|f(v)\| = \|v\|]$. Dann ist $f$ eine Isometrie.*

*Beweis.* Aus $\langle x, y \rangle = 1/2(\langle x + y, x + y \rangle - \langle x, x \rangle - \langle y, y \rangle) = 1/2(\|x + y\|^2 - \|x\|^2 - \|y\|^2)$, genannt Polarisierung, folgt

$$\begin{aligned} \langle f(x), f(y) \rangle &= \tfrac{1}{2}(\|f(x) + f(y)\|^2 - \|f(x)\|^2 - \|f(y)\|^2) \\ &= \tfrac{1}{2}(\|x + y\|^2 - \|x\|^2 - \|y\|^2) \\ &= \langle x, y \rangle. \end{aligned}$$

**Übungen 8.4.4**  1. Drehen Sie den $\mathbb{R}^3$ um die $x$-Achse um den Winkel $\pi/3$ und bestimmen Sie den Bildvektor des Vektors $(1, -2, 4)$.

2. Im $\mathbb{R}^4$ mit den Koordinaten $u, x, y, z$ werde zunächst eine Drehung um die $y - z$-Ebene mit dem Winkel $\pi/4$ und sodann eine Drehung um die $u - x$-Ebene um den Winkel $\pi/4$ vorgenommen. Wie sieht die gesamte Drehmatrix aus?

3. Im $\mathbb{R}^4$ mit den Koordinaten $u, x, y, z$ werde zunächst eine Drehung um die $y - z$-Ebene mit dem Winkel $\pi/3$ und sodann eine Drehung um die $x - y$-Ebene um den Winkel $\pi/4$ vorgenommen. Wie sieht die gesamte Drehmatrix aus?

# 8.5 Orthogonale Matrizen

Die zu Isometrien gehörigen Matrizen sind die orthogonalen Matrizen als darstellende Matrizen bzgl. einer Orthonormalbasis. Wir wollen sie in diesem Abschnitt studieren.

**Definition 8.5.1** Eine Matrix $M \in \mathrm{GL}(n, \mathbb{R})$ heißt *orthogonal*, wenn für die transponierte Matrix $M^t$ gilt $M^t = M^{-1}$.

**Bemerkung 8.5.2** Wenn $M$ orthogonal ist, so folgt $MM^t = MM^{-1} = E \Longrightarrow 1 = \det E = \det(MM^t) = (\det M)^2 \Longrightarrow |\det(M)| = 1$. Eine orthogonale Matrix $M$ heißt *eigentlich orthogonal*, wenn $\det M = 1$ gilt.

$\mathrm{O}(n) := \{M \in \mathrm{GL}(n, \mathbb{R}) | M^t = M^{-1}\}$ heißt *orthogonale Gruppe*.

$\mathrm{SO}(n) := \{M \in \mathrm{O}(n) | \det M = 1\}$ heißt *spezielle orthogonale Gruppe*.

**Satz 8.5.3** *Sei $V$ ein endlichdimensionaler Euklidischer Vektorraum mit Orthonormalbasis $B$. Ein Homomorphismus $f \in \mathrm{End}(V)$ ist genau dann eine Isometrie (orthogonale Abbildung), wenn die darstellende Matrix $M$ von $f$ bzgl. $B$ eine orthogonale Matrix ist.*

*Beweis.* Seien $(\zeta_1, \ldots, \zeta_n)^t = \zeta$ bzw. $M \cdot \zeta$ die Koordinatenvektoren von $x \in V$ bzw. $f(x)$ bezüglich der Basis $B$. Sei $\eta = (\eta_1, \ldots, \eta_n)^t$ Koordinatenvektor von $y \in V$. Dann gilt

$$\langle x, y \rangle = \Big\langle \sum_i \zeta_i b_i, \sum_j \eta_j b_j \Big\rangle = \sum_{i,j} \zeta_i \eta_j \langle b_i, b_j \rangle = \zeta^t \eta = \langle \zeta, \eta \rangle$$

und damit

$$\langle x, y \rangle = \langle f(x), f(y) \rangle \Longleftrightarrow \zeta^t \eta = (M\zeta)^t M \eta = \zeta^t M^t M \eta.$$

Diese äquivalenten Aussagen gelten für alle $x, y \in V$ genau dann, wenn $M^t M = E_n$ ist. Man setze für die $x$ bzw $y$ Elemente aus $B$ ein.

**Bemerkung 8.5.4** Eine Transformationsmatrix für eine Basistransformation zwischen Orthonormalbasen ist also insbesondere eine orthogonale Matrix.

Wir kommen zurück auf die Projektion auf einen Unterraum, wie sie in (8.2.14) und (8.2.15) definiert wurde. Wenn $b_1, \ldots, b_n$ und $c_1, \ldots, c_n$ Orthonormalbasen sind und $c_i = \sum \alpha_{ij} b_j$ ist, dann ist

$$\sum_i \langle v, c_i \rangle c_i = \sum_{i,j,k} \langle v, \alpha_{ij} b_j \rangle \alpha_{ik} b_k = \sum_{j,k} \sum_i \alpha_{ij} \alpha_{ik} \langle v, b_j \rangle b_k = \sum_j \langle v, b_j \rangle b_k.$$

Also ist die Projektion $f : V \to V$ von der Wahl der Orthonormalbasis von $U$ unabhängig.

**Satz 8.5.5** *Folgende Aussagen über $M \in \mathbb{R}^n_n$ sind äquivalent:*

*1. M ist orthogonal.*
*2. Die Spaltenvektoren von M bilden eine Orthonormalbasis für $\mathbb{R}_n$.*
*3. Die Zeilenvektoren von M bilden eine Orthonormalbasis für $\mathbb{R}^n$.*

**Beweis.** (2) $\Longleftrightarrow$ (3) gehen ineinander durch Transponieren über. Weiter ist $M^t M = E_n \Longleftrightarrow \forall i,j [m_i^t m_j = \delta_{ij}] \Longleftrightarrow$ Spalten von $M$ sind Orthonormalbasis

Ein orthogonale Matrix läßt sich durch Koordinatentransformation in eine besonders einfache Form überführen. Wir nennen diese Form Normalform einer orthogonalen Abbildung. Der Beweis ist etwas schwieriger. Wir verweisen den Leser hierzu auf spezielle Lehrbücher und verzichten hier auf eine Darstellung des Beweises.

**Satz 8.5.6** (Normalform von orthogonalen Abbildungen)
*Sei V ein endlichdimensionaler Euklidischer Vektorraum und $f \in \text{End}(V)$ orthogonal. Dann gibt es eine Orthonormalbasis B, bezüglich der die darstellende Matrix M von f die Form hat*

$$
M = \begin{pmatrix}
1 & & & & & & & & \cdots & 0 \\
& \ddots & & & & & & & & \vdots \\
& & 1 & & & & & & & \\
& & & -1 & & & & & & \\
& & & & \ddots & & & & & \\
& & & & & -1 & & & & \\
& & & & & & A_1 & & & \\
\vdots & & & & & & & \ddots & & \\
0 & \cdots & & & & & & & & A_r
\end{pmatrix}
$$

*mit* $A_i = \begin{pmatrix} \cos(\varphi_i) & -\sin(\varphi_i) \\ \sin(\varphi_i) & \cos(\varphi_i) \end{pmatrix}$

Ohne Beweis.

**Folgerung 8.5.7** *Sei M eine orthogonale Matrix. Dann gibt es eine orthogonale Matrix T, so daß $TMT^{-1}$ die Form hat*

$$
TMT^{-1} = \begin{pmatrix}
1 & & & & & & & & \cdots & 0 \\
& \ddots & & & & & & & & \vdots \\
& & 1 & & & & & & & \\
& & & -1 & & & & & & \\
& & & & \ddots & & & & & \\
& & & & & -1 & & & & \\
& & & & & & A_1 & & & \\
\vdots & & & & & & & \ddots & & \\
0 & \cdots & & & & & & & & A_r
\end{pmatrix}
$$

*Beweis.* $M$ stellt bzgl. der Orthonormalbasis $e_1, \ldots, e_n$ eine Isometrie $f$ dar. Eine Basistransformation von $(e_i)$ zu einer anderen Orthonormalbasis B wird wegen 8.5.3 und 5.5.18 durch eine orthogonale Matrix $T$ gegeben. Mit der Transformationsformel aus 5.5.20 folgt die Behauptung.

Eine interessante Anwendung der Normalform ist der „Satz vom Igel", der bildlich gesprochen besagt, daß sich ein Igel nicht ohne Glatzpunkt stetig kämmen läßt.

**Folgerung 8.5.8** *Eine Kugel im $\mathbb{R}_3$ werde um ihren Mittelpunkt (mit einer eigentlich orthogonalen Matrix) bewegt. Dann gibt es zwei Punkte auf der Oberfläche, die fest bleiben.*

*Beweis.* Die Matrix hat wegen $\det M = 1$ die Form

$$\begin{pmatrix} 1 & 0 & 0 \\ 0 & \cos\varphi & -\sin\varphi \\ 0 & \sin\varphi & \cos\varphi \end{pmatrix}$$

und stellt daher eine Drehung um den (1−dimensionalen) Eigenraum zu 1 dar.

**Satz 8.5.9** *Sei $M \in \mathbb{R}_n^n$. Dann gelten:*

1. $M^t = M$ *(M symmetrisch)* $\implies$ *alle komplexen Eigenwerte von $M$ sind reell.*
2. $M^t = -M$ *(M antisymmetrisch)* $\implies$ *alle komplexen Eigenwerte von $M$ sind rein imaginär.*
3. $M^t = M^{-1}$ *(M orthogonal)* $\implies$ *alle komplexen Eigenwerte von $M$ haben den Betrag 1.*

*Beweis.* 1. und 2.: Operiere $M$ auf $\mathbb{C}_n$. Sei $\epsilon = \pm 1$ und gelte $M^t = \epsilon M$. Sei $\lambda$ ein Eigenwert von $M$ mit Eigenvektor $z$. Dann gilt $\lambda \overline{z}^t z = \overline{z}^t \lambda z = \overline{z}^t M z = \epsilon \overline{z}^t \overline{M}^t z = \epsilon(\overline{M}z)^t z = \epsilon \overline{\lambda} \overline{z}^t z = \epsilon \overline{\lambda} \overline{z}^t z$, also $\lambda = \epsilon\overline{\lambda}$, wobei $\overline{z} \in \mathbb{C}_n$ der konjugiert komplexe Vektor zu $z$ ist und $\overline{M} = M$ gilt, wenn $M \in \mathbb{R}_n^n$. Ist $\epsilon = 1$, so ist $\lambda$ wegen $\lambda = \overline{\lambda}$ reell. Ist $\epsilon = -1$, so ist $\lambda$ wegen $\lambda = -\overline{\lambda}$ rein imaginär.

3.: Aus $\overline{z}^t z = \overline{z}^t E_n z = \overline{z}^t M^t M z = \overline{z}^t \overline{M}^t M z = (\overline{M}z)^t M z = (\overline{\lambda}z)^t \lambda z = \overline{\lambda}\lambda \overline{z}^t z$ folgt $\overline{\lambda}\lambda = 1$, also hat $\lambda$ den Betrag 1.

Um beliebige Euklidische Vektorräume zu gewinnen, braucht man ein Skalarprodukt. Im $\mathbb{R}_n$ ist ein Skalarprodukt immer gegeben in der Form $\langle b, c \rangle = b^t S c$ mit einer Matrix $S$, die positiv definit ist.

**Definition 8.5.10** Ein Matrix $S \in \mathbb{R}_n^n$ heißt *positiv definit*, wenn $\mathbb{R}_n \times \mathbb{R}_n \ni (x, y) \mapsto x^t S y \in \mathbb{R}$ eine positiv definite symmetrische Bilinearform ist.

**Satz 8.5.11** *Sei $S \in \mathbb{R}_n^n$. $S$ ist genau dann positiv definit, wenn es eine invertierbare Matrix $M$ gibt mit $S = M^t M$.*

*Beweis.* Sei $S$ positiv definit. Dann gibt es eine Orthonormalbasis $B$ für $\mathbb{R}_n$ mit dem durch $S$ definierten Skalarprodukt. Wegen $b_i^t S b_j = \delta_{ij}$ ist $(b_1, \ldots, b_n)^t S(b_1, \ldots, b_n) = E_n$ und mit $M = (b_1, \ldots, b_n)^{-1}$ folgt $S = M^t M$. Wenn $S = M^t M$ gilt, dann ist $(b_1, \ldots, b_n)^t S(b_1, \ldots, b_n) = E_n$, wenn man $(b_1, \ldots, b_n) = M^{-1}$ definiert. Also ist $b_i^t S b_j = \delta_{ij}$. Damit wird die durch $S$ definierte Bilinearform ein Skalarprodukt und $S$ positiv definit.

**Übungen 8.5.12**    1. Vervollständigen Sie die Matrix

$$\begin{pmatrix} 0 & \frac{1}{\sqrt{2}} & * \\ 1 & 0 & * \\ 0 & \frac{1}{\sqrt{2}} & * \end{pmatrix}$$

zu einer orthogonalen Matrix.

2. Vervollständigen Sie die Matrix

$$\begin{pmatrix} -\frac{1}{2} & \frac{1}{\sqrt{2}} & \frac{1}{2} \\ \frac{1}{\sqrt{2}} & 0 & \frac{1}{\sqrt{2}} \\ * & * & * \end{pmatrix}$$

zu einer orthogonalen Matrix.

3. Sei

$$M = \begin{pmatrix} 1 & -2 & 1 \\ 1 & 0 & -1 \\ 0 & 1 & 1 \end{pmatrix}.$$

Zeigen Sie, daß $M$ invertierbar ist und bestimmen Sie die gemäß Satz 8.5.11 zugehörige positiv definite Matrix $S$. Bestimmen Sie den Winkel zwischen den Vektoren $(1, 0, 0)$ und $(0, 1, 0)$ bzgl. des durch $S$ definierten Skalarprodukts auf $\mathbb{R}^3$.

4. Zeigen Sie, daß

$$S = \begin{pmatrix} 2 & 2 & 2 \\ 2 & 5 & 3 \\ 2 & 3 & 3 \end{pmatrix}$$

eine positiv definite Matrix ist.

## 8.6 Adjungierte Abbildungen

Das Skalarprodukt eines endlichdimensionalen Euklidischen Vektorraumes $V$ induziert eine Vielzahl von interessanten Isomorphismen. Zunächst betrachten wir einen kanonischen Isomorphismus zwischen $V$ und und dem dualen Vektorraum $V^* = \mathrm{Hom}_{\mathbb{R}}(V, \mathbb{R})$.

**Lemma 8.6.1** *Sei $\sigma$ eine nichtausgeartete Bilinearform auf $V$. Dann ist $\sigma^* : V \ni x \mapsto \sigma(x, -) \in V^* = \mathrm{Hom}_{\mathbb{R}}(V, \mathbb{R})$ ein Monomorphismus.*

*Beweis.* Da $\sigma$ bilinear ist, ist $\sigma(x, -)$ im zweiten Argument linear, also ein Element von $\mathrm{Hom}(V, \mathbb{R}) = V^*$. Weiter ist $\sigma^*(\alpha x + \beta y, -)(z) = \sigma(\alpha x + \beta y, z) = \alpha \sigma(x, z) + \beta \sigma(y, z) = \alpha \sigma^*(x)(z) + \beta \sigma^*(y)(z) = (\alpha \sigma^*(x) + \beta \sigma^*(y))(z)$, also gilt $\sigma^*(\alpha x + \beta y) = \alpha \sigma^*(x) + \beta \sigma^*(y)$. $\sigma^*$ ist also ein Homomorphismus. Wenn $\sigma^*(x) = 0$ ist, dann ist $\sigma^*(x)(z) = \sigma(x, z) = 0$ für alle $z \in V$. Weil $\sigma$ nicht ausgeartet ist, folgt $x = 0$. Damit ist $\sigma^*$ ein Monomorphismus.

**Folgerung 8.6.2** *Sei $\sigma$ eine nichtausgeartete Bilinearform auf einem endlichdimensionalen Vektorraum $V$. Dann ist $\sigma^* : V \to V^*$ ein Isomorphismus.*

*Beweis.* Nach 5.4.16 ist $\dim V = \dim V^*$, also ist $\sigma^*$ nach 5.4.12 ein Isomorphismus.

Eine weitere wichtige Konstruktion ist die von adjungierten Endomorphismen. Diese Konstruktion führt zu einem Automorphismus von $\mathrm{End}(V)$.

**Satz 8.6.3** *Seien $\sigma$ und $V$ wie in 8.6.2. Zu jedem $f \in \mathrm{End}(V)$ gibt es genau ein $f^{\mathrm{ad}} \in \mathrm{End}(V)$ mit*

$$\forall x, y \in V[\sigma(x, f(y)) = \sigma(f^{\mathrm{ad}}(x), y)].$$

$f^{\mathrm{ad}}$ *heißt die zu $f$ adjungierte Abbildung.*

*Beweis.* Es ist $\sigma(x, f(-)) \in V^*$. Also gibt es nach 8.6.2 genau ein Element $f^{\mathrm{ad}}(x) \in V$ mit $\sigma^*(f^{\mathrm{ad}}(x)) = \sigma(f^{\mathrm{ad}}(x), -) = \sigma(x, f(-))$. $f^{\mathrm{ad}}(x)$ hängt linear von $x$ ab, denn $\sigma(f^{\mathrm{ad}}(\alpha x + \beta y), z) = \sigma(\alpha x + \beta y, f(z)) = \alpha \sigma(x, f(z)) + \beta \sigma(y, f(z)) = \alpha \sigma(f^{\mathrm{ad}}(x), z) + \beta \sigma(f^{\mathrm{ad}}(y), z) = \sigma(\alpha f^{\mathrm{ad}}(x) + \beta f^{\mathrm{ad}}(y), z)$ für alle $z \in V$. Also ist $\sigma^*(f^{\mathrm{ad}}(\alpha x + \beta y)) = \sigma^*(\alpha f^{\mathrm{ad}}(x) + \beta f^{\mathrm{ad}}(y))$, also $f^{\mathrm{ad}}(\alpha x + \beta y) = \alpha f^{\mathrm{ad}}(x) + \beta f^{\mathrm{ad}}(y)$. Offenbar ist $f^{\mathrm{ad}}$ eindeutig bestimmt.

**Folgerung 8.6.4** *Sei $\sigma$ eine symmetrische, nichtausgeartete Bilinearform auf dem endlichdimensionalen Vektorraum $V$. Dann ist die Abbildung*

$$\mathrm{End}(V) \ni f \mapsto f^{\mathrm{ad}} \in \mathrm{End}(V)$$

*ein involutorischer Antiautomorphismus des Endomorphismenringes (versuchen Sie mit dieser Aussage Ihre Freunde zu beeindrucken), d.h.*

1. $(f + g)^{\mathrm{ad}} = f^{\mathrm{ad}} + g^{\mathrm{ad}}$,
2. $(f \cdot g)^{\mathrm{ad}} = g^{\mathrm{ad}} \cdot f^{\mathrm{ad}}$,
3. $(\mathrm{id})^{\mathrm{ad}} = \mathrm{id}$,
4. $(f^{\mathrm{ad}})^{\mathrm{ad}} = f$.

*Beweis.* 1. $\sigma((f + g)^{\mathrm{ad}}(x), y) = \sigma(x, (f + g)(y)) = \sigma(x, f(y)) + \sigma(x, g(y)) = \sigma(f^{\mathrm{ad}}(x), y) + \sigma(g^{\mathrm{ad}}(x), y) = \sigma((f^{\mathrm{ad}} + g^{\mathrm{ad}})(x), y)$ für alle $y \in V$ impliziert $\sigma^*((f + g)^{\mathrm{ad}}(x)) = \sigma^*((f^{\mathrm{ad}} + g^{\mathrm{ad}})(x))$, also folgt 1.

2. $\sigma((f \cdot g)^{\mathrm{ad}}(x), y) = \sigma(x, f(g(y))) = \sigma(f^{\mathrm{ad}}(x), g(y)) = \sigma(g^{\mathrm{ad}}(f^{\mathrm{ad}}(x)), y)$ $\implies$ 2.

3. trivial

4. $\sigma((f^{\mathrm{ad}})^{\mathrm{ad}}(x), y) = \sigma(x, f^{\mathrm{ad}}(y)) = \sigma(f^{\mathrm{ad}}(y), x) = \sigma(y, f(x)) = \sigma(f(x), y)$, also $(f^{\mathrm{ad}})^{\mathrm{ad}} = f$.

Mit der Konstruktion von adjungierten Endomorphismen ergibt sich die interessante Frage, unter welchen Umständen $f$ und $f^{\mathrm{ad}}$ übereinstimmen. Solche Endomorphismen nennen wir selbstadjungiert. Sie haben sehr weitreichende Bedeutung in der Physik, der Geometrie und in der Analysis.

**Definition 8.6.5** $f \in \mathrm{End}(V)$ heißt *selbstadjungiert*, wenn $f^{\mathrm{ad}} = f$ gilt.

**Lemma 8.6.6** $\mathrm{Bil}(V) := \{\sigma : V \times V \to \mathbb{R} | \sigma$ *Bilinearform* $\}$ *ist ein Vektorraum.*

*Beweis.* $\mathrm{Bil}(V) \subseteq \mathrm{Abb}(V \times V, \mathbb{R})$ ist ein Unterraum, wie man leicht sieht.

**Satz 8.6.7** *Sei $\sigma$ eine nichtausgeartete symmetrische Bilinearform auf $V$ und $\dim V < \infty$. Dann ist*

$$\Psi_\sigma : \mathrm{End}(V) \ni f \mapsto \sigma(-, f(-)) \in \mathrm{Bil}(V)$$

*ein Isomorphismus.*

*Beweis.* Offenbar ist $\sigma(-, f(-))$ eine Bilinearform. Weiter ist wegen $\Psi_\sigma(\alpha f + \beta g) = \sigma(-, (\alpha f + \beta g)(-)) = \alpha \sigma(-, f(-)) + \beta \sigma(-, g(-)) = \alpha \Psi_\sigma(f) + \beta \Psi_\sigma(g)$ die Abbildung $\Psi_\sigma$ ein Homomorphismus. Wenn $\Psi_\sigma(f) = 0$ ist, so ist $\forall x, y \in V [\sigma(x, f(y)) = 0]$. Also gilt $\forall y \in V [f(y) = 0]$ und damit $f = 0$. Daher ist $\Psi_\sigma$ injektiv. Sei schließlich $\tau \in \mathrm{Bil}(V)$. Dann ist $\tau(x, -) \in V^*$, also gibt es genau ein $f(x) \in V$ mit $\tau(x, -) = \sigma(f(x), -)$. Es ist $f \in \mathrm{End}(V)$, denn $\sigma(f(\alpha x + \beta y), -) = \tau(\alpha x + \beta y, -) = \alpha \tau(x, -) + \beta \tau(y, -) = \alpha \sigma(f(x), -) \in \beta \sigma(f(y), -) = \sigma(\alpha f(x) + \beta f(y), -)$. Wir bilden $\Psi_\sigma(f^{\mathrm{ad}}) = \sigma(-, f^{\mathrm{ad}}-) = \sigma(f-, -) = \tau(-, -)$ und haben damit $\Psi_\sigma$ surjektiv gezeigt.

**Bemerkung 8.6.8** Auf jedem $V$ mit $\dim V < \infty$ gibt es eine nichtausgeartete symmetrische Bilinearform. Insbesondere ist ein Skalarprodukt nichtausgeartet. Sei nämlich $b_1, \ldots, b_n$ eine Basis von $V$. Dann ist $\sigma(\sum \alpha_i b_i, \sum \beta_j b_j) := \sum \alpha_i \beta_j \sigma(b_i, b_j) = \sum \alpha_i \beta_j \delta_{ij}$ nicht ausgeartet und symmetrisch, denn $\sigma(x, V) = 0$ impliziert $\sigma(\sum \alpha_i b_i, b_j) = 0 = \alpha_j$ für alle $j$.

Wir übertragen unsere bisherigen Betrachtungen nunmehr auf Matrizen.

**Satz 8.6.9** *Sei $\dim V = n < \infty, B$ eine Basis und $\sigma(b_i, b_j) = \delta_{ij}$ eine nichtausgeartete symmetrische Bilinearform. Unter den Isomorphismen*

$$\mathbb{R}^n_n \xrightarrow{\Phi} \mathrm{End}(V) \xrightarrow{\Phi_\sigma} \mathrm{Bil}(V)$$

*mit $\Phi(M)$ der von $M$ bzgl. $B$ dargestellten Homomorphismus gilt:*

1. *äquivalent sind für $M \in \mathbb{R}_n^n$*
   *a) $M^t = M$ (M ist symmetrisch),*
   *b) $\Phi(M)$ ist selbstadjungiert,*
   *c) $\Psi_\sigma\Phi(M)$ ist symmetrisch;*
2. *äquivalent sind für $M \in \mathbb{R}_n^n$ :*
   *a) M regulär,*
   *b) $\Phi(M)$ Automorphismus,*
   *c) $\Psi_\sigma\Phi(M)$ nicht ausgeartet.*

*Beweis.* 1. Sei $f := \Phi(M)$, also $f(b_j) = \sum_{i=1}^n \alpha_{ij} b_i$ mit $M = (\alpha_{ij})$. Es gilt

$$
\begin{aligned}
M^t = M &\iff \forall i,j[\alpha_{ij} = \alpha_{ji}] \\
&\iff \forall i,j[\sigma(\textstyle\sum_k \alpha_{ki} b_k, b_j) = \alpha_{ji} = \sigma(b_i, \textstyle\sum_k \alpha_{kj} b_k)] \\
&\iff \forall i,j[\sigma(f(b_i), b_j) = \sigma(b_i, f(b_j))] \\
&\iff \sigma(f(-), -) = \sigma(-, f(-)) \\
&\iff f^{\mathrm{ad}} = f \\
&\iff \forall x,y[\sigma(f(x), y) = \sigma(x, f(y))] \\
&\iff \forall x,y[\sigma(y, f(x)) = \sigma(x, f(y))] \\
&\iff \Psi_\sigma(f) \text{ symmetrisch.}
\end{aligned}
$$

2. $M$ regulär $\iff$ $f$ bijektiv

$$
\begin{aligned}
&\iff \forall y[f(y) = 0 \implies y = 0] \\
&\iff \forall y[\Psi_\sigma(f)(V, y) = \sigma(V, f(y)) = 0 \implies y = 0] \\
&\quad (\text{1. Hälfte von } \Psi_\sigma(f) \text{ nichtausgeartet}) \\
&\iff f^{\mathrm{ad}} \text{ bijektiv } (8.6.4) \\
&\iff \forall y[\Psi_\sigma(f)(y, V) = \sigma(y, f(V)) = \sigma(f^{\mathrm{ad}}(y), V) = 0 \implies \\
&\quad y = 0](\text{2. Hälfte von } \Psi_\sigma(f) \text{ nichtausgeartet}).
\end{aligned}
$$

**Folgerung 8.6.10** *In $\mathbb{R}_n$ ist $\tau : \mathbb{R}_n \times \mathbb{R}_n \ni (x,y) \mapsto x^t M y \in \mathbb{R}$ eine Bilinearform und jede Bilinearform auf $\mathbb{R}_n$ ist von dieser Gestalt. $\tau$ ist genau dann symmetrisch (nichtausgeartet), wenn $M$ symmetrisch (regulär) ist.*

*Beweis.* Für die Basis $B = (e_1, \ldots, e_n)$ und $\sigma$ wie in 8.6.8 gilt

$$
\Psi_\sigma\Phi(M)(e_i, e_j) = \sigma(e_i \sum_k \alpha_{kj} e_k) = \alpha_{ij} = e_i^t M e_j = \tau(e_i, e_j).
$$

**Übungen 8.6.11**  1. Sei $\langle x, y \rangle$ das kanonische Skalarprodukt auf $\mathbb{R}^n$ und sei $A$ eine $n \times n$-Matrix. Zeigen Sie

$$
\langle x, Ay \rangle = \langle A^t x, y \rangle.
$$

2.  a) Zeigen Sie, daß auf $R_2$ durch $x^t S y$ ein Skalarprodukt definiert ist mit
    $$ S = \begin{pmatrix} 2 & -1 \\ -1 & 1 \end{pmatrix}. $$

    b) Bestimmen Sie bezüglich dieses Skalarprodukts die adjungierte Matrix zu $M = \begin{pmatrix} 2 & 3 \\ 1 & 1 \end{pmatrix}$.

## 8.7 Die Hauptachsentransformation

Wir haben schon darauf hingewiesen, daß selbstadjungierte Endomorphismen eine Vielzahl von wichtigen Anwendungen haben. Daher ist es von besonderem Interesse, ihre darstellenden Matrizen zu studieren und sie durch geeignete Wahl der Basis in eine besonders einfache Form zu bringen. Hier begegnen wir noch einmal Eigenwerten und Eigenvektoren. Die einfachste Form der darstellenden Matrizen stellt sich als Diagonalform heraus.

**Satz 8.7.1** *(Hauptachsentransformation von selbstadjungierten Endomorphismen) Sei $V$ ein endlichdimensionaler Euklidischer Vektorraum und sei $f \in \text{End}(V)$ selbstadjungiert. Dann gibt es eine Orthonormalbasis $B$ aus Eigenvektoren von $f$ und $f$ ist diagonalisierbar.*

*Beweis.* durch vollständige Induktion nach $n = \dim V$.

Für $n = 0$ ist nichts zu zeigen.

Gelte der Satz für $n - 1$ und sei $\dim V = n$. Das charakteristische Polynom $\chi_f(x)$ hat (nach dem Fundamentalsatz der Algebra) $n$ komplexe Nullstellen, die alle reell sind (8.5.8 1.). Sei $\lambda \in \mathbb{R}$ ein Eigenwert zu $f$ mit einem Eigenvektor $b_n$ mit $\|b_n\| = 1$. Sei $U = (\mathbb{R}b_n)^{\perp}$. Dann ist $\dim U = n - 1$ ein Euklidischer Vektorraum. Weiter ist $f(U) \subseteq U$, denn für $u \in U$ gilt $\langle f(u), b_n \rangle = \langle u, f(b_n) \rangle = \langle u, \lambda b_n \rangle = \lambda \langle u, b_n \rangle = 0$. Es ist $f|_U$ selbstadjungiert, weil $\langle u_1, f(u_2) \rangle = \langle f(u_1), u_2 \rangle$ gilt. Sei $b_1, \ldots, b_{n-1}$ eine Orthonormalbasis von $U$ aus Eigenvektoren von $f|_U$. Dann ist $b_1, \ldots, b_n$ eine Orthonormalbasis von $V$ aus Eigenvektoren von $f$.

**Satz 8.7.2** *(Hauptachsentransformation für symmetrische Matrizen) Sei $S \in \mathbb{R}_n^n$ eine symmetrische Matrix. Dann gibt es eine orthogonale Matrix $T$, so daß $TST^{-1}$ Diagonalform hat. Die Einträge in der Diagonalen von*

$$T^t S T = \begin{pmatrix} \lambda_1 & & 0 \\ & \ddots & \\ 0 & & \lambda_n \end{pmatrix}$$

*sind die Eigenwerte von $S$ und die $t_1, \ldots, t_n$ mit $T = (t_1, \ldots, t_n)$ die zugehörigen Eigenvektoren.*

*Beweis.* $\widehat{S} : \mathbb{R}_n \to \mathbb{R}_n$ ist selbstadjungiert (8.6.9), folglich existiert eine Orthonormalbasis $t_1, \ldots, t_n$ aus Eigenvektoren: $S t_j = \lambda_j t_j = t_j \cdot \lambda_j$ oder

$$S T = T \cdot \begin{pmatrix} \lambda_1 & & 0 \\ & \ddots & \\ 0 & & \lambda_n \end{pmatrix}$$

oder $T^{-1} S T = D$ oder $T^t S T = D$, weil $T$ orthogonal ist (wobei $D$ die Diagonalmatrix ist).

Der Zusammenhang zwischen symmetrischen Matrizen und Bilinearformen bringt und zu der Frage, unter welchen Umständen die Bilinearformen Skalarprodukte sind. Diese Frage können wir zum Abschluß leicht beantworten.

**Folgerung 8.7.3** *Eine symmetrische Matrix ist genau dann positiv definit, wenn alle Eigenwerte positiv sind.*

*Beweis.* Sei $S$ positiv definit. Sei $b_1, \ldots, b_n$ wie in 8.7.2. Dann ist $\lambda_i = b_i^t S b_i = \|b_i\|_S^2 > 0$. Seien alle $\lambda_i > 0$, so ist für $x = \sum \zeta_i b_i$, das Skalarprodukt bzgl. $S$ gegeben durch

$$\langle x, x \rangle_S = \left(\sum \zeta_i b_i\right)^t S \left(\sum \zeta_j b_j\right) = \sum \zeta_i \zeta_j b_i^t S b_j$$
$$= \sum \zeta_i \zeta_j \lambda_j b_i^t b_j = \sum \zeta_i^2 \lambda_i > 0.$$

**Übungen 8.7.4** 1. Finden Sie die Dimensionen der Eigenräume der folgenden symmetrischen Matrizen:

$$\begin{pmatrix} 1 & 1 & 1 \\ 1 & 1 & 1 \\ 1 & 1 & 1 \end{pmatrix}, \quad \begin{pmatrix} 1 & -4 & 2 \\ -4 & 1 & -2 \\ 2 & -2 & -2 \end{pmatrix}, \quad \begin{pmatrix} -\frac{5}{3} & -\frac{4}{3} & 0 & \frac{1}{3} \\ -\frac{4}{3} & \frac{10}{3} & 0 & -\frac{4}{3} \\ 0 & 0 & -2 & 0 \\ \frac{1}{3} & -\frac{4}{3} & 0 & -\frac{5}{3} \end{pmatrix}$$

2. Transformieren Sie die folgenden Matrizen auf Hauptachsen und geben Sie die Transformationsmatrix an:

$$\begin{pmatrix} 5 & 3\sqrt{3} \\ 3\sqrt{3} & -1 \end{pmatrix}, \quad \begin{pmatrix} -2 & 0 & -36 \\ 0 & -3 & 0 \\ -36 & 0 & -23 \end{pmatrix},$$

$$\begin{pmatrix} 2 & -1 & -1 \\ -1 & 2 & -1 \\ -1 & -1 & 2 \end{pmatrix}, \quad \begin{pmatrix} 5 & 2 & 0 & 0 \\ 2 & -2 & 0 & 0 \\ 0 & 0 & -2 & 2 \\ 0 & 0 & 2 & 5 \end{pmatrix}.$$

# Literaturhinweise

[1] ANTON, H. UND RORRES, C.: Elementary Linear Algebra, Applications Version, 6. Edition, John Wiley and Sons, New York, 1991.

[2] ARTIN, M.: Algebra, Prentice Hall, Englewood Cliffs, 1991.

[3] BENDER, E.A. UND WILLIAMSON, S.G.: Foundations of Applied Combinatorics, Addison-Wesley, Redwood City, 1991.

[4] BRIESKORN, E.: Lineare Algebra und Analytische Geometrie I und II, Vieweg, Braunschweig 1983/85.

[5] FISCHER, G.: Lineare Algebra, 10. Auflage, Vieweg, Braunschweig/Wiesbaden, 1995.

[6] FISCHER, G.: Analytische Geometrie, 5. Auflage, Vieweg, Braunschweig, 1991.

[7] GREUB, W.H.: Linear Algebra, 3. Edition, Springer, New York, 1967.

[8] GREUB, W.H.: Multilinear Algebra, Springer, Berlin, 1967.

[9] HALMOS, P.R.: Finite-dimensional Vector Spaces, D. van Nostrand, Princeton, 1958.

[10] JÄNICH, K.: Lineare Algebra, 6. Auflage, Springer, Berlin, 1996.

[11] KOECHER, M.: Lineare Algebra und analytische Geometrie, 2. Auflage, Springer, Berlin, 1985.

[12] KORFHAGE, R.R.: Discrete Computational Structures, Academic Press, New York, 1974.

[13] KOWALSKY, H.-J. UND MICHLER, G.O.: Lineare Algebra, 10. Auflage, de Gruyter, Berlin, 1995.

[14] LAMPRECHT, E.: Lineare Algebra 1 und 2, Birkhäuser, Basel, 1980 und 1983.

[15] LICHNEROWICZ, A.: Lineare Algebra und Lineare Analysis, Deutscher Verlag der Wissenschaften, Berlin, 1956.

[16] LORENZ, F.: Lineare Algebra I und II, Bibliographisches Institut, Mannheim, 1982.

[17] PLESS, V.: Introduction to the Theory of Error Correcting Codes, 2. Edition, John Wiley and Sons, New York, 1989.

[18] STAMMBACH, U.: Lineare Algebra, 2. Auflage, Teubner, Stuttgart, 1983.

# Sachverzeichnis

Druck:        Strauss Offsetdruck, Mörlenbach
Verarbeitung:  Schäffer, Grünstadt